名品

최신 출제기준 반영
산림기사·산업기사

권현준 저

2026
최신개정

실기

BEST
명품강의
보러가기
www.kisa.co.kr

실시간 카톡문의
@kisa
1544-8509

자격시험안내

1. 개요

산에 나무를 심는 것 뿐만 아니라 산에 자라는 나무를 효율적으로 관리하여 산림자원을 보호 또한 부대시설인 임도의 개설, 사방·수문·벌출·기계화·측량분야 등 산림의 공학적 분야에 대한 이해를 전제로 경제적이고 합리적인 임업경영을 수행하면, 인간의 생활환경에 알맞는 산림의 공익적 기능을 발휘될 수 있다. 산림의 공학적 분야를 총괄적으로 이해한 산림 전문가가 산림자원을 효율적이고 합리적으로 개발할 수 있도록 도모하기 위해 자격제도를 제정.

2. 시행기관 및 원서접수

한국산업인력공단(www.q-net.or.kr)

3. 수행직무

산림과 관련한 기술이론 지식을 가지고 영림계획편성, 경영분석, 산림휴양시설의 설계 및 관리 등의 기술업무를 수행 및 산림실무의 사방설계 및 시공, 임도설계, 시공 임업기계 비용, 기술 등의 직무 수행

4. 시험과목 및 검정방법

구분	산림기사	산림산업기사
필기시험	① 산림조성 ② 산림경영 ③ 사방·산지복구 ④ 산림기반시설 ⑤ 산림보호	① 산림조성 ② 산림경영 ③ 산림토목 ④ 산림보호
실기시험	산림경영실무(필답형)	산림경영실무(필답형+작업형)

5. 합격기준

① 필기 : 100점을 만점으로 하여 과목당 40점 이상, 전 과목 평균 60점 이상
② 실기 : 100점을 만점으로 하여 60점 이상

6. 응시절차

1	필기원서접수	• Q-net를 통한 인터넷 원서접수 • 필기접수 기간 내 수험원서 인터넷 제출 • 사진(6개월 이내에 촬영한 90×120픽셀 사진파일(JPG) 수수료 전자결제 • 수험표 본인 선택(선착순)
2	필기시험	수험표, 신분증, 필기구(흑색 싸인펜 등), 공학용계산기 지참
3	합격자 발표	• Q-net를 통한 합격확인(마이페이지 등) • 응시자격(기술사, 기능장, 산업기사, 서비스 분야 일부종목) • 제한종목은 합격예정자 발표일부터 8일 이내에(토, 공휴일 제외) • 반드시 응시자격서류를 제출하여야되며 단, 실기접수는 4일 임.
4	실기원서 접수	• 실기접수기간 내 수험원서 인터넷(www.Q-net.or.kr)제출 • 사진(6개월 이내에 촬영한 반명함판 사진파일(JPG), 수수료(정액) • 시험일시, 장소, 본인 선택(선착순) 단, 기술사 면접시험은 시행 10일 전 공고
5	실기시험	수험표, 신분증, 필기구, 공학용 계산기, 수험자 지참준비물(작업형 시험한정) 지참
6	최종합격자 발표	Q-net를 통한 합격확인(마이페이지 등)
7	자격증 발급	• (인터넷) 공인인증 등을 통한 발급, 택배가능 • (방문수령) 여권규격사진 및 신분확인 서류

········ 모두 바르게 빨리 **올배움** 한다. ········

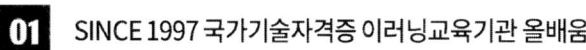

이러닝교육기관 올배움이 특별한 이유!

01 SINCE 1997 국가기술자격증 이러닝교육기관 올배움

02 고객이 신뢰하는 브랜드대상 수상기관

03 합격생이 인정하는 최고의 명품강의

 www.kisa.co.kr  1544-8509  카톡 ID : kisa

전국 한국산업인력공단 안내

기관명	주소	연락처
서울지역본부	(02512)서울 동대문구 장안벚꽃로 279(휘경동 49-35)	02-2137-0590
서울서부지사	(03302)서울 은평구 진관3로 36(진관동 산100-23)	02-2024-1700
서울남부지사	(07225)서울시 영등포구 버드나루로 110(당산동)	02-876-8322
서울강남지사	(06193)서울시 강남구 테헤란로 412 알레르망타워 15층(대치동)	02-2161-9100
인천지사	(21634)인천시 남동구 남동서로 209(고잔동)	032-820-8600
경인지역본부	(16626)경기도 수원시 권선구 호매실로 46-68(탑동)	031-249-1201
경기동부지사	(13313)경기 성남시 수정구 성남대로 1214 광우빌딩(1~7층)	031-750-6200
경기서부지사	(14488) 경기도 부천시 길주로 463번길 69(춘의동)	032-719-0800
경기남부지사	(17561)경기 안성시 공도읍 공도로 51-23	031-615-9000
경기북부지사	(11801)경기도 의정부시 바대논길 21 해인프라자 3~5층(고산동)	031-850-9100
강원지사	(24408)강원특별자치도 춘천시 동내면 원창 고개길 135(학곡리)	033-248-8500
강원동부지사	(25440)강원특별자치도 강릉시 사천면 방동길 60(방동리)	033-650-5700
부산지역본부	(46519)부산시 북구 금곡대로 441번길 26(금곡동)	051-330-1910
부산남부지사	(48518)부산시 남구 신선로 454-18(용당동)	051-620-1910
경남지사	(51519)경남 창원시 성산구 두대로 239(중앙동)	055-212-7200
경남서부지사	(52733)경남 진주시 남강로 1689(초전동 260)	055-791-0700
울산지사	(44538)울산광역시 중구 종가로 347(교동)	052-220-3277
대구지역본부	(42704)대구시 달서구 성서공단로 213(갈산동)	053-580-2300
경북지사	(36616)경북 안동시 서후면 학가산 온천길 42(명리)	054-840-3000
경북동부지사	(37580)경북 포항시 북구 법원로 140번길 9(장성동)	054-230-3200
경북서부지사	(39371)경상북도 구미시 산호대로 253(구미첨단의료 기술타워 2층)	054-713-3000
광주지역본부	(61008)광주광역시 북구 첨단벤처로 82(대촌동)	062-970-1700
전북지사	(54852)전북특별자치도 전주시 덕진구 유상로 69(팔복동)	063-210-9200
전북서부지사	(54098)전북특별자치도 군산시 공단대로 197번지 풍산빌딩 2층(수송동)	063-731-5500
전남지사	(57948)전남 순천시 순광로 35-2(조례동)	061-720-8500
전남서부지사	(58604)전남 목포시 영산로 820(대양동)	061-288-3300
대전지역본부	(35000)대전광역시 중구 서문로 25번길 1(문화동)	042-580-9100
충북지사	(28456)충북 청주시 흥덕구 1순환로 394번길 81(신봉동)	043-279-9000
충북북부지사	(27480)충북 충주시 호암수청2로 14 (호암동) 충주농협 호암행복지점 3~4층	043-722-4300
충남지사	(31081)충남 천안시 서북구 상고1길 27(신당동)	041-620-7600
세종지사	(30128)세종특별자치시 한누리대로 296(나성동)	044-410-8000
제주지사	(63220)제주 제주시 복지로 19(도남동)	064-729-0701

7. 출제기준

산림기사

직무 분야	농림어업	중직무 분야	임업	자격 종목	산림기사	적용 기간	2026.1.1. ~2029.12.31.
○ 직무내용 산림과 관련한 기술이론 지식을 가지고 임업종묘, 산림공학, 산림보호, 임산물생산 분야 등 기술 업무의 설계 및 사업 실행 등을 수행하는 직무이다.							
검정방법	필답형			시험시간		2시간	

실기과목명	주요항목	세부항목
산림경영실무	1. 산림경영계획	1. 사업시기 계획하기 2. 사업량 계획하기 3. 산림경영계획서 작성하기
	2. 목재수확 작업계획 수립	1. 벌채 계획 수립하기 2. 조재율 산정, 품등 구분하기 3. 작업시스템 구축하기
	3. 산림조성사업 설계	1. 대상지 선정하기 2. 대상지 표준지 조사하기 3. 사업종류 결정하기 4. 시방서 작성하기 5. 원가계산서 작성하기 6. 설계도 작성하기
	4. 산림조성사업 감리	1. 실시설계사전 검토하기 2. 품질관리하기 3. 공정관리하기 4. 중간감리 보고서 작성하기 5. 예비사업완료 검사하기 6. 감리완료 보고서 작성하기
	5. 사방 계획	1. 사방 대상지 선정하기 2. 사방 대상지 조사하기 3. 사방지 타당성 검토하기 4. 사방지 용지 조사하기 5. 산사태취약지 조사하기 6. 사방 관련사업 검토하기 7. 사방사업종 구분하기

실기과목명	주요항목	세부항목
산림경영실무	6. 사방지 조사 측량	1. 사방사업지 예비조사하기 2. 사방지 측량하기 3. 사방지 시공여건 조사하기 4. 사방지 지장물 조사하기 5. 사방지 배수체계 조사하기 6. 사방지 임황 조사하기 7. 사방댐 측량하기
	7. 사방지 설계도서 작성	1. 사방지 토공도 작성하기 2. 사방지 도면 작성하기 3. 사방댐 도면 작성하기 4. 사방지 설계도서 작성하기
	8. 임도 계획	1. 임도 대상지 선정하기 2. 임도밀도 계획하기 3. 임도망 계획하기 4. 임도 대상지 사전답사하기 5. 임도 타당성 검토하기 6. 임도 용지 조사하기
	9. 산림토목감리 실행	1. 산림토목 현장감리하기 2. 산림토목 중간보고서 작성하기 3. 산림토목 설계변경 검토하기 4. 산림토목 예비준공 검사하기 5. 산림토목 완료보고서 작성하기
	10. 임도 설계도 작성	1. 임도 배수시설 계획하기 2. 임도 토공도 작성하기 3. 임도 설계도면 작성하기 4. 임도 구조물도 작성하기 5. 임도 용지도 작성하기
	11. 임도 설계 자료 작성	1. 임도 물가 조사하기 2. 임도 자재 운반하기 3. 임도 설계설명서 작성하기

산림산업기사

직무 분야	농림어업	중직무 분야	임업	자격 종목	산림산업기사	적용 기간	2026.1.1. ~2029.12.31.

○ 직무내용
　산림과 관련한 기초이론 및 기술을 가지고 산림조성, 산림경영, 산림토목, 산림보호 등 조사·실행 업무를 수행하는 직무이다.

검정방법	복합형	시험시간	필답형 1시간, 작업형 2시간 30분 정도

실기과목명	주요항목	세부항목
산림사업실무	1. 솎아베기	1. 솎아베기 결정하기 2. 수관급 결정하기 3. 솎아베기 방법 결정하기 4. 솎아베기 작업하기
	2. 식재	1. 식재예정지 정리하기 2. 수종선정하기 3. 식재본수 결정하기 4. 식재하기
	3. 지황조사	1. 지형 조사하기 2. 토양조사하기 3. 하층식생 조사하기 4. 지위조사하기 5. 지리조사하기
	4. 임황조사	1. 임종 구분하기 2. 임상 구분하기 3. 수종 구분하기 4. 수고 측정 5. 수령 측정하기 6. 직경 측정하기 7. 수관밀도 산출하기 8. 축적 산출하기 9. 표준지 선정하기
	5. 산림경영계획 사전조사	1. 산림기능구분하기 2. 산림유형구분하기 3. 자연·사회환경 조사하기 4. 산림구획하기

실기과목명	주요항목	세부항목
산림사업실무	6. 식재·육림 작업 장비 운용	1. 작업도구 이용하기 2. 작업재료 이용하기 3. 조림예정지 정리 작업기계 운용하기 4. 경쟁식생 제거 장비 작업하기 5. 벌채·조재작업 장비 작업하기
	7. 임목수확작업 장비 운용	1. 중력 집재 작업기계 운용하기 2. 소형 집재 작업기계 운용하기 3. 차량계 집재 작업기계 운용하기 4. 가선계 집재 작업기계 운용하기
	8. 일관작업 장비 운용	1. 단재 집재 작업기계 운용하기 2. 장재 집재 작업기계 운용하기 3. 운재 작업기계 운용하기
	9. 사방지 조사 측량	1. 사업사업지 예비조사하기 2. 사방지 측량하기 3. 사방지 시공여건 조사하기 4. 사방지 지장물 조사하기 5. 사방지 배수체계 조사하기 6. 사방지 임황 조사하기 7. 사방댐 측량하기
	10. 산지 복구·복원 사전 준비	1. 산지 복구·복원 관련법규 검토하기 2. 산지 복구·복원 계획하기 3. 산지 복구·복원 조사 측량하기 4. 산지 복구·복원 설계도 작성하기
	11. 산지 복구·복원 시공	1. 산지 복구·복원 시공 측량하기 2. 산지 복구·복원 시공하기 3. 산지 복구·복원 감리
	12. 임도 토공사	1. 임도 절토 작업하기 2. 임도 토석운반 작업 3. 임도 성토 작업하기
	13. 임도 구조물 공사	1. 임도 배수구조물 공사하기 2. 임도 사면안정구조물 공사하기 3. 임도 다짐 작업하기 4. 임도 사면보호 녹화하기 5. 임도 노면 공사하기
	14. 산림병해충 방제시공	1. 설계도서 검토하기 2. 작업장 개발하기 3. 피해목 처리하기 4. 화학적 방제하기 5. 임업적 방제하기

차례

PART1 산림경영

- 1-1 산림경영 기초 … 2
- 1-2 산림수확조정 … 5
- 1-3 산림경리 … 9
- 1-4 산림경영의 지도원칙 … 10
- 1-5 산림의 생산기간 … 11
- 1-6 법정림 … 15
- 1-7 산림평가 … 18
- 1-8 임지평가 … 23
- 1-9 임목평가 … 26
- 1-10 산림경영분석 … 29
- 1-11 손익분기점의 분석 … 33
- 1-12 산림투자 결정 … 34
- 1-13 소유별 산림경영 … 35
- 1-14 복합임업경영 … 36
- 1-15 산림경영의 특성 … 37
- 1-16 산림경영의 생산요소 … 39
- 1-17 산림측량과 산림구획 … 43
- 1-18 지황조사 … 44
- 1-19 임황조사 … 48
- 1-20 임분재적 … 51
- 1-21 형수법 … 55
- 1-22 직경의 측정 … 57
- 1-23 수고의 측정 … 58
- 1-24 연령의 측정 … 59
- 1-25 생장량 측정 … 60
- 1-26 벌채목의 재적측정 … 63
- 1-27 수간석해 … 66
- 1-28 육림 기계 … 67
- 1-29 작업시스템 구축 … 68
- 1-30 산림수확 … 69
- 1-31 산림토목 장비 … 78
- ■ 산림경영 기출문제 100제 … 80

PART2 사방·산지복구

- 2-1 사방대상지 … 104
- 2-2 산사태 … 107
- 2-3 침식종류 … 108
- 2-4 수리수문 해석 … 109
- 2-5 붕괴의 유형과 발생원인 … 111
- 2-6 사방지 구조물 공사 … 116
- 2-7 비탈면의 안정공법 … 119
- 2-8 야계사방구조물 … 120
- 2-9 해안사방공사 … 122
- 2-10 사방댐 구조물 공사 … 125
- 2-11 사방지 녹화 공사 … 128
- ■ 사방·산지복구 기출문제 100제 … 131

PART3 산림기반시설

- 3-1 임도 계획 및 기능 … 154
- 3-2 적정 임도밀도 … 156
- 3-3 임도망 배치 … 159
- 3-4 임도의 구조 … 161
- 3-5 노선 선정 … 167
- 3-6 평면도 … 168
- 3-7 측량 … 169
- 3-8 지형도 … 171
- 3-9 콤파스 및 평판측량 … 172
- 3-10 고저 측량 … 176
- 3-11 트래버스 측량 … 177
- 3-12 설계예산서 작성 … 178
- 3-13 임도 절토 및 성토 작업 … 179
- 3-14 임도 배수구조물 공사 … 183
- 3-15 임도 사면보호 녹화 … 185
- 3-16 임도 노면 공사 … 190
- ■ 임도공학 기출문제 100제 … 194

PART4 산림기사 필답형

- 2013년 산림기사 필답 복원문제
  - 1회 ··· 218
  - 2회 ··· 222
  - 3회 ··· 227
- 2014년 산림기사 필답 복원문제
  - 1회 ··· 232
  - 2회 ··· 238
  - 3회 ··· 243
- 2015년 산림기사 필답 복원문제
  - 1회 ··· 248
  - 2회 ··· 253
  - 3회 ··· 260
- 2016년 산림기사 필답 복원문제
  - 1회 ··· 266
  - 2회 ··· 271
  - 3회 ··· 275
- 2017년 산림기사 필답 복원문제
  - 1회 ··· 280
  - 2회 ··· 285
  - 3회 ··· 290
- 2018년 산림기사 필답 복원문제
  - 1회 ··· 295
  - 2회 ··· 299
  - 3회 ··· 304
- 2019년 산림기사 필답 복원문제
  - 1회 ··· 308
  - 2회 ··· 313
  - 3회 ··· 317
- 2020년 산림기사 필답 복원문제
  - 1회 ··· 321
  - 2회 ··· 325
  - 3회 ··· 329
  - 4회 ··· 333
- 2021년 산림기사 필답 복원문제
  - 1회 ··· 337
  - 2회 ··· 341
  - 3회 ··· 346
- 2022년 산림기사 필답 복원문제
  - 1회 ··· 350
  - 2회 ··· 355
  - 3회 ··· 360
- 2023년 산림기사 필답 복원문제
  - 1회 ··· 365
  - 2회 ··· 371
  - 3회 ··· 376
- 2024년 산림기사 필답 복원문제
  - 1회 ··· 381
  - 2회 ··· 388
  - 3회 ··· 395
- 2025년 산림기사 필답 복원문제
  - 1회 ··· 401
  - 2회 ··· 407
  - 3회 ··· 412

PART5 산림산업기사 필답형

- 2013년 산림산업기사 필답 복원문제
  - 1회 ··· 420
  - 2회 ··· 424
  - 3회 ··· 428
- 2014년 산림산업기사 필답 복원문제
  - 1회 ··· 431
  - 2회 ··· 435
  - 3회 ··· 439
- 2015년 산림산업기사 필답 복원문제
  - 1회 ··· 442
  - 2회 ··· 446
  - 3회 ··· 451
- 2016년 산림산업기사 필답 복원문제
  - 1회 ··· 457
  - 2회 ··· 461
- 2017년 산림산업기사 필답 복원문제
  - 1회 ··· 465
  - 2회 ··· 469
  - 3회 ··· 473
- 2018년 산림산업기사 필답 복원문제
  - 1회 ··· 477
  - 2회 ··· 481
  - 3회 ··· 485
- 2019년 산림산업기사 필답 복원문제
  - 1회 ··· 489
  - 2회 ··· 493

- 3회 ··· 497
- **2020년 산림산업기사 필답 복원문제**
  - 1회 ··· 501
  - 2회 ··· 505
  - 3회 ··· 509
  - 4회 ··· 513
- **2021년 산림산업기사 필답 복원문제**
  - 1회 ··· 517
  - 2회 ··· 521
  - 3회 ··· 525
- **2022년 산림산업기사 필답 복원문제**
  - 1회 ··· 529
  - 2회 ··· 533
  - 3회 ··· 537
- **2023년 산림산업기사 필답 복원문제**
  - 1회 ··· 541
  - 2회 ··· 545
  - 3회 ··· 548
- **2024년 산림산업기사 필답 복원문제**
  - 1회 ··· 552
  - 2회 ··· 557
  - 3회 ··· 561
- **2025년 산림산업기사 필답 복원문제**
  - 1회 ··· 565
  - 2회 ··· 569
  - 3회 ··· 573

PART6 산림산업기사 작업형

- 6-1 산림산업기사 작업형 야장 ················· 580
- 6-2 산림산업기사 작업형 야장 작성요령 ········· 586
- 6-3 산림산업기사 실전 연습문제 ··············· 587
- 6-4 산림산업기사 작업형 감독관 질의응답 기출 ··· 601
- 6-5 임목수간재적표 ························· 606

PART 1
산림경영

PART 01 산림경영

실기 이론

1. 산림경영 기초

(1) 산림경영 이론

① 산림경영학은 산림을 조성하고 가꾸며 이용하고 보전하는데 있어 경영자의 의사결정에 관한 기술, 과학적 내용을 포괄적으로 담고 있다.
② 산림경영은 산림의 노동이나 자본 등을 이용하여 조림, 벌채, 조재 등의 산림작업을 통해 정해진 목표를 달성하는 것을 의미한다.
③ 산림경영의 목적은 다목적성을 가지고 인류에 필요한 산림편익을 생산하기 위한 조직과 활동으로 정리할 수 있으며 임산물 생산을 위하여 이루어지는 산업을 임업이라 한다.
④ 우리는 이러한 산림을 오랜시간 지속적으로 관리하기 위해 아래와 같이 지속가능한 산림경영 관리지침을 정하여 시행하고 있다.
- 산림의 생물다양성의 보전
- 산림의 생산력 유지 및 증진
- 산림의 건강도와 활력의 유지 및 증진
- 산림 내의 토양, 수자원의 보전 및 유지
- 산림의 지구탄소순환에 대한 기여도 증진
- 산림의 사회적, 경제적 편익 증진

(2) 산림경영의 발전

① 임업경영은 시대의 사회경제적 요구를 바탕으로 실천적인 방향으로 변화해 왔으며 역사적으로 임업은 자연적으로 생성된 숲에서 목재를 인간 활동에 사용하기 위해 벌채, 반출을 통한 채취에서 인공적으로 산림을 조성하고 가꾸어 목재를 생산하는 육성임업으로 발전해 왔다.
② 산림경영의 개념 발전과정을 보면 크게 <보속수확 → 다목적이용 → 다자원적 산림경영 → 지속가능한 산림경영> 으로 발전하였다.
　㉠ 보속수확은 목재를 현재뿐 아니라 미래에도 지속 공급을 위해 벌채량이 생장량을 초과해서는 안된다는 개념이다.

ⓒ 다목적 이용은 20세기 서구 세계에서 진행된 산업화의 결과로 발생한 산업공해, 도시화에 의한 생활환경의 악화, 소득과 여가시간의 증대에 따른 산림휴양의 수요 팽창은 기존 목재공급원으로서의 산림에 대한 사회적 가치와 인식을 변화시켰으며 산림의 물질생산기능 뿐 아니라 공익기능의 재고가 산림경영의 주요 개념이 되었다.

ⓒ 다자원적 산림경영은 산림의 경영목적이 다양한 재화나 서비스의 동시 생산을 추구하는 것으로서, 이의 실현을 위해서는 산림생태계의 유지.보전이 핵심적인 제약요소가 되는 개념이다.

ⓔ 지속가능한 산림경영은 산림의 생태적 건전성과 산림자원의 장기적 유지·증진을 통하여 현 세대 뿐만 아니라 미래 세대의 사회적·경제적·생태적·문화적·정신적으로 다양한 산림수요를 충족할 수 있도록 산림을 보호·경영하는 것이다.

(3) 산림의 경영순환과 경영형태

① 산림의 구조

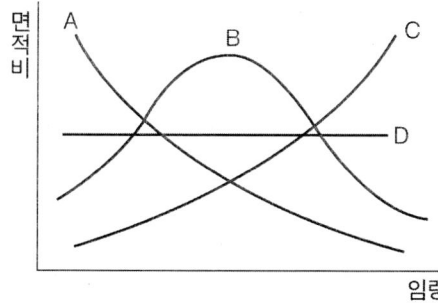

A : 유령림이 많은 산림
B : 장령림이 많은 산림
C : 성숙림이 많은 산림
D : 유령림 · 장령림 · 성숙림이 혼재한 산림

ⓐ A 형
유령림이 많고 수입이 없으며 투자가 많은 것이 특징이다. 복합임업경영의 도입이 필요한 산림이다.

ⓑ B 형
장령림이 많아 일정기간이 지나면 많은 수확이 기대되는 산림이다. 간벌 등을 통해 임령구성의 수정이 필요하다.

ⓒ C 형
성숙림이 많아 일정기간 수입이 가능하지만 지속적 수입은 기대하기 어렵다. 임령구성의 조절을 통해 D형에 가깝게 만드는 것이 이상적이다.

ⓓ D 형
가장 이상적인 산림구조로서 보속생산이 가능하다.

② 산림경영
  ㉠ 국내의 산림은 A형 구조(유령림이 많은 산림)가 많아 속성수 및 복합임업경영을 통해 산림의 구조를 개선해야 한다. 경영을 통한 개선에 있어 산림의 면적과 임령은 주요 고려 대상이다.
  ㉡ A형 산림은 가급적 벌채를 자제하고 법정상태가 될 수 있도록 유도해주는 것이 바람직하다.

③ 산림 경영의 여건
  ㉠ 자연적 조건
    - 가능하면 주위 환경에 적응하도록 향토수종을 선택한다.
    - 새로운 수종의 경우 실패할 가능성이 높다.
    - 조림기술에 맞는 수종을 선택한다.
  ㉡ 사회, 경제적 조건
    - 임업경영조직을 계획하는데 있어 현재의 사회, 경제적 여건만을 고려해서는 안된다.
    - 산림경영은 경제성, 공익성, 사회성을 전반적으로 고려해야 한다.
  ㉢ 경영주체의 조건
    - 산림면적이 작을 때는 매년 수확이 어려워 간단작업을 하고 면적이 클 경우 보속작업을 실시한다.
    - 주체의 재정 부족할 경우 유실수 및 속성수를 통해 자본의 순환을 빠르게 하고 재정 상태가 양호할 경우 장기수를 심고 벌기령을 길게한다.
    - 주체의 기술이 부족할 경우 간단 작업을 적용하고 조방적 경영에 맞는 수종을 선택한다.
    - 용재생산, 연료재 생산 등 주체의 목적에 맞추어 경영하도록 한다.
    - 자가노동력이 많을 경우 밀식 조림 및 집약경영을 한다. 노동력이 적을 경우 식재 본수를 줄이고 조방적 경영을 한다.

④ 산림경영의 형태
  ㉠ 산림경영의 형태는 주업적 산림경영, 부차적 산림경영, 종속적 산림경영이 있다.
  ㉡ 주업적 산림경영
    - 주업적 산림경영은 전업적 산림경영이라고도 하며 생산이 경영의 중심이 되는 것을 말한다.
    - 국내의 주업적 산림경영의 예시로 국유림, 공유림, 회사림 등이 대표적이다

- 주업적 산림 경영이 효과를 보기 위해서는 집단화, 보속생산, 관리조직의 정비, 경영의 합리화 조건을 갖추어야 한다.
ⓒ 주업적 임업경영의 형태는 다음과 같다.

> - 식재 → 육림 → 임목매각
> - 가장 일반적인 형태이지만 임목의 부가가치가 높지 않다.
> - 식재 → 육림 → 벌채 → 원목매각
> - 조림, 육성노동과 벌채노동의 질이 같지 않아 벌채노동에 대한 특수 훈련과 벌채, 하산에 사용되는 기계 장비가 필요하다.
> - 식재 → 육림 → 벌채 → 표고생산·제탄·제재
> - 임목의 부가가치를 높여 수입을 증가시키는 생산형태이지만 기술과 자본이 필요하다.
> - 식재 → 육림 → 벌채 → 원료원목공급(제지)
> - 큰 회사에서 볼수 있는 형태로 기계화된 임업경영으로 운영한다.

ⓔ 부차적 산림경영

부차적 산림경영은 산림의 비축적 자산의 하나로 주업적 산림경영에 따르는 공백을 막고 이용률을 극대화하여 전체적인 수익을 올리기 위한 겸업적임업의 형태이다. 임업경영의 주체성이 강하지 않고 유휴노동이나 유휴자본을 이용하여 임업을 경영한다.

ⓜ 종속적 산림경영

규모가 작고 자체 노동력만으로 운영하는 농업종속적 산림경영과 제지 및 펄프 원료 공급을 목적으로 하는 공업종속적 산림경영으로 분류된다.

2. 산림 수확조정

① 산림수확 및 조정

ⓐ 산림수확은 산림에서 나오는 산물을 거두는 것을 말하며 일정기간동안 채취되는 양을 수확량이라 한다.

ⓑ 목재를 주벌 혹은 간벌을 이용해 수확하는 것을 주산물 수확, 그 외 기타 낙엽, 수피 등을 얻는 것을 부산물 수확이라 한다.

ⓒ 산림의 수확량을 결정하는 기준은 아래와 같다.

생장률에 의하는 방법	각 직경계의 표준목들의 생장률을 구해 벌채전까지의 생장량을 추정하는 것을 말한다.
수확표에 의하는 방법	단위면적당 재적, 수고, 생장량 등을 표시한 수확표를 이용하여 수확량을 결정한다.

    ② 작업급은 수종, 작업종, 벌기령이 유사한 임분의 집합으로 공통의 시업목적아래 경영되는 산림을 의미하며 보속경영의 단위가 된다.

② **수확조정의 기법**
  ㉠ 구획윤벌법
    • 전산림 면적을 윤벌기 연수와 같은 벌구로 나누어 매년 한 벌구씩 벌채하는 단순구획윤벌법과 토지의 생산력에 따라 개위면적을 산출하여 벌구면적을 조절하여 매년 재적 수확량을 균등하게 하는 비례구획윤벌법이 있다.
    • 윤벌기 동안 산림은 법정상태이다.
    • 가장 오래된 수확조정법 중 하나로 신탄림(연료림) 작업에 적용할수 있으나 효율성이 떨어져 거의 사용되지 않는다.
  ㉡ 재적배분법
    성숙목을 지위에 따라 구분하여 경리기간내의 생장량을 구해 현재적과의 합을 총수확량으로 하여 표준 연벌량을 산출한다.
  ㉢ 평분법
    • 한 윤벌기를 나누어 분기마다 수확량을 비슷하게 하는 방법으로 재적평분법, 면적평분법, 절충평분법이 있다.
    • 재적평분법은 각 분기의 수확재적이 비슷해지도록 조절하는 방법으로 경제 변동에 대한 탄력성이 없는 것으로 평가된다.
    • 재적평분법은 장래의 생장량을 미리 추정하거나 또는 산림의 법정상태를 고려하지 않는다.
    • 재적평분법은 경영되고 있지 않은 임분의 생장량 정보를 얻기 어렵다.
    • 면적평분법은 각 분기의 벌채면적이 균등하게 되도록 하는 방법이다. 개별작업에는 응용이 가능하나 택벌작업에는 응용할 수 없다.
    • 면적평분법은 임분 배치상 후에 임분이 과숙되어 있으면 이를 제1분기에 배당하고 원래 배당하였어야 할 분기에 다시 중복배당하는 것을 복벌이나 재벌이라 한다. 그리고 초기 배당된 임분이 유령림일 경우 원래 배당된 분기에 수확하지 않고 다음 윤벌기까지 벌채를 연기하는 경우 경리기 외 편입이라 한다.
    • 절충평분법은 각 분기의 수확재적과 벌채면적을 동시에 고려하여 분기별로 균등하게 배분하는 방법이다.
  ㉣ 법정축적법
    • 각 작업급에 대한 법정 축적과 현실림의 축적, 생장량 등을 고려하여 표준벌채량을 계산 후 현재의 산림을 점차 법정축적으로 만드는 방법이다.

• 이용률법을 이용해 현실벌채량을 구할 수 있다.

교차법	이용률법
$E = Z + \dfrac{V_a + V_r}{a}$	$E = V_a \times \dfrac{K}{V_r}$
Z : 작업급 생장량 , a : 갱정기 V_a : 현실축적 , V_r : 법정축적	V_a : 현실축적 , V_r : 법정축적 K : 법정벌채량

• 법정축적법에는 교차법, 이용률법, 수정계수법이 있으며 관련 인물은 다음과 같다.

교차법	kameraltaxe, Heyer, Karl, Gehrhardt
이용률법	Hundeshagen, Manter
수정계수법	Breymann, Schmidt

• heyer 공식

$$표준벌채량 = (조정계수 \times 평균생장량) + \dfrac{현실축적 - 법정축적}{갱정기}$$

• kameraltaxe 법

kameraltaxe법은 법정축적법 중에서 가장 먼저 만들어진 방법으로 개벌작업과 택벌작업에 다같이 적용된다. 표준연벌량이 생장량의 절반보다 적지 않도록 한다.

$$표준연벌채량 = 현실연간생장량 + \dfrac{현실축적 - 법정축적}{개정기}$$

• Hundeshagen 법

훈데스하겐법은 현실축적, 법정벌채량, 법정축적을 이용하여 연간표준벌채량을 구하는 것으로 생장량이 축적에 비례한다는 가정 하에 실시하는 방법이다.

$$표준벌채량 = 현실축적 \times \dfrac{법정벌채량}{법정축적}$$

ⓜ 영급법

법정상태의 실현으로 수확의 보속을 위해 임반에서 임분의 상태를 고려한 소반을 시업단위로 한다. 이를 위해 크게 3가지 방법이 있으며 순수영급법, 임분경제법, 등면적법이 있다.

순수영급법	• 경제성보다 임분의 배치를 통한 법정상태 실현을 중요시한다. • 개벌작업, 산벌작업 등 벌구식 작업이 가능한 임분에 적용한다.
임분경제법	• 법정상태의 실현보다 현재의 경제성을 중요시한다. • 개벌작업에 적합하나 택벌작업, 산벌작업에는 적용이 힘들다.
등면적법	순수영급법과 임분경제법의 결점을 보완한 방법이다.

ⓗ 생장량법

산림의 생장량이 곧 수확량이 되게 하는 방법을 생장량법이라 하며 종류는 아래와 같다.

Martin 법	각 임분의 평균생장량의 합계를 수확예정량으로 하는 방법
생장률법	현실축적에 임분의 평균생장량을 곱해 도출된 연년생장량을 수확예정량으로 하는 방법
조사법	경험에 의한 방법

③ **선형계획법**

㉠ 선형계획법은 목적 달성을 위해 이윤, 비용 등 한정된 자원을 가장 효과적으로 배분하기 위해 개발된 수리적 기법이다.

㉡ 산림 선형계획법은 제한된 산림 자원을 효율적으로 활용하여 최대의 목재 생산, 최적의 조림 면적 관리, 생태계 보전 등 다양한 목표를 달성하는 데 기여한다.

㉢ 선형계획모형의 전제조건으로 비례성, 비부성, 부가성, 분할성, 선형성, 제한성, 확정성이 있다.

• 비례성 : 작용성과 이용량은 항상 활동 수준에 비례하도록 요구된다.
• 비부성 : 의사결정변수는 어떠한 경우에도 음(-)의 값이 나타나서는 안된다.
• 부가성 : 두 가지 이상의 활동이 동시에 고려되어야 한다면 전체의 생산량은 개개 생산량의 합계와 일치해야 한다.
• 분할성 : 모든 생산물과 생산수단은 분할이 가능해야 한다.
• 선형성 : 모형을 구성하는 모든 변수들의 관계가 수학적으로 일차함수로 표시되어야 한다.
• 제한성 : 모형을 구성하는 활동의 수와 생산방법은 제한이 있어야 한다.
• 확정성 : 모든 매개변수들의 값이 확정적으로 일정한 값을 가져야 한다.

ㄹ. 산림수확조절방법에는 수리계획법이 있으며 여기에는 선형계획법, 목표계획법, 정수계획법 등이 해당된다.

④ 수확표
ㄱ. 수확표는 임분생장량표라 하며 산림의 단위면적당 지름, 수고, 재적, 생장량 등을 임령별, 주·부임목별로 표시한 표이다.
ㄴ. 용도는 임목재적 및 생장량의 추정, 지위판정, 입목도 및 벌기령의 결정, 수확량의 예측 등 다양하다.
ㄷ. 수확표의 종류에는 일반수확표, 지방수확표, 재적수확표, 금원수확표가 있다.

3. 산림경리

① 산림경리는 목재의 생산을 위한 식재에서 수확까지의 계획을 세우는 업무이다.
② 산림측량~사업관계사항조사를 전업, 시업체계의 조직~시설계획을 주업, 시업조사 검정을 후업으로 분류한다.

전업 (예업)	산림측량	구획 및 시설 측량을 통해 산림의 경계를 명확하게 구분한다.
	산림구획	계획 수립을 위해 영구적인 임반, 일시적인 소반을 구획하여 위치, 형상, 면적 등을 명확하게 한다.
	산림조사	구획이 완료되면 지황조사, 임황조사 등을 실시한다.
	사업관계 사항조사	시업하려는 산림의 공익적 관계, 교통 및 시장, 지역주민과의 연관 등을 조사한다.
주업 (본업)	시업체계의 조직	구획한 산림에 작업종, 수종, 벌기령, 윤벌기, 정리기 등을 작업별로 시업체계를 세운다.
	수확규정	수확규정에 부합되는 수확량을 결정한다.
	조림계획	미입목지와 벌채적지의 갱신 및 작업의 분량을 결정한다.
	시설계획	수확, 조림안이 결정되면 작업에 필요한 임도, 창고 등의 시설계획을 한다.
후업	시업조사 검정	연간 벌채와 조림실적을 시업계획의 예정량과 비교하여 차후 자료로서 활용한다.

4. 산림경영의 지도원칙

(1) 경제원칙

① 공공성의 원칙
   ㉠ 공공성의 원칙은 국민이 바라는 목재를 최대로 생산하도록 하며 국민 전체나 지역주민의 경제적 측면에서 발전이 최대한으로 달성되도록 운영한다는 원칙이다.
   ㉡ 이 원칙은 모든 경영이 궁극적 목적으로 해야 할 최고의 지도원칙이다.

② 수익성의 원칙
   ㉠ 최대의 이익을 얻을 수 있도록 경영하는 원칙으로 이윤이나 이윤의 절대액의 다소가 아닌 이윤율이 최대가 되기 위한 원칙이라 할 수 있다.
   ㉡ 이 원칙은 공공성의 원칙과 더불어 산림경영에 있어 최고 지도원칙이며 최대수익성의 획득을 궁극적 목적으로 해야 한다는 주장이 많다.

③ 경제성의 원칙
   ㉠ 경제성의 원칙은 수익을 비용으로 나누어 그 값이 최대가 되도록 하는 원칙으로 일정 비용으로 많은 수익을 올리거나 수익을 올리는데 비용을 적게 함으로 달성된다.
   ㉡ 합리성의 원칙이나 합목적성의 원칙이라 불리며 일반적으로 최소비용 최대효과의 원칙, 최소비용의 원칙, 최대효과의 원칙 등으로 표현된다.

④ 생산성의 원칙
   ㉠ 생산성의 원칙은 생산물량을 사용한 생산요소의 양으로 나눈 가치가 최고가 되도록 목표로 하는 것이다.
   ㉡ 단위면적당 목재생산이 최대화되도록 경영을 하기에 종종 수익성 원칙 실현의 전제조건이 되기도 한다.
   ㉢ 생산성의 원칙에서 단위 면적당 최대 목재 생산을 목표로 하기에 평균생장량이 가장 큰 시기에 벌채를 하는 것을 원칙으로 한다.

(2) 복지의 원칙(간접적 효용)

① 합자연성의 원칙
  ㉠ 임목생산은 자연에 의존하는 경우가 많아 자연법칙을 무시해서는 성립할 수 없으므로 자연에 순응한 경영을 해야 한다.
  ㉡ 자연법칙의 존중이라는 문제를 보다 기본적으로 고려하여 환경보전의 의미가 내포되어 있는 자연법칙이라고 이해할 수 있다.

② 환경보전의 원칙
  ㉠ 환경보전의 원칙은 국토보안의 원칙이라 하며 국토보전, 수원함양, 레크리에이션 등의 기능이 충분히 발휘되도록 경영해야 한다는 원칙이다.
  ㉡ 산림경영은 임목생산을 통하여 사회의 경제적 복지에 공헌하는 동시에 임목생산 이외의 외부적 이익에도 충분히 대응해야 한다는 원칙이다.

(3) 보속성의 원칙

① 목재 수확 균등의 보속
  ㉠ 산림에서 매년 목재수확을 거의 균등하게 하여 사회가 필요로 하는 목재를 영속적으로 공급할 수 있도록 하고자 하는 의미의 보속개념이다.
  ㉡ 산림에서 매년 목재수확 및 공급을 거의 균등하게 함으로써 사회에 필요로 하는 목재를 영속적으로 공급할 수 있도록 하는 것을 협의의 보속성이라 한다.

② 목재생산의 보속
  목재생산의 보속성은 광의의 보속개념으로 협의의 보속개념이 목재의 균등한 공급에 중점을 주는 것이라 하면 광의의 보속 개념은 임업경영의 유지와 생산수단의 보육에 중점을 두고 있다.

5. 산림의 생산기간

(1) 벌기령과 벌채령

① 벌기령과 벌채령
  ㉠ 벌기령은 임목이 성숙기에 도달하는 계획상의 연수를 말한다.
  ㉡ 벌채령은 임목이 실제로 벌채되는 임령을 말한다.
  ㉢ 벌기령과 벌채령이 일치할 때를 법정벌기령이라 한다.

(2) 벌기령의 종류

① 생리적 벌기령
  ㉠ 생리적 벌기령은 자연적 벌기령 혹은 조림적 벌기령이라고 하며 산림생산력이 가장 잘 보존되고 유해작용을 방지하는데 유리한 연령을 고려한 벌기령을 말한다.
  ㉡ 벌기령의 시기에 따라 위해에 대한 저항력이 다른데 가능하면 약해지는 시기 이전에 하는 것이 좋다.

② 공예적 벌기령
  ㉠ 임목이 특정 용도에 가장 적합한 크기로 성장하는데 필요한 연령을 고려하여 정한 경영계획상의 벌채연령이다.
  ㉡ 공예적 벌기령은 수익성을 목적으로 한 것은 아니나 최대수익성을 달성할 가능성이 있는 벌기령이다.
  ㉢ 주로 펄프 용재의 생산, 철도 침목, 표고버섯의 자목 등에 적용된다.

③ 재적수확 최대의 벌기령
  ㉠ 재적수확최대의 벌기령은 단위면적당 목재 생산량이 최대가 되는 때를 벌기령으로 정하는데 이는 평균생장량이 최대가 되는 때이다.
  ㉡ 수확표를 응용할 경우 다른 벌기령의 사정보다 쉬우며 산림의 시업방법에 변동이 없는 경우 항상 일정한 연수가 된다.

④ 화폐수입최대의 벌기령
  ㉠ 일정 면적에 평균적으로 최대 화폐수입을 얻을수 있는 벌기령을 말한다.
  ㉡ 경제 사정에 의한 변동이 쉬워 현실적으로 적용이 어렵다.

⑤ 산림순수익최대의 벌기령
  ㉠ 총수익에서 이 순수익을 올리는데 소요된 비용을 공제한 순수익이 최대가 되도록 정한 벌기령을 말하며 공식은 다음과 같다.

$$산림순수입 = \frac{A_u + \Sigma D - (C + U \cdot V)}{U}$$

A_u : 주벌수확, ΣD : 간벌수확합계, C : 조림비, V : 관리비, U : 벌기령

ⓒ 이 벌기령은 연년보속작업에서 각 영계의 임목이 같은 면적을 점령하고 있는 것을 전제로 하기에 간단작업에는 적용할 수 없다.

⑥ **토지순수익최대의 벌기령**

㉠ 토지기망가를 최대로 하는 벌기령으로 동일 조건에서는 다른 벌기령보다 가장 먼저 벌기령에 도달하는 특징이 있으며 공식은 다음과 같다.

$$B_u = \frac{Au + Da1.0P^{u-s} + Db1.0P^{u-b} + \sim - C1.0P^u}{1.0P^u - 1} - V$$

Bu : U년 일때의 토지 기망가, A_u : 주벌수익, U : 윤벌기, P : 이율

$D_a1.0P^{u-a}$: a년도 간벌수익의 U년 때의 후가, C : 조림비, V : 자본

ⓒ 토지기망가식에 있어 벌기령은 계산인자의 변동에 따라 영향을 크게 받는 단점이 있다.

ⓒ 토지기망가식의 벌기령의 영향인자

주벌수확	소경목 대비 대경목 단가가 높을수록 벌기령이 길어진다.
간벌수확	간벌량이 많고 간벌시기가 빠를수록 벌기가 짧아진다.
조림비	조림비가 적을수록 벌기령이 짧아지나 영향이 적다.
이율	이율이 높을수록 벌기령이 짧아진다.
자본	벌기령의 길고 짧음에는 관련이 없다.

⑦ **수익률최대의 벌기령**

㉠ 수익률이 최고인 시기의 벌기령으로 이때 수익률은 순수익의 생산자본의 비로서 이윤이 최고가 되는 시기를 의미하기도 한다.

ⓒ 순수익 자본에 대한 이율이 최고가 되는 것을 목표로 하기에 기업림에 적용할 수 있다.

⑧ 기준벌기령(단위 : 년)

구분	국유림	공·사유림(기업경영림)
일반기준벌기령		
소나무	60	40(30)
(춘양목보호림단지)	(100)	(100)
잣나무	60	50(40)
리기다소나무	30	25(20)
낙엽송	50	30(20)
삼나무	50	30(30)
편백	60	40(30)
기타 침엽수	60	40(30)
참나무류	60	25(20)
포플러류	3	3
기타 활엽수	60	40(20)

특수용도기준벌기령
펄프, 갱목, 표고·영지·천마 재배, 목공예, 목탄, 목초액, 섬유판, 산림바이오매스에너지의 용도로 사용하고자 할 경우에는 일반기준벌기령 중 기업경영림의 기준벌기령을 적용한다. 다만, 소나무의 경우에는 특수용도기준벌기령을 적용하지 않는다.

(3) 윤벌기와 회귀년

① 윤벌기
  ㉠ 한 작업급에 속하는 숲을 벌채하고 순차적으로 계획 벌채할 경우 전체 숲의 벌채가 끝날 때까지의 기간을 윤벌기라 한다.
  ㉡ 윤벌령은 임분이 일정 기간 자라서 수확이 가능할 만큼 성장한 상태의 연령을 말한다.
  ㉢ 윤벌기는 윤벌령과 갱신기간을 합으로 구할 수 있다.

② 회귀년
  ㉠ 택벌작업에서 맨 처음 택벌한 구역을 또다시 택벌하기까지 소요되는 기간을 말한다.
  ㉡ 회귀년이 짧다는 것은 단위면적당 벌채량이 적고 임지의 축적이 많음을 의미한다. 반대로 회귀년이 길면 단위면적당 벌채량이 많고 그만큼 임지의 축적은 적어짐을 의미한다.
  ㉢ 회귀년이 짧을 경우 양질의 목재를 생산하는 장점이 있고 임분구조의 개선 및 병충해에 대한 예방이 가능하다.

(4) 정리기(개량기)

① 정리기는 불법정상태인 영급관계를 법정상태로 시정하기까지 걸리는 기간으로 개벌작업에 주로 적용된다.
② 개량기(정리기)는 개벌작업을 실시하고자 하는 산림에 적용하는 기간의 개념이다.
③ 정리기간 표준연벌면적은 다음과 같이 구한다.

$$\frac{작업급의 면적 - 갱신면적}{정리기}$$

(5) 갱신기

① 갱신기는 산벌작업에 있어 설치하는 예상적 기간개념으로 산벌작업은 예비벌, 하종벌, 후벌로 나누어 갱신이 완료된다. 이때 예비벌을 시작하여 후벌을 마칠 때까지의 기간을 갱신기라고 한다.
② 개벌작업에서의 갱신기는 벌채 후 벌채목이 반출되고 새로 산림이 성립될 때까지의 연수를 말한다.

6. 법정림

(1) 법정림

① 재적수확의 보속을 실현하기 위한 조건을 가진 산림을 말하며 이를 법정림이라 한다.
② 법정림에서 보속수확이 유지되더라도 이것이 임업경영의 목적에 반드시 부합되는 것은 아니다. 현실적인 의미의 법정림은 경영목적에 부합된 산림이라 평가된다.
③ 이상적인 법정림이 되기 위해서는 법정영급분배, 법정임분배치, 법정생장, 법정축적의 4가지 요건을 갖추어야 한다.

(2) 법정상태

① 법정영급분배
　㉠ 매년 동일한 수확량을 위해 각 영계가 동일한 면적을 가지고 있는 상태를 법정영급분배라 한다. 이론적으로 동일한 지위의 임지에서 벌기에 이르기까지의 각 영계의 임목이 동일한 면적씩 존재하는 것이다.
　㉡ 법정영급분배는 연년의 재적 수확을 균등하게 하는 것으로 동일한 지위의 임지에서 벌기에 이르기까지 각 영계의 임목이 동일한 면적이 있을 때 영계수는 윤벌기 연수와 같게 된다.

ⓒ 일반적으로 영계수는 윤벌기연수와 같으며 법정영계면적은 산림면적을 윤벌기로 나눈 것이다. 보통 연속하는 몇 개의 영계를 합하여 영급을 만든다.
㉣ 산림의 작업급의 면적을 F, 윤벌기를 U 라 하고, 1 영급이 n개의 영계로 구성되어 있다고 할 경우 법정영급면적 A 를 구하는 방법은 다음과 같다.

$$법정영급면적(A) = \frac{산림면적(F)}{윤벌기(U)} \times n$$

㉤ 영급수는 산림면적을 법정영급면적으로 나눈 값이다
㉥ 개위면적
- 임지의 생산능력을 고려하여 각 임분의 현실면적을 수정한 계산상의 면적이다. 즉 각각의 임지의 생산능력에 맞게 각 영계별 면적을 가감하여 영계의 벌기재적이 동일하도록 수정한 면적을 말한다.
- 다음 공식에 의하여 계산된다.

$$개위면적 = \frac{단위면적당 벌기 재적}{벌기평균재적} \times 산림면적$$

② 법정임분배치
㉠ 각 영계 (영급)의 임분이 위치적으로 잘 배치되어서 벌채, 운반, 산림보호 및 갱신하는데 지장이 없도록 배치된 상태로서 재적 수확 보속을 실현하는 기본적 요건으로 하며 지황, 임황, 반출시설 등에 따라 다르다.
㉡ 각 영계의 임분은 벌채목의 반출상 지장이 없도록 합리적으로 배치한다.
㉢ 어떤 임분을 벌채하는 경우 인접하는 잔존 임분이 피해를 입지 않도록 배치한다.
㉣ 임분의 갱신이 안전하고 확실하게 이행되도록 배치한다.
㉤ 임분이 갱신될 때 유령임분이 폭풍이나 한풍에 대해 보호되도록 배치한다.

③ 법정생장량
㉠ 법정생장은 각 영계 혹은 영급의 임목이 유용수종으로 구성되고 적당한 임목도를 유지하면서 정상적인 성장을 하였을 때 기대할 수 있는 생장량으로 연간 각 영계 혹은 영급의 법정생장량의 합계는 성숙임분의 재적과 같다.
㉡ 1년간의 법정림의 생장량을 법정생장량이라 한다.

④ 법정축적
㉠ 영급분배와 생장이 법정상태일 때 보유할 작업급 전체의 축적이다. 법정생장과 법정영계의 분배만 이루어져있으면 필연적으로 실현되는 법정림의 요건이다.

㉡ 영급상태와 생장상태가 이상적인 법정일 때는 매년 균등한 재적수확을 얻게 될 경우를 법정축적이라 한다.
㉢ 법정축적은 계절별로 다르며 추계가 가장 크고 춘계가 작아 그 평균치인 하계축적을 기준으로 한다.

- 수확표에 의한 방법

$$n(m_1 + m_2 + \sim + \frac{m_u}{2}) \times \frac{산림면적}{윤벌기}$$

n : 수확표의 년차, m_u : 각 영급의 재적

- 벌기수확에 의한 법정축적

$$\frac{윤벌기}{2} m_u \times \frac{산림면적}{윤벌기}$$

(3) 법정벌채량

① 법정벌채량은 법정상태를 유지하면서 수확할수 있는 벌채량으로 법정수확량이라 한다. 이러한 법정벌채량은 결과적으로 법정림의 벌기임분재적과도 같다.

$$법정벌채량 = \frac{법정연벌률 \times 법정축적}{100}$$

② 법정연벌량은 법정생장량과 일치하고 이 수치는 벌기평균생장량에 윤벌기 U를 곱한 것과 같다.

$$법정연벌량 = 법정생장량 = 벌기평균생장량 \times 윤벌기$$

③ 법정연벌량의 법정축적에 대한 백분율을 법정수확률이라 한다.

$$법정수확률 = \frac{법정연벌량}{법정축적} \times 100$$

④ 법정택벌률의 경우 다음과 같다.

$$법정택벌률 = \frac{200}{윤벌기} \times 회귀년$$

⑤ 법정연벌률은 법정축적에 대한 법정연벌량의 비율로 다음과 같으며 법정연벌률은 법정수확률과 같다.

$$법정연벌률 = \frac{법정연벌량}{법정축적} \times 100$$

$$법정수확률 = 법정연벌률 = \frac{200}{U}$$

(4) 법정조건

① 임지는 가장 좋은 상태를 유지하고 있어야 한다.
② 수종의 혼효 및 품종에 관하여 환경적 및 경영적으로 가장 좋은 상태로 구성되어야 한다.
③ 임목의 갱신 및 보육이 환경에 적합해야 한다.
④ 교통 및 운반 시설이 잘 갖추어져야 한다.

7. 산림평가

(1) 원가

① 원가계산
  ㉠ 원가계산은 실제 원가를 결정하는 과정을 말하며 원가비교 방법으로 기간비교, 상호비교, 표준실제비교 등이 있다.
  ㉡ 산림의 관리회계는 주로 원가계산, 원가통제, 업적평가, 기업성장 계획 수립 등의 내용을 다룬다.
  ㉢ 개별원가계산은 제품의 원가를 개개의 제품단위별로 직접 계산하는 방법이고 종합원가계산은 같은 종류와 규격의 제품이 연속적으로 생산되는 경우에 사용한다.

② 원가의 종류
  ㉠ 특정 제품에 직접 귀속시킬 수 있는 원가를 직접원가라 한다.
  ㉡ 변동원가는 생산량의 변화에 따라 총액이 비례적으로 변동하는 원가를 말한다.
  ㉢ 어떤 생산 수준에서 제품을 1단위 더 생산할 때 발생하는 추가 비용을 한계원가라 하며, 여러 단위를 일괄적으로 추가 생산할 때 총비용의 증가분은 증분원가라 한다.
  ㉣ 과거에 이미 지출되었고 회수할 수 없는 원가를 매몰원가라 한다.

(2) 산림평가의 산림경영요소

① 수익

산림은 크게 주수익, 부수익으로 분류하여 주수익은 벌채하는 목재, 부수익은 기타 수피, 낙엽 등에 의해 발생되는 부수적인 수익을 말한다. 또한 주수익은 작업에 따라 주벌수익과 간벌수익이 있다.

② 비용

조림비	• 조림비의 범위는 조림 이후 임분이 성장할 때 까지의 경비를 말한다. • 조림비에는 식재비, 벌초비, 간벌비, 가지치기 비용 등이 있다. • 조림비의 대부분은 노임이며 원료비, 시설비 등은 일부분을 차지한다.
채취비	• 주벌수확, 간벌수확, 부산물 등을 수확 및 제품화하여 운반하는데 까지 들어가는 모든 비용을 채취비라 한다. • 원목생산의 경우 조사비, 벌목비, 조재비, 집운재비, 판매비도 채취비에 포함되기도 한다. • 벌기 이상의 임목 가격 평가시 채취비는 비용으로 포함하지 않는다.
관리비	관리비는 조림비 및 채취비를 빼고 남은 일체의 비용을 말한다.

③ 임업이율

㉠ 임업 이율
- 임업이율은 대부이자가 아닌 자본이자이다.
- 임업이율은 현실이율이 아닌 평정이율이다.
- 임업이율은 실질이율이 아닌 명목이율이다.
- 임업이율은 장기이율이다.

㉡ 임업이율을 저이율로 해야하는 이유
- 산림소유의 안정성을 위하여
- 산림재산 및 임료수입의 유동성을 위하여
- 산림경영관리의 간편화를 위하여
- 생산기간의 장기성으로 인하여
- 문화의 발전에 따른 이율의 저하로 인하여
- 재적 및 수확의 증가와 산림재산가치의 등귀
- 기호 및 간접이익의 관점에서의 산림소유에 대한 개인적 가치 평가

(3) 산림평가의 관련 공식

① 이자의 종류

㉠ 단리법

최초 원금에 대한 이자만 고려하는 방법이다.

> $N = V(1 + nP)$
> N : 원리합계 , V : 원금 , n : 기간 , P : 이율

㉡ 복리법

기간마다 이자를 원금에 가산하는 원리합계이다.

> $N = V(1 + P)^n$
> N : 복리합계 , V : 원금 , P : 이율 , n : 기간

② 복리산공식

임업의 대부분은 복리산공식을 채택하며 아래와 같이 후가식, 전가식, 무한이자식, 유한이자식이 있다.

V : 원금	N : n 년 후 가치(원리합계)
P : 이자	r : 매년 수익
n : 기간	R : 일정기간마다의 수익

후가계산식	전가계산식
$N = V(1 + P)^n$	$V = \dfrac{N}{(1 + P)^n}$

무한이자 계산식
㉠ 무한연년이자의 전가계산
- 매년 말에 r 씩 영구히 얻는 수입이자의 전가합계를 말한다.

$$K = \frac{r}{P}$$

㉡ 무한정기이자의 전가계산
- 현재로부터 n 년마다 R 씩 영구히 얻을수 있는 이자의 전가합계는 아래와 같으며 주로 주벌수확과 같이 벌기마다 정기적으로 일정 수입을 영구히 얻을 경우 현재가인 자본가를 구할 때 공식이다.

$$K = \frac{R}{(1+P)^n - 1}$$

- m 년 후에 그 다음 n년 마다 영구히 얻을 수 있는 이자의 전가합계는 아래와 같으며 간벌수확의 전가합계를 도출 한다.

$$K = \frac{R(1+P)^{n-m}}{(1+P)^n - 1}$$

- 이자는 현재 그 다음부터 n 년마다 영구히 얻을 수 있는 전가합계는 아래와 같으며 주로 조림비의 전가합계를 도출 한다.

$$K = \frac{R(1+P)^n}{(1+P)^n - 1}$$

유한이자 계산식

㉠ 유한연년이자

- 매년 말 r 씩 n 회 얻을 수 있는 이자의 후가합계는 아래와 같다.

$$K = \frac{r[(1+P)^n - 1]}{P}$$

- 매년 말 r 씩 n 회 얻을 수 있는 이자의 전가 합계는 아래와 같다.

$$K = \frac{r}{P} \times \frac{(1+P)^n - 1}{(1+P)^n}$$

㉡ 유한정기이자

- m 년 마다 R 씩 n 회 얻을 수 있는 이자의 후가합계는 아래와 같다.

$$K = \frac{R[(1+P)^{nm} - 1]}{(1+P)^m - 1}$$

- m 년 마다 R 씩 n 회 얻을 수 있는 이자의 전가 합계는 아래와 같다.

$$K = \frac{R[(1+P)^{nm} - 1]}{(1+P)^{nm}[(1+P)^m - 1]}$$

- 처음 a 년 이후부터 m 년마다 합계 n 회를 얻을 수 있는 이자의 전가 합계는 아래와 같다.

$$K = \frac{R[(1+P)^{nm} - 1]}{(1+P)^{a+m(n-1)}[(1+p)^m - 1]}$$

8. 임지 평가

(1) 임지평가의 종류

원가방식	원가방법, 비용가법
수익방식	기망가법, 환원가법
비교방식	직접비교법, 간접비교법
절충방식	절충법

(2) 원가방식

① 원가방법
  ㉠ 가격시점에서 대상물건의 재조달원가를 기준으로 감가수정을 거쳐 현재 가치를 산정한다.
  ㉡ 임지구입 후 현재까지 들어간 일체 비용에서 수익의 원리합계를 공제한 잔액으로 가격을 산정한다.

② 비용가
  ㉠ 임목의 생산 등을 위해 소요된 경비를 기초로 한 가격을 원가라 한다.
  ㉡ 산림평가에서 계산기간이 길어 유령 임목의 평가 외에는 적용되지 않는 방법이다.

③ 임지비용가
  ㉠ 임지비용가는 임지를 구매한 시점에서 지금까지 들어간 비용의 후가합계에서 수입 후가합계를 공제한 것이다.
  ㉡ 임지비용가는 아래의 공식에 따른다.

B_k	임지비용가	A	임지구입비
M	임지개량비	P	이율
I	수입 후가	v	년 관리비
n	경과년수	m	임지 구입시점 후 세금이 발생한 연도

· 임지구입비와 임지개량비를 동시 지출하고 n년이 경과한 경우
$B_k = (A + M)(1 + P)^n$

- n 년 전 임지를 구매하고 m 년 전 임지를 개량한 경우

$$B_k = A(1+P)^n + M(1+P)^m$$

- 임지를 구매하고 이후 매년 임지개량비, 관리비를 n 년간 넣은 경우

$$B_k = A(1+P)^n + \frac{(M+v)[(1+P)^n - 1]}{P}$$

ⓒ 임지비용가를 적용하는 경우는 다음과 같다.
- 임지에 들어간 비용을 회수하려고 할 때
- 임지에 들어간 자본의 경제적 효과를 알고자 할 때
- 임지의 생산력을 몰라 매매가 혹은 기망가의 방법으로 평가가 곤란할 때

(3) 수익방식

① 임지기망가

㉠ 장차 발생될 것으로 기대되는 수익의 합계를 기망가라 하며 임지기망가는 임지의 사업을 영구적으로 실시한다는 가정으로 토지에서 기대되는 순수익의 현재 합계를 말한다.

㉡ 임지기망가 계산은 아래와 같다.

A_u : u 년의 주벌수익 C : 조림비 P : 이율	$C_a, C_b, \sim, C_z$: 각 년도별 간벌수익 v : 관리비

$$B_u = \frac{A_u + C_a(1+P)^{u-a} + C_b(1+P)^{u-b} + \sim + C_z(1+P)^{u-z} - C(1+P)^u}{(1+P)^u - 1} - \frac{v}{P}$$

② 임지기망가 공식에 근거한 영향 인자

주벌, 간벌 수익	수익이 클수록 임지기망가도 커진다.
조림비, 관리비	조림비, 관리비가 클수록 임지기망가는 작아진다.
이율	이율은 낮을수록 임지기망가는 커진다.
벌기	벌기가 커지면 임지기망가는 증가한다. 단, 최대시기 도달 이후는 점차 감소한다.

③ 임지기망가 최대값

임지기망가의 최대값에 빠르게 도달하기 위한 요소들과 조건은 아래와 같다.

주벌수익	증대속도가 낮아질수록 최대값에 빨리 도달한다.
간벌수익	간벌수익이 클수록 그 시기가 이를수록 최대값에 빨리 도달한다.
이율	이율이 클수록 최대값에 빨리 도달한다.
조림비	작을 수록 최대값에 빨리 도달한다.
채취비	작을수록 최대값에 빨리 도달한다.
관리비	최대값과 무관하다.

④ 임지기망가 단점

㉠ 임지기망가법은 동일한 작업법을 영구히 계속함을 전제로 하지만 현실적으로 장기간에 걸쳐 동일한 시업방법을 영속적으로 하는 것은 불가능하다.

㉡ 수익과 비용의 인자는 영구히 변하지 않는 것으로 가정하나 일반적으로 각 인자들은 수시로 변하기에 임지기망가 평가시점에 따라 가변적이며 마이너스 값이 발생할 수 있다.

㉢ 임업이율은 임지기망가에 미치는 영향이 매우 크지만 이율에 대한 객관적 근거가 없다.

㉣ 단벌기로 인해 임지의 황폐화가 진행된다.

(4) 비교 방식

① 임지매매가는 시장에서 판매되는 가격으로 시장가격이라고도 한다.

② 직접비교법은 거래사례와 비교하여 가격을 산정하고 간접비교법은 임지를 개발지역으로 조성하고 이를 매각할 경우와의 가격을 비교한다. 직접비교법에는 대용법과 입지법이 있다.

③ 임지매매가는 장령기 이상의 임목은 실제 시장에서 유통되는 가격을 기준으로 목재를 운반하는 등의 별도 비용을 공제하면 대략적 임목의 매매가의 역산이 가능하다.

④ 임지매매가는 아래의 식에 의해 도출된다.

$$B = B' \times \frac{S}{S'} \times \frac{L}{L'}$$

B : 평가 임지의 단위면적당 가격
B' : 근처 혹은 인접한 임지의 단위면적당 가격
S : 평가 임지의 지위 등급별 지수
S' : 근처 혹은 인접 임지의 지위 등급별 지수
L : 평가 임지의 지리 등급별 지수
L' : 근처 혹은 인접 임지의 지리 등급별 지수

9. 임목평가

(1) 임목평가의 개요

① 임목 평가는 임목의 가격을 평가하는 것으로 임목의 상태에 따라 적용하는 방법에 차이가 있으며 아래와 같다.

유령림	임목비용가법
벌기 미만 장령림	임목기망가법
중령림	임목비용가법, Glaser 법
벌기 이상 임목	시장가역산법

② 임목의 평가 방법의 종류와 분류는 아래와 같다.

원가방식	원가법, 비용가법
수익방식	수익환원법, 기망가법
원가수익절충방식	Glaser 법, 임지기망가응용법
비교방식	매매가법, 시장가역산법

③ 원가법은 실제 원가의 누계를 평가액으로 하는 방법이다.
④ 수익환원법은 미래 평가대상의 산림에 기대되는 순수익을 할인율로서 평가시점에 있어서의 가격으로 할인하여 산림가격을 평정하는 방법이다. 예상이익을 현재의 가치로 환산하여 임목의 가치를 평가하는 방법이다.

(2) 유령림의 임목평가

① 임목비용가법

임목비용가법은 조림비, 지대, 관리비의 합계에서 간벌수입을 제외할 경우 임목비용가가 도출되며 구하는 방법은 아래와 같다.

$$H = (B+V)[(1+P)^m - 1] + C(1+P)^m - \sum D_a(1+P)^{m-a}$$

B : 임지가격, V : 관리비, P : 이율, C : 조림비, $\sum D_a$: a년도 간벌수익
H : 임목비용가, m : 임목비용가를 구할 때의 년수

(3) 벌기 미만인 장령림의 임목평가

① 임목기망가법은 임분이 벌기에 도달할 때까지 얻을 수 있는 간벌수익, 주벌수익 등 총수익의 현재가를 벌기까지 들어갈 총비용의 현재가로 차감하여 구한 것을 말한다.

② 벌기 미만의 장령림 임목평가 계산은 주벌, 간벌의 수익과 경비를 아래와 같이 구하도록 한다.

A_u : u 년 일때 주벌수익	D_a : a 년의 간벌수익
B : 임지가격	V : 관리자본
P : 이율	

  ㉠ 주벌수익 : 벌기 u 년 일때 A_u 발생했을때 m년생의 현재가는 아래와 같다.

  $$\frac{A_u}{(1+P)^{u-m}}$$

  ㉡ 간벌수익 : m 년생 이후 벌기까지 발생되는 간벌수입의 현재가의 합계가 a 년에 D_a 만큼 수입이 발생할 경우 아래와 같다.

  $$\frac{D_a(1+P)^{u-a}}{(1+P)^{u-m}}$$

  ㉢ 벌기 미만의 장령림

  $$H = \frac{A_u + D_a[(1+P)^{u-a}] + \approx - (B+V)[(1+P)^{u-m} - 1]}{(1+P)^{u-m}}$$

② 벌기 미만의 장령림 임목기망가의 영향인자

  ㉠ 수입이 클수록 임목기망가는 커진다.
  ㉡ 경비가 작을수록 임목기망가는 커진다.
  ㉢ 이율이 작을수록 임목기망가는 커진다.

(4) 중령림의 임목평가

① Glaser 법

㉠ Glaser 법은 중령림의 가격 평정을 위해 임목비용가법과 임목기망가법의 중간적인 방법으로 만들어진 방법이다.

$$A_m = (A_u - C) \times \frac{m^2}{u^2} + C$$

A_m : m년 일 때의 임목가격, A_u : 벌기 일 때의 임목가격

C : 조림비 원가, u : 벌기, m : 임목의 현재임령

㉡ Glaser 보정식

C년 때 조림비의 미래가 합계를 A_c로 표시할 경우는 다음의 공식을 적용한다.

$$A_m = (A_u - A_c) \times \frac{(m-c)^2}{(u-c)^2} + A_c$$

㉢ 마르티나이트(Martineit) 공식

$$임목가 = 표준벌기\ 임목가격 \times \frac{평가대상\ 임목의\ 연령^2}{표준벌기^2}$$

(5) 벌기 이상의 임목평가

① 시장가 역산법

㉠ 원목이 시장에 유통되는 가격을 먼저 조사하고 시장가격에서 벌채 등 운반에 필요한 비용을 공제하여 임목의 가격을 역으로 구하는 방법이다.

㉡ 실제 임목매매가가 많이 적용되는 방법이며 공제 사항은 벌목비, 조재비, 하산비, 운반비, 이자, 잡비 등이 주요 항목이며 계산공식은 아래와 같다.

$$X = f\left(\frac{A}{1+mP+r} - B\right)$$

X : 단위 재적당 임목가격, f : 조재율, P : 월이율,

m : 자본 회수 기간, r : 기업이익, B : 단위재적당 벌목, 운반 비용

10. 산림경영분석

(1) 산림자산

① 산림의 자산으로 생산자산과 유동자산이 있으며 생산자산에는 고정자산, 유동자산, 임목자산으로 분류되며 유통자산은 현금 및 증권등이 있다.

고정자산	임지, 건물, 기계 등
유동자산	미처분임산물, 묘목, 비료, 종자 등
임목자산	임목축적

② 일반적으로 자산은 자본과 부채의 합으로 나타낸다.

(2) 부채

정부의 재정자금, 은행의 차입금이나 미불금 등의 재산 혹은 다른 투자자의 자본 등을 부채라고 한다.

(3) 감가상각

자산의 가치가 사용 및 시간에 따라 점차 감소하는 것을 감가라 하고 이를 보상하는 내용을 감가상각이라 한다.

① 감가의 종류

물질적 감가는 사용 및 자연적 감가를 의미하며 진부화 및 부적응에 의한 감가는 기능적 감가라 한다.

물질적 감가	사용에 의한 감가, 자연적 감가
진부화 감가	기술의 발달로 인한 진부화
부적응 감가	사업의 변화 및 확장 등으로 인한 설비의 부적응

② 감가상각액 계산법

㉠ 감가상각액의 계산방법으로 정액법, 정률법, 급수법, 비례법, 연수합계법 등이 있다.
㉡ 정액법

가장 간단하고 보편적인 계산법으로 매년 일정액이 감소한다는 가정이며 계산은 아래와 같다.

$$D = \frac{C-S}{N}$$

D : 감가상각비, C : 구입가격, N : 연수, S : 폐물가격

ⓒ 정률법

매년 일정비율로 감가된다는 가정으로 계산법은 아래와 같다.

$$r = 1 - \sqrt[n]{\frac{S}{C}}$$

r : 상각률,   S : 폐물가격,   C : 구입가격,   n : 내용연수

ⓔ 급수법

내용연수가 지나도 미상환액이 남지 않는 특징이 있으며 계산법은 아래와 같다.

$$D_a = \frac{2K(n+a+1)}{n(n+1)}$$

D_a : a년도의 감가상각비,   K : 상각총액,   n : 내용연수

ⓜ 비례법

고정설비의 사용 정도에 따른 상각액을 정하는 것으로 계산법은 아래와 같다.

$$D = (C-S) \times \frac{W}{T}$$

D : 감가상각비,   C : 구입가격,   S : 폐물가격

W : 작업시간수,   T : 자산존속기간 때 총작업시간수

ⓗ 연수합계법

기간이 지날수록 감가상각비가 감소하며 계산법은 아래와 같다.

$$D = (C-S) \times \frac{N}{1+2+\approx+n}$$

D : 감가상각비,   C : 구입가격,   S : 폐물가격

N : 잔존연수,   n : 내용연수

(4) 현황분석

① 임목자산의 구성

고정자산구성비율	$\dfrac{\text{고정자산}}{\text{경영자산}} \times 100$
유동자산구성비율	$\dfrac{\text{유동자산}}{\text{경영자산}} \times 100$
임목자산구성비율	$\dfrac{\text{임목자산}}{\text{경영자산}} \times 100$

② 임목자산 변동

임목자산의 증감률	$\dfrac{\text{연도 내 증감액}}{\text{연도 초 재고액}} \times 100$
임목성장액의 내부보유율	$\dfrac{\text{연도 내 성장액} - \text{연도 내 매각액}}{\text{연도 내 성장액}} \times 100$

(5) 성과분석

① 산림경영 분석

산림소득은 경영의 결과에 의해 나타난 직접적 소득으로 임업경영의 결과를 보여주는 가장 정확한 지표이다. 산림순수익은 노동에 의해 경영된다고 가정한 성과지표이며 임업소득, 임업순수익은 면적이 넓어질수록 증가한다.

산림소득	산림조수익 - 산림경영비
산림순수익	・산림소득 - 가족노임추정액 ・산림조수익 - 산림경영비 - 가족노임추정액
산림조수익	산림현금수입 + 산림생산물 가계소비액 + 미처분 임산물증가액 + 산림생산자재 재고 증가액 + 임목생장액
산림경영비	산림현금지출 + 감가상각액 + 미처분 임산물재고감소액 + 산림생산자재 재고 감소액 + 주벌 임목 감소액

② 산림 소득 및 산림 순수익

임가소득은 임업을 경영한 임가에서 1년 동안 얻어진 성과의 합계를 의미하며 그 외 의존도, 소득률 등을 구하는 방법은 아래와 같다.

임가소득	산림소득 + 농업소득 + 기타 소득
산림의존도	$\dfrac{산림소득}{임가소득} \times 100$
산림소득률	$\dfrac{산림소득}{산림조수익} \times 100$
산림소득가계충족도	$\dfrac{산림소득}{가계비} \times 100$
자본수익률	$\dfrac{순수익}{자본} \times 100$

(6) 육림비 분석

① 육림비
  ㉠ 임목생산에 위한 비용의 원리합계를 육림비라 한다.
  ㉡ 육림비는 대부분 평정이율에 의해 계산되어 이율의 영향을 많이 받는다.
  ㉢ 경비 절감을 위해서는 비용의 대부분인 노임에 대한 분석이 필요하다.

② 육림비 구성 요소

노동비	가족노임추정액, 고용노임 등
직접재료비(유동비용)	종자, 비료, 묘목 등
공통재료비(고정비용)	건물 및 기계 유지비, 임대료 등
감가상각비	토지를 제외한 고정자본
지대	고정자산액 중 임목 부분
이자	육림비에서 가장 많은 영향을 줌

11. 손익분기점의 분석

(1) 수익과 비용

① 손익은 총수익과 총비용이 일정 기간동안 분석을 통해 경영활동의 결과를 분석하는 것으로 순수익은 총수익에서 총비용을 감한 값을 말한다.
② 손익계산서는 특정 기간동안의 기업의 성과를 나타낸다. 경영의 성과를 보고 미래의 이익에 대해 예측하는 정보로 활용된다.

(2) 손익분기점분석

경영의 목적은 이윤의 극대화에 있으며 정확한 계획 아래 최적의 판매량과 생산량을 결정해야 한다. 그런 점에서 손익분기점은 산림경영을 결정하는데 있어 중요한 요소이며 다음과 같은 가정을 전제로 한다.
㉠ 제품 판매량은 일정하다.
㉡ 비용이 고정비와 변동비로 구분된다.
㉢ 판매 단위당 변동비가 일정하다.
㉣ 고정비는 생산량 수준에 관계없이 100% 생산능력까지 일정하다.
㉤ 생산량과 판매량은 항상 같다.
㉥ 생산의 효율성은 항상 일정하다.

(3) 손익분기점의 분석방법

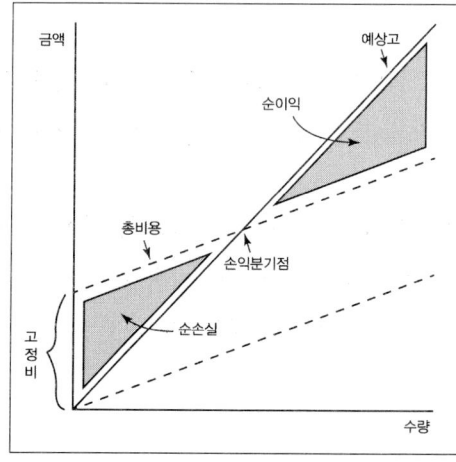

$$판매량 = \frac{고정비용}{판매가 - 가변비}$$

$$총비용 = 고정비 + (가변비 \times 판매량)$$

$$총수익 = 판매가 \times 판매량$$

12. 산림투자 결정

(1) 투자효율의 측정

① 산림투자는 자본의 유동에 있어 시간의 가치를 고려한 순현재가치법, 내부투자수익률법, 수익-비용률법이 있고 시간의 가치를 고려하지 않는 회수기간법, 투자이익률법으로 구분된다.
② 순현재가치법은 사업에 모든 비용과 편익을 기준년도의 현재가치로 할인하여 편익에서 총 비용을 제한 값을 의미한다. 순현재가치가 0 보다 크면 경제적 타당성이 있다고 판단하고 0 보다 작으면 경제적 타당성이 없다고 결정한다.
③ 내부투자수익률이란 순편익이 0이 되는 이자율의 크기로 투자효율을 평가하는 방법이다. 투자에 의해 장래에 예상되는 현금의 유입과 유출의 현재가가 동일하게 되는 할인율로 투자효율을 결정하게 된다.
④ 수익-비용률법은 투자비용과 투자에 의해 기대되는 수익에 대한 비율로서 1 보다 크면 투자가치가 있다고 간주한다.
⑤ 회수기간법은 회수기간은 투자에 소요된 비용을 회수하는데 걸리는 기간이며 빨리 회수되는 투자안일수록 투자가치가 높다고 간주한다.
⑥ 투자이익률법은 연평균투자액에 대한 연평균순이익의 비율을 구하여 투자 효율을 평가하는 방법이다. 이 방법은 투자액의 절대적 크기와 화폐의 시가적 가치를 고려하지 않는다.

(2) 불확실성과 감응도 분석

① 자재비용, 노임 혹은 제품의 가격, 사업기간 등이 수시로 변화되는데 이같은 미래에 대한 불확실성을 분석에 포함시키려는 시도가 바로 감응도분석 (Sensitivity Analysis)이다.
② 감응도분석은 편익과 비용의 주요 결정인자에 대하여 가장 불확실성이 큰 것으로 예상되는 인자에 대해 상이한 값을 적용하여 투자사업의 선택기준 (NPV, B/C율, IRR)이 얼마나 민감하게 변화되는 가를 측정하는 것을 말한다.

13. 소유별 산림경영

① 국유림 경영
- ㉠ 우리나라 국유림은 전체 산림면적의 26%를 차지하고 있으며 산림청 소관의 요존국유림, 불요존국유림, 타 부처 소관 국유림으로 구성되어 있다
- ㉡ 요존국유림은 국유림관리소에서 관리하며 불요존국유림은 국유림이 있는 시·도에 위임하여 관리하고 있으며 타 부처 소관 국유림은 문화체육관광부·교육부·국방부 등에 속해 있다.
- ㉢ 국유림 경영의 주목표로 산림보호의 기능, 임산물 생산의 기능, 휴양과 문화의 기능, 인력고용의 기능, 경영의 개선이 있다.
- ㉣ 산림 이용 구분에 따른 보전산지에는 임업용과 공익용이 있으며 종류는 아래와 같다.
  - 임업용 : 요존국유림, 채종림, 실험림 등
  - 공익용 : 보호림, 휴양림 및 그 외 보호구역 등

② 공유림 경영
- ㉠ 공유림은 전체 산림 면적의 7% 차지하고 있으며 주로 도유림(154,248ha)과 군유림(333,363ha)으로 구성되어 있다. 공유림은 국유림에서 양여된 것으로 경영목적은 공공복지의 증진, 재적수입의 확보, 사유림 경영의 시범에 두고 있다.
- ㉡ 재적수입의 확보를 통해 국민의 납세부담을 완화하는 것을 목적으로 한다.

③ 사유림 경영
- ㉠ 사유림은 전체 산림면적의 67%를 차지하고 있으며 축적으로는 64% 차지하고 있다.
- ㉡ 사유림은 소유규모에 따라 다음과 같이 경영형태가 분류된다.

구분	면적	특징	산주비율	면적비율
농가임업	5ha 미만	목재생산 목적보다 농용재 및 개인 용도 등으로 사용	90%	35%
부업적임업	5~30 ha	농업과 부업적 경영을 목적	9.6%	37%
겸업적임업	30~100 ha	농업, 축산업등의 다른 사업과 함께 임업을 경영	0.4%	13%
주업적임업	100 ha 이상	임업경영을 주목적으로 별도의 경영진을 보유	0.01%	13%

14. 복합임업경영

(1) 복합임업경영

① 복합산림경영은 산림생산 외에 다른 수입원을 통해 이익을 창출하는 것을 말하며 농지임업, 비임지임업, 혼농임업, 혼목임업, 양봉임업, 부산물임업, 수예적임업, 관광임업이 있다.

② 농지임업

농지의 주변 및 산지에 유실수, 속성수 등을 심어 빠른 수입을 얻는 형태를 말한다.

③ 비임지임업

임지 외 하천, 도로 등에 속성수, 연료목 등을 식재하여 수입의 다원화를 이루는 형태를 말한다.

④ 혼농임업

임지의 일부에 수목과 함께 특용작물 등을 재배하는 형태를 말한다.

⑤ 혼목임업

일정기간 동안 산림에 가축을 방목하는 형태를 말한다.

⑥ 양봉임업

산림 내 양봉을 하는 형태를 말한다.

⑦ 부산물임업

산림 내의 부산물을 통해 소득을 얻는 형태를 말한다.

⑧ 수예적임업

일종의 미화용이나 관광수 등으로 수입을 올리는 형태를 말한다.

⑨ 관광임업

산림에 휴양 및 관광시설을 만들어 입장료 등의 수입을 올리는 형태를 말한다.

⑩ 수렵임업

야생동물을 보호, 증식하여 산림에서 수렵장 수입을 올리도록 하여 산림수입의 증가를 도모한다.

(2) 협업경영 및 형태

① 협업경영

㉠ 투자능력이 부족한 영세사유림소유자들이 소유하고 있는 임지, 노동, 자본 등의 생산요소를 상호결합, 공동화함으로써 경영규모를 확대하여 합리적인 경영을 위한 경영형태이다.

㉡ 협업경영은 공동출자, 공동출역, 균등분배를 원칙으로 하고 있으므로 이 원칙이

지켜지지 않을 경우 문제가 발생한다.

② 협업
- ㉠ 협업은 규모가 작은 경영자들이 자본과 노동을 합쳐 대형시설의 확대 및 판매, 구매, 기술의 고도화 등을 도모하는 조직 활동이다.
- ㉡ 협업의 형태는 조직과 목적에 따라 공동작업, 공동이용, 공동관리, 협업경영 등이 있다.
- ㉢ 공동작업, 공동이용, 공동관리는 직접 순수익을 거두는 것이 목적이 아니고 공동의 조직으로 개별경영을 강화하는데 목적이 있다.

③ 공동작업
- ㉠ 노동력 부족을 극복하기 위한 공동작업을 말한다.
- ㉡ 작업장소에서 출석, 지각, 조퇴 등을 정확히 확인한다.
- ㉢ 공동작업은 작업계획은 모든 사람이 같이 협의한다.

④ 공동이용
- ㉠ 고가의 장비를 구입할 경우 공동으로 구입하여 이용하도록 한다.
- ㉡ 국내의 산림 경영 규모상 임업기계의 연속 가동 일수가 짧아 공동이용 및 구매가 유리하다.

⑤ 공동관리
개인이 충분한 기술을 갖추지 못할 경우 특정 전문가 혹은 조직과 함께 공동으로 관리함을 말한다.

15. 산림경영의 특성

(1) 기술적 특성

① 생산기간이 길다
- ㉠ 산림에 투자하여 수확까지 약 60~70년 걸리므로 경영에 있어 곤란하다. 그래서 임업은 대부분 부업 혹은 겸업적으로 경영되는 편이다.

② 후계림 조성 등 재생산 가능한 자원이다.
- ㉠ 동일한 토지에서 다양한 갱신 방법을 통해 후계림 조성이 가능하며 이를 통해 지속적으로 재생 가능한 자원이라 할 수 있다.
- ㉡ 인공적 조림이나 관리를 통해 재적량을 조절할 수 있다.

③ 자연조건에 영향을 많이 받는다.
- ㉠ 산림은 면적이 넓을 뿐 아니라 지형이 험하여 인력으로 생육환경 조절이 어렵다.

ⓛ 임업은 파종, 식재, 시비, 관수, 약제살포 등의 인공적 조절은 한정된 범위에서 실행되기에 자연을 활용하는 방법을 강구해야 한다.

④ 임목의 성숙기 및 수확 시기 등이 일정하지 않다.
　㉠ 임목의 성숙기는 열매가 맺는 생리적 시기와 밀접한 관계가 없어 수확시기에 문제가 있다.
　ⓛ 임목의 경제적 성숙기는 경영목적, 임목 종류, 입지 조건에 영향을 받아 달라진다.

⑤ 기후 및 지력에 대한 요구도가 낮다.
　㉠ 임목은 생리적으로 강하기 때문에 토지의 비옥도가 낮은 곳이나 기후가 한랭한 곳에서도 잘 자란다.
　ⓛ 다른 용도로 사용하지 못하는 토지(하천부지, 철도변, 도로변, 공한지, 한랭지, 습지 등)에도 나무를 심어 국토 미화 및 환경을 보전하면서 산림자원을 조성할 수 있다.

(2) 경제적 특성

① 생산기간이 긴 만큼 자본회수 역시 장기적이다.
　㉠ 용재 생산을 위한 목재의 기간을 60~70년 기준으로 하기에 생산기간이 매우 길어 자본회수를 위한 기간 역시 장기적이다.
　ⓛ 이를 개선하기 위해서는 지속적으로 수확 및 벌채가 가능하도록 성숙기를 유도해야 한다.

② 무게 및 부피가 재화의 단위이며 원목 가격의 대부분은 운반비이다.
　㉠ 임목은 무겁고 부피가 커서 운반비가 많이 든다. 교통이 불편한 오지의 경우 운반비의 비중이 더욱 크게 된다.
　ⓛ 목재시장에서 원목가격요소에서 운반비가 차지하는 비중은 원목가격의 2/3을 넘는 경우가 많다.

③ 노동에 있어 농업 대비 계절적 제약이 적은 편이다.
　㉠ 임업노동은 조림, 벌채, 운반 등의 다양한 노동이 있으며 조림노동을 제외하고는 계절적 제약을 덜 받는다.
　ⓛ 농한기의 잉여 노동력을 잘 이용한다면 부족한 노동력을 적절히 이용할 수 있으며 농·산촌의 소득을 높여주는 노동기회의 제공이 된다.

④ 임업생산방식은 자금과 노력이 적게 들어 조방적인 편이다.
　㉠ 임업의 생산요소인 노동·자본 및 임지의 활용상태가 간단하다.
　ⓛ 단위면적당 노동량은 농업에 비하여 적고 자본도 많이 들지 않는다.

⑤ 임업은 공익성이 커서 제한성이 많다.
  ㉠ 국민의 편의를 위한 공공적 이익은 매우 크다.
  ㉡ 임산물의 생산뿐 아니라 국토보존, 수원함양, 자연환경 보호, 보건휴양 향상 등으로 보안림이나 자연공원, 국립공원의 경우 제한성이 따르기 때문에 임업경영에 지장을 주는 경우가 있다.

⑥ 육성임업과 채취임업이 병존한다.
  ㉠ 육성임업은 인공적으로 육성한 임목을 벌채·수확하는 임업을 말한다.
  ㉡ 채취임업은 천연적으로 생육한 천연림의 임목을 벌채·수확하는 임업을 말한다.
  ㉢ 임업의 발달은 채취임업이 시작되고 이후 목재소비가 많아지면서 천연림만으로 수급이 어려워지면서 인공조림이 시작된다.

⑦ 자본 및 수확물이 명확하게 구분되어 있지 않다.

⑧ 산림경영 특성상 대규모 경영에 알맞다.

16. 산림경영의 생산요소

(1) 산림노동

① 국내의 산림면적이 높음에도 국민에게 많은 노동의 기회가 제공되지 않는 것은 임업이 자본집약적인 산업이면서 노동조방적인 산업이기 때문이다.

② 임업노동은 넓은 면적에 대한 작업이라 관리 감독이 어려운 편이며 이동시간도 길어 실제로 작업할 수 있는 시간이 매우 짧다. 그렇기에 단위면적당 노동량은 유사 작업인 농업에 비해서 상대적으로 적다.

③ 이러한 산림노동능률을 향상시키기 위한 방안은 아래와 같이 정의한다.

· 노동기구 및 장비의 개량	· 전문 산림작업단의 구성
· 작업의 공동화 및 능률화	· 작업자의 합숙소 운영 및 관리
· 노동배분의 합리화	· 휴양 및 의료 시설의 구비
· 효율적 작업로의 설치	

④ 임업노동 특성
  ㉠ 산림면적은 넓고 험하기에 자재의 수송 및 관리 감독이 어렵다. 작업장소까지의 이동시간이 길어 실제 작업시간은 짧은 편이다.
  ㉡ 산림은 험하기에 기계의 도입이 어렵고 임업경영규모가 작아 기계의 연속가동 일수가 짧다. 그래서 기계를 구입할 경우 공동으로 구입하여 사용하도록 한다.
  ㉢ 단위면적당 노동량이 적어 노동분쟁이 거의 없다.

ⓔ 농업노동력을 벌채·운반 노동에 이용하려면 별도의 훈련이 필요하다.
　　ⓜ 조림·육성노동은 농업의 잉여노동력을 이용하기에 산림작업을 농한기에 배분하도록 한다.
　　ⓗ 국내의 산림면적이 높음에도 국민에게 많은 노동의 기회가 제공되지 않는 것은 임업이 자본집약적인 산업이면서 노동조방적인 산업이기 때문이다.

(2) 임지

① 임지의 특성
　　㉠ 임지는 넓고 험하며 높은 지대에 위치하고 있어 집약적인 작업이 어렵다. 또한 교통이 불편하여 단위면적당 생산성이 농업에 비해 낮은 편이다.
　　㉡ 임지는 환경 및 수직적인 분포에 따라 다양한 임목이 생육한다.
　　㉢ 임지는 일반적으로 비싸지 않은 편이라 적은 자본으로 임지 구입이 가능하다.
　　㉣ 임지는 특성상 매매가 잘 이루어지지 않는 고정자본으로 자본의 유동 및 회수가 어려운 편이다.
　　㉤ 임지는 임업 이외의 용도로 변경이 가능하다.
　　㉥ 임지는 농지와 같은 부동산으로 가격 상승이 있어 자산보유적 견지에서 임지를 소유하기도 한다.
　　㉦ 임지는 별도의 소모가 적어 자체 유지비는 적은 편이다.

② 임지의 생산력
　　㉠ 임지의 생산력을 측정하는 지표는 임목재적의 생장량 혹은 수확량이다. 생산능력의 구체적인 기준지표는 임분의 생장량표나 수확표가 있다.
　　㉡ 재적생산력을 나타내기 위해 지위라는 개념이 있으나 목재생산의 입장에서 지위에 의한 재적생산력 만으로는 불충분하고 임지의 가격생산력을 알기 위해서는 지리라는 경제적 개념을 추가하여 결정한다.

(3) 자본재

① 자본재
　　㉠ 자본재는 고정자본재와 유동자본재로 구분된다.
　　㉡ 고정자본재의 종류는 아래와 같다.
　　　　• 고정자본 : 임지, 건물, 벌목 기구 및 기계 등
　　　　• 기타자본 : 임도, 차량 및 제재 장비 등
　　㉢ 유동자본재의 종류는 아래와 같다
　　　　• 조림비 : 종자, 묘목, 비료 등의 자본

- 사업비 : 벌목, 운반, 제재 등의 소비 자본
  - 관리비 : 감독비, 사무비, 기타 공과잡비 등의 자본

② **임목축적**
  ㉠ 임목축적은 미래에 목재를 거두는데 임지에 있는 임목을 말한다. 임목축적은 벌채 전을 고정자본재, 벌채 후를 유동자본재로 취급한다.
  ㉡ 임목축적은 해마다 재적생장, 형질생장, 등귀생장을 한다.
  ㉢ 생산수단(임목축적)과 수확(생장량)의 분리가 곤란하다.
  ㉣ 임목축적은 시간이 지날수록 생장을 계속하면서 임지의 보호, 치수보호, 다른 임목의 형질증진, 풍경의 유지, 수원함양 등의 다양한 역할을 하면서 간접적 가치생산을 하게 된다.

③ **생장의 종류**
  ㉠ 재적생장
    지름과 수고의 증가에 따른 부피증가이다. 임목의 양적증가는 수고, 직경, 단면적, 재적 등의 생장량으로 파악이 되지만 재적생장은 연년 생장, 정기생장, 총생장, 평균생장이 있다.
  ㉡ 형질생장
    지름이 커지고 재질이 좋아지면서 단위재적당 가격상승이 나타나게 된다. 일정 기간에 임목의 형질이 변하기에 발생하는 차이로 재적생장에 따라 임목의 경급이 상위 경급이 되고 재종이 향상되기에 발생하는 단가의 차이이다. 동일 수종에서도 대경재의 단위재적당 단가는 소경재의 단위재적당 단가보다 상대적으로 높게 된다.
  ㉢ 등귀생장
    물가 상승과 도로의 개설로 인한 운반비 절약으로 산림의 임목가격이 상승하게 된다. 어느 기간 동일 재종의 임목단가의 차이로 수급관계에서 임목가격이 변동하는 절대적 등귀생장과 화폐가치의 변동으로 인한 임목가격이 변동하는 상대적 등귀생장이 있다.
  ㉣ 가격생장
    어느 기간의 임목가격의 변동을 가격생장이라 한다.

(4) 자본장비도

① 경영의 총자본인 고정자본과 유동자본의 합을 종사하는 사람의 수로 나눈 값을 자본장비도라 한다.
② 고정자본을 종사자의 수로 나눈 경우를 기본 장비도라 정의 한다.
③ 보통 농림업의 자본장비도는 고정자본에서 임지 부분은 제외하는 것이 일반적이다.

$$\text{자본장비도} = \frac{\text{총자본}}{\text{종사자수}} \quad \text{기본장비도} = \frac{\text{고정자본}}{\text{종사자수}} \quad \text{자본효율} = \frac{\text{산림소득}}{\text{총자본}}$$

④ 자본장비도를 임업에 적용할 경우 임목축적에 해당하며 자본효율은 생장율에 해당한다.
⑤ 자본효율은 산림소득을 자본으로 나눈 것으로 자본이 많아지면 자본효율은 낮아진다.

(5) 임분밀도

① 임분밀도는 임목의 축적량, 임지 이용도, 임목 경쟁강도 등을 평가하며 임분밀도가 높을수록 임목의 생장률은 감소한다.
② 임목밀도는 단위면적당 임목본수, 흉고단면적, 상대밀도, 임분밀도지수, 상대임분밀도, 수관경쟁인자, 상대공간지수, 재적 등을 척도로 사용한다.
③ 수관경쟁인자는 임목수관의 지상투영면적의 백분율을 말한다.
④ 상대공간지수는 우세목의 수고에 대한 입목간 평균거리를 백분율로 나타낸다.

17. 산림측량과 산림구획

(1) 산림측량

① 산림측량은 주위측량, 산림구획측량, 시설측량으로 분류한다.
② 주위측량은 산림의 경계선을 명백히 하고 면적을 정하기 위해 경계를 따라 주위측량을 실시한다.
③ 산림구획측량은 주위측량 이후 산림구획계획이 정해지면 임반, 소반의 구획선 및 면적을 산출하기 위해 산림구획측량을 실시한다.
④ 시설측량은 교통로 및 운반로 개설과 산림경영에 필요한 건물 예정지에 대한 측량을 실시한다.

(2) 산림구획

① 경영대상산림의 면적이 넓고 지종, 지황, 임황이 상이한 경우 효율적인 경영을 위하여 산림을 적당히 구획하는 것을 의미한다. 경영대상 산림은 사업구, 임반, 소반으로 구획하게 되는데 사업구는 경영안 편성과 독립경영의 단위가 되며 사업구는 다시 임반, 소반으로 구획하게 된다.
② 임반
  ㉠ 가능한 100ha 내외고 구획하며 불가피한 경우 조정이 가능하다.
  ㉡ 구획은 능선, 하천, 도로 등 자연경계나 도로 등 고정적 시설을 따라 확정한다.
  ㉢ 산림경영계획구 유역 하류에서 시계방향으로 아라비아 숫자로 표기한다.
  ㉣ <1-0>은 1임반을, <1-2>은 1임반 2보조임반을 의미한다.
  ㉤ 임반의 구획 이유는 다음과 같다.
    · 위치를 명확하게 하고 산림상태를 정정하는데 편리하다.
    · 벌채 개소의 경계가 되고 벌구를 정리하여 경영의 합리화를 도모한다.
    · 측량 및 임지의 면적을 계산하기 편리하다.
③ 소반
  ㉠ 최소 1ha 이상으로 구획하며 부득이한 경우 소수점 한자리까지 가능하다.
  ㉡ 소반 구획은 아래와 같은 차이가 있을 경우 구획한다.
    · 지종이 상이할 때
    · 임상, 작업종이 상이할 때
    · 임령, 지위, 지리 혹은 운반계통이 상이할 때
    · 기능이 상이할 때
  ㉢ <1-0-1>은 1임반 1소반을, <1-0-1-2>은 1임반 1소반 2보조소반을 의미한다.

(3) 부표와 도면

① 산림의 부표는 산림의 구획, 조사 결과 등을 기록하는 표 형태의 자료이고 도면은 이를 시각적으로 표현한 지도이다.
② 부표에는 경계부, 면적표, 지위 및 지리별 면적표, 지종 및 임상 등 면적축적표, 산림조사부 등이 있다.
　㉠ 산림조사부는 임황 및 지황 조사 결과를 임소반에 기록하여 산림현황을 나타낸 표를 말한다.
　㉡ 경계부는 소유경계 확인을 위한 경계측량을 한 결과의 표이다.
　㉢ 면적표는 임소반별 입목지, 미입목지, 제지 등을 구분하여 면적을 기재한다.
③ 도면에는 위치도, 경영계획도, 목표임상도, 산림기능도가 있으며 이 도면들은 국유림경영계획서에 사용되는 도면이다.
　㉠ 위치도는 국유림을 경영관리하기 위한 기본정보를 표현한 도면이다.
　㉡ 경영계획도는 경영계획에 의하여 편성된 10년 계획을 표현한 도면이다.
　㉢ 목표임상도는 적지적수도와 현 임상을 종합적으로 고려하여 당해 임지에서 추구하고자 하는 목표임상을 표현한 도면이다.
　㉣ 산림기능도는 산림을 6개의 기능으로 구분한다.

18. 지황조사

(1) 지황조사

① 산림조사는 산림의 합리적인 경영계획을 수립하기 위한 정보를 수집하기 위하여 행해진다.
② 산림조사는 크게 지황조사와 임황조사로 나뉘는데, 지황조사는 해당 산림에서 임목의 생육에 영향을 미치는 지형적 그리고 환경적 특성을 조사하는 것이다.
③ 지황조사에서 조사하는 사항은 위치, 기후, 지세, 토지, 지위, 그리고 지리 등이 포함된다.

(2) 지종

① 소반의 지종 구분은 입목지와 무입목지로 구분하고 소반이 법률에 의거 지정된 법정임지일 경우 지정사항과 면적을 기재한다.
② 소반의 전체 면적을 입목지와 무입목지로 구분하고 그 소반을 법정지정림이 있을 경우 지정된 면적을 기재한다.

③ 입목지와 무입목지

입목지	임목재적의 비율이 30% 초과하는 임분
무입목지	• 미입목지 : 임목재적의 비율이 30% 이하인 임분 • 제지 : 암석 및 석력지로 조림 불가 지역(도로, 하천, 암석지 등)

④ 법률에 의거 지정된 임지를 법정지정림이라 한다.

(3) 방위

소반의 주 사면 방향을 동, 서, 남, 북, 남동, 남서, 북동, 북서 8방위로 구분한다.

(4) 경사도

임지의 주경사도를 기준으로 아래와 같이 구분한다.

구분	기준
완경사지(완)	경사 15° 미만
경사지(경)	경사 15~20° 미만
급경사지(급)	경사 20~25° 미만
험준지(험)	경사 25~30° 미만
절험지(절)	경사 30° 이상

(5) 표고

지형도에 의거 최저에서 최고로 표시한다.

(6) 토성

B층 토양의 모래, 미사, 점토의 함량에 대해 조사자가 토양의 촉감으로 구분한다.

구분	기준
사토	모래가 대부분인 토양
사양토	모래가 약 1/3~2/3 정도인 토양
양토	모래가 1/3 이하인 토양
식양토	점토가 1/3~2/3 정도인 토양
식토	점토가 대부분인 토양

(7) 유효토심

토양의 깊이를 측정하여 구분한다.

구분	기준
천	토심 30cm 미만
중	토심 30~60cm
심	토심 60cm 이상

(8) 토양 건습도

B 층 토양의 건습도를 조사자가 토양의 촉감으로 수분정도를 판단한다.

구분	기준	해당지
건조	손으로 쥐었을때 수분 감촉이 거의 없는 정도	풍충지에 가까운 경사지(산정, 능선)
약건	손으로 쥐었을때 손바닥에 습기가 약간 묻는 정도	경사가 약간 급한 사면(산복, 경사면)
적윤	손으로 쥐었을때 손바닥 전체 습기가 있고 물에 대한 감촉이 확실한 정도	계곡, 평탄지, 산록부
약습	손으로 쥐었을때 손가락 사이에 약간의 물기기 비친 정도	경사가 완만한 계곡 및 평탄지
습	손으로 쥐었을때 손가락 사이 물방울이 맺히는 정도	낮은 지대로 지하수위가 높은 곳

(9) 지위

① 지위는 산림의 생산능력을 말하는 것으로 우세목의 수령과 수고를 측정하여 임지가 가지고 있는 잠재적 생산능력을 평가하는 기준이 된다
② 지위는 토지뿐만 아니라 기후요소 등도 포함한 입지의 양부로서 생산능력의 등급을 말한다. 즉, 지위는 토지가 가지고 있는 생산능력을 표준으로 하는 것이다
③ 임지생산력의 지표로 지위지수표에서 지수를 찾아 상, 중, 하로 구분하여 표시한다
④ 지위의 방법
　㉠ 지위지수에 의한 방법
　　· 특정 나무에 있어 임령의 수고를 이용해 임지의 생산능력을 수치화한 것을 지위지수라 한다.
　　· 지위지수의 산정방법으로 지위지수 분류곡선에 의한 방법, 지위지수 분류표에 의한 방법이 있다.
　㉡ 환경인자에 의한 방법
　　· 무입목지와 같은 임지에 대한 평가 방법으로 환경인자에 의한 지위지수판정

기준표에 의하는 방법이다.
- 환경인자로 입지환경인자인 표고, 모암, 방위, 지형 등이 있고 토양인자로 토심, 토성, 건습도 등이 있다.

ⓒ 지표식물에 의한 방법
- 식물이 비옥한 곳에서 혹은 척박한 곳에서 생육하는 수종들이 있는데 이러한 생육에 의해 지위를 분류하는 방법이다.
- 비옥한 곳에 자라는 수종으로 굴참나무, 주목, 서어나무 등이 있고 척박한 곳에서 자라는 수종으로 소나무, 오리나무 등이 있으며 이러한 수종의 차이를 이용하여 분류를 하게 된다.

(10) 지리

임산물의 반출과 산림작업을 위하여 임지에 접근할 수 있는 임도나 도로까지의 거리가 산림작업사업비에 영향을 준다. 지리는 소반경계에서 임도 혹은 도로까지의 거리를 100m 단위로 구분한다.

급지	기준	급지	기준
1	100m 이하	6	501~600m 이하
2	101~200m 이하	7	601~700m 이하
3	201~300m 이하	8	701~800m 이하
4	301~400m 이하	9	801~900m 이하
5	401~500m 이하	10	901m 이상

19. 임황조사

(1) 임황조사

① 임황조사는 현재 산림의 상태를 조사하고 현재의 생산력 등을 고려하여 장차 영림구 내에서의 시업방법, 즉 벌기, 수종의 갱신, 수확의 예정, 벌채순서 등을 결정할 자료를 얻기 위해 조사하는 것을 말한다.
② 임황조사에서는 임종, 임상, 임령, 수고, 영급, 경급, 입목도, 소밀도, 재적, 생장율, 혼효율과 같은 다양한 항목을 조사한다.
③ 입목도는 적정상태 임목본수나 재적에 대한 현재 생육중인 임목본수 혹은 재적의 비를 말한다.

(2) 임종

임종은 산림이 성립된 원인을 규명하기 위해 조사하는 항목으로 천연림과 인공림으로 구분한다.

구분	기준
천연림(천)	자연적으로 조성된 산림
인공림(인)	인공적으로 조성된 산림

(3) 임상

입목지의 임상은 입목본수, 입목재적, 수관점유면적 비율에 따라 다음과 같이 구분한다.

구분	기준
침엽수림(침)	침엽수 점유율이 75% 이상인 임분
활엽수림(활)	활엽수 점유율이 75% 이상인 임분
혼효림(혼)	침엽수 혹은 활엽수가 26~75% 미만 점유하는 임분

(4) 수종

주 수종을 기재하고 혼효림의 경우 점유비율이 높은 주요 수종부터 5종까지 기재할 수 있다.

(5) 혼효율

주요 수종의 임목재적이나 본수를 기준으로 비율에 의해 100분율로 표시한다.

(6) 임령

임분의 임령을 측정하여 평균, 최저, 최고 수령을 찾고 아래와 같이 표기한다.

$$\frac{평균수령}{최저수령 \sim 최고수령}$$

(7) 영급

임령의 범위를 나타낸 것으로 10년을 I영급으로 하며 아래와 같이 표기한다.

구분	기준	구분	기준
I	1~10 년	VI	51~60 년
II	11~20 년	VII	61~70 년
III	21~30 년	VIII	71~80 년
IV	31~40 년	IX	81~90 년
V	41~50 년	X	91~100 년

(8) 평균수고

임분의 수고를 측정하여 평균, 최고, 최저 수고를 찾고 아래와 같이 표기한다.

$$\frac{평균수고}{최저수고 \sim 최고수고}$$

(9) 경급

㉠ 임목의 흉고직경을 측정하여 평균, 최고, 최저 경급을 찾고 2cm 단위인 짝수로 표기한다.

$$\frac{평균경급}{최소경급 \sim 최대경급}$$

㉡ 경급은 다음의 기준에 따라 분류한다.
- 치수 : 흉고직경 6cm 미만 임목이 50% 이상 생육하는 임분
- 소경목 : 흉고직경 6~16cm 임목이 50% 이상 생육하는 임분
- 중경목 : 흉고직경 18~28cm 임목이 50% 이상 생육하는 임분
- 대경목 : 흉고직경 30cm 이상 생육하는 임목의 임분

(10) 소밀도

일정 면적에 대한 입목의 수관면적 비율로 아래와 같이 표기한다.

구분	표기	기준
소	′	수관밀도 40% 이하
중	″	수관밀도 41~70%
밀	‴	수관밀도 71% 이상

(11) 축적

㉠ 축적은 현실축적과 법정축적으로 구분한다.

㉡ 현실축적은 실제 조사한 자료로 산출한 축적이며 법정축적은 조사한 영급상태와 생장상태가 법정상태인 축적이다. 1ha 당 축적과 총축적은 소수점 이하 둘째 자리까지 구한다.

㉢ 재적측량은 흉고직경이 6cm 이상인 입목을 대상으로 측정하고 지상고 120cm 위치의 직경은 2cm 괄약으로 측정하며 수고는 1m 괄약을 적용한다.

㉣ 매목조사방법으로 전수조사, 표준지조사 및 기타 조사를 실시한다.

전수조사	소반 내 모든 입목의 경급과 수고를 조사하여 재적을 산출한다.
표준지조사	소반 내 평균임상인 개소에서 선정한 표준지(면적 0.04ha, 20m×20m 또는 10m×40m)로 한다. 표준지 내에서 측정한 입목의 평균 흉고직경과 직경별 평균수고를 통하여 표준지 내 재적을 구한 후 그것을 기준으로 전 재적을 산출한다.
기타조사	과거의 조사자료가 있는 임지에 대해서 실측조사를 생략하고 연년생장률 등을 적용하여 축적을 산정하는 것이다. 신규 조사지 또는 경영계획기간 내 벌채사업을 할 때는 전수 또는 표준지 조사를 하고 그 밖의 임지에 대해서는 기타 조사를 할 수 있다.

20. 임분재적

(1) 매목조사법

① 매목조사는 임분의 재적을 측정하기 위하여 임분을 구성하는 임목의 흉고직경만을 측정하는 방법이다.
② 전림법과는 구분되지만 모든 임목을 대상으로 하기 때문에 전림법의 일종이라고 할 수 있다.
③ 흉고직경이 6cm 이상인 임목을 대상으로 조사지의 모든 임목의 흉고직경을 측정한다.

(2) 표준목법

① 표준목법
  ㉠ 표준목법은 임분 내에서 표준목을 선정하여 임분재적을 추정하는 방법이다.
  ㉡ 표준목이란 임분재적을 총본수로 나눈 평균재적을 갖는 임목을 말한다.
  ㉢ 표준목 혹은 표준목의 재적을 산정하는데 필요한 주요인자로 흉고직경, 수고, 흉고형수 등이 있다.

② 표준목 흉고직경
  ㉠ 흉고단면적법

  $$g = \frac{\sum G}{n}$$
  g : 표준목 평균 흉고 단면적, $\sum G$: 전 임목의 흉고 단면적 합계
  n : 임목본수

  ㉡ 산술평균지름법

  $$d = \frac{\sum d}{n}$$
  d : 표준목의 흉고직경, $\sum d$: 전 임목의 흉고직경 합계
  n : 임목본수

  ㉢ 와이제법
  표준목의 흉고직경을 결정하는데 사용할 수 있는 하나의 방법으로, 임목을 직경이 작은 것부터 나열하였을 경우 작은 것에서부터 60%에 해당하는 위치에 있는 임목의 직경을 표준목의 직경으로 선택하는 것을 와이제법이라고 한다.

③ 표준목법 종류
   ㉠ 단급법
      - 임분재적을 추정하기 위한 표준목법에서 표준목을 선정하는 방법 중의 하나로 가장 간단한 방법이다.
      - 단급법은 전체 임분을 1개의 급으로 취급하여 단 1개의 표준목을 선정하는 방법으로, 평균 흉고단면적을 가지는 표준목을 선정한 후 이를 벌채하여 정밀재적을 구하고, 이를 통하여 임분의 재적을 측정하는 방법으로 공식은 다음과 같다.

      $$V = \frac{G}{g} \times v$$
      V : 전체 임분의 재적 , G : 전 임분의 흉고단면적 합계
      g : 표준목의 흉고 단면적 , v : 표준목의 재적

   ㉡ 드라우드법(Draudt)
      - 각 직경급을 대상으로 표준목을 선정하여 임분의 재적을 측정하는 표준목법의 일종이다.
      - 표준목을 선정할 때에는 전체 본수에 대하여 몇 %의 표준목을 선정할 것인가를 미리 정하고 이를 각 직경급의 본수에 따라 비례 배분한다. 따라서 표준목의 수를 많이 할 때는 표준목이 직경급에 고루 배정되기 때문에 정확도가 높다.

      $$V = v \times \frac{N}{n}$$
      V : 임분 전체 재적 , v : 표준목 재적
      N : 임분 전체 본수 , n : 표준목 본수

   ㉢ 우리히법(Urich)
      - 우리히법은 표준목 선정 방법의 하나로 전체의 임목을 몇 개의 계급으로 나누고, 각 계급의 본수를 동일하게 한 다음 각 계급에서 같은 수의 표준목을 선정하는 방법이다.
      - 이 방법을 적용하고자 할 때에는 미리 계급수를 예정하여 전체 임목 본수를 계급수로 나누어서 각 계급의 본수로 한다.
      - 계급수와 계급에 대한 본수가 결정되면 표준목을 배당하게 되는데, 표준목수는 계급수의 배수로 하여 각 계급에서 동일한 수의 표준목을 선정할 수 있도록 한다.

$$V = v \times \frac{G}{g}$$

V : 임분 전체 재적, v : 표준목의 재적 합계
G : 임분 흉고단면적 합계, g : 표준목 흉고단면적 합계

② 하르티히법(Hartig)

임분재적을 추정하는 방법 중의 하나인 표준목법 중에서 가장 정확도가 높은 방법이다. 각 계급의 흉고단면적을 동일하게 하고 임목의 그루수가 같은 계급을 나누어 각 계급에서 같은 수의 표준목을 정하는 방법으로 구하는 공식은 우리히법과 동일하다.

$$\text{전체임분재적} = \text{표준목 재적 합계} \times \frac{\text{임분 흉고단면적 합계}}{\text{표준목 흉고단면적 합계}}$$

(3) 표본조사법

① 임분재적을 구하기 위해 표본을 추출하여 조사하는 방법을 표본조사법이라 한다.
② 시간 및 경비가 제한되어 있고 작은 구역을 대상으로 할 때 이용한다.
③ 표본조사법에는 임의추출법, 계통적 추출법, 층화추출법, 부차추출법, 이중추출법이 있다.

㉠ 임의추출법은 표본조사에서 대상 모집단의 모든 구성 요소들에 대하여 동등한 확률을 부여하고 표본을 추출하는 방법을 말한다.
㉡ 계통적추출법은 표본조사 방법 중에서 무작위로 표본을 추출하는 것이 아니고, 어떤 특정한 계통에 의해 표본을 선택하는 방법이다.
㉢ 모집단에 대하여 추출단위의 특성을 고려하여 층화된 각 집단에 대하여 표본을 선택하는 통계적 방법이다.
㉣ 부차추출법은 대규모 산림조사에서 많이 사용되는 방법으로 조사단위간의 거리가 멀어서 조사비용과 노력이 많이 들 때에는 모집단을 먼저 몇 개의 표본구로 나누고, 그 중 몇 개를 추출한 표본구에서 다시 표본점을 추출하여 측정하는 방법을 말한다.
㉤ 모집단으로부터 비교적 큰 표본을 추출하고 그에 대하여 보조변량 X를 조사하고, 그 결과를 보조정보로 이용하여 보다 작은 표본에서 조사변량 Y의 측정정도를 높이는 방법을 이중추출법이라고 한다. 주로 항공사진을 함께 병용한 표본조사에서 많이 이용된다.

④ 표본추출간격은 다음과 같이 구한다.

$$표본\ 추출간격(m) = \sqrt{\frac{전조사\ 대상면적}{표본점\ 추출개수}} \times 100$$

⑤ 표본점 추출개수는 다음과 같이 구한다.

$$표본점수 = \frac{4 \times 변이계수^2 \times 조사면적}{(추정오차율^2 \times 조사면적) + (4 \times 표본점면적 \times 변이계수^2)}$$

(4) 표준지법

① 임분 안에 일정 면적의 임지를 선정하여 재적을 조사한 면적비율을 통해 전체 임분 재적을 구하는 방법으로 원형표준지법, 대상표준지법, 각산정표준지법이 있다.
② 각산정표준지법은 표준지 설정과 매목조사 없이 임분재적을 측정하는 방법으로 임분내에 특정 정점을 중심으로 임목을 일정 시각으로 시준하여 그 각도에 의해 측정 대상 임목을 선정하고 측정대상 임목의 수와 직경에 의해 ha 당 흉고단면적, 본수 등을 구하는 방법이다.
③ 릴라스코프는 각산정표준지법에 사용되는 측정기구로 임분의 흉고단면적을 측정할 수있는 기구이다.
④ 각산정표준지법에 의해 ha 당 재적은 다음과 같이 구한다.

$$ha당\ 재적 = 단면적계수 \times 임목본수 \times 평균수고 \times 임분형수$$

21. 형수법

(1) 형수법

① 수간재적과 원주부피의 비를 형수라 하고 이러한 형수를 이용해 임목의 재적을 구하는 방법을 형수법이라 한다.
② 형수는 아래의 공식에 의해 구할 수 있다.

$$V = g \times h \times f \quad , \quad g = \frac{\pi}{4}d^2$$

f : 형수, g : 단면적, h : 높이, V : 재적

③ 직경률은 흉고직경과 임목의 중앙직경의 함수로 표시하는 방법이다.
④ 형률은 상부와 하부의 두 특정 위치의 직경의 비의 함수로 표시하는 것이다.
⑤ 절대형률은 흉고직경과 흉고직경 사이의 중앙직경의 비에 의하여 형상급을 만들어 각 형상급에 따라 수고의 함수로 표시한 것이다.

(2) 흉고형수의 결정법

① 임목재적 산출 시 사용되는 형수를 흉고형수라 정의하고 다른 말로는 재적계수라고도 한다.
② 형수값은 대체로 0.4~0.6 정도이며 0.45~0.55 정도가 가장 많다.
③ 벌기령이 다된 임분의 경우 형수가 일정한 편이다.
④ 흉고형수의 기준에 따른 분류 및 종류는 아래와 같다.

직경 측정위치 기준	정형수	수고 1/n 위치의 직경을 기준으로 하는 형수
	절대형수	수간 최하부의 직경을 기준으로 하는 형수
	부정형수	수고에 관계없이 직경위치가 항상 1.2m 로 정한 것
구성 기준	단목형수	연령 및 다양한 조건을 고려하지 않고 오직 크기와 형상이 비슷한 나무의 평수를 기준으로 한 것
	임분형수	크고 작은 여러 가지 임목으로 구성된 임분의 대표적인 형수로서 임분의 평균수고와 흉고단면적을 알고 있을 때 임분의 재적을 구하기 위해 사용된다.
재적 기준	수간형수	수간 중심으로 만든 형수로 수간재적을 원주체 체적과 비교한 형수
	지조형수	형수 계산에 필요한 임목의 재적을 가지의 재적만을 이용하여 만든 형수
	근주형수	형수를 계산할 때 근주재적을 원주체체적과 비교하여 만든 형수
	수목형수	수목형수는 형수를 계산할 때 필요한 재적에 수간, 지조, 그리고 근주 전체를 포함시켜서 구한 형수

⑤ 흉고형수 영향인자

수종	수종에 따라 형수 차이가 있다.
지위	지위가 양호할수록 형수가 작아진다.
지하고 및 수관	지하고가 높을수록 수관의 양이 적을수록 형수가 크다.
수고	수고가 높을수록 형수는 작아진다.
흉고직경	흉고직경이 커질수록 형수는 작아진다.
연령	연령이 많을수록 형수는 크다.

(3) 약산법

① 덴진법 : 흉고직경만을 기준으로 재적을 측정한다. 이를 위해 수고 25m , 형수 0.51 을 전제로 하며 만약 수고가 25m 가 아닐 경우 보정표를 이용한다.

$$V = \frac{d^2}{1000}$$
V : 재적 , d : 직경

② 망고법 : 흉고직경과 흉고직경의 1/2 부분의 높이를 기준으로 임목의 재적을 구한다. 이때 흉고직경 1/2 부분의 높이를 망고라고 정의한다. 대체로 70% 전후가 대부분이다.

$$V = \frac{2}{3}g\left(H + \frac{m}{2}\right)$$
V : 재적 , g : 단면적 , H : 흉고직경 1/2 높이(망고) , m : 흉고

22. 직경의 측정

(1) 측정기구

① 윤척

　㉠ 직경 측정시 사용되는 기구로서 재료로는 알루미늄 혹은 목재가 주로 사용된다
　㉡ 눈금의 단위는 cm 이다.
　㉢ 측정시 ㄷ자 형태로 고정되어 있는 고정각과 움직이는 유동각은 눈금자와 직각이고 고정각과 유동각은 평행해야한다.
　㉣ 윤척 사용시 주의 사항은 아래와 같다.
　　• 경사진 곳에서 근원부를 중심으로 경사 위쪽에서 측정한다.
　　• 흉고직경부분에 정상적인 측정이 어려울 경우 동일간격을 이격하여 위, 아래를 측정 후 평균을 낸다.
　　• 수간과 윤척은 측정 시 직각을 이루도록 한다.

② 직경테이프

　㉠ 임목의 둘레를 측정하는 장비이다. 휴대가 간편하고 크기의 제한을 받지 않는다.
　㉡ 직경테이프 사용시 직경을 구하는 공식은 아래와 같다.

$$D = \frac{S}{3.14}$$
D : 직경,　S : 나무둘레

③ 빌트모어 스틱

　㉠ 길이 30cm 정도의 자를 이용하며 눈에서 약 50cm 떨어진 임목의 지름과 평행하게 자를 대고 눈에서 나무줄기의 양쪽의 끝과 끝을 연결하는 임의의 선을 그었을 때 교차되는 곳의 길이로 측정한다.
　㉡ 빌트모어 스틱 사용시 공식은 아래와 같다.

$$S = \frac{D}{\sqrt{1 + \frac{D}{50}}}$$
D : 나무의 지름,　S : 시준선 자와 교차 거리

(2) 흉고직경

① 국내의 경우 근원부에서 높이 1.2m 높이의 직경을 흉고직경이라 한다.
② 임목의 재적 산출을 위한 직경은 2cm 크기로 괄약하는데 예를 들어 10cm 의 범위는 9cm 이상, 11cm 미만으로 한다.
③ 직경은 수피를 제외한 안지름과 수피를 포함한 바깥지름으로 나누어 생각한다.

23. 수고의 측정

(1) 측고기 종류와 사용법

① 측고기는 순토측고기, 덴드로미터, 하가측고기, 브루메라이스 측고기, 아브네이 핸드 레블, 와이제 측고기, 크리스튼 측고기, 히프소미터, 스피켈릴라스코프가 있으며 대표적인 측고기의 특징은 아래와 같다.

종류	특징
순토측고기	삼각법에 의한 장비로 단위는 m 단위로 표현된다. 1/15 로 표기된 눈금수치는 15m 떨어져서, 1/20 표기된 눈금부분은 20m 떨어진 곳에서 측정한다.
하가 측고기	아브네이 핸드 레블의 개량품으로 삼각법을 이용한 장비이다. 15, 20, 25, 30m 쯤 떨어진 위치에서 수고 측정을 하며 눈금 단위는 % 로 표현된다.
브루메라이스 측고기	삼각법에 의한 장비로 15, 20, 30m 떨어진 위치에서 수고를 측정한다.
아브네이 핸드 레블	핸드 레블의 고저각을 이용하며 단위는 % 로 나타난다. 수고 측정시 100m 거리가 있는 곳에서 측정하고 다른 거리에서 측정시 반드시 거리 비율을 가감해주어야 한다.
와이제 측고기	수고 측정시 나무에서 측정할 장소까지의 거리를 측정 후 나무의 초두부와 근원부의 값을 합산하는 방법으로 삼각법의 원리를 이용한 장비이다.

② 삼각법을 응용한 측고기의 종류로는 아브네이레블, 하가측고기, 블루메라이스 측고기, 순토측고기, 덴드로미터 등이 있다.

(2) 측고기 사용 주의사항

① 경사지에서 가능하면 등고 위치에서 측정하여 오차를 줄인다.
② 초두부와 근원부가 명확하게 보이는 곳에서 측정한다.
③ 측정거리는 가능한 수고와 같은 거리를 이격하여 측정한다.
④ 수평거리가 힘들 경우 사거리와 경사각을 측정하여 보정해준다.

24. 연령의 측정

(1) 단목의 연령측정

① 기록에 근거한 방법

나무를 식재할 당시 기록된 내용을 기준으로 현재의 나이를 추정하는 방법으로 주로 인공림에 적용된다.

② 나이테 수에 근거한 방법

환경에 의해 나이테의 수에 변화가 올 수 있으나 어느정도 근접한 연령을 얻을수가 있다. 수종에 따라 차이는 있으나 나이테의 수에 2~5년 정도의 년수를 더해준다.

③ 생장추에 근거한 방법

벌목이 곤란한 나무의 경우 생장추를 이용하며 줄기의 중심까지 넣어 목편을 뽑아 나이테의 수를 측정하여 나무의 나이를 판단한다.

④ 지절에 근거한 방법

소나무류는 전년에 초단부의 위치에서 가지가 발생하고 이후 가지가 떨어지면 흔적이 남게 된다. 이러한 현상이 규칙적이기에 줄기의 마디인 지절을 세어 나무의 나이를 측정하기도 한다.

⑤ 흉고직경에 근거한 방법

흉고직경의 크기에 따른 임령을 경험적 데이터에 의해 산출하는 방법이다.

(2) 임분의 연령측정

① 동령림의 경우 동일한 임령을 가지고 있어 표준목을 골라 측정하나 이령림의 경우 여러 임령의 임목으로 구성되어 아래의 공식에 따라 임령을 도출하도록 한다.

이령림 연령 계산	
$$A = \frac{n_1 a_1 + n_2 a_2 + \approx + n_z a_z}{n_1 + n_2 + \approx + n_z}$$	A : 임령 a_z : 연령 n_z : 본수

② 임분의 연령을 측정하는 방법으로 본수령, 재적령, 면적령, 표본목령이 있다.
  ㉠ 본수령은 임분 내 모든 나무의 나이를 더한 후 나무의 총 본수로 나눈 값이다.
  ㉡ 재적령은 임분 내 나무의 재적(부피)를 기준으로 평균 임령을 구하는 방법이다.
  ㉢ 면적령은 임분 내 나무의 면적을 기준으로 평균 임령을 구하는 방법이다. 각 나무의 면적에 나이를 곱한 후 총 면적으로 나누어 준다.

㉣ 표본목령은 임분 내에서 대표성을 띄는 나무(표본목)를 선정하여 그 나무의 나이를 기준으로 임분의 평균 임령을 추정한다.

25. 생장량 측정

(1) 생장량의 종류

① 생장량의 종류
㉠ 생장량의 종류는 다음과 같다.

연년생장량	1년동안 나무의 직경, 수고, 재적등의 증가된 생장량
총평균생장량	임목의 총생장량을 현재까지의 총 연수로 나눈 값
정기생장량	일정 기간 동안 생장한 양
정기평균생장량	일정기간 동안의 평균생장량
총생장량 (벌기생장량)	임목이 발아하면서 현재까지의 생장한 총량
진계생장량	측정대상이 아닌 임목들이 시간이 지나 측정대상이 되었을때의 양

㉡ 현실생장량은 인정 기간에 임목이 실제로 생장한 양으로 연년생장량, 정기생장량, 총생장량(벌기생장량) 등이 해당된다.

② 총생장량
㉠ 임목이 발아하면서부터 현재에 이르는 기간 중에 생장한 총량을 말한다. 즉, 어떤 임목의 총생장량이라고 하면 현재 그 임목이 가지는 재적을 뜻한다.
㉡ 총생장량은 종자 또는 묘목에 의해 임지에서 자라게 되면서 수관과 수근이 주어진 환경에 적응하는 시기인 유시에는 생장이 매우 저조하지만, 그 환경에 완전히 정착한 이후로는 왕성한 생장을 하다가 어느 시점에서 변곡점에 최대에 이르고 변곡점을 통과하면서 서서히 생장이 둔화되는 형태를 보인다.

③ 평균생장량
㉠ 일정한 기간 내에 생장한 정기생장량을 그 기간의 년수로 나눈 값으로, 정기평균생장량, 총평균생장량, 벌기평균생장량으로 나눈다.
㉡ 평균생장량은 총생장량을 수령 또는 임령으로 나눈 양에 해당한다.

④ 연년생장량
나무는 임령이 증가하면서 직경, 수고, 단면적, 재적이 양적으로 증가하는데, 이 증가하는 양을 생장량이라고 한다. 연년생장량은 이와 같이 직경, 수고, 단면적, 그리고 재적 등에 대하여 1년 동안에 생장한 양을 말한다.

⑤ 정기평균생장량
- ㉠ 임목은 연수가 증가함에 따라 직경, 수고, 단면적, 그리고 재적이 증가하게 되는데 이를 생장이라고 한다.
- ㉡ 정기평균생장량(periodic annual increment)도 1년 동안에 생장한 양을 나타내는 연년생장량(current increment)의 일종인데, 연년생장량의 경우 그 양이 적어서 측정이 곤란하고 또는 그 해 비정상적인 기후의 영향으로 정상적인 생장을 나타내지 못하는 경우에 측정의 오차가 심하게 나타나기 때문에 정기평균생장량을 측정하여 연년생장량을 대신하여 사용하기도 한다.

(2) 연년생장량과 평균 생장량의 관계

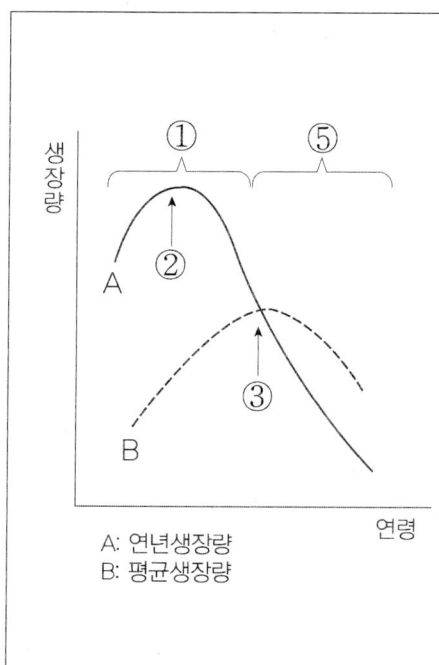

① 초기에는 연년생장량이 평균생장량보다 크다.
② 연년생장량은 평균생장량 보다 극대점이 빨리 나타난다.
③ 평균생장량의 극대점에서는 연년생장량과 평균생장량의 크기가 같다.
④ 평균생장량의 극대점 까지 연년생장량이 항상 크다.
⑤ 연년생장량의 극대점이 되는 기간을 유령기, 평균생장량의 극대점까지를 장령기, 이후를 노령기라 한다.
⑥ 임목의 평균생장량의 극대점 시점에 벌채하는 것이 가장 이상적이다.

(3) 산림생장의 구성요소

① 생장량은 살아 있는 현존 임목에 의하여 이루어지지만 각 임목생장량의 합계가 임분 전체의 생장량을 나타내지는 않는다. 어떤 임목은 고사하거나 부패하고 또 어떤 임목은 벌채되기 때문이다.
② 산림생장 및 수확예측의 구성인자로 생장예측, 고사예측, 진계생장예측 등이 있다.
③ 진계생장은 임분생장량은 시간 경과에 따른 단목성장을 고려하여 임분 내의 모든 단목의 생장을 합하여 구한다. 진계생장량은 산림조사기간 동안 측정할 수 있는 크기로 생장한 새로운 임목들의 재적을 말한다.
④ 고사량은 산림조사기간 동안 고사하는 측정 가능 임목들의 재적을 말한다.

⑤ 벌채량은 측정기간 동안 벌채되는 임목재적을 말한다.
⑥ 진계생장량, 고사량, 벌채량의 임분변화척도를 마지막까지 생존하는 임목재적과 결합시키면 임분생장량의 추정을 위해 정상적으로 사용되는 구성요소를 얻게 된다. 부패, 손상 등으로 질이 나쁜 것은 시간에 따른 변화량 측정이 곤란하기에 생장량 계산에 포함시키지 않는다.
⑦ 임분의 구성인자를 통한 생장주기에 따른 생장량 측정방법의 수식은 다음과 같다.

임분의 구성인자	생장량 측정 공식
V_1 : 측정 초기의 생존입목재적 V_2 : 측정 말기의 생존입목재적 M : 측정기간 동안의 고사량 C : 측정기간 동안의 벌채량 I : 측정기간 동안의 진계생장량	· 초기 재적에 대한 총생장량 = V_2+M+C-I-V_1 · 초기 재적에 대한 순생장량 = V_2+C-I-V_1 · 진계생장량을 포함한 총생장량 = V_2+M+C-V_1 · 진계생장량을 포함한 순생장량 = V_2+C-V_1 · 임목축적에 대한 순변화량 = V_2-V_1

(4) 생장률

① 생장률은 일정 기간 생장한 양과 생장 전의 재적의 비로서 생장량을 예상하는데 중요한 지표가 된다.
② 생장률은 조건에 따라 아래의 공식에 따른다.
  ㉠ 단리산 공식

$$P = \frac{V-v}{n \times v} \times 100$$

P : 생장률, V : 현재 재적, v : n 년 전 재적, n : 년수

  ㉡ 복리산 공식

$$P = (\sqrt[n]{\frac{V}{v}} - 1) \times 100$$

P : 생장률, V : 현재 재적, v : n 년 전 재적, n : 년수

  ㉢ 프레슬러(Pressler)식

$$P = \frac{V-v}{V+v} \times \frac{200}{n}$$

P : 생장률, V : 현재 재적, v : n 년 전 재적, n : 년수

② 슈나이더(Schneider)식
- 생장률에 의해 연년생장량을 구하고 택벌림의 수확량을 예정하는 방법이다.
- 각 표준목에 대해 흉고부위에서 외부로부터 반경방향으로 1cm 두께에 있는 연륜수를 생장추를 사용하여 측정한다.
- 생장률은 슈나이더식을 이용하며 다음의 공식에 의한다.

$$P = \frac{K}{nD}$$

P : 생장률, K : 상수(직경 30cm 이하인 나무 550, 30cm 초과는 500)
D : 흉고지름, n : 연륜폭 1cm에 포함된 연륜수 혹은 나이테의 수

- 슈나이더식에서 K 상수는 산림의 생장상태에 따라 정해지는 상수이며 일반적으로 400~800 정도이다.

26. 벌채목의 재적측정

(1) 임목 재적측정

① 임목의 재적 측정은 산림에서 자라는 나무의 부피를 측정하는 것을 말한다.
② 면적당 임목의 재적 측정시 먼저 조사구역을 설정한다. 이후 조사목을 선정하고 조사목의 중량을 측정한다. 다음으로 임분의 현존량 추정의 순서로 진행한다.

(2) 주요 구적식

① 단면적 측정

벌채한 목재의 단면적은 원으로 가정하고 아래와 같이 계산한다.

$$g = \frac{\pi}{4}d^2$$

여기서, g : 단면적   d : 지름

② 재적 측정

㉠ 후버식(huber식) : 가장 널리 사용되고 간편한 방법이나 긴 목재는 오차가 커서 짧은 용재에 주로 사용되며 중앙단면적식이라 한다. 구하는 방법은 아래의 공식에 따른다.

$$V(m^3) = r \times L = \frac{\pi}{4} \times d^2 \times L$$

V : 재적 , r : 중앙 단면적 , L : 목재 길이 , d : 지름

ⓒ 스말리안식 : 원구지름과 말구지름을 이용하여 재적(m^3)을 구하며 평균 양단면 적식이라고 한다.

$$V(m^3) = \frac{g_0 + g_n}{2} \times L = \frac{\pi}{4} \times \frac{d_0^2 + d_n^2}{2} \times L$$

V : 재적 , g_0 : 원구 단면적 , g_n : 말구 단면적 , L : 목재 길이
d_0 : 원구 지름 , d_n : 말구 지름

ⓒ 리케식(Riecke) : 측정과 계산이 복잡하지만 정확한 값을 얻을 수 있으며 Newton 공식이라고 한다.

$$V(m^3) = \frac{L}{6}(g_0 + 4r + g_n)$$

V : 재적, L : 목재 길이, g_0 : 원구 단면적
g_n : 말구 단면적, r : 중앙단면적

ⓔ 4분주식 : 통나무의 중앙 둘레 값을 이용한다.

$$V(m^3) = (\frac{u}{4})^2 \times L$$

V : 재적 , u : 중앙 둘레 , L : 목재 길이

ⓜ 5분주식 : 프랑스에서 주로 사용되며, Huber 식의 약 1.0053 배의 과대치를 주며 중앙단면이 원이 아닐 경우 오차가 커진다.

$$V = (\frac{u}{5})^2 \times 2 \times L$$

V : 재적 , u : 중앙 둘레 , L : 목재 길이

㉂ 브레레톤 공식 : 동남아 활엽수인 남양재 수입시 주로 사용되는 방법이다.

$$V(m^3) = \frac{(d_0 + d_n)^2}{2} \times \frac{\pi}{4} \times \frac{L}{10000}$$

V : 재적 , d_0 : 원구지름 , d_n : 말구 지름 , L : 목재 길이

㉃ 말구직경자승법 : 말구 평균 지름을 cm , 길이는 m 단위로 측정한다.

- 길이 6m 이상인 경우

$$V(m^3) = (d_n + \frac{L' - 4}{2})^2 \times \frac{L}{10000}$$

- 길이 6m 미만인 경우

$$V(m^3) = d_n^2 \times \frac{L}{10000}$$

V : 재적, d_n : cm 단위의 말구 지름 , L : m 단위의 목재 길이

L' : m 단위의 길이로 소수점 자리는 버린수(ex. 8.8m → 8 m 표현)

◎ 검척법
- 말구에서 수피를 제외한 최소직경을 측정한다.
- 단위치수는 1cm로 하고 단위치수 미만은 절사한다.
- 최소직경이 15cm 이상으로 최소직경에 직각인 직경과의 차이가 3cm를 넘을 경우 3cm 마다 1cm 를 가산한다.
- 최소직경이 40cm 이상일 경우 차이가 4cm 이상일 때 4cm 마다 1cm 를 가산한다.

(3) 공제량

목재에 옹이와 같이 사용결함이 있는 재적을 빼는 것을 공제량이라 한다.

한쪽에만 결함이 있는 경우	양쪽으로 결함이 있는 경우
$V = d^2 \times \frac{L}{2}$	$V = D^2 \times \frac{L}{2}$
d : 결함 직경, L : 길이	D : 결함이 더 큰 직경 , L : 길이

27. 수간석해

(1) 수간석해

① 수간석해는 임목의 생장과정을 정밀히 조사하기 위하여 그 임목을 벌채하여 생장을 조사하는 측정방법이다.
② 보통 표준목을 선정하고 벌채하여 수고의 높이에 따라 단판을 채취하고 내업으로 각 단판의 임령, 직경 등을 측정함으로써 임령에 따른 직경과 수고를 파악하고 재적을 계산하는 방법이다.
③ 수간석해를 통해 근주재적, 소단부재적, 초단부재적, 결정간재적 등을 계산할 수 있다.
④ 원주등분법은 수간석해에서 직경의 생장량 파악을 위해 원판의 반경 측정방향을 결정하는데 사용하는 방법이다. 채취한 원판의 원주를 4등분하여 나무의 중심과 연결하여 측정 방향을 결정하게 된다.

(2) 수간석해의 방법

① 수간석해를 위해 선정된 표준목은 지상 20cm 위치를 벌채한 후 근원경을 측정한다.
② 이후 일정한 길이마다 단판을 채취하는데 구분의 길이는 Huber식에서 쓰는 2m 길이가 통용된다. 벌채부위와 그로부터 1m 올라간 흉고부위에서 단판을 채취하고, 그 다음부터는 일반적으로 2m 간격으로 채취하며 마지막의 것은 1m 가 되게 한다.
③ 단판(원판)의 두께는 3~5 cm로 하며 단판의 번호는 밑에서부터 0, 1, 2,…와 같이 기록하고 채취한 후에는 임목의 방향도 기록한다.
④ 각 단판을 4방향으로 측정하여 직경표를 작성하고, 이 직경표에 근거하여 임령별 직경과 수고의 관계를 나타내는 수간석해도를 모눈종이에 작성한다.
⑤ 이러한 수간석해도에 근거하여 5년 간격의 재적을 구분구적법에 의해 계산하여 연령별 생장량과 생장율 등의 다양한 생장 정보를 얻을 수 있다.

(3) 수고 결정 방법

① 직선연장법
수간석해에서 각 영급에 대한 수고를 결정하는 방법의 하나로, 수간석해도에서 어떤 영급의 최후 단면의 값과 그 바로 앞의 단면의 값을 연결한 직선을 그대로 연장하여 수간측과 만나게 하여 그 교점을 영급의 수고로 하는 방법이다.

② 평행선법
수간석해도에서 밖에 있는 영급의 선과 평행선을 그어서 간축과 만나는 점을 영급의 수고로 한다.

28. 육림 기계

(1) 식재용
① 사식재용 괭이는 평지나 경사지에 사용하며 소묘 사식에 적합하다. 자루 각도는 60~70° 이다.
② 각식재용 양날 괭이는 양날괭이로 한쪽은 땅을 벌리는 용도, 한쪽은 도끼로 땅을 가르는 용도이다.
③ 손도끼는 뿌리 단근 작업에 적합하다.

(2) 무육용
① 스위스 보육낫는 유령림 무육작업용으로 지름 5cm 내외 잡목제거에 적합하다.
② 소형 전정가위는 직경 1.5cm 내외 치수 무육작업에 적합하다.
③ 무육용 이리톱은 무육용 날과 가지치기용 날이 함께 있는 것이 특징이며 직경 6~15cm 내외의 유령림 무육작업에 적합하다.

(3) 가지치기용
① 소형 손톱은 덩굴식물 제거 및 직경 2cm 이하 가지치기에 적합하다.
② 고지절단용 톱은 높이 4~5m 정도의 가지치기에 적합하다.
③ 자동지타기는 나무의 수간을 타고 가지치기를 하며 옹이 발생을 최소화한다.

(4) 양묘용
양묘용 기계에는 경운작업기, 포종기, 묘목이식기, 단근굴취기, 정지작업기 등이 있다.

29. 작업시스템 구축

(1) 임목수확시스템

① 전목생산방법

전목작업은 벌도만 된 상태의 전목을 집재하여 조재 및 집재작업을 실행하며 이때 야더타워, 스키더 등을 통해 전목을 집재하고 이후 가지자르기 등의 조재작업을 실시한다. 고성능기계의 사용이 많아 인력이 가장 적게 들어간다.

② 전간생산방법

임분내에서 벌도와 가지자르기만을 실시한 벌도목을 트랙터, 야더타워 등을 이용하여 집재하여 원목을 생산하는 방법이다. 집재작업시 원목을 전간재로 집재하기 때문에 한번에 대량의 목재를 정리, 반출하는 것이 가능하다.

③ 단목생산방법

임분내 벌도, 가지자르기, 통나무 자르기 등의 조재작업을 통해 원목을 생산하는 방식으로 많은 인력을 요구한다.

(2) 고성능 임업기계

① 벌도, 가지제거, 집적 등 다양한 공정을 연속적으로 처리하는 기기를 다공정 임업기계라 한다.
② 다공정 임업기계의 제약점은 다음과 같다.
　・기계고장 시 수리 가능한 인력 확보가 요구된다.
　・급경사지에서 사용이 제한되며 지형의 영향을 많이 받는다.
　・조작에 높은 숙련도가 요구된다.
　・기계의 가격이 고가이며 경제적 운영을 위해 철저한 작업계획을 세워야 한다.
③ 대표적으로 펠러번처, 프로세서, 하베스터가 있으며 각각의 특징은 아래와 같다.
　㉠ 하베스터
　　・임목을 벌목하여 가지자르기, 토막내기, 조재목 마름질 작업을 일관된 공정으로 작업할 수 있는 다공정 벌채장비이다.
　　・하베스터는 대부분 무한궤도식이며 크레인의 형태에 따라 텔레스코픽 붐 방식과 너클붐 방식으로 분류된다.
　　・하베스터와 함께 포워더를 이용한 목재생산법을 단목생산방법 이라 하며 벌도 및 조재작업 후 운반까지의 작업을 의미한다.
　㉡ 프로세서
　　・이미 벌목된 전목의 가지를 자르고 토막을 내는 조재작업을 전문으로 하는

기기로서 벌채목의 수간을 잡는 그래플장치, 가지를 자르는 장치, 수간을 밀어내는 송재 장치, 절단장치로 이루어져 있다.
- 프로세서의 성능은 로울러에 의한 송재장치의 송재력, 송재속도, 가지치는 칼날의 작업 정도에 따라 좌우된다.

ⓒ 펠러번처
- 펠러번처는 임목을 벌목하는 장비로서 임목을 벌도하여 일정한 장소에 모아 쌓기가 가능한 장비로서 후속작업인 전목집재를 손쉽게 하는 장비이다.
- 임목을 절단하는 방식에는 유압식 전단 가위식, 디스크 쏘우식, 체인톱 방식 등이 있다.
- 소경목일 경우 벌채목 여러 본을 모아서 한번에 지면에 내려놓아 작업시간을 단축하여 능률을 올릴 수 있는 어큐뮬레이터(accumulator)기능을 가진 종류도 있다.

30. 산림수확

(1) 임목 수확

① 벌목시 주의 사항
㉠ 벌채사면은 종방향으로 구획하고 상, 하 동시 작업을 금한다.
㉡ 벌목영역은 작업목 수고의 1.5배로 안전거리를 확보하고 이 구역내에서는 작업에 참가하는 자만 있어야 한다.
㉢ 작업자는 보호장비를 갖추고 2인 1조로 작업한다.
㉣ 벌목 작업시 절단수목 주위에 관목, 덩굴, 고사목 등을 제거한다.
㉤ 작업시 대피장소를 미리 선정하고 작업도구는 벌목 반대방향에 두도록 한다.
㉥ 벌목의 가장 적합한 시기는 겨울이다.
㉦ 경사지에서 활엽수는 산록방향으로 벌도하고 침엽수는 산정방향으로 벌도하는게 유리하다.
㉧ 벌목할 수구는 아래의 기준에 따르도록 한다.

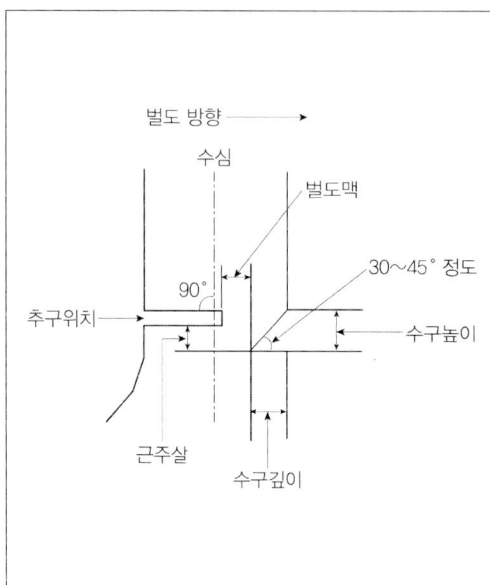	・벌목 나무의 흉고직경이 40cm 이상일 경우 벌근 직경의 1/4 깊이의 수구를 만든다. ・벌목 나무의 흉고직경이 10cm~40cm 범위에서는 충분한 수구를 만든다. ・벌목 나무의 흉고직경이 20cm 이상일 경우 수구의 상, 하면의 각은 30~45° 정도로 한다. ・추구(따라베기)는 수구 밑면보다 절단수목 지름의 1/10 높은 위치에 만든다.

   ⓒ 벌목에서 수구면과 추구면 사이 일정 너비를 남기는 이유는 다음과 같다.
    ・벌목 시 나무의 넘어지는 속도를 감소시킨다.
    ・작업자의 안정성을 높인다.
    ・벌도목의 파열을 방지한다.
    ・임목의 벌도 방향을 결정한다.
 ② 벌목의 계절 선정시 고려사항으로 시장 및 자금의 사정, 생산재의 용도 및 품질, 반출방법 및 기후, 노동인력의 수급 등 다양한 조건을 고려해야 한다.
 ③ 벌목작업을 위한 벌목지 구획시 유의 사항은 다음과 같다.
   ㉠ 각 벌구의 수종, 재적 및 본수가 균등하도록 한다.
   ㉡ 한 벌구의 크기가 너무 커서는 안되고, 집재방법과 적합하도록 한다.
   ㉢ 벌목지 구획은 계곡으로부터 산정 방향으로 설정하는 세로나누기가 원칙이다.
 ④ 벌도방향의 결정인자는 다음과 같다.
   ㉠ 벌도목 및 잔존목의 분포 상황
   ㉡ 임도 및 집재로의 위치
   ㉢ 집재방향 및 방법
   ㉣ 풍향 및 풍속
   ㉤ 지형 및 하층식생
 ⑤ 벌목 후에는 조재작업을 하는데 박피, 가지치기, 마름질, 통나무 자르기 등을 진행하게 된다.

(2) 수확 기계, 장비

① 벌목용으로 톱, 도끼, 쐐기, 목재 돌림대, 갈고리 등이 있다.
② 도끼는 목적에 따라 가지치기용, 벌목용, 손도끼, 장작패기용 등으로 구분되며 각각의 날의 각도가 다르다.
③ 쐐기는 벌목 방향을 결정하고 톱이 끼이는 것을 방지한다.
④ 목재 방향 조정 장비

목재 방향 전도용 지렛대	벌목중 걸린 나무를 빼거나, 벌도목의 방향을 돌리는데 이용
벌도지레, 벌도용 장대, 밀개	소경재의 벌도 방향 조정에 이용

⑤ 집재용 도구의 종류로 피비, 캔트훅, 사피, 펄프 훅, 파이크홀 등이 있다.

(3) 임목집재

① 중력집재
　㉠ 활로에 의한 집재
　　· 수라집재라하며 산비탈에 인공적으로 미끄러질 홈통을 만들어 집재하는 방식이다.
　　· 도수라의 활로 너비는 1~2m 정도를 기준으로 한다.
　　· 토수라는 흙미끄럼길이라 하는데 활로집재 방법 중 하나로 경사를 따라 도랑을 만들어 통나무를 중력에 의해 집재하는 방법이다. 방법은 간단하지만 원목에 손상이 발생하는 단점이 있다.
　㉡ 강선에 의한 집재
　　· 강선, 와이어 로프 등을 이용하여 공중에 설치하여 내려보내는 방식으로 지형의 제약을 적게 받으며 소경 단재의 집재에 적합하다.
　　· 강선은 지름 6~10mm, 강선 설치 경사도 25~50% 정도를 기준으로 하며 60%가 넘지 않도록 한다.
　　· 시설비용이 적고 설치기간이 짧으며 수명이 길다.
　　· 무게가 무겁고 크거나 길이 5m 이상의 나무 집재가 어렵다.

② 기계 집재
　㉠ 가선집재
　　· 집재용 가선(삭도)부분과 야더집재기로 구성된 기기로 경사가 급한 산악림에 적합한 장비이다.
　　· 공중으로 이동하기에 잔존 임분의 피해가 적은 편이다.

ⓒ 트랙터 집재
- 트랙터 자체가 굴절되는 트랙터를 사용하여 회전반경을 줄인다.
- 트랙터의 집재 작업 능률에 영향 인자로 경사, 단재적, 소밀도, 토질, 집재거리 등이 있다.
- 트랙터 견인력의 영향인자에는 토양상태, 차축하중, 타이어 직경, 타이어 공기압력, 주행장치등이 있다.
- 트랙터 집재의 장단점은 다음과 같다.

장점	단점
· 기동성 및 작업의 생산성이 높다. · 평탄지, 완경사지에 적합한 집재이다. · 소수의 작업자로 실행이 가능하다. · 작업이 단순하고 비용이 적게 든다. · 와이어 집재기 보다 사고 발생률이 적다. · 견인력이 커서 한번에 많은 목재를 운반할 수 있다. · 집재기 작업이 부적당한 장소에 작업이 가능하다.	· 저속이라 장거리 운반에는 부적합하다. · 급경사지에서는 작업이 어렵다. · 고정 경비가 많이 든다. · 지면을 지나가면서 임지의 훼손이 발생한다.

- 트랙터는 차륜형(타이어)바퀴식 및 궤도형(크롤러) 바퀴식이 있으며 상대적으로 다음과 같은 차이가 있다.

차륜형(타이어)바퀴식	궤도형(크롤러) 바퀴식
· 접지압이 높다. · 견인력이 크다. · 주행속도가 느리다. · 등판능력이 우수하다. · 구조가 복잡하고 유지비가 많이 든다.	· 지압이 낮다. · 견인력이 작다. · 주행속도가 빠르다. · 등판능력이 다소 낮다. · 유지비가 상대적으로 적게 든다.

ⓒ 소형원치
지형이 험하거나 단거리의 통나무 집재시 이용된다.

ⓔ 포워더
평지에서 집재 통나무를 싣고 운반하는 장비이다.

③ 와이어로프

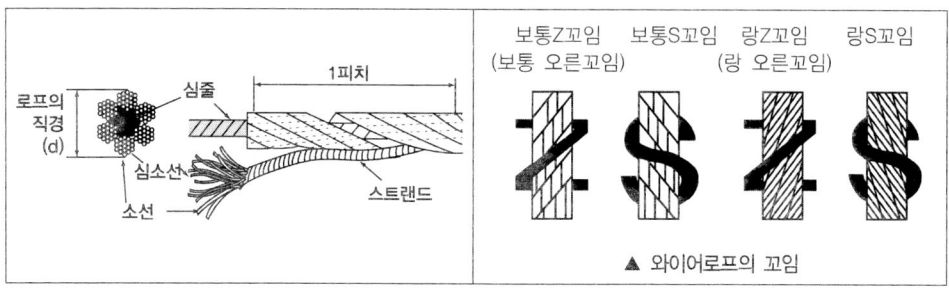

▲ 와이어로프의 꼬임

㉠ 가느다란 철선을 꼬아서 1줄의 스트랜드를 만들고, 다시 여러 가닥의 스트랜드 심줄 중심으로 꼬아서 만든 쇠밧줄이다.
㉡ 꼬임의 형태에 따라 보통꼬임과 랑꼬임이 있다. 보통꼬임은 와이어꼬임과 스트랜드 꼬임이 반대방향인 것을 말한다.
㉢ 스트랜드의 꼬임 방향에 따라 S꼬임 로프와 Z꼬임 로프가 있다.
㉣ 임업용에는 스트랜드가 6개인 것이 가장 많이 이용되며 작업줄은 보통꼬임을 주로 사용한다.
㉤ 와이어로프 6×7(스트랜드 본수×와이어 개수)은 7본선과 6꼬임을 의미한다.

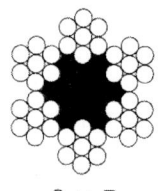

6 × 7

㉥ 보통꼬임은 킹크가 잘 일어나지 않으나 마모가 많이 일어난다. 보통꼬임은 가선집재에서 되돌림줄이나 짐당김줄 등의 일반 작업줄에 적당하다.
㉦ 와이어로프의 폐기 기준은 아래와 같다
 • 이음매가 있는것
 • 한 꼬임에 끊어진 소선수 10% 이상 인 것
 • 지름의 감소가 공칭지름 7% 이상 인 것
 • 심하게 변형되거나 부식된것
 • 열과 전기 충격에 의한 손상된 것
㉧ 안전계수
 • 안전계수 공식

$$안전계수 = \frac{와이어로프\ 절단하중(kg)}{와이어로프\ 최대장력(kg)}$$

 • 와이어로프 안전계수

가공본줄	짐당김줄, 되돌림줄, 버팀줄, 고정줄	짐올림줄, 짐매달음줄
2.7	4.0	6.0

④ 저목장
㉠ 목재를 비교적 장기간 저장하는 장소를 말한다.
㉡ 산지 저목장 설치 방법은 다음과 같다.

- 간벌작업은 산지저목장이 설치될 장소에서부터 실시한다.
- 작업로와 임도의 연결점 부근에 위치한다.
- 곡선부, 협곡점, 언덕 부위, 습한 곳 등은 피하고, 장비의 이동에 지장이 없는 곳으로 한다.
- 쌓기의 방향은 운재방향에 따른다.
- 집적용량은 운반차량 용량의 최소한 반 정도 크기로 한다.

(4) 가선집재

① 가선집재
  ㉠ 임목 및 목재의 피해가 적고 낮은 임도밀도지역과 급경사지에서 작업이 가능하다.
  ㉡ 기동성이 낮고 장비가 고가이며 작업의 생산성이 낮다.
  ㉢ 숙련된 기술이 요구되며 장비의 설치 및 철거 시간이 필요하다.
  ㉣ 본줄 설치를 위해 지주에서 집재기쪽 지주를 머리기둥 혹은 앞기둥이라 하며 반대쪽의 기둥을 꼬리기둥 혹은 뒷기둥이라 한다. 머리기둥과 꼬리기둥의 중간에 있는 기둥은 안내기둥이라 한다.
  ㉤ 가공본줄 노선을 선정할 때 집재선 측량 시 조사사항으로 지간거리, 지간경사각, 고저차, 장애물, 중간지지대 등을 조사한다.

② 가선집재시스템
  ㉠ 가공본줄이 있는 경우

타일러식	• 가공본줄 경사 10~25° 범위 대면적 개벌작업에 적합하다. • 가로 집재가 용이하나 집재거리가 제한적이다. • 집재에 의한 잔존목 손상이 많고 와이어마모가 심하다.
엔드리스 타일러식	• 운전, 가로집재, 집재목의 짐내림에 용이하다. • 가로집재 장치가 있을 경우 택벌지에서 직각방향 가로집재가 가능하다.
폴링블록식	• 단거리, 소면적 집재에 용이하다. • 가공본줄 설치 및 철거가 용이하나 조작이 어렵고 속도가 느리다.
호이스트 캐리지식	• 잔존목 훼손을 최소화하며 조작이 간편하고 짐달림도르래가 필요없다. • 전용반송기가 있어야하고 가로집재 거리가 제한적이다.
스너빙	• 올림집재로 이용되며 설치가 간단하고 운전이 용이하다. • 보통 가로집재가 불가능하다.

ⓛ 가공본줄이 없는 경우

하이리드식	• 거리 100m 내외 완경사지에서 소량 작업에 용이 • 운전은 단순하나 훼손의 우려가 있음
러닝스카이라인식	• 거리 300m 내외 소량 간벌, 택벌작업지에 적합 • 운전은 어렵지만 가선 및 철거가 용이하다.
단선순환식	• 간벌, 택벌작업지에 적합 • 잔존목 피해가 많고 작업효율이 낮다.
슬랙라인식	• 짐올림줄이 필요 없고 가선설치가 용이 • 와이어로프의 기능이 분리되기 때문에 조작이 간단하고 반송기도 특수한 것이 필요 없음

③ 가선집재 노선선정

ⓐ 준비작업 : 도상계획에 따라 사업지의 벌채, 반출 등의 계획을 고려하고 항공사진이나, 기본도를 참고하여 집재가선의 배치를 합리적으로 준비한다.

ⓑ 답사 : 도면 및 기초자료를 이용해 집재예정구역의 지형, 지주, 그루터기 위치, 집재기 위치 등을 조사하고 가선방식, 수고 및 흉고직경 등 기타 필요한 사항을 조사한다.

ⓒ 집재선 측량 : 규모에 따라 트랜싯, 포켓용콤파스 등을 이용해 지간거리, 지간경사각, 고저차, 장애물, 중간지지부 등을 조사하고 상황에 맞추어 항공사진, 기본도 등을 사용 하여 실측을 대신할 수 있다.

ⓓ 설계서 작성 : 설계서는 답사, 측량 등의 결과를 이용하여 작성한다.

④ 타워야더

임내에서 장거리에 생산된 원목을 공중으로 띄워 상, 하향으로 집재하는 집재장비로 임지훼손을 적게 하고 강이나 급경사지에서도 집재가 가능한 장비이다.

(5) 체인톱

① 체인톱

ⓐ 산림에서 취급하는 체인톱은 중량이 가볍고 출력이 높아야 한다. 주로 1기통 2행정 공랭식 가솔린엔진을 이용한다.

ⓑ 체인톱 수명은 약 1500 시간 정도이다.

ⓒ 체인톱은 원동기부분, 동력전달부분, 톱체인부분으로 구분된다.

ⓓ 휘발유와 윤활유의 비율은 25:1 정도가 적당하며 휘발유와 체인톱 전용오일의 혼합비는 40:1 정도가 적당하다.

ⓔ 연료에 비해 윤활유가 부족하면 엔진의 각 부분에 눌어 붙을 가능성이 있고 과다하면 카본 등이 점화플러그 전극 부위에 쌓여 출력저하 및 시동불량 현상

이 나타난다. 휘발유에 비해 오일의 혼합량이 적으면 엔진의 내부기기가 원활하게 작동하지 못하기도 한다.

ⓑ 국내에서 주로 사용되는 체인톱의 배기량 30~70cc 정도의 소형 및 중형이다.

② 체인톱의 조건
　㉠ 중량이 가볍고 취급방법이 간단해야 한다.
　㉡ 견고하고 절삭효율이 좋아야 한다.
　㉢ 소음과 진동이 적어야 한다.
　㉣ 연료소비, 유지비 등의 기타경비가 적게 들어야 한다.
　㉤ 가격이 저렴하고 소모품의 수급이 용이해야 한다.

③ 체인톱 구조
　㉠ 일반 장치

톱체인	나무 절삭 부분
스파이크	체인톱을 지지하여 지렛대 역할을 함
손잡이	운반 및 작업시 사용되는 부분
점화플러그	실린더내 연소실에 압축된 혼합기 점화, 전극간격은 0.4~0.5 mm 정도
스로틀레버	엔진의 회전수를 조정
에어필터	기관에 흡입되는 먼지, 톱밥 등을 제거
안내판	체인톱날의 지탱 및 레일 역할을 하며 평균 450시간 정도의 수명을 가짐
쵸크	체인톱을 사용할 때 공기의 유입을 조절하는 것으로 최초 시동에는 닫아둔다.

　㉡ 안전장치

앞, 뒤손 보호판	체인이 끊어질 경우 손을 보호
손잡이	작업시 발생되는 진동을 완화
체인브레이크	체인톱이 튐현상과 같은 충격을 받을때 체인을 강제 급정지
체인잡이볼트	체인이 끊어지거나 튀는 것을 방지
체인덮개	톱날의 위험에서 작업자를 보호
완충스파이크	체인톱의 지지 및 튕김 방지
스로틀레버차단판	톱 작동시 장애물에 의해 액셀레버가 작동하지 않게 차단
진동방지장치	진동을방지하여 작업자를 보호
소음기	소음 피해를 방지

ⓒ 톱체인 구조
- 톱체인 규격은 피치로 표시하며 피치는 3개의 리벳 간격의 1/2 길이를 말한다.
- 톱체인 종류에 따른 연마각도는 아래와 같다.

구분		대패형톱날	반끌형톱날	끌형톱날
창날각		35°	35°	30°
가슴각		90°	85°	80°
지붕각		60°	60°	60°

- 톱날의 깊이제한부는 톱날이 한번에 팔수 있는 깊이로 절삭 윗날과 깊이제한부의 높이차를 의미한다. 이러한 깊이 제한부는 깊이, 각도, 절삭량을 결정하는 주요 요인이다.
- 깊이제한부를 너무 높게 연마시 절삭 깊이가 얇아 절삭량이 적아지게 되며 반대의 경우 절삭 깊이가 깊어 절삭량은 많아져도 톱날에 부하가 많이 걸리게 되어 수명이 짧아진다.

ⓓ 체인톱 연료
- 체인톱은 2행정 가솔린 기관으로 가솔린과 윤활유를 25 : 1 정도로 배합하여 사용한다.
- 작업시 시간당 표준 연료 소비량은 휘발유 1.5L, 오일 0.4L 정도이다.

ⓔ 엔진 출력
- 체인톱을 소형, 중형, 대형으로 구분하는 기준은 출력과 무게이며 아래와 같이 분류된다.

구분	출력(kW)	무게(kg)
소형체인톱	2.2	6
중형체인톱	3.3	9
대형체인톱	4.0	12

31. 산림토목 장비

(1) 굴착 및 운반기계

① 불도저
  ㉠ 불도저는 흙을 깎아 운반하는 장비로 단거리 토공작업에 적합한 기계이다. 그 외에도 벌목, 제근, 다짐 등 다양한 작업이 가능하다.
  ㉡ 리퍼는 연암이나 단단한 지반의 굴착에 적합하며 종류에 따라 용도가 다양하다.
  ㉢ 도저의 종류에는 스트레이트도저, 앵글도저, 리퍼도저, 레이크도저 등 다양하다.
  ㉣ 스트레이트도저는 대량의 흙을 굴착하고 다지는데 사용한다.
  ㉤ 앵글도저는 블레이드면이 진행방향의 중심으로 20~30° 정도의 경사가 있어 흙을 좌우로 밀어내어 지면을 고르게 한다.
  ㉥ 리퍼도저는 단단한 흙이나 연암의 파쇄 작업에 적합하다.
  ㉦ 레이크도저 나무의 뿌리를 제거하는 제근작업이나 지반을 파헤치는데 용이하다.
  ㉧ 틸트도저는 삽날의 좌우 높이를 조절하여 강도가 높은 흙이나 도랑 파기에 적합하다.

② 스크레이퍼
  스크레이퍼는 보울을 상하로 움직여 토사를 굴착, 적재, 운반, 다짐의 작업을 수행하는 토공용 기계이다.

(2) 굴착, 적재 기계

① 파워 셔블
  ㉠ 버킷을 밀어 올려 기계의 위치보다 높은 곳의 토사를 굴착하는 기계이다.
  ㉡ 굳은 점토와 경질의 흙을 굴착하는데 적합하다.

② 백호우
  ㉠ 기계의 위치보다 낮은 곳의 토사를 굴착하며 굳은 지반의 굴착이나 옆도랑 등의 토사 제거에 적합하다. 또한 토목시공에서 넓은 장소의 적재용으로도 적합하다.
  ㉡ 백호우는 상체가 360° 회전할 수 있어 작업이 편리하다.

③ 드래그라인
  ㉠ 기면보다 낮은 곳의 표토를 굴착하거나 운반차에 적재하는 작업에 적합하다.
  ㉡ 드래그라인은 수중굴착이 가능하며 넓은 배수로 및 연약지반의 굴착 등 광범위한 얕은 굴착에 이용된다.

④ 클램셸
   ㉠ 지면보다 낮은 위치에 수직 낙하시켜 토사류를 굴착하는 방식으로 좁은 장소에서 깊은 굴착 및 수중굴착이 가능하다.
   ㉡ 클램셸은 호퍼작업과 비교적 좁은 장소에서 깊게 굴착하는데 유용하다.

(3) 전압기계

① 로드롤러
   쇄석이나 자갈, 모래 등 변형에 대해 저항이 있는 재료들을 얇게 다지는데 적합한 머캐덤 롤러가 있으며 이후 끝내기 작업으로 탠덤롤러를 사용한다.

② 탬핑롤러
   롤러 표면에 돌기를 만들어 두꺼운 성토 다짐에 적합하다. 주로 점성토 지반의 다짐작업에 이용한다.

③ 타이어롤러
   기층, 노반의 표면 다짐 등에 적합하기에 아스팔트와 같은 포장작업의 마무리에 사용된다.

(4) 기타 기계

① 적재기계에는 로더, 차륜식 로더, 소형로더 등이 있다.
② 운반기계에는 덤프트럭, 크레인, 지게차, 체인블록 등이 있다.
③ 정지기계에는 모터그레이더가 있으며 노면깍기, 노면 다지기 등에 적합하다. 그 외에도 불도저, 스크레이퍼 도저가 해당된다.

01 산림경영 기출문제 100제

산림기사 · 산업기사 실기

01 임반과 소반의 구획 기준을 적으시오.

> **해답**
> - **임반** : 임반은 산림의 위치를 명확하게 하기 위해 능선, 하천, 도로 등 자연경계를 통해 구획한다.
> - **소반** : 소반의 경우 지종이 상이할 때, 임상, 작업종이 상이할 때, 임령, 지위, 지리 혹은 운반계통이 상이할 때, 기능이 상이할 때를 기준으로 구획한다.

02 토지기망가식에서 최대값의 영향인자 4가지를 적고 각각에 대해 설명하시오.

> **해답**
> - **이율** : 이율이 크면 최대값에 빨리 도달한다.
> - **간벌수익** : 간벌수익이 크고 시기가 빠를수록 최대값이 빨리 도달한다.
> - **주벌수익** : 주벌수익의 증대속도가 빨리 감소할수록 최대값에 빨리 도달한다.
> - **조림비** : 조림비가 작을수록 최대값에 빨리 도달한다.

03 현실축적이 500㎥, 생장률이 5% 일 경우 10년차의 벌기재적을 계산하시오.
(단, 소수점 둘째자리에서 반올림)

> **해답**
> $500 \times 1.05^{10} = 814.4.㎥$

04 아래의 표를 참고하여 벌기평균재적을 구하고 각 임분의 개위면적을 계산하시오.
(단, 소수점 셋째자리에서 반올림)

구분	NO.1	NO.2	NO.3
재적(m³)	500	700	600
면적(ha)	8	10	12

해답

- 벌기평균재적 $= \dfrac{(500 \times 8) + (700 \times 10) + (600 \times 12)}{8 + 10 + 12} = \dfrac{18200}{30} = 606.666 \cdots \, m^3$
- NO.1 개위면적 : $(500 \div 606.66\cdots) \times 8 = 6.5934\cdots$ ha → 답 6.59ha
- NO.2 개위면적 : $(700 \div 606.66\cdots) \times 10 = 11.5384\cdots$ ha → 답 11.54ha
- NO.3 개위면적 : $(600 \div 606.66\cdots) \times 12 = 11.8681\cdots$ ha → 답 11.87ha

개위면적 $= \dfrac{\text{해당임분벌기재적}}{\text{기준임분벌기재적}} \times \text{해당임분면적}$

05 아래의 영급기호의 임령기준을 적으시오.

> I, II, III, IV, V

해답

I : 1~10년, II : 11~20년, III : 21~30년, IV : 31~40년, V : 41~50년

06 지리에 대해 설명하시오.

해답

지리는 해당 소반 중심에서 임도 혹은 도로까지의 거리를 등급화한 것으로 1급지는 1~100m, 2급지는 101~200m 등으로 총 10급지로 표기한다.

07 산림조사에서 경사 측정시 험준지의 기준을 적으시오.

해답

경사 25~30° 미만

08 형수의 종류에서 분류기준이 재적기준인 종류 4가지를 적으시오.

> **해답**
> 수간형수, 지조형수, 근주형수, 수목형수

09 토지기망가가 커지는 조건 3가지를 적으시오.

> **해답**
> - 주벌수익, 간벌수익 값이 커질수록 기망가는 커진다.
> - 조림비, 관리비가 작을수록 기망가는 커진다.
> - 이율이 낮을수록 기망가는 커진다.

10 벌기령, 벌채령의 정의를 적으시오.

> **해답**
> - **벌기령** : 임목을 일정한 성숙상태로 육성시키는데 필요한 계획상의 연수로서 경영목표 달성에 가장 적합한 벌채연령이다.
> - **벌채령** : 임목이 실제로 벌채될 때의 연령이다.

11 매년 말 20만원을 영구적으로 얻는 이자의 전가합계를 구하시오.(연이율 5%)

> **해답**
> $\dfrac{200,000}{0.05} = 4,000,000$ 원

12 아래의 표를 참고하여 법정축적을 수확표에 의한 방법으로 구하시오.
(단, 산림면적 60ha, 윤벌기 40년)

구분	10	20	30
ha 당 재적(m³)	30	80	200

> **해답**
> $10 \times (30 + 80 + \dfrac{200}{2}) \times \dfrac{60}{40} = 3150 m^3$

13 벌기가 40년인 나무의 조림비가 ha 당 2만원, 간벌수입은 20년 일 때 5만원, 30년일 때 50만원, 주벌수입은 500만원, 관리비가 매년 1만원, 이율은 5% 일 경우 토지기망가를 구하시오.(단, 1원 미만은 절사할 것)

해답

$$\frac{5{,}000{,}000 + 50{,}000(1.05)^{40-20} + 500{,}000(1.05)^{40-30} - 20000(1.05)^{40}}{1.05^{40}-1} - \frac{10000}{0.05}$$

$$\frac{5{,}000{,}000 + 132{,}664.885\cdots + 814{,}447.3134 - 140{,}799.7742}{6.039988712} - 200{,}000 = 761{,}311.8$$

답 761,311원

14 조림 후 20년 마다 100만원의 순수익을 얻을 경우 산림의 이자합계를 구하시오. (단, 이율 5%, 1원 미만은 절사)

해답

$$\frac{1{,}000{,}000}{1.05^{20}-1} = 604{,}851.74원$$

답 604,851원

15 제지에 대하여 설명하시오.

해답

시업지 및 시업제한지 이외의 임지로서 묘포, 건물, 임도, 기타 시설용 부지와 대부된 임지 및 농지, 암석지 등을 의미한다.

16 소나무의 전체재적 500m³, 조재율이 80% 일 경우 임목재적을 계산하시오.

해답

임목재적 = 조재율 × 전체재적 = 0.8 × 500 = 400m³

17 아래의 수확표를 참고하여 벌기수확에 의한 법정축적을 구하시오.
(면적 80ha, 윤벌기 40년)

임령	10	20	30	40
재적(m³)	20	100	200	250

해답

$$\frac{40}{2} \times 250 \times \frac{80}{40} = 10000 m^3$$

※ 벌기수확 기준 법정축적

$$\frac{U}{2} m_u \times \frac{F}{U}$$

n : 수확표의 년차, m_u : 각 영급의 재적, F : 산림면적, U : 윤벌기

18 면적 1000 ha, 윤벌기 50년, 영계수 10일 경우 법정영급면적과 영급수를 구하시오.

해답

① 법정영급면적 = $\frac{산림면적}{윤벌기} \times 영계수 = \frac{1000}{50} \times 10 = 200\, ha$

② 영급수 = $\frac{산림면적}{법정영급면적} = \frac{1000}{200} = 5\, 개$

19 윤벌기에 대해 기술하시오.

해답

윤벌기는 한 작업급의 모든 임분을 일순벌하는데 걸리는 시간을 의미한다.

20 특정 산림에서 유통된 원목의 시장가가 20만원/m³, 벌채 및 운반비가 5만원/m³, 조재율 90%, 월이율 2%, 자본회수기간이 4개월, 기업이익률 5% 일 경우 임목의 m³ 당 매매가를 구하시오.(단, 1미만은 절사할 것)

해답

$$0.9 \times \left(\frac{200,000}{1+(4 \times 0.02)+0.05} - 50,000\right) = 114,292\, 원$$

※ 시장가 역산법

$$조재율 \times \left(\frac{원목시장가}{1+자본회수기간 \times 월이율 + 기업이율} - 기타비용\right)$$

21 임분의 현실축적 600m³, 수확표 법정벌채량 200m³, 수확표의 법정축적은 150m³ 일 경우 이용률법에 의한 표준연벌채량을 계산하시오.

> **해답**
>
> **연간벌채량** = 현실축적 × $\dfrac{법정벌채량}{법정축적}$ = $600 \times \dfrac{200}{150} = 800m^3$

22 지위지수를 나타내는 방법 3가지를 적으시오.

> **해답**
>
> ① 지위지수에 의한 방법
> ② 환경인자에 의한 방법
> ③ 지표식물에 의한 방법

23 총평균생장량에 대해 설명하시오

> **해답**
>
> 임목의 총생장량을 현재까지 경과된 총연수로 나눈 값으로 구한 값을 말한다.

24 전기톱 구매 당시 금액이 300만원이었다. 폐기 시 잔존가치가 10만원으로 예상되고 내용연수가 10년일 경우 정액법에 의한 감가상각비를 구하시오.

> **해답**
>
> **정액법** = $\dfrac{취득원가 - 잔존가치}{내용연수}$ = $\dfrac{300만원 - 10만원}{10년}$ = 29만원

25 산림휴양에 관련 법률에서 휴양림에 들어가는 시설 5가지를 적으시오.

> **해답**
>
> 숙박시설, 편익시설, 위생시설, 교육시설, 체육시설, 전기시설 등

26 매년 2만원씩의 관리비가 들어가고 이율이 5% 인 경우 10년 후의 후가를 계산하시오.
(단, 1.05^{10}=1.629)

> **해답**
>
> $\dfrac{20,000(1.05^{10} - 1)}{0.05}$ = 251,600원

27 공예적 벌기령에 대해 설명하시오.

> **해답**
>
> 임목이 특정 용도에 적합한 크기로 성장하는데 필요한 연령을 고려하여 정한 벌채연령을 공예적 벌기령이라 한다.

28 사유림의 경영계획구 종류 3가지를 적으시오.

> **해답**
>
> ① 일반경영계획구
> ② 협업경영계획구
> ③ 기업경영림계획구

29 자연휴양림의 공급측면에서의 입지조건 3가지를 적으시오.

> **해답**
>
> - 자연경관이 아름답고 임상이 울창한 곳
> - 자연탐방, 하이킹, 피크닉 등 자연휴양적 가치가 있는 곳
> - 풍치적 시업을 하여 자연휴양적 이용이 가능한 곳
> - 단지면적의 경우 국, 공유림 30ha 이상, 사유림은 20ha 이상인 곳

30 수간석해에 대해 설명하시오.

> **해답**
>
> 수간석해는 임목의 생장과정을 정밀히 조사하기 위하여 그 임목을 벌채하여 생장을 조사하는 측정방법이다. 수간석해는 보통 표준목(평균목)을 선정하고 벌채하여 수고의 높이에 따라 단판을 채취하고 내업으로 각 단판의 임령, 직경 등을 측정함으로써 임령에 따른 직경과 수고를 파악하고 재적을 계산하는 방법이다.

31 산림경영계획에서의 측량 방법 3가지를 적고 각각에 대해 설명하시오.

> **해답**
>
> ① **주위측량** : 산림의 경계선을 명백히 하고 면적을 정하기 위해 경계를 따라 주위측량을 실시
> ② **산림구획측량** : 주위측량 이후 산림구획계획이 정해지면 임반, 소반의 구획선 및 면적을 산출하기 위해 산림구획측량을 실시
> ③ **시설측량** : 교통로 및 운반로 개설과 산림경영에 필요한 건물 예정지에 대한 측량을 실시

32 흉고직경이 20cm, 수고 15m, 형수 0.5 인 나무의 재적을 구하시오.
(단, π=3.14, 결과값은 소수점 셋째자리에서 반올림)

> **해답**
> $(3.14 \times 0.1^2) \times 15 \times 0.5 = 0.2355 m^3$
> 답 $0.236 m^3$

33 항공사진을 이용한 산림조사의 장점 4가지를 적으시오.

> **해답**
> • 넓은 지역을 신속하게 측량 가능하다.
> • 측정자에 의한 개인차가 적다.
> • 넓은 지역일수록 경비가 절감된다.
> • 날씨에 영향이 적은편이다.
> • 외업은 항공촬영이며 나머지는 대부분 내업이다.

34 흉고직경 40cm, 수고 20m 임목 재적이 $0.85 m^3$ 인 경우 형수값을 계산하시오.
(단, π=3.14, 결과값은 소수점 셋째자리에서 반올림)

> **해답**
> $0.85 = 0.2^2 \times 3.14 \times 20 \times$ 형수
> 형수 $= 0.338375\cdots$
> 답 0.34

35 수확조정기법에서 재적배분법에 대해 설명하시오.

> **해답**
> 성숙목을 지위에 따라 구분하여 경리기간내의 생장량을 구해 현재재적과의 합을 총수확량으로 하여 표준 연벌량을 산출한다.

36 원구직경 20cm, 말구직경 14cm, 재장 8m 인 나무를 스말리안식을 이용하여 구하시오.
(단, π=3.14, 결과값은 소수점 셋째자리에서 반올림)

> **해답**
> $\dfrac{3.14 \times (0.1^2 + 0.07^2)}{2} \times 8 = 0.187144$
> 답 $0.19 m^3$

37 벌기재적 500m³, 산림면적 50ha, 윤벌기 20년일 경우 벌기수확에 의한 방법으로 재적을 계산하시오.

> **해답**
>
> $\dfrac{20}{2} \times 500 \times \dfrac{50}{20} = 12500 m^3$
>
> ※ 벌기수확 기준 법정축적
>
> $\dfrac{U}{2} m_u \times \dfrac{F}{U}$
>
> n : 수확표의 년차, m_u : 각 영급의 재적, F : 산림면적, U : 윤벌기

38 산림축적이 100m³, 연간생장률 5%인 경우 10년 후의 축적을 단리산에 의거하여 구하시오.

> **해답**
>
> $\dfrac{10년 후 축적 - 100}{10 \times 100} \times 100 = 5 \rightarrow$ 10년 후의 축적 : 150m³

39 40년생 임분이 400m³, 20년생 임분이 250m³ 인 경우 프레슬러 공식을 이용하여 생장률을 구하시오.(단 소수점 셋째자리 반올림)

> **해답**
>
> $\dfrac{400 - 250}{400 + 250} \times \dfrac{200}{20} \fallingdotseq 2.31\%$

40 법정축적이 1000m³, 현실축적이 600m³ 인 경우 입목도를 계산하시오.

> **해답**
>
> 임목도 $= \dfrac{현실축적}{법정축적} \times 100 = \dfrac{600}{1000} \times 100 = 60\%$

41 수확조정기법에서 절충평분법에 대해 설명하시오.

> **해답**
>
> 절충평분법은 각 분기의 수확재적과 벌채면적을 동시에 고려하여 분기별로 균등하게 배분하는 방법이다.

42 연년생장량과 평균생장량의 관계를 설명하고 그래프를 그리시오

해답

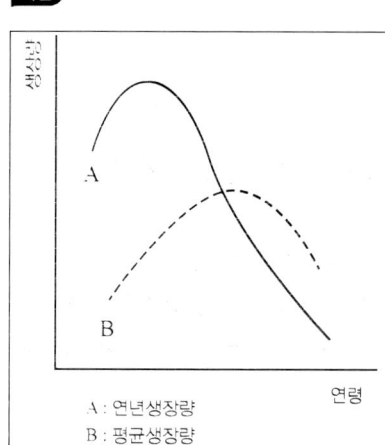

A : 연년생장량
B : 평균생장량

① 초기에는 연년생장량이 평균생장량보다 크다.
② 연년생장량은 평균생장량 보다 극대점이 빨리 나타난다.
③ 평균생장량의 극대점에서는 연년생장량과 평균생장량의 크기가 같다.
④ 평균생장량의 극대점 까지 연년생장량이 항상 평균생장량 크다.

43 보기의 내용을 참고하고 kameraltaxe법을 이용하여 연간평균수확량을 계산하시오.

<보기>
현실축적 100m³, 현실생장량 5m³, 법정축적 150m³,
갱정기 20년,   산림면적 50ha

해답

$$5 + \frac{100-150}{20} = 2.5m^3,\ 2.5m^3 \times 50ha = 125m^3$$

※ kameraltaxe법

$$표준연벌채량 = 현실연간생장량 + \frac{현실축적 - 법정축적}{갱정기}$$

44 단목의 연령측정 방법 4가지를 적으시오.

해답

· 기록에 근거한 방법
· 나이테 수에 근거한 방법
· 생장추에 근거한 방법
· 지절에 근거한 방법
· 흉고직경에 근거한 방법

45 이령림의 연령측정 방법 3가지를 적으시오.

해답

본수령, 재적령, 면적령

46 사유림의 경영계획구 종류 3가지를 적고 각각에 대해 설명하시오.

해답

① **일반경영계획구** : 소유자가 개인으로 산림을 개인이 경영하는 형태
② **협업경영계획구** : 서로 인접한 사유림을 2인 이상의 소유자가 협업으로 경영하는 형태
③ **기업경영림계획구** : 임업관련기업이 대규모 투자 등을 목적으로 경영하는 형태

47 직경이 40cm 생장추를 이용하여 생장률을 계산하고자 채취한 목편의 수피 아래 1cm 안에 있는 나이테의 수가 5개 일 때 나무의 생장률을 계산하시오.(단, K : 500)

해답

$$\frac{500}{5 \times 40} = 2.5\%$$

48 벌기가 20년마다 2천만원을 얻을 수 있는 산림의 현재가를 구하시오.
(단, 이율 5%, 1.05^{20}=2.653, 1원미만은 절사)

해답

$$\frac{20,000,000}{1.05^{20} - 1} = 12,099,213.55원$$

답 12,099,213원

49 산림경영의 지도원칙 4가지를 적으시오.

해답

- 수익성 원칙
- 경제성 원칙
- 생산성 원칙
- 공공성 원칙
- 보속성 원칙
- 합자연성 원칙
- 환경보전 원칙

50 벌기령의 종류 3가지를 적으시오.

해답
생리적 벌기령, 공예적 벌기령, 재적수확 최대의 벌기령, 화폐수입최대의 벌기령, 산림순수입최대의 벌기령, 토지순수입최대의 벌기령, 수익률최대의 벌기령

51 표준지 면적 0.04ha 이고 50개의 총 재적이 500m³ 경우 ha 당 재적을 계산하시오.

해답
0.04ha×50개=2ha, 500m³ ÷ 2ha = 250m³/ha

52 수고 측정을 위해 20m 지점에서 초두부가 70%, 근원부가 -10% 인 경우 수고를 구하시오

해답
$$\frac{초두부-근원부}{100} \times 이격거리 = \frac{70-(-10)}{100} \times 20 = 16m$$

53 법정림에서 윤벌기가 40년일 경우 법정연벌률을 구하시오.

해답
$$법정연벌률 = \frac{200}{윤벌기} = \frac{200}{40} = 5\%$$

54 수확표의 용도 4가지를 적으시오.

해답
① 입목재적 및 생장량의 추정
② 지위판정
③ 입목도 및 벌기령의 결정
④ 수확량의 예측

55 토성에서 사양토가 의미하는 바를 적으시오

해답
모래가 1/3 ~ 2/3 을 포함하는 토양을 말한다.

56 수간석해에서 직선연장법과 평행선법에 대해 설명하시오.

해답
① **직선연장법** : 수간석해도에서 어떤 영급의 최후 단면의 값과 바로 앞의 단면의 값을 연결한 직선을 그대로 연장하여 수간측과 교차되는 지점을 영급의 수고로 하는 방법
② **평행선법** : 수간석해도의 밖에 있는 영급의 선과 평행선을 그어 교차되는 지점을 영급의 수고로 정하는 방법이다.

57 지리와 지위에 대해 설명하시오.

해답
- **지위** : 지위는 산림생산능력을 말하는 것으로 임지가 가지고 있는 잠재적 생산능력을 평가하는 기준이 된다.
- **지리** : 해당 소반 중심에서 임도 혹은 도로까지의 거리로서 10급지로 분류한다.

58 임황조사 항목 4가지를 적으시오.

해답
임종, 임상, 혼효율, 수종, 임령, 영급, 수고, 경급, 소밀도, 축적

59 평판측량 설치 시 고려사항 3가지를 적으시오.

해답
① 정준
② 치심
③ 표정

60 평분법에 대해 설명하고 종류 3가지를 적으시오.

해답
- **평분법** : 한 윤벌기를 나누어 분기마다 수확량을 비슷하게 하는 방법이다
- **종류** : 재적평분법, 면적평분법, 절충평분법

61 흉고형수의 영향인자 4가지를 적으시오.

해답
수종, 지위, 지하고, 수고, 흉고직경, 연령

62 건습도의 기준을 적고 각각에 대해 설명하시오

해답

구분	기준
적윤	손으로 쥐었을 때 손바닥 전체 습기가 있고 물에 대한 감촉이 확실한 정도
약건	손으로 쥐었을 때 손바닥에 습기가 약간 묻는 정도
약습	손으로 쥐었을 때 손가락 사이에 약간의 물기기 비친 정도
습	손으로 쥐었을 때 손가락 사이 물방울이 맺히는 정도
건조	손으로 쥐었을 때 수분 감촉이 거의 없는 정도

63 합성물매를 구하기 위한 요소 2가지를 적으시오.

해답

종단기울기(종단물매), 횡단기울기(횡단물매)

64 Mattews 의 이론에 대하여 설명하시오.

해답

Mattews 이론 : 임도 밀도가 높을수록 혹은 임도의 간격이 좁을수록 임도의 개설비로 인해 직접적인 영향을 받는 집재비용이 줄어들고 임도비와 집재비의 합이 최소인 임도밀도를 가장 적당한 임도밀도로 간주한다.

65 산림경영의 기술적 특성, 경제적 특성을 각 2가지씩 적으시오.

해답

· **경제적 특성**
- 무게 및 부피가 재화의 단위이다.
- 산림경영 특성상 대규모 경영에 알맞다.
· **기술적 특성**
- 생산기간이 길다.
- 자연조건에 영향을 많이 받는다.

※ **산림경영의 특성**

기술적 특성	경제적 특성
① 생산기간이 길다. ② 후계림 조성 등 재생산 가능한 자원이다. ③ 자연조건에 영향을 많이 받는다. ④ 수확에 대한 결실 및 시기 등이 일정하지 않다. ⑤ 기후 및 지력에 대한 요구도가 낮다. ⑥ 수목은 보호 및 무육에 노력이 적게 든다.	① 생산기간이 긴 만큼 자본회수 역시 장기적이다. ② 무게 및 부피가 재화의 단위이다. ③ 자본 및 수확물이 명확하게 구분되어 있지 않다. ④ 산림경영 특성상 대규모 경영에 알맞다. ⑤ 노동에 있어 농업 대비 계절적 제약이 적은 편이다. ⑥ 임업생산방식은 자금과 노력이 적게 들어 조방적인 편이다. ⑦ 국민의 편의를 위한 공공적 이익은 매우 크다.

66 산림 협업의 형태 3가지를 적으시오.

해답

공동작업, 공동이용, 공동관리

67 산림경영의 지도원칙 5가지를 적고 각각에 대해 설명하시오.

해답

- **수익성 원칙** : 최대의 이익을 얻을 수 있게 경영하는 원칙을 말한다.
- **경제성 원칙** : 최소의 비용으로 최대의 효과를 발휘하는 원칙을 말한다.
- **생산성 원칙** : 단위면적당 최대 목재 생산의 원칙을 의미하며 가장 이상적인 방법은 재적수확최대의 벌기령을 기준으로 한다.
- **공공성 원칙** : 인류 생활의 복리 증진을 목적으로 공공 경제적 원칙이라고도 한다.
- **합자연성 원칙** : 자연법칙을 존중하면서 산림을 경영하자는 원칙을 말한다.

68 생리적 벌기령에 대해 설명하시오.

해답

자연적 벌기령 혹은 조림적 벌기령이라고 하며 산림생산력이 가장 잘 보존되고 유해작용을 방지하는데 유리한 연령을 고려한 벌기령을 말한다.

69 정리기와 갱신기에 대해 설명하시오.

해답

- **정리기** : 불법정상태인 영급관계를 법정상태로 시정하기까지 걸리는 기간으로 개벌작업 시 주로 적용된다.
- **갱신기** : 예비벌에서 후벌까지의 기간을 말한다.

70 영급법의 종류 3가지를 적으시오.

해답

순수영급법, 임분경제법, 등면적법

71 해마다 연말에 간벌 수입으로 2,000,000원씩 수입이 되는 임분을 가지고 있을 이 임분의 자본가를 구하시오. (이율 5%)

> **해답**

자본가 $= \dfrac{2,000,000}{0.05} = 40,000,000$

72 법정림의 춘계축적이 500m³, 추계축적이 600m³ 라 할 때 이 산림의 법정축적을 구하시오.

> **해답**

법정축적 $= \dfrac{춘계축적 + 추계축적}{2} = \dfrac{500 + 600}{2} = 550 m^3$

73 산림노동의 능률을 향상시키기 위한 방안 4가지를 적으시오.

> **해답**

- 노동기구 및 장비의 개량
- 노동배분의 합리화
- 전문 산림작업단의 구성
- 휴양 및 의료 시설의 구비
- 작업의 공동화 및 능률화
- 효율적 작업로의 설치
- 작업자의 합숙소 운영 및 관리

74 수간석해의 목적을 적으시오.

> **해답**

수간석해는 임목의 생장과정을 정밀히 조사하기 위하여 그 임목을 벌채하여 생장을 조사하는 측정방법이다.

75 아래의 흉고형수에 대한 조건으로 옳은 것을 고르시오.

- 지위가 (양호할수록 / 불량할수록) 형수는 작아진다.
- 지하고가 (높을수록 / 낮을수록) 형수는 커진다.
- 수고가 (높을수록 / 낮을수록) 형수는 작아진다.

> **해답**

- 지위가 양호할수록 형수는 작아진다.
- 지하고가 높을수록 형수는 커진다.
- 수고가 높을수록 형수는 작아진다.

※ 흉고형수 조건

수종	수종에 따라 형수 차이가 있다.
지위	지위가 양호할수록 형수가 작아진다.
지하고 및 수관	지하고가 높을수록 수관의 양이 적을수록 형수가 크다.
수고	수고가 높을수록 형수는 작아진다.
흉고직경	흉고직경이 커질수록 형수는 작아진다.
연령	연령이 많을수록 형수는 크다.

76 정형수, 절대형수, 부정형수에 대해 설명하시오.

해답

- **정형수** : 직경을 수고 1/n 되는 곳의 직경과 같게 정한 것
- **절대형수** : 원주의 직경위치를 최하부로 정한 것
- **부정형수** : 수고에 관계없이 직경위치가 항상 1.2m 로 정한 것

77 단급법을 설명하고 공식을 적으시오.

해답

- **단급법** : 임분재적을 추정하기 위한 표준목법에서 표준목을 선정하는 방법 중의 하나로 가장 간단한 방법이다.
- **공식**

$$V = \frac{G}{g} \times v$$

여기서, V : 전체 임분의 재적, G : 전 임분의 흉고단면적 합계
g : 표준목의 흉고 단면적, v : 표준목의 재적

78 임반의 구획기준을 적으시오

해답

임반은 산림의 위치를 명확하게 하기 위해 능선, 하천, 도로 등 자연경계를 통해 구획한다.

79 산림구획시 1 임반 1소반 2보조소반을 표기하시오.

해답

임반 - 보조임반 - 소반 - 보조소반 → 1 - 0 - 1 - 2

80 소반구획의 기준 4가지를 적으시오.

해답
- 지종이 상이할 때
- 임상, 작업종이 상이할 때
- 임령, 지위, 지리 혹은 운반계통이 상이할 때
- 기능이 상이할 때

81 미입목지에 대해 설명하시오.

해답
임목재적의 비율이 30% 이하인 임분을 말한다.

82 임황조사에서 수고에 $\dfrac{12}{10 \sim 16}$ 표기된 경우 12가 의미하는 바를 적으시오.

해답
평균수고

83 법정상태의 구비조건 4가지를 적으시오

해답
법정영급분배, 법정임분배치, 법정생장량, 법정축적

84 임업이율의 특징을 고르시오.

- 임업이율은 (대부이자 / 자본이자) 이다.
- 임업이율은 (현실이율 / 평정이율) 이다.
- 임업이율은 (명목이율 / 실질이율) 이다.

해답
- 임업이율은 대부이자가 아닌 자본이자이다.
- 임업이율은 현실이율이 아닌 평정이율이다.
- 임업이율은 실질이율이 아닌 명목이율이다.
- 임업이율은 장기이율이다.

85 선형계획법의 모형에 대해 설명하시오.

해답

선형계획은 변수들 사이의 관계가 직선적인 관계 혹은 비례관계에 있는 문제를 가지고 계획을 세우는 것으로 최대화모델과 최소화모델의 두 가지가 있는데 목재생산량을 최대로 하려는 모델이 최대화모델의 대표적인 문제이고 생산비용을 최소로 하려는 모델이 최소화모델의 대표적인 예이다.

86 수고 측정기 사용시 주의사항 3가지를 적으시오.

해답

- 경사지에서 가능하면 등고 위치에서 측정하여 오차를 줄인다.
- 초두부와 근원부가 명확하게 보이는 곳에서 측정한다.
- 측정거리는 가능한 수고와 같은 거리를 이격하여 측정한다.
- 수평거리가 힘들 경우 사거리와 경사각을 측정하여 보정해준다.

87 드라우드법에 대해 설명하시오.

해답

각 직경급을 대상으로 표준목을 선정하여 임분의 재적을 측정하는 표준목법의 일종이다.

88 말구직경 20cm, 중앙직경 24cm, 원구직경 30cm, 길이 5m 인 통나무의 재적을 후버식을 이용하여 구하시오.(단, 소수점 셋째자리 반올림)

해답

$V(m^3) = 3.14 \times 0.12^2 \times 5 = 0.23 m^3$

※ 후버식

$V(m^3) = r \times L = \dfrac{\pi}{4} \times d^2 \times L$

V : 재적 , r : 중앙 단면적 , L : 목재 길이 , d : 지름

89 임목평가의 방식에 따른 분류에서 원가방식 2가지를 적으시오.

해답

① 원가법
② 비용가법

90 윤척의 사용시 주의사항 3가지를 적으시오.

해답
- 경사진 곳에서 근원부를 중심으로 경사 위쪽에서 측정한다.
- 흉고직경부분에 정상적인 측정이 어려울 경우 동일간격을 이격하여 위, 아래를 측정 후 평균을 낸다.
- 수간과 윤척은 측정시 직각을 이루도록 한다.
- 측정시 ㄷ 자 형태로 고정되어 있는 고정각과 움직이는 유동각은 눈금자와 직각이고 고정각과 유동각은 평행해야 한다.

91 직경테이프 사용시 나무의 둘레가 157cm 일 경우 나무의 직경을 구하시오
(단, 소수점 셋째자리에서 반올림 할 것, π=3.14 적용할 것)

해답

직경 $= \dfrac{둘레}{\pi} = \dfrac{157}{3.14} = 50cm$

92 임종과 임상에 대해 쓰시오.

해답
- **임종** : 임황조사 항목으로 자연적으로 조성된 천연림과 인공적으로 조성된 인공림으로 분류된다.
- **임상** : 임목재적 혹은 본수 등을 기준으로 침엽수림, 활엽수림, 혼효림으로 분류된다.

93 벌기 이상에 적용하기 적합한 임목의 평가 방법 1가지를 적고 설명하시오.

해답
시장가 역산법 : 원목이 시장에 유통되는 가격을 먼저 조사하고 시장가격에서 벌채 등 운반에 필요한 비용을 공제하여 임목의 가격을 역으로 구하는 방법이다.

94 보기의 내용을 보고 적합한 자산의 종류에 맞추어 적으시오.

> < 보기 >
> 임지, 미처분임산물, 비료, 묘목, 건물, 임목축적
>
> · 고정자산 :
> · 유동자산 :
> · 임목자산 :

해답
- 고정자산 : 임지, 건물, 기계
- 유동자산 : 미처분임산물, 묘목, 비료, 종자
- 임목자산 : 임목축적

95 글라제법에 대해 설명하시오

해답
중령림의 가격평정을 위해 임목비용가법과 임목기망가법의 중간방법으로 만들어졌으며 원가수익절충방식에 속한다. 이율을 사용하지 않고 복리계산이 필요없어 간편하다.

96 현실축적이 ha 당 $400m^3$, 법정벌채량이 ha 당 $40m^3$, 법정축적이 ha 당 $500m^3$ 일 경우 표준벌채량을 훈데스하겐법으로 계산하시오

해답
$$400 \times \frac{40}{500} = 32m^3$$

97 아래 토심의 기준을 적으시오.

천	(①)
중	(②)
심	(③)

해답
① 토심 30cm 미만
② 토심 30~60cm 미만
③ 토심 60cm 이상

98 벌기령 40년 소나무를 개벌시 주벌수입 800만원, 간벌수입 20년의 경우 100만원, 30년의 경우 200만원이다. 조림비는 40만원, 관리비는 매년 2만원, 이율이 5% 인 경우 임지기망가를 구하시오.(1원미만 절사)

해답

$$\frac{800만원 + 100만원(1.05)^{40-20} + 200만원(1.05)^{40-30} - 40만원(1.05)^{40}}{1.05^{40} - 1} - \frac{2만원}{0.05}$$

$$= \frac{8,000,000 + 2,653,297.70\cdots + 3,257,789.25\cdots - 2,815,995.484\cdots}{7.0399\cdots - 1} - 400,000$$

$$= 1,436,939.107\cdots$$

답 1,436,939원

99 산림조사 항목에서 빈칸의 경사도의 기준을 적으시오.

완경사지	(①)
경사지	(②)
급경사지	(③)
험준지	(④)
절험지	(⑤)

해답

완경사지	경사 15° 미만
경사지	경사 15°~20° 미만
급경사지	경사 20°~25° 미만
험준지	경사 25°~30° 미만
절험지	경사 30° 이상

100 평균생장량 20m³, 현실축적 400m³, 법정축적 500m³, 갱정기 20년 일 때 Heyer 식을 이용하여 표준벌채량을 구하시오.(조정계수 0.8)

해답

$$(20 \times 0.8) + \frac{400 - 500}{20} = 11m^3$$

※ Heyer(표준벌채량)

$$(평균생장량 \times 조정계수) + \frac{현실축적 - 법정축적}{갱정기}$$

PART 2
사방·산지복구

PART 02 사방·산지복구

실기 이론

1. 사방대상지

(1) 산림 황폐원인

① 자연적 요인

지질	국내의 2/3 정도가 화강암, 화강편마암으로 되어 있어 경사가 급하고 황폐되기 쉽다.
강우	6~9월 사이 강우량의 70% 이상이 내리며 특히 7~8월에 집중되어 산사태가 많이 발생한다.
기온	계절에 의한 그리고 주,야간의 온도차에 의해 동해 등에 의해 피해가 발생
병해충	병해충으로 인해 산림의 황폐화가 발생한다.
기타	조풍, 설해, 연해 등으로 산림이 파괴되어 황폐화가 발생한다.

② 인위적 요인

산불	담배, 농업용 불 등으로 발생한 산불로 인해 황폐화 가속
훼손	무분별한 벌목과 개발로 인한 황폐화의 가속

(2) 산지황폐의 유형

① 황폐지
   ㉠ 황폐지는 토지의 붕괴 및 토사 유출, 모래날림 등이 발생하는 지역으로 아래와 같이 구분한다.

척악임지	산지 비탈면이 오랜시간 표면침식과 토양유실 등으로 산림 토양의 비옥도가 낮아진 척박한 지역을 의미한다.
임간나지	외부에서 볼때 비교적 키가 큰 임목들이 숲을 이루며 임상의 지피식물이나 유기물이 적어 누구침식이나 구곡침식이 발생하기도 한다. 초기 황폐지나 황폐이행지로 급속하게 진행될 가능성이 있다.
초기황폐지	황폐지임을 인지할 수 있는 지역을 말한다.
황폐이행지	초기황폐지 상태에서 더욱 진행되어 민둥산이나 붕괴지로 될 가능성이 있는 지역을 말한다.
민둥산	임목이나 지피식물이 거의 없어 넓은 면적이 맨땅인 지역을 말한다.
특수황폐지	침식 및 황폐단계가 복합적으로 나타나는 지역으로 황폐도가 심하며 암석산지 등에서 볼 수 있다.

ⓒ 황폐지는 황폐의 진행 정도에 따라 < 척악임지→임간나지→초기황폐지→황폐이행지→민둥산 >의 순서로 진행된다.

② 붕괴지

㉠ 붕괴지는 무너진땅으로서 한번에 발생되는 산사태, 암석낙하 등 중력에 의해 빠르게 흘러내려 절개단면이 노출되고 다량의 토석류가 하부에 퇴적된 지역을 말한다.

ⓒ 붕괴현황조사시 붕괴의 3요소인 붕괴평균경사각, 붕괴면적, 붕괴평균깊이가 있다.

ⓒ 붕괴지는 침식현상 및 정도에 따라 산사태지, 산붕지, 붕락지, 포락지 등으로 구분된다.

산사태지	• 산복비탈면에서 산사태침식이 발생된 지역 • 산사태 : 여름철 집중호우등 침투에 의해 산복부의 사면이 일시에 계곡 하부로 붕괴하는 현상이다.
산붕지	• 산붕침식이 발생된 지역 • 산붕 : 산사태와 유사하나 발생규모가 작고 산록부에서 발생하는 현상이다.
붕락지	• 붕락침식이 발생된 지역 • 붕락 : 집중호우 혹은 융설수에 의해 토층이 포화되어 비탈면이 무너지는 현상으로 주름모양의 형태를 띠게 된다.
포락지	• 포락침식이 발생된 지역 • 포락 : 비탈면 하단부를 흐르는 계천의 가로침식에 의해 무너지는 현상이다.

③ 밀린땅
  ㉠ 지활형 침식 혹은 땅밀림 침식의 결과로 생겨난 지활지이다.
  ㉡ 특수한 지대에서 지하수 등의 영향으로 깊은 토층이 서서히 이동함으로써 생겨난다.
  ㉢ 집수정 및 집배수로를 설치하거나 말뚝박기 등의 붕괴방지용 흙막이 공작물의 설치 대책이 필요하다.

④ 훼손지
  ㉠ 사람에 의해 인위적으로 토지의 형질이 변화하는 곳으로 대표적으로 땅깎기비탈면, 채석장, 채광지 등이 있다.
  ㉡ 채광지의 복구를 위해 적합한 공법으로 파종공법, 편책공법 등 상황에 따라 적합한 방법을 적용한다.

⑤ 황폐계류
  ㉠ 황폐계류는 계상 자체가 황폐되어 있는 계류를 말한다.
  ㉡ 퇴적토사가 가로침식과 세로침식을 받아 2차적으로 토사를 생산하고 유송하는 상태에 있는 계류이다.
  ㉢ 산지내의 계곡이나 계간에 있을 때 계간황폐지 또는 침식계류라 하며, 계곡을 빠져나와 농경지 등과 접속될 때를 야계라 정의한다.
  ㉣ 황폐계류는 유로의 길이가 비교적 짧고, 계상물매가 급하고 불규칙적이며 유량과 사력의 이동이 심해 홍수범람 등이 빈번하게 발생한다.
  ㉤ 황폐계류의 유역은 토사생산구역, 토사유과구역, 토사퇴적구역으로 구분한다.

토사생산구역	황폐계류의 최상류부로 계안, 계상의 침식에 의해 토사의 생산이 왕성 하여 계상의 기울기는 저하된다.
토사유과구역	토사생산구역에서 생산된 토사를 이동시키는 구역으로 침식 및 퇴적이 적으며 협곡을 이룬다.
토사퇴적구역	토사가 퇴적되는 황폐계류의 최하류부로 기울기는 완만하고 계폭이 넓다.

2. 산사태

(1) 산사태의 발생 원인

① 산사태의 경우 여러 요인에 의해 발생하며 세부적으로는 다음과 같이 분류할수 있다.

지질적 요인	• 단층대가 존재하는 경우 • 암석에 절리, 층리면이 존재하는 경우 • 변질대 및 붕적토가 분포하는 경우
지형적 요인	• 급경사지의 존재
자연적 요인	• 집중 호우에 의한 표면의 침식 • 지하수에 의한 공급수압의 증가 • 동결, 융해에 의한 표층지반의 약화
인위적 요인	• 토목공사 등 인위적인 간섭
임상적 요인	• 임목의 분포 및 뿌리의 내림 정도

② 산사태의 발생은 내적요인과 외적요인으로 분류할 수 있다.

내적요인	지형, 토질, 임상 등
외적요인	집중호우, 인위적 원인 등

(2) 산사태의 유형

평면형에 따른 분류로 수지상, 패각상, 선상, 판상이 있다.

수지상	나뭇가지 모양처럼 갈라지며 지형이 복잡하고 유수가 모이는 하강 및 평형사면의 산복유로에서 발생
패각상	조개껍데기와 같은 형상으로 경사가 짧고 급한 사면이나 경사가 길고 변곡점이 있는 사면에서 주로 발생
선상	선처럼 가는 모양으로 지형이 단순하고 유로가 좁고 경사가 긴 하강사면이나 평형 사면의 유로변에서 발생
판상	표토 밑에 단단한 암반층이나 불침투성 모재층이 있는 지역에서 주로 발생

(3) 산사태의 특징

① 산사태는 주로 호우의 원인으로 산정에서 가까운 산복부에서 발생한다.
② 산사태는 지괴가 융해 및 팽창하여 일시에 계류를 향해 연속적으로 길게 붕괴하며 비교적 산지가 급하고 토층의 바닥에 암반이 깔린 곳에서 많이 발생하는 편이다.
③ 산사태는 주로 사질토에서 많이 발생하고 10mm/day 이상으로 속도가 나타나며 땅밀림과 비교하여 매우 빠른편이다.

④ 산사태는 급경사지에서 호우 등으로 토층이 급격히 붕락하는 붕괴형 침식으로 분류되고 땅밀림은 암석층으로 구성된 산비탈에서 지하수로 인해 토층이 서서히 낮은곳으로 미끄러져 가는 지활형 침식으로 분류하나 실제로 구별이 어려운 경우가 많다.

구분	산사태	땅밀림
지질	지질과 연관성이 적음	특정 지질, 지질구조에서 많이 발생
토질	사질토에서 주로 발생	점성토에서 주로 발생
지형	20°이상 급경사지 발생	5~20° 완경사지 발생
속도	10mm/day 이상 빠름	10mm/day 미만으로 느림
규모	면적 규모가 작다	1~100ha 정도로 규모가 크다
특징	강우강도에 영향을 많이 받으며 징후 발생이 적고 돌발적으로 활락하여 시간 의존성이 작은 것이 특징이다.	발생전 균열이 발생하고 지하수의 영향이 크며 지속성을 가지고 시간의 의존성이 큰 편이다.

3. 침식종류

① 토양형성 작용으로 인한 자연침식은 인간활동이 가해지지 않은 자연적인 침식으로 진행속도는 느리며 정상침식 혹은 지질학적 침식이라고 한다.

② 물이나 바람과 같은 외부적 요인으로 인한 침식을 가속침식이라 하며 아래와 같이 분류한다.

물에 의한 침식	우수침식, 하천침식, 지중침식, 바다침식
중력에 의한 침식	붕괴형침식, 지활형침식, 유동형 침식, 사태형 침식
바람에 의한 침식	내륙사구침식, 해안사구침식

③ 우수침식은 빗물에 의해 우격침식, 면상침식, 누구침식, 구곡침식 순으로 단계적으로 발생된다.

우격침식	빗방울이 지면을 타격하여 토양이 분산하는 가장 초기 단계이다.
면상침식	토양 표면이 전면에 걸쳐 엷게 유실되는 단계이다.
누구침식	토양표면에 잔 도랑이 발생하는 단계로 침식의 규모가 작아 경운작업으로 제거가 가능하다.
구곡침식	누구침식에 의해 발생된 도랑이 커지면서 심토까지 깎이는 단계이다.

4. 수리수문 해석

(1) 강우강도

강우강도는 단위 시간당 강우량으로 표현하여 아래와 같은 공식들에 따라 구한다.

Talbot 형	$I = \dfrac{a}{t+b}$
Sherman 형	$I = \dfrac{c}{t^n}$
강우강도와 일우량	$I = \dfrac{R}{24} \times \left(\dfrac{24}{t}\right)^n$

I : 강우강도(mm/hr) , R : 일우량 , t : 지속시간(min) , a,b,c,n : 상수

(2) 유속 & 유량

① 유속 및 유량 등의 정의는 아래와 같다.

유속	물의 속도 (단위 : m/s)
유적	물의 횡단면적 (단위 : m^2)
유량	유적을 통과하는 물의 양 (유량 = 유속 × 유적)
윤변	물이 접촉되는 수로 주변의 길이를 말한다.
경심	유적을 윤변으로 나눈 값으로 동수반지름이라고 한다.
임계유속	계상에서 침식을 일으키지 않는 경우의 최대유속을 말한다.

② 평균 유속

평균유속에 관련된 공식에는 chezy 공식, manning 공식, bazin 공식, kutter 공식 등 다양하며 주요 공식은 아래와 같다.

Chezy 공식	$V = c\sqrt{R \times I}$
Manning 공식	$V = \dfrac{1}{n} \times R^{\frac{2}{3}} \times I^{\frac{1}{2}}$
Bazin 구공식	$V = \sqrt{\dfrac{1}{\alpha + (\beta/R)}} \times \sqrt{RI}$ α : 조도계수 0.0004 β : 조도계수 0.0007
Bazin 신공식	$V = \dfrac{87}{1 + n/\sqrt{R}} \times \sqrt{RI}$

V : 평균 유속(m/s) , c : 유속계수 , R : 경심(m) , I : 수로 기울기(%) , n : 조도계수

③ 평균강수량
- ㉠ 평균강우량을 산정하는 방법은 산술평균법, 등우선법, 티센법(Thiessen), 강우량고도법, 격자법 등이 있다.
- ㉡ 산술평균법은 각 지점별 강우량을 합산하여 관측점 수로 나누어 산출한다. 오차가 적고 가장 간단한 방법이다.
- ㉢ 등우선법은 어떤 유역의 평균강우량을 추정하는 방법으로 등우선도를 이용하는 방법이다. 강우에 대한 지형의 영향이 고려되는 방법으로 산지지형에 적합하다.
- ㉣ 티센법(Thiessen)은 어떤 유역 내 및 유역과 가까운 여러 지점에서 관측된 강우량으로부터 그 유역의 평균강우량을 산정하는 방법이다.
- ㉤ 강우량고도법은 강수량을 고도에 따라 증가하는 것을 이용하여 산출하는 방법이다.

(3) 시우량

① 시우량법

$$Q = K \times \frac{A \times \frac{m}{1000}}{60 \times 60}$$

Q : 유량(m^3/s), A : 유역면적(m^2), m : 최대시우량(mm/h), K : 유거계수

② 합리식법

$$Q = \frac{1}{360} \times CIA = 0.002778\,CIA$$

C : 유거계수, I : 강우강도(mm/h), A : 유역면적(ha)

5. 붕괴의 유형과 발생원인

(1) 붕괴의 유형

① 붕괴형 침식
  ㉠ 붕괴형 침식은 중력에 의한 침식에 해당되는데 산사태, 산붕, 붕락, 포락 등 다양한 종류가 있다. 이때 산지의 붕괴현상은 토양 속의 간극수압이 높을수록 붕괴 발생률이 높다.
  ㉡ 산사태는 사면 계곡으로 연속적으로 길게 흙이 무너져 내리는 현상으로 붕괴형 산사태의 경우 발생 면적 및 규모가 작은 편이다.
  ㉢ 산붕은 발생은 산사태와 동일하나 산허리 이하인 산록부에서 주로 발생되는 작은 규모의 산사태이다.
  ㉣ 붕락은 중력침식의 형태로 비탈면의 불안정한 토괴가 무너져 토층에 주름이 잡혀있는 현상이다.
  ㉤ 포락은 계천에 침식된 토사가 무너지는 현상이다.
  ㉥ 암설붕락은 돌로 구성된 비탈면에 중력에 의해 밀려 내리는 현상이다.

② 지활형 침식
  ㉠ 비탈면 아래로 점차 미끌어져 내리는 현상으로 땅밀림현상 등이 해당된다.
  ㉡ 대책으로 집수정 및 배수로 설치, 말뚝박기 등의 공작물 설치가 필요하다.

③ 유동형 침식
  ㉠ 붕괴형침식, 지활형 침식에 의한 유동물로 발생되는 침식이다.
  ㉡ 유동형 침식의 종류로 암설류, 토석류, 토사류 등이 있다.

(2) 공사 및 종류

① 사방 기초 공사
  ㉠ 기초공사는 구조물의 안정을 위해 실시하며 얕은 기초와 깊은 기초로 분류한다.
  ㉡ 얕은기초(직접기초)는 지반 위에 기초 콘크리트를 직접 시공하여 콘크리트에 하중이 가해지도록 하며 확대기초와 전면기초로 구분한다.

확대기초	전체 구조의 하중을 전달하는 기둥 등을 확대해 직접 지반으로 전달하는 기초를 말한다.
전면기초	전체 구조의 하중을 한 장의 슬래브로 지지한 기초를 말한다.

  ㉢ 깊은기초(간접기초)는 상부의 토층이 연약하여 말뚝을 이용해 하중을 깊은 곳까지 버틸 수 있는 곳으로 전달하는데 말뚝기초와 케이슨기초 등이 있다.

② 사방공사에서 기초공사의 종류에는 비탈다듬기, 땅속흙막이, 누구막이, 골막이, 흙막이 등이 있다.
③ 사방공사에서 녹화공사 종류에는 바자얽기, 줄떼다지기, 평떼다지기, 선떼붙이기, 비탈덮기, 씨뿌리기, 단쌓기, 새심기공법 등이 있다.

(3) 사방공작물의 특징

① 비탈다듬기
  ㉠ 침식과 붕괴 등으로 비탈면의 요철이 심해 불규칙하거나 급한 비탈 등으로 토층이 불안정하거나 기복이 심한 경우 비탈면이 일정한 물매를 갖도록 깎아내리고 돌출된 부분을 잘라내면서 비탈면을 정리하는 공사를 말한다.
  ㉡ 비탈다듬기는 주로 기복이 심한 산복비탈이나 흙깎이, 흙쌓기비탈면 등에 시공한다.
  ㉢ 비탈다듬기는 산꼭대기에서 시작하여 아래로 진행한다.
  ㉣ 비탈다듬기에서 수정기울기는 최대 35° 전후로 한다.
  ㉤ 비탈다듬기로 인해 뜬 흙을 계곡부에 쌓는 곳이나 퇴적층의 두께는 3m 이상일 경우 땅속흙막이를 설계한다.
  ㉥ 속도랑 공사 이후 비탈다듬기를 시공한다.

② 단끊기
  ㉠ 산비탈이나 땅깎기 및 흙쌓기비탈면에 선떼붙이기와 같은 각종 계단 공사를 시공하기 위하여 수평 방향으로 단을 끊는 비탈의 안정 및 녹화공사를 위한 기초공정의 하나이다.
  ㉡ 단끊기를 통해 사면에 유하되는 토사를 저지하고 유수를 분산시켜 침식을 방지하게 된다.
  ㉢ 통상 단끊기는 비탈다듬기가 종료된 비탈사면에 시공한다.
  ㉣ 단끊기의 작업은 50~70cm 정도 단폭으로 한다. 단 기울기가 급할 경우 너비를 좁게 하여 기울기를 완화한다.
  ㉤ 시공은 상부에서 하부로 진행한다.
  ㉥ 비탈다듬기 시공후 비를 1~2회 정도 맞은 이후 실시하는 것이 좋다.
  ㉦ 단끊기에 연장길이는 다음과 같이 구할 수 있다.

평면적법	사면적법
연장길이 = $\dfrac{면적 \times \tan\theta}{높이}$	연장길이 = $\dfrac{면적 \times \sin\theta}{높이}$

③ 산비탈흙막이
- ㉠ 사면 기울기 완화로 토사유실을 방지하고 표면의 유하수의 분산 및 수로 공사 기초를 목적으로 시공한다.
- ㉡ 주로 붕괴의 위험성이 있는 비탈면에 시공한다.
- ㉢ 흙막이의 방향은 산비탈에 직각이 되도록 한다.
- ㉣ 흙막이 뒷면에 물이 고이지 않도록 10cm 정도의 물빼기 구멍을 $3m^2$ 당 1개 설치한다.
- ㉤ 돌흙막이공을 계획할 때 찰쌓기는 3m 이하, 메쌓기는 2m 이하를 기준으로 하고 기울기는 1:0.3 으로 한다.
- ㉥ 산비탈 붕괴지에 시공되는 콘크리트 흙막이의 높이는 4m 이하를 기준으로 한다.

④ 땅속흙막이
- ㉠ 비탈다듬기나 단끊기 등의 흙깎기 과정에 발생 되는 토사의 유실을 방지하기 위해 땅속에 설치하는 것으로 지표면에는 드러나지 않는다.
- ㉡ 시공재료 선택시 퇴적토사의 깊이, 길이, 지형, 토양조건 등을 고려하여 설치한다.
- ㉢ 주로 돌이나 콘크리트 등이 많이 이용되나 퇴적토사가 적은 경우 돌망태나 바자얽기 등을 이용하기도 한다.
- ㉣ 바닥파기를 충분히 하고 높이의 2/3 이상이 묻히도록 한다

⑤ 누구막이
- ㉠ 누구막이는 산지비탈면이나 훼손지의 비탈면에서 강우 및 유수에 의해 누구 침식의 발달을 방지하기 위해 횡단으로 설치하는 공작물이다.
- ㉡ 골막이보다 규모가 작고 산비탈수로 및 떼단쌓기의 기초로 사용된다.
- ㉢ 상류를 향하여 중심선에 직각방향으로 축설한다.

⑥ 바자얽기(편책공)
- ㉠ 사면의 붕괴방지 및 식생조성을 목적으로 계단상의 바자를 설치하여 흙을 채워 식생을 조성한다.
- ㉡ 시공장소는 떼의 채취가 곤란하고 식생의 도입이 용이한 곳으로 한다.
- ㉢ 바자는 주로 지름 10cm 내외, 길이 1m 내외의 말뚝을 비탈에 박고 나뭇가지를 엮어 만든다.

⑦ 선떼붙이기
- ㉠ 비탈다듬기 공사를 시행하고 등고선 방향으로 단끊기를 하며 계단의 뒤부분에 되메우기를 실시한다. 앞면에는 규정된 떼를 붙여주고 되메우기한 부분에 묘목

을 심어 비탈면의 안정을 목적으로 한다.
ⓒ 선떼붙이기는 비탈다듬기를 시행한 비탈에 높이 1~2m 단위로 수평 단끊기를 실시하며 이때 단의 너비는 50~70cm, 발디딤의 너비는 10~20cm, 천단폭은 40cm로 한다.
ⓒ 선떼붙이기에서 발디딤은 작업의 편의성을 높이고 공작물의 파괴를 방지해주며 바닥떼의 활착을 용이하게 한다.
ⓔ 선떼 붙이기의 기울기는 1 : 0.2 ~ 0.3 으로 한다.
ⓜ 수평계단 길이 1m 당 떼의 사용매수에 따라 1급~9급으로 구분한다.
ⓗ 주로 표토 고정 및 강수 차단을 목적으로 하는 경우 5급 이상으로 하며, 사방지의 식재 및 파종을 목적으로 할 경우 6급 이하로 한다.
ⓢ 선떼붙이기는 저급인 9급에 가까울수록 효과적이나 황폐임지 산복공사에는 6~7급으로 시공한다. 1급에 가까울수록 고급 공법에 속한다.
ⓞ 급수별 선떼 붙이기 매수표

구분 떼크기	길이 40cm, 폭 20cm 규격	
	단면상 매수	연장 1m 당 매수
1급	5.0	12.50
2급	4.5	11.25
3급	4.0	10.00
4급	3.5	8.75
5급	3.0	7.50
6급	2.5	6.25
7급	2.0	5.00
8급	1.5	3.75
9급	1.0	2.5

단면당 매수 * 2.5매/m

ⓩ 선떼붙이기 공작물은 선떼, 바닥떼, 받침떼, 머리떼로 구성된다. 가장 윗부분의 떼를 머리떼 혹은 갓떼라 부르며 아래로 선떼, 받침떼, 밑떼 순서로 구성된다.

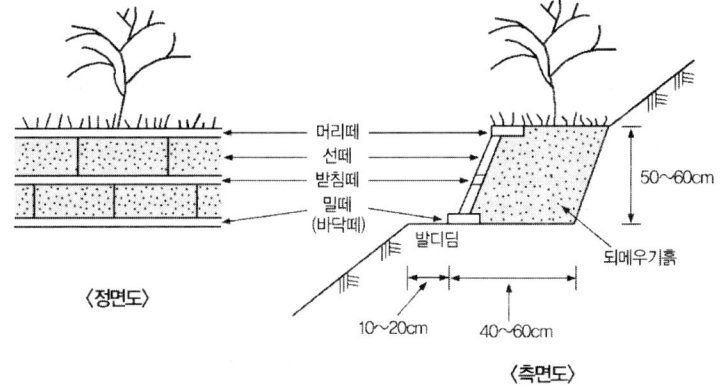

⑧ 줄떼다지기
　㉠ 주로 흙쌓기 비탈을 일정한 물매 유지와 비탈의 보호, 녹화를 목적으로 하는 녹화공법으로 줄떼다지기, 줄떼붙이기, 줄떼심기로 구분한다.
　㉡ 수직높이는 20~30cm 간격에 수평너비 10~15cm 정도의 수평골을 파고 가급적 흙이 털어지지 않는 반떼를 식재한다.
　㉢ 줄떼다지기의 시공은 계단 간의 사거리가 길고 경사가 급하여 부토의 유실이 예상되는 곳이 적합하다.
　㉣ 줄떼붙이기는 땅깎기비탈에 흙이 떨어지지 않은 반떼를 수평방향의 줄로 붙여 녹화하는 식생공법이다.
　㉤ 줄떼심기는 주로 평탄지에 줄간격 20~30cm 정도 줄띄기를 하고 줄을 따라 골을 판 후 줄떼를 놓고 흙덮기를 하고 골고루 밟아준다.

⑨ 평떼붙이기
　㉠ 비탈면 기울기가 1:1 보다 완만한 비탈면에 전면적으로 평떼를 붙여 비탈을 일시에 녹화하는 공법이다.
　㉡ 평떼는 흙이 털어지지 않는 온떼를 사용하며 떼가 비탈면에서 이탈되지 않게 떼꽂이로 고정한다.
　㉢ 산지사방에서 대형떼는 가로 40cm, 세로 25cm, 두께 3cm 이상을 기준으로 한다.
　㉣ 평떼심기는 주로 평탄지에서 평떼를 심어 녹화하는 식생 녹화공법이다.

⑩ 기타 공법

단쌓기	경사가 급한 지역에 토사가 많은 사면에 조기 안정 및 녹화를 목적으로 떼, 돌, 합성재등의 재료를 이용하여 단쌓기를 한다.
조공	황폐사면에 나무와 풀을 파식하기 위해 비탈면에 수평으로 계단을 끊어 앞면에 떼, 잡석 등을 쌓고 계단의 보호를 위해 뒷면에는 흙을 채우는 방법이다.
비탈덮기	파종한 종자의 유실방지를 위해 급경사 비탈면에 시공하는 방법으로 주로 짚, 거적, 망 등의 재료를 사용한다. 지피식생이 없는 산지 또는 절토, 성토 비탈 등에서 강우나 폭풍 등에 의한 표토의 침식과 붕락을 방지한다.

6. 사방지 구조물 공사

(1) 시공재료선정

① 목재
  ㉠ 구조물의 재료보다 가설물이나 임시재료로 많이 사용된다.
  ㉡ 통나무는 사방댐이나 구곡막이, 바닥막이 등에 이용되며, 그 외에도 바자얽기, 말뚝용으로 사용된다.
  ㉢ 임도의 토사비탈면의 안정을 위한 목책으로 사용되기도 한다.

② 석재
  ㉠ 가공된 암석을 석재라 하며 산간이나 계천 등에서 나온 암석을 돌쌓기 공사에 사용할 경우도 석재라 한다.
  ㉡ 마름돌(다듬돌)
   • 채석장에서 절취한 돌을 일정한 치수에 따라 잘라서 마름질한 돌로 대체로 직육면체가 많다.
   • 보통 크기는 가로 30cm, 세로 30cm, 길이는 50~60cm 정도이다.
   • 석재 중 가장 고급이며 고가이기 때문에 미관을 요구하는 경우에만 사용된다.
   • 돌쌓기 공사 중에서도 메쌓기에 자주 이용된다.
  ㉢ 견치돌
   • 피라미드형의 석축용 돌을 말하며, 돌을 뜰 때 전면, 뒷면, 돌길이, 접촉부 사이의 치수를 특별한 규격을 두어 깬 석재를 말한다.
   • 규모가 큰 돌댐이나 옹벽공사에서 자주 사용된다.
   • 견치돌의 크기는 전면의 길이를 기준으로 하여 뒷길이는 1.5배 이상, 접촉부의 나비는 1/5 이상, 뒷면은 1/3 정도의 크기로 해야 한다.
  ㉣ 막깬돌
   • 견치돌과 유사하나 견치돌과는 달리 일정한 규격에 의하여 만드는 돌이 아니라 대체로 옆면을 삼각형과 유사하게 막 깬 석재이다.
   • 막깬돌의 길이는 앞면의 1.5배 이상으로 하고 1개의 무게는 대략 50~60kg 정도이며 주로 찰쌓기 공법에 시공한다.
  ㉤ 호박돌
   • 지름 20~30cm 정도의 호박모양의 둥근 자연석으로 시공지 부근의 산이나 개울 등지에서 채취하여 이용한다.
   • 안정성이 높지 않기 때문에 안정성이 요구되는 지역에는 사용이 곤란하며 기초공사나 기초바닥용으로 사용된다.

ⓑ 굄돌
- 석재를 이용한 돌붙임이나 돌쌓기에서 석재의 움직임을 방지하거나 윗돌들 간의 수평높이 조절 등을 위해 윗돌의 밑에 괴는 돌을 말한다.

ⓢ 잡석
- 산지나 계곡에 산재해 있는 모양이 일정하지 않은 작은 돌이나 채석장에서 견치돌이나 막깬돌 등의 석재를 채취할 때 생기는 작은 돌을 말한다.

③ 골재

㉠ 모르타르나 콘크리트의 뼈대가 되는 재료로서 가장 많이 사용하는 골재로 모래, 자갈이 있다.

㉡ 골재는 분류 기준에 따라 다양하게 분류되며 주요 분류기준은 아래와 같다.

- 골재 크기 기준

잔골재	5mm 체를 중량의 85% 이상 통과하는 것 혹은 5mm 체를 거의 통과하며 0.08mm 체에 거의 남는 골재를 말한다.
굵은 골재	5mm 체를 중량의 85% 이상 남는 것을 말한다.

- 골재 비중 기준

중량골재	비중 2.7 이상
보통골재	비중 2.5~2.65
경량골재	비중 2.5 이하

④ 시멘트

㉠ 시멘트의 주원료는 석회석, 점토, 규산, 산화철 등이다.

㉡ 시멘트를 제조할 때 석고를 넣으면 완결성이 되고 탄산칼슘이나 탄산나트륨을 넣으면 급결성이 된다.

㉢ 주로 사용되는 포틀랜드 시멘트 비중은 대략 3.05~3.15 정도이며 일반적으로 3.14로 정의하고 있다.

㉣ 시멘트의 종류로는 조강, 보통, 중용열, 저열, 내황산염, 백색 포틀랜드 시멘트 등 용도의 특성에 따라 다양하며 주요 시멘트의 특징은 아래와 같다.

보통 포틀랜드 시멘트	주로 이산화규소, 산화알루미늄, 산화철로 구성하며 시멘트생산량의 대부분을 차지한다.
백색 포틀랜드 시멘트	산화철의 함량이 1% 미만 수준으로 적어 건축물의 도장에 주로 사용된다.
고로 시멘트	내식성이 크고 투수가 적어 터널공사에 적합하다.

ⓜ 시멘트의 기타재료
  - 시멘트, 모래, 자갈, 물과 같은 주요 재료 이외에 질을 개선하기 위해 첨가하는 재료로 혼화재와 혼화제가 있다.
  - 혼화재는 시멘트를 절약하고 콘크리트 성질을 개선하는데 비교적 사용량이 많은 편으로 다음과 같은 재료가 있다.

포졸란	콘크리트의 수밀성, 내구성 등을 향상시키고 수화열을 저하시킨다. 응결경화는 느리지만 장기적 강도는 증가한다.
플라이애쉬	장기적 강도 및 수밀성은 커지고 수화열은 감소한다.

  - 혼화제는 사용량은 적지만 콘크리트에 넣어 동결, 융해, 내구성을 좋게 하며 다음과 같은 재료가 있다.

AE 제	재료의 분리감소, 내구성 및 수밀성 증가, 동해 저항성 증진의 효과가 있다.
응결경화촉진제	염화칼슘, 염화알루미늄 등이 해당하며 수화반응을 촉진하여 조기 강도를 향상시킨다.
지연제	콘크리트의 운반시간이 길 때 응결시간을 길게 할 목적으로 첨가한다.
방수제	콘크리트의 흡수성, 투수성을 감소시키고 방수성을 향상시킨다. 이러한 방수성을 높이는데 도움을 주는 재료로 규산나트륨, 파라핀유제 등이 있다.

⑤ 콘크리트
  ㉠ 콘크리트는 시멘트, 모래, 자갈 등을 물에 섞어 굳힌 것으로 내구성과 내수성이 큰 것이 특징이다.
  ㉡ 콘크리트 강도는 물과 시멘트의 비율에 큰 영향을 받으며 재료의 품질, 배합방법, 양생방법, 혼화재 등에도 영향을 받는다.
  ㉢ 콘크리트의 응결 및 경화를 촉진하여 균열의 방지나 강도를 개선하기 위해 수화작용이 충분히 계속되어 보존하는 것을 양생이라 한다.
  ㉣ 양생기간 동안은 물 뿌리기 등을 일정기간 지속해 주어야 수화작용이 충분하게 이루어져 콘크리트의 강도가 높아진다.
  ㉤ 콘크리트의 장점은 다음과 같다.
    - 구조물을 만들 경우 크기 및 모양의 제조가 자유롭다.
    - 압축강도가 강하다.
    - 내화성, 내구성, 내진성 등이 좋다.
    - 시공비가 저렴하고 특별한 기술이 필요없다.
  ㉥ 콘크리트의 단점은 다음과 같다.

- 수축으로 인한 균열이 발생한다.
- 재생이 어렵다.
- 경화로 인해 공사기간이 길다.

ⓢ 콘크리트의 배합

보통 콘크리트 배합비	• 시멘트, 모래, 자갈의 배합비는 1:3:6이다. • 주로 강도를 크게 요구하지 않는 구조물에 사용
철근 콘크리트 배합비	• 시멘트, 모래, 자갈의 배합비는 1:2:4이다. • 강도를 요구하는 구조물에 사용

7. 비탈면의 안정공법

(1) 비탈면의 정의

① 훼손지는 인위적으로 토지의 형질에 변화를 가져오게 된 곳으로 취토장, 사토장, 채석장, 흙깎기 비탈면 등이 있다.
② 취토장은 흙이 부족할 경우 보급하기 위한 장소이다.
③ 비탈면의 붕괴는 강우, 지형, 지질, 지하수, 지진 등의 자연적 요인이나 흙깎이, 흙쌓기 등의 인위적 요인에 의해 발생한다.

(2) 비탈면 보강공법의 종류

종류	특징
비탈다듬기공법	• 경사각을 낮게 하여 안정성을 확보하는 방법 • 안정성은 있으나 자연훼손의 우려가 있음
록볼트공법	• 암블럭과 기반암을 록볼트를 이용해 연결하여 암반에 안정을 주는 공법 • 암반비탈면에 주로 이용하며 터널시공 등에서도 사용된다.
록앵커공법	• 암반비탈면에 적용되며 앵커를 이용하여 암반을 안정화하는 공법
철근삽입공법	• 구멍을 뚫고 땅속에 강관을 삽입, 시멘트로 마무리하는 공법 • 시공성이 우수하며 주로 흙비탈면에 적용한다.
소일네일링공법	• 구멍을 뚫고 철근이나 록볼트를 삽입하여 시멘트로 마무리하는 공법 • 시공성이 우수하고 주로 흙비탈면에 적용한다.
옹벽공법	• 옹벽구조물을 이용하여 비탈면을 안정화하는 공법이다. • 옹벽 몸체에 콘크리트를 타설 할 때는 여러 층을 나누기 보다는 한번에 타설하는 것이 좋다. • 주로 흙비탈면에 적용한다.
다웰바공법	• 주로 암반비탈면에 적용하며 다웰바를 설치하여 안정화하는 공법

8. 야계사방구조물

(1) 골막이

① 골막이는 구곡막이라 하며 구곡의 유속을 완화하여 침식을 방지하여 토사유출 및 사면붕괴를 막는다.
② 골막이 재료로 돌, 흙, 돌망태, 콘크리트 블록, 통나무 등이 있다.
③ 골막이는 계류 상의 위쪽에 시공하며 사방댐은 대수면과 반수면을 모두 축조하나 골막이는 반수면만 축조하여 중앙부를 낮게 하여 물이 빠지도록 한다. 계상물매가 급한 경우에는 물받이나 수직벽 등을 설치하기도 한다.
④ 골막이 종류는 대표적으로 돌골막이, 콘크리트 골막이, 흙골막이, 바자 골막이, 통나무 골막이 등이 있다.
⑤ 돌골막이의 돌쌓기 기울기는 1 : 0.3 정도로 하며 길이 4~5m , 높이 2m 정도로 중앙부를 낮게 하여 만들기에 별도의 방수로는 필요하지 않다.
⑥ 골막이는 물이 흐르는 중심선 방향에 직각이 되도록 설치한다.
⑦ 골막이는 본류와 지류가 합류하는 경우 합류부 아래쪽에 설치한다.

(2) 바닥막이

① 바닥막이는 바닥에 퇴적된 토사의 유실 방지를 주목적으로 한다.
② 바닥막이는 사방댐이나 골막이보다 낮은 높이 1~1.5m 정도로 하며 물받이의 길이는 바닥막이 높이의 1.5~2 배 정도로 한다.
③ 바닥막이는 직선부에서는 유수의 방향에 직각으로 설치하고 굴곡부에서는 유심선의 접선에 직각방향으로 설치한다.
④ 바닥막이는 침식 발생이 많은 하류나 계상의 굴국부 하류에 시공을 하며 공사를 연속적으로 시행하면 계상의 기울기를 완화시킬 수 있다
⑤ 바닥막이는 종류는 돌바닥막이, 콘크리트바닥막이, 돌망태바닥막이 등 재료에 따라 분류된다.
⑥ 바닥막이를 시공해야 하는 위치는 다음과 같다.
　㉠ 계류바닥에 암반이 노출된 지점
　㉡ 지류가 합류되는 지점의 바로 아래 부분
　㉢ 계류바닥이 침식으로 저하될 위험이 큰 지점

(3) 기슭막이

① 기슭막이는 황폐계류에 의한 계안 및 야계의 횡침식을 방지하고 산각 안정을 위해 설치한다.

② 주로 계류의 흐름방향을 파악하여 설치하는데 유로의 만곡에 의해 물의 충격을 받는 수충부 전방에 시공한다.
③ 재료에 따라 돌기슭막이, 콘크리트 기슭막이, 돌망태 기슭막이, 통나무 기슭막이 등이 있다.
④ 기울기는 1 : 0.3~0.5 정도이며 물빼기 구멍을 설치해준다.
⑤ 세로침식에 의해 가로침식이 일어나는 경우는 기슭막이의 기초가 세굴될 우려가 있으므로 바닥막이를 함께 시공하는 것이 좋다.
⑥ 콘크리트 기슭막이는 앞면기울기 1:0.3, 뒷면기울기는 보통 수직으로 계획한다.
⑦ 돌망태 기슭막이는 기울기 1:0.5 정도로 하고 말뚝으로 고정한다. 주변에 호박돌이나 잡석이 많을 경우 돌망태 기슭막이를 이용하여 하천둑을 보호한다.
⑧ 기슭막이는 계획홍수위보다 높게 설치한다.

(4) 수제

① 수제는 계류의 흐름방향을 바꾸어 세굴을 방지하는 목적으로 계안으로부터 돌출되게 설치한다.
② 수제의 길이는 짧을수록 좋으며 계폭의 1/3 이내가 효율적이다.
③ 주로 계상폭이 넓고 계상물매가 완만한 황폐계류에 시공하는데, 사용재료에 따라서 돌수제, 돌망태수제, 침상수제, 콘크리트수제 등을 활용하며, 물 흐름에 대한 돌출방향에 따라 상향수제, 직각수제, 하향수제로 구분한다.
④ 수제 방향에 따른 특징은 아래와 같다.

상향수제	• 흐름을 전방으로 밀어내는 힘이 커서 제방 및 호안보호에 좋다. • 수제 앞부분에서 흐름에 저항하여 세굴의 손상 위험성이 크다.
직각수제	• 길이가 가장 짧고 공사비가 저렴하다. • 상향수제보다는 세굴 위험성이 낮지만, 하향수제보다는 세굴 위험이 크다.
하향수제	• 월류에 의한 소용돌이가 발생하기 쉬운 편이다. • 수제 앞부분의 세굴 작용이 가장 약하다.

⑤ 수제의 높이를 결정할 때 유수의 저항, 유수의 전석, 하상의 변화, 근부의 높이를 고려해야 한다.
⑥ 수제의 간격은 유수의 강도, 유수의 방향, 계상의 기울기, 수제의 길이, 사행현상 등을 고려한다. 이때 수제의 간격은 일반적으로 수제의 길이의 1.25~4.5 배 정도로 한다.

(5) 계간수로

① 계간수로공사를 통해 침식을 막아 안정을 도모하는 것을 목적으로 한다.

② 계간수로공사는 재료에 따라 돌, 콘크리트, 콘크리트블록, 돌망태 수로 등으로 분류된다.
③ 계간수로는 사다리꼴이 가장 효과적이다.

(6) 모래막이

① 모래막이는 유출토사량이 많은 상류지역이나 집중호우로 인하여 과도한 토사유출 방지를 목적으로 유로의 일부를 확대하여 토사류를 저류하기 위해 설치하기에 토사퇴적구역에 시공하기도 한다.
② 모래막이의 용량은 강우량, 유역면적, 지형, 지질, 황폐 정도 등을 고려하여 결정한다.
③ 모래막이 공작물의 형상은 주걱형, 반주걱형, 위형, 자루형 등이 있다.

(7) 둑쌓기

① 둑은 유수를 일정한 곳에 국한시켜 넘치지 않도록 시공한 종공작물로 범람을 방지하기 위해 계류의 기슭에 설치한다.
② 둑의 상단폭은 1~3m 내외로 하고 둑 높이에 따라 둑의 안쪽면과 바깥쪽면의 기울기 기준을 달리한다.
③ 둑 자체의 압력과 침하를 고려하여 제방 높이에 0.5~1.0m 내외의 여유고를 두고 시공한다.
④ 비탈기울기는 높이 2m 내외, 바깥 비탈기울기는 1:1.5, 안쪽 비탈기울기는 1:1.3 정도로 한다.
⑤ 둑의 보호를 위하여 침윤선을 적용한다.

9. 해안사방공사

(1) 해안사방공사의 의의

① 해안사방공사는 해안 사구의 이동이나 모래의 비산으로 근처 가옥이나 농경지에 피해를 예방하기 위해 시행한다.
② 해안사방공사는 비사와 모래언덕의 이동을 방지하는 것이 주목적이다.
③ 해안사방의 사구조성공법에는 퇴사울세우기, 모래덮기, 파도막이 등이 있다.

(2) 해안사구

① 모래언덕은 기온, 강수량, 바람 등에 의한 환경적 요인에 의해 영향을 받으며 그 형태 및 규모가 다양하다.
② 바람이나 파도에 의해 밀어 올려진 치올린 모래언덕, 바람에 의해 혀모양의 모래언덕, 반달모양의 모래 언덕 순서로 나타난다.

치올린 모래언덕	모래언덕의 가장 초기 단계에 형성되는데 바다로부터 밀려오는 파도에 의해 모래가 퇴적되어 얕은 모래둑을 형성한다.
혀모양의 모래언덕(설상사구)	바다로부터 불어오는 바람이 치올린 언덕의 모래를 비산하여 내륙으로 이동시키는데 이때 방해물이 있으면 방해물의 뒤편에 합류하여 혀모양의 모래언덕이 형성된다.
반달모양의 모래언덕(반월사구)	설상사구에서 바람이 모래를 수평으로 이동시켜 양쪽에 반달모양의 모래언덕을 형성하게 된다.

(3) 복원대책

① 앞모래 언덕을 쌓기 위하여 퇴사울 세우기를 하며 사초로 피복 고정을 한다.
② 모래언덕 뒤에 방풍림을 조성한다.
③ 모래이동이 정지된 곳은 정사울을 세우고 묘목을 식재한다.
④ 비사의 이동이 심한 지역은 정사울세우기와 피복공을 동시에 실시한다.
⑤ 식재시 충분한 비료와 객토를 하며 비료목을 혼식하도록 한다.

(4) 해안 사방 시공 및 주요 공정

① 퇴사울세우기
  ㉠ 퇴사울세우기는 해풍에 의한 비사를 억류하고 퇴적시켜서 모래언덕을 조성하여 모래의 안정화를 목적으로 한다.
  ㉡ 앞모래언덕의 축조를 위해서 짚, 갈대, 억새, 대, 수수대, 판자, 플라스틱 등을 재료로 설치하는 울타리 시설을 퇴사울이라 하고, 퇴사울을 설치하는 제반공사를 퇴사울세우기공사라 정의한다.
  ㉢ 매설 후에는 그 바람받이쪽 약 50cm 거리에 다음 퇴사울타리를 설치한다.
  ㉣ 퇴사울타리의 높이는 1m 정도로 한다.
  ㉤ 바람막이 부분과 통풍부분의 비율은 1:1 정도로 시공한다.
  ㉥ 퇴사울타리의 설치방향은 주풍방향에 직각이 되도록 배치한다.

② 정사울세우기
  ㉠ 앞모래언덕 축설 후 후방지대에 풍속을 약화시켜 모래의 이동을 막아 식재목이 잘 자라도록 환경을 조성하는 공법을 정사울 세우기라 한다.
  ㉡ 정사울 세우기는 전사구에 후방 모래를 고정하여 표면을 안정화하고 식재목이 생육할수 있는 환경 조성을 위해 실시하며 주로 모래덮기공법과 사초심기공법을 함께 시행한다.
  ㉢ 정사울타리는 높이 1~1.2 m 를 표준으로 하고 20cm 정도를 모래에 묻어야 한다.

ⓔ 정사울타리는 한 변이 7~15m의 정사각형이나 직사각형으로 구획하며 통풍비는 1 : 1 로 시공한다.
ⓜ 구획내부에 ha당 10,000본의 묘목을 식재한다.

③ 모래덮기
  ㉠ 모래덮기는 퇴사울세우기나 인공적인 모래쌓기공법에 의해 조성된 사구가 식생에 의해 피복될 때까지 사구 표면에 짚, 거적 등을 덮어 수분을 보존하고 비사를 방지하는 공법이다.
  ㉡ 바람이 강한 지역에는 각 열을 따라 나뭇가지나 간벌재를 올리고 갈고리형의 말뚝을 박아둔다.

④ 파도막이
  ㉠ 파도막이는 앞모래언덕이 파도나 외부의 충격에 의해 파괴되는 것을 방지하기 위해 설치하는 공작물이다.
  ㉡ 파도막이 공작물에는 파도막이 바자얽기, 파도막이 울짱얽기, 파도막이 돌망태 쌓기, 콘크리트판, 콘크리트 블록 등이 이용된다.
  ㉢ 파도막이 방향은 앞모래언덕에 평행하게 설치한다.

⑤ 사초심기
  ㉠ 해안 사구에 모래에서 잘 자라는 사초류를 심어 모래의 날림을 방지한다.
  ㉡ 퇴사울타리나 정사울타리가 부식되면 이들의 기능 보완을 위해 내풍성, 내염성 등이 강하고 모래땅에서 잘 생육하는 사초를 식재한다.
  ㉢ 식재하는 가능한 사초의 종류는 아래와 같다.

화본과	갯쇠보리, 솔새
사초과	보리사초, 통보리사초, 행부자
국화과	갯 쑥부장이, 갯상근, 큰개미자리, 자귀풀
콩과	갯완두

  ㉣ 다발심기, 줄심기, 망심기 등의 방법으로 식재한다.

다발심기	사초를 4~8포기씩 한다발로 만들고 30~50cm 간격으로 심는다.
줄심기	1~2주씩 1열로 주간거리는 4~5cm, 열간거리 30~40cm 정도로 심으며 줄방향은 주풍방향과 직각으로 한다.
망심기	사초를 바둑판과 같이 줄심기를 하며 망구획의 크기는 2m × 2m로 한다.

⑥ 해안사구 조림
  ㉠ 해안 모래언덕에 산림 조성을 위해 적정 수종의 선정 및 관리가 필요하다.
  ㉡ 해안수종의 경우 양분과 수분에 대한 요구도가 적고 해풍에 강해야 한다. 또한 생장이 왕성하고 지력 증진에 유리해야 한다.
  ㉢ 해안 조림에 적합한 수종으로 해송, 소나무, 섬향나무, 보리장나무, 자귀나무, 떡갈나무, 아까시나무 등이 있으며 해송과 아까시나무가 가장 많이 심어지고 있다.
  ㉣ 녹화용 초본 식물 중 외래초본에는 오리새, 우산잔디, 능수귀염풀, 겨이삭 등이 있으며 재래초본에는 참억새, 김의털, 비수리, 까치수영, 억새 등이 있다.

10. 사방댐 구조물 공사

(1) 사방댐의 종류

① 사방댐은 아치댐, 3차원댐, 부벽댐, 직선중력댐 등으로 구분하는데 가장 많이 이용하는 것은 중력식 콘크리트댐이다.

② 사방댐의 종류는 다음과 같다.

돌댐	석재를 구하기 쉽고 상수가 흐르는 계류에 적합하며 마름돌이나 견치돌을 주로 사용한다.
콘크리트 댐	거푸집을 이용하여 설치한다.
철근 콘크리트 댐	철근을 배치하고 콘크리트를 채우는 방식으로 시공비가 많이 든다.
포석 콘크리트 댐	야면석이나 호박돌이 산재한 곳에 적합하다.
흙댐	제체의 중앙부에 심벽을 넣고 사질토나 점질토로 축설하는 댐이다. 댐마루 너비 = $\dfrac{댐높이}{5} + 1.5$
물 층계식 댐	토석을 단계적으로 퇴사시키는 방식으로 3~4단 낙차공의 반수면 물받이 구조를 가진다.

(2) 사방댐의 기능

① 계상물매를 완화하고 종침식을 방지한다.
② 산각을 고정하고 붕괴를 방지한다.
③ 계상에 퇴적한 불안정 토사의 유동을 막고 양안의 산각을 고정한다.
④ 산불 발생시 진화용수나 야생동물의 음용수로 이용된다.

(3) 사방댐 설치 장소

① 댐부분은 좁고 상류부분은 넓어 퇴사하기 용이한 곳에 설치한다.
② 상류 계류 바닥 기울기가 완만하고 지류가 합류하는 곳에 설치한다.
③ 구역이 긴 구간의 경우 계단상으로 설치한다.
④ 주로 계상 및 양안에 암반이 존재하는 곳에 설치하나 없을 경우에도 설치가 가능하다.

(4) 사방댐의 설계

① 산사태 발생이 우려되는 곳을 우선적으로 선정한다. 안전시공을 위해 양압력, 수압, 지진력, 퇴사압, 제체의 중량 등 다양한 외력을 고려해야 한다.
② 사방댐은 상류에서 하류 방향으로 물이 흐르는 유심선에 직각방향으로 설정한다.
③ 규모가 큰 붕괴지는 높게, 계안 붕괴지는 상대적으로 낮게 설치한다.
④ 한 개의 높은 사방댐 대용으로 낮은 사방댐을 연속적으로 설치하기도 한다.
⑤ 계획기울기는 현재 계상기울기의 1/2~2/3 을 기준으로 한다.
⑥ 댐의 높이가 높아질수록 반수면의 기울기는 급해진다. 6m 미만의 경우 1 : 0.3 을 기준으로 한다.
⑦ 방수로는 집수면적, 강수량, 산림상태, 산복경사, 황폐 정도 등에 의해 결정된다. 방수로의 모양은 역사다리꼴이 많으며 양 옆의 기울기는 1 : 1 (45°)이다.
⑧ 사방댐의 물빼기 구멍은 댐 아래쪽의 계상선 혹은 댐 높이의 1/3 지점에 설치한다. 물빼기 구멍을 통해 대수면에 가해지는 수압을 감소시키고, 유출토사량을 조절, 사력기초의 잠류속도 감소 등의 효과가 있다.
⑨ 사방댐의 대수면은 댐의 상류측 사면을 말하고 반수면은 댐의 하류측 사면을 의미한다.
⑩ 중력댐의 안정조건은 아래 조건을 충족해야 한다.

전도에 대한 안정	합력작용선이 댐의 밑바닥인 제저의 중앙 1/3 이내를 통과해야 한다.
활동에 대한 안정	활동에 대한 저항력의 합이 수평외력의 합력 이상이 되어야 한다.
제체의 파괴에 대한 안정	제체의 단면에 발생되는 응력은 제체 자체의 허용응력을 초과하지 않아야 한다.
기초지반의 지지력에 대한 안정	댐밑에 발생되는 최대응력이 기초지반의 허용지지력을 초과하지 않아야 한다.

⑪ 물받침은 반수면 하상이 세굴되는 것을 방지하기 위하여 설치하는 하상보호 공작물로서, 사방댐이나 골막이, 바닥막이, 낮은바닥막이, 낙차공 등의 부속시설이다. 물받이의 길이는 6m 미만으로 보통댐의 물높이 2배, 6m 이상일 때는 1.5배를 기준으로 한다.

⑫ 물방석은 낙수 충격의 완화를 목적으로 본댐과 앞댐 사이에 설치한다.
⑬ 본댐과 앞댐의 간격(L)은 유효고(H), 월류수심(t)를 고려하여 다음과 같이 구한다.

높은댐	$L \geq 1.5(H+t)$
낮은댐	$L \geq 2.0(H+t)$

⑭ 메쌓기 사방댐의 높이는 4m를 최대로 하며 천단폭은 댐높이의 1/2, 기울기는 1:0.3 정도로 한다.
⑮ 사방댐에 작용하는 수압
 ㉠ 일류수심은 사방댐의 방수로에서 넘어 흐르는 물의 깊이를 말하며 월류수심이라고도 한다.
 ㉡ 일류수심이 없는 경우

$$총수압 = \frac{1}{2} \times 물의\ 단위중량 \times 댐의\ 높이^2$$

 ㉢ 일류수심이 있는 경우

$$총수압 = \frac{1}{2} \times 물의\ 단위중량 \times 댐의\ 높이(물의\ 단위중량 + 2 \times 일류수심)$$

⑯ 사방댐의 앞댐
 ㉠ 사방댐의 앞댐은 본댐의 방수로를 통하여 월류하는 물의 힘을 약화시키고 본댐 반수면 하단의 세굴을 방지한다.
 ㉡ 앞댐의 요구사항은 다음과 같다
  • 본댐과 종단적으로 중복되어야 한다.
  • 중목 높이는 본댐 높이의 1/3 ~ 1/4 정도이다.
  • 앞댐의 어깨높이와 댐의 측벽, 측변, 하류단의 천단고는 같게 한다.
⑰ 사방댐의 높이를 결정할 때 고려사항은 시공목적, 지반의 상황, 계획 기울기, 시공지점의 상태가 있다

(5) 사방댐 유형

① 중력식 사방댐은 토석 차단을 주목적으로 하며 콘크리트 사방댐, 블록 사방댐 등이 있다.
② 비투과형 사방댐은 토석과 물을 모두 막는다.
③ 투과형 사방댐은 토석은 막고 물은 흘려보내는데 버트리스 사방댐, 스크린 사방댐 등이 있다. 버트리스 사방댐의 경우 측압이 약한 편이다.
④ 투과형 슬릿트사방댐 시공장소로 적합한 곳은 다음과 같다
 • 불안정한 상류지역의 계상과 토사 유출이 심한 황폐계류

- 하상재료가 큰 산지 소하천 혹은 유목이나 토석의 이동이 빈번하게 발생하는 지역
- 집수구역이 넓고 울폐도가 적어 일시적 방류량이 큰 곳

11. 사방지 녹화 공사

(1) 비탈면의 경관조성

① 비탈면의 녹화공법은 토양과 환경의 보전을 통해 경관을 보호하는데 그 목적을 두고 있다.
② 길이가 길고 면적이 넓은데 기울기가 급한 경우 높이 5~7m 마다 소단을 설치한다.
③ 비탈면 밑에는 낮은 옹벽을 설치하여 덩굴식물, 소관목을 심어 녹화한다.
④ 비탈면 기울기는 관목은 1:2, 교목은 1:3을 기준으로 시공한다.
⑤ 콘크리트 공작물은 덩굴식물로 피복한다.

(2) 비탈면 녹화공법 종류

① 식생공법
  ㉠ 비탈면에 식생을 피복하여 비탈면을 보호하는 공법이다.
  ㉡ 식생공법의 종류로 떼심기, 씨앗뿌리기, 코어넷, 녹생토 등이 있다.
  ㉢ 식생공법은 파종공법과 식재공법으로 분류한다.

파종공법	· 초본종자 발생기대본수 4000~5000본/m^2 정도이다. · 목본종자 발생기대본수 1000~2000본/m^2 정도이다. · 한 종의 발생기대본수 총발생기대본수 5~10% 이하가 되지 않게 파종량을 산출한다.
식재공법	· 혼효림을 조성, 하층에 초본류를 식재하여 복층림을 조성한다. · 일반적인 산지사방 녹화의 묘목심기는 ha 당 4000~6000본 정도가 적합하다.

② 격자틀붙이기공법
  ㉠ 비탈면에 콘크리트, 플라스틱, 금속 제품 등을 이용하여 격자상으로 조립하여 비탈면을 눌러 안정을 도모하는 방법이다.
  ㉡ 격자틀 사이로 표류수의 배수 역할을 하며 틀 내에 식생공이나 앵커 및 록볼트 등의 말뚝 고정을 통해 비탈면을 안정화 시킨다.
  ㉢ 지형 조건 등에 따라 콘크리트, 호박돌 등을 이용하며 물이 많은 지역의 경우 자갈로 채워 물이 잘 빠질 수 있도록 한다.

③ 힘줄박기 공법
  ㉠ 부적당한 비탈면의 안정, 침식 및 풍화 방지의 효과를 기대하여 설치하는 공작물의 하나이다.
  ㉡ 비탈물매가 급하고 석력이 많은 불안정한 사면이나 지하수 또는 누수에 의한 침식이 심한 사면에 대해 일반적인 격자틀붙이기 공법으로도 처리하기 곤란한 지역에 설치한다.
  ㉢ 직접 거푸집을 설치하고 콘크리트 치기를 한 뼈대(힘줄)를 만들고, 그 안에 작은 돌이나 흙으로 채워 녹화하는 비탈면안정공법이다.
  ㉣ 뼈대로는 사각형, 삼각형, 계단상의 수평띠 모양의 틀을 만들어 사용한다.
  ㉤ 주로 시공하는 곳은 아래와 같다.
    • 비탈면 토질이 복합한 곳
    • 마사토로 이루어져 취급이 어려운 곳
    • 지하수 유출이 심해 침식이 일어나는 곳

④ 뿜어붙이기 공법
  ㉠ 재료를 압축공기를 이용하여 직접 분사하는 방법이다.
  ㉡ 재료에 따라 시멘트, 종자, 플라스틱 뿜어 붙이기 등이 있다.

⑤ 돌망태공법
  ㉠ 아연도금한 철망상자에 돌채움을 하여 벽돌형식으로 쌓는 방법이다. 아연도금으로 부식에 강한 편이다.
  ㉡ 배수성이 양호하고 수압을 고려할 필요가 없어서 지하수가 유출되는 절토사면에 설치하기 적합하다.
  ㉢ 내구성이 좋은 암석을 사용하며 하천석재, 현장에서의 부순 돌 등을 사용한다.
  ㉣ 돌망태는 굴요성이나 표면의 조도가 큰 장점이 있지만 다소 내구성이 부족한 것이 단점이다.

⑥ 차폐수벽공법
  ㉠ 암반비탈의 앞쪽방향으로 나무를 2~3열 식재하여 수벽을 만드는 공법이다.
  ㉡ 수벽을 3열로 식재조성할 경우 중앙에 활엽교목을 1열로 식재하고, 그 앞뒤로 침엽수 또는 관목으로 열식하거나, 또는 중앙에 교목을 2열로 열식하고, 앞뒤에 관목을 열식할 수도 있다.
  ㉢ 속성수종으로 이태리포플러, 은수원사시나무 등이 있고 침엽수종은 리기다소나무, 편백, 측백 등이 있으며 관목류에는 족제비싸리, 개나리, 쥐똥나무 등이 적합하다.

⑦ 새집공법
  ㉠ 암반사면에 반달형의 모양으로 잡석을 쌓아 내부에 흙을 채워 식생하는 공법이다.
  ㉡ 암반사면에는 관목류가 적합하며 개나리, 회양목, 노간주나무, 눈향나무 등이 가능하다.

⑧ 암벽녹화공법
  ㉠ 흙이 없는 암석 비탈을 식물로 피복하여 녹화시키는 방법이다.
  ㉡ 식생기반설치, 구조물 붙이기, 피복녹화, 분사파종, 비탈면 안정공법 등이 있다.

02 사방 · 산지복구 기출문제 100제

산림기사 · 산업기사 실기

01 유적과 유속에 대해 설명하시오.

해답
- **유속** : 물의 속도
- **유적** : 물의 횡단면적

02 중력에 의한 침식의 종류 3가지를 적으시오.

해답
- 붕괴형침식
- 지활형침식
- 유동형 침식
- 사태형 침식

03 물에 의해 발생되는 침식의 종류 4가지를 적으시오.

해답
- 우수침식
- 하천침식
- 지중침식
- 바다침식

04 아래 보기를 보고 빗물에 의해 발생되는 침식을 순서대로 나열하시오.

<보기>
구곡침식, 우격침식, 면상침식, 누구침식

해답
우격침식 - 면상침식 - 누구침식 - 구곡침식

05 보의 높이가 4m, 물의 단위중량이 1500kg/m³ 일 경우 사방댐이 받는 총수압을 구하시오.

해답

수압 공식 = 1/2 × 물의 단위중량 × 높이 제곱

$$\frac{1}{2} \times 1500 \times 4^2 = 12000\, kg/m^2$$

06 빗방울이 지면을 타격하여 토양이 분산하는 가장 초기 단계를 적으시오.

해답

우격침식

07 붕괴형 침식의 종류 4가지를 적으시오.

해답

산사태, 산붕, 붕락, 포락, 암설붕락

08 비탈면 안정공법의 종류 5가지를 적으시오.

해답

비탈다듬기공법, 록볼트공법, 록앵커공법, 철근삽입공법, 소일네일링공법, 옹벽공법

09 골막이의 특징 3가지를 적으시오.

해답

- 골막이는 구곡의 유속을 완화하여 침식을 방지하며 토사유출 및 사면붕괴를 막는다.
- 골막이는 계류 상의 위쪽에 시공한다.
- 골막이는 반수면만 축조하여 중앙부를 낮게 하여 물이 빠지도록 한다.
- 돌골막이의 기울기는 1 : 0.3 정도이다.

10 바닥막이의 시공목적을 적으시오.

해답

바닥막이는 바닥에 퇴적된 토사의 유실 방지를 주목적으로 한다.

11 각도에 따른 수제의 종류 3가지를 적으시오.

해답

상향수제, 하향수제, 직각수제

12 사방댐의 기능 4가지를 적으시오.

해답

- 계상물매를 완화하고 종침식을 방지한다.
- 산각을 고정하고 붕괴를 방지한다.
- 계상에 퇴적한 불안정 토사의 유동을 막고 양안의 산각을 고정한다.
- 산불 발생시 진화용수나 야생동물의 음용수로 이용된다.

13 사방댐의 설치장소 4군데를 적으시오.

해답

- 댐부분은 좁고 상류부분은 넓어 퇴사하기 용이한 곳
- 상류 계류 바닥 기울기가 완만하고 지류가 합류하는 곳
- 구역이 긴 구간의 경우 계단상으로 설치한다.
- 계상 및 양안에 암반이 존재하는 곳

14 중력댐의 안정조건 4가지를 적으시오.

해답

① 전도에 대한 안정
② 활동에 대한 안정
③ 제체의 파괴에 대한 안정
④ 기초 지반의 지지력에 대한 안정

15 아래 빈칸을 완성하시오.

> 물받이의 길이는 6m 미만으로 보통댐의 물높이 (①)배, 6m 이상일 때는 (②)배를 기준으로 한다.

해답

① 2
② 1.5

16 사방댐의 높이 결정인자 4가지를 적으시오

해답
- 시공목적
- 지반의 상황
- 계획 기울기
- 시공지점의 상태

17 피라미드형의 석축용 돌을 말하며, 돌을 뜰 때 전면, 뒷면, 돌길이, 접촉부 사이의 치수를 특별한 규격을 두어 깬 석재를 적으시오.

해답
견치돌

18 아래 빈칸의 내용을 완성하시오.

> 견치돌의 크기는 전면의 길이를 기준으로 하여 뒷길이는 (①)배 이상, 접촉부의 나비는 (②) 이상, 뒷면은 (③) 정도의 크기로 해야 한다.

해답
① 1.5 ② 1/5 ③ 1/3

19 산지사방구조물의 재료로 사용되는 석재의 종류 5가지를 적으시오.

해답
마름돌, 견치돌, 막깬돌, 호박돌, 괴돌, 잡석

20 산지 사방구조물에 사용되는 골재를 비중에 따라 3가지로 구분하시오.

해답
① **중량골재**: 비중 2.7 이상
② **보통골재**: 비중 2.5 ~ 2.65
③ **경량골재**: 비중 2.5 이하

21 콘크리트 골재의 장점 3가지를 적으시오.

> **해답**
> - 구조물의 크기 및 모양의 제조가 자유롭다.
> - 압축강도가 강하다.
> - 내화성, 내구성, 내진성 등이 좋다.
> - 시공비가 저렴하고 특별한 기술이 필요없다.

22 사방공사의 공종에서 녹화공사의 종류 4가지를 쓰시오.

> **해답**
> 바자얽기, 선떼붙이기, 단쌓기, 조공, 씨부리기, 비탈덮기, 조림, 줄떼다지기

23 사방공사의 공종에서 기초공사의 종류 4가지를 쓰시오.

> **해답**
> 비탈다듬기, 땅속흙막이, 누구막이, 골막이, 산비탈 배수로, 흙막이

24 산복사방용 수종의 요구조건 4가지를 적으시오.

> **해답**
> - 생장력이 왕성할 것
> - 건조, 한해, 풍해 등에 저항성이 강할 것
> - 갱신이 용이할 것
> - 묘목 생산비가 적게 들고, 경제적 가치가 높을 것

25 사방댐과 비교한 골막이의 특징 3가지를 적으시오.

> **해답**
> - 사방댐보다 규모가 작다
> - 반수면만 설치한다.
> - 배수구 설치 없이 중앙부를 낮게 한다.
> - 시공장소는 계류의 상부에 설치한다.

26 중력에 의한 집재에서 활로를 이용하는 방법 4가지를 적으시오.

해답
- 도수라
- 목수라
- 토수라
- 판자수라

27 외래초본류를 적용하는 녹화파종공법의 장점을 3가지 쓰시오.

해답
- 생육이 왕성하고 뿌리 자람이 좋다.
- 발아가 빠르고 조기에 식피를 형성한다.
- 토양과의 긴박력이 크다.
- 지표에 유기물질을 집적하여 토양을 개선한다.

28 계간사방공종 종류 4가지를 적으시오.

해답
골막이, 바닥막이, 기슭막이, 수제, 계간수로, 사방댐

29 흙쌓기 공사시 더쌓기를 하는 이유를 적으시오.

해답
일반적으로 흙쌓기는 시공 후 시일이 경과하면 수축하여 용적이 감소되고 시공면이 침하하므로 더쌓기를 실시한다.

30 물방석에 대해 설명하시오.

해답
물방석은 본댐과 앞댐 사이에 설치함으로써 낙수의 충격력을 약화시키고 세굴을 방지할 목적으로 시공한다.

※ **물방석**
    댐높이가 높은 사방댐의 방수로를 따라 월류하여 떨어지는 물의 충격에서 물받침이나 댐의 하부 기초를 보호해야 한다. 이를 위해 댐의 하류에 앞댐을 설치하고 앞댐과 본댐 사이에 어느 정도 깊이를 갖는 못을 만들어 넘치는 월류수의 수세를 관입저항에 의해 약화시키고자 하는 용도의 못을 물방석이라 한다.

31 상향수제에 대해 설명하시오.

> **해답**

흐름을 전방으로 밀어내는 힘이 커서 제방 및 호안보호에 좋다. 수제 앞부분에서 흐름에 저항하여 세굴의 손상 위험성이 크다.

32 유로의 횡단면에 있어서 물과 접촉하는 유로 주변의 길이의 명칭을 적으시오.

> **해답**

윤변

33 임계유속에 대해 설명하시오.

> **해답**

임계유속은 한계유속이라고도 하며 계상에서 침식을 일으키지 않는 최대유속을 의미한다.

34 돌쌓기에서 돌을 쌓아 올릴 때 모르타르를 사용하지 않고 쌓는 방법을 적으시오.

> **해답**

메쌓기

35 임내강우량 구성요소 3가지를 적으시오.

> **해답**

① 수관적하우량
② 수간유하우량
③ 수관통과우량

36 아래 토질에 적합한 공법을 연결하시오.

모래층 비탈면 •　　　　　　• 격자틀 붙이기 공법
사질토 비탈면 •　　　　　　• 분사식파종공법
경암 비탈면 •　　　　　　• 평떼붙이기
점질성 비탈면 •　　　　　　• 낙석저지책

> **해답**
> - 모래층 비탈면 - 격자틀 붙이기 공법
> - 점질성 비탈면 - 평떼붙이기
> - 경암 비탈면 - 낙석저지책
> - 사질토 비탈면 - 분사식파종공법

37 사방사업의 목적 3가지를 적으시오.

> **해답**
> - 산지의 토사 이동을 막아 산지를 보전한다.
> - 토사재해를 막아 근처 논, 밭 등을 보호한다.
> - 농, 산촌의 생활 공간을 보호한다.
> - 산림자원을 보호한다.

38 유량 공식을 적으시오.

> **해답**
> 유량(m^3/s)=유속(m/s)×유적(m^2)

39 땅속흙막이의 시공목적을 적으시오.

> **해답**
> 비탈다듬기나 단끊기 등의 흙깎기 과정에서 토사의 유실을 방지하기 위해 땅속에 설치하는 흙막이의 일종이며 지표면에는 드러나지 않는다.

40 모래언덕 육지 쪽에 후방의 모래를 고정하고 표면을 안정화시켜 조림 등을 통해 식재목이 생육 가능한 환경을 만드는 공법을 적으시오.

> **해답**
> 정사울세우기

41 사방사업으로 나타나는 효과를 5가지 적으시오.

> 해답
> - 산지 침식 및 토사유출을 방지한다.
> - 하천 공작물을 보호할 수 있다.
> - 생활환경을 보전한다.
> - 산복 및 계안의 붕괴를 방지한다.
> - 자연환경을 보전한다.

42 채광지의 복구를 위해 적합한 공법 3가지를 적으시오.

> 해답
> 편책공법, 파종공법, 기초옹벽식 돌쌓기

43 모래막이 공작물의 형상 4가지를 적으시오.

> 해답
> 반주걱형, 주걱형, 자루형, 위형

44 배수로의 횡단면에서 윤변이 20m, 유적이 40m² 일 때 경심을 구하시오.

> 해답
> 경심 = $\dfrac{유적}{윤변} = \dfrac{40}{20} = 2m$

45 돌기슭막이의 찰쌓기와 메쌓기의 표준 기울기를 적으시오.

> 해답
> 찰쌓기 1 : 0.3, 메쌓기 1 : 0.5

46 해안사방 사초심기 공법의 종류 3가지를 적으시오.

> 해답
> 줄심기, 망심기, 다발심기

47 바닥막이를 시공해야하는 위치 3군데를 적으시오.

> **해답**
> - 계류바닥에 암반이 노출된 지점
> - 지류가 합류되는 지점의 바로 아래 부분
> - 계류바닥이 침식으로 저하될 위험이 큰 지점

48 수제의 종류 중에서 상향수제, 하향수제, 직각수제 3가지의 두부의 세굴정도에 대하여 각각 적으시오

> **해답**
> - 상향수제 : 두부의 세굴 작용이 가장 크다
> - 하향수제 : 두부의 세굴 작용이 가장 약하다
> - 직각수제 : 상향수제 보다는 두부의 세굴 작용이 적고 하향수제에 비해서는 크다

49 해안사지 조림 수종 구비 조건 4가지를 적으시오.

> **해답**
> - 양분과 수분 요구도가 적을 것
> - 온도의 급격한 변화에 잘 견딜 것
> - 비사, 한해, 조해 등의 피해에 잘 견딜 것
> - 울폐력이 좋고 낙엽, 낙지 등으로 지력을 증진시킬 수 있을 것

50 황폐계류의 유역을 상류에서 하류까지 3단계로 구분하여 적고 각각에 대해 설명하시오.

> **해답**
> ① **토사생산구역** : 황폐계류의 최상류부로 계안, 계상의 침식에 의해 토사의 생산이 왕성하여 계상의 기울기는 저하된다.
> ② **토사유과구역** : 토사생산구역에서 생산된 토사를 이동시키는 구역으로 침식 및 퇴적이 적으며 협곡을 이룬다.
> ③ **토사퇴적구역** : 토사가 퇴적되는 황폐계류의 최하류부로 기울기는 완만하고 계폭이 넓다.

51 사방댐의 대수면이 의미하는 바를 적으시오.

> **해답**
> 댐의 상류측사면

52 유거계수가 1.0 이고 최대시우량이 100mm/h, 유역면적이 1.8ha일 경우 유량(m^3/s)을 구하시오.

해답
0.002778 × 1.0 × 100 × 1.8 = 0.50004
답 0.5m^3/s

53 견치돌의 뒷길이는 앞면 길이의 몇 배 이상을 기준으로 하는지 적으시오.

해답
1.5배

54 견치돌, 호박돌에 대해 기술하시오

해답
- 견치돌 : 돌을 뜰 때 특별한 규격에 맞게 깨낸 돌이다.
- 호박돌 : 호박모양의 자연석으로 계곡에서 얻을 수 있다.

55 산사태에 대한 내용으로 옳은 것을 고르시오.

- 산사태는 산붕과 비교하여 규모가 (크다 / 작다)
- 산사태는 주로 (완경사지 / 급경사지)에서 발생한다.
- 산사태는 (사질토 / 점성토)에서 주로 발생한다.

해답
- 산사태는 산붕과 비교하여 규모가 크다
- 산사태는 주로 급경사지에서 발생한다.
- 산사태는 사질토에서 주로 발생한다.

56 수제의 높이를 결정할 때 고려되어야 할 사항 3가지를 적으시오.

해답
- 유수의 저항
- 유수의 전석
- 하상의 변화
- 근부의 높이

57 사구조성공법 3가지를 적으시오.

해답
① 퇴사울세우기
② 모래덮기
③ 파도막이

58 사방댐의 방수로 크기 결정 요인 4가지를 적으시오.

해답
① 집수면적
② 산림상태
③ 강수량
④ 경사

59 아래 내용의 공법을 적으시오.

> 콘크리트블록과 같은 가벼운 블록으로 비탈면을 처리하기 곤란한 지역에서 거푸집을 설치하고 콘크리트치기를 하여 비탈안정을 위한 틀을 만드는 비탈 안정공법을 (　) 이라 한다.

해답
비탈힘줄박기공법

60 해안사공사에 있어 기본공종 4가지를 적으시오

해답
① 퇴사울세우기
② 정사울세우기
③ 해안조림
④ 사초심기

61 흙깎기 비탈면의 기울기 기준을 적으시오.

암석지	(①)
경암	(②)
연암	(③)

해답

① 1 : 0.3 ~ 1.2   ② 1 : 0.3 ~ 0.8   ③ 1 : 0.5 ~ 1.2

62 비탈면 녹화공법 종류 4가지를 적으시오.

해답

① 식생공법
② 격자틀붙이기공법
③ 뿜어붙이기 공법
④ 비탈힘줄박기 공법

63 사방댐의 물빼기 구멍의 목적 3가지를 적으시오.

해답

① 시공 중 유수의 통과
② 시공 후 대수면의 수압감소
③ 사력층 시공시 기초하부의 잠류 속도 감소

64 사방댐에서 앞댐의 설치 목적을 적으시오

해답

본댐의 방수로를 통해 월류하는 물의 힘을 약화시키고 본댐 반수면 하단의 세굴을 방지한다.

65 파종녹화공법에서 파종량의 공식을 적으시오.

해답

$$파종량 = \frac{발생기대본수}{평균입수 \times 순도 \times 발아율} \times 100(\%)$$

66. 단끊기의 역할 2가지를 적으시오

해답
- 사면에 유하되는 토사를 저지한다.
- 유수를 분산시켜 침식을 방지한다.

67. 비탈면 식재녹화 공법에서 초식공법의 종류 4가지를 적으시오.

해답
① 줄떼다지기
② 평떼다지기
③ 선떼붙이기
④ 새심기 공법

68. 아래의 빈칸을 완성하시오.

> 산림토목공사에서 사용되는 골재는 비중에 따라 중량골재, 보통골재, 경량골재로 분류된다. 중량골재는 비중 (①), 보통골재는 (②), 경량골재는 (③) 을 기준으로 한다.

해답
① 2.7 이상
② 2.5 ~ 2.65
③ 2.5 이하

69. 비탈면시공시 안식각에 대해 적으시오

해답
안정된 비탈면이 수평면과 이루는 각도를 안식각이라 한다.

70. 선떼붙이기에서 발디딤의 설치 목적 3가지를 적으시오.

해답
- 작업자의 발디딤
- 바닥떼의 활착 조장
- 공작물의 파괴 방지

71. 산지침식에서 빗물침식의 4가지 과정을 적고 각각에 대해 설명하시오

해답
① 우격침식 : 빗방울이 땅 표면을 타격하여 침식시키는 초기 과정
② 면상침식 : 토양표면의 전면이 엷게 유실되는 과정
③ 누구침식 : 토양표면에 잔 도랑이 발생하는 과정
④ 구곡침식 : 누구침식에 의해 발생된 도랑이 커지는 과정, 심토까지 깎이기도 한다.

72. 선떼붙이기 시공의 목적을 적으시오

해답
떼의 뒷부분의 매토를 유지하고 묘목의 생육을 조장하며 비탈면에 흐르는 유수 속도를 감소시켜 침식을 방지해준다.

73. 유역면적이 30ha 이고 최대시우량이 100mm/h인 유역을 대상으로 합리식에 의한 최대 홍수유량(m^3/s)을 구하시오. (유거계수는 0.8, 소수점 셋째자리 반올림)

해답
$0.002778 \times 0.8 \times 100 \times 30 = 6.6672 m^3/s$
답 $6.67 m^3/s$

74. 사방댐의 물빼기 구멍을 설치하는 방법을 쓰시오

해답
사방댐의 물빼기 구멍은 댐아래쪽의 계상선이나 댐 높이의 1/3 지점에 설치하며 하류댐 물빼기 구멍은 상류댐기초보다는 낮은 위치에 설치해야 한다.

75. 비탈 옹벽공법을 구조에 따른 종류 4가지를 적으시오.

해답
① 중력식
② 부벽식
③ T 형
④ L 형

76 유량이 40m³/s이고 평균유속이 8m/s일 때 수로의 횡단면적(m²)을 구하시오.

해답

유량 = 유속 × 단면적
40 = 8 × 단면적
단면적 = 5m²

77 아래 4급 선떼 작업에 표시된 번호의 명칭을 적으시오

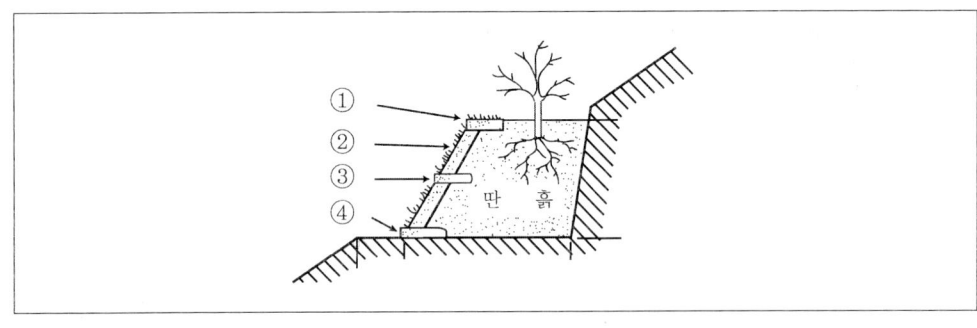

해답

① 갓떼 ② 선떼 ③ 받침떼 ④ 바닥떼

78 평균유속공식 종류 3가지를 적으시오.

해답

① Chezy 공식
② Manning 공식
③ Basin 공식
④ Kutter 공식

79 분사식씨뿌리기공법에 대해 설명하시오

해답

분사식씨뿌리기공법은 비탈경사가 급한 대면적에 적합한 방법으로 파종이 어려운 비탈면이나 열악한 환경의 토양조건의 비탈면의 녹화를 위한 공법이다.

80 경사가 50%, 경심 1m, 유속계수 0.4 일 때 Chezy 평균유속공식을 이용하여 유속(m/s)을 구하시오(소수점 셋째자리 반올림).

해답

$0.4 \times \sqrt{1 \times 50} = 2.82842 \cdots$

답 2.83m/s

---

81 산사태의 발생요인으로 지질적 요인 4가지를 적으시오.

해답
- 단층대의 존재
- 절리의 존재
- 층리면의 존재
- 암석의 풍화
- 변질대 및 붕적토의 분포
- 지하수의 존재

---

82 시우량법 공식에서 K, A, m 이 의미하는 바를 적으시오.

해답

$$Q = K \times \frac{A \times \frac{m}{1000}}{60 \times 60}$$

K : 유거계수, A : 유역면적, m : 최대시우량

---

83 산지 붕괴지 현장조사에서 붕괴의 3요소를 적으시오.

해답
① 붕괴지 면적
② 붕괴지 깊이
③ 붕괴지 경사각

---

84 옹벽 시공 요령 4가지를 적으시오

해답
① 기초지반에 작용되는 압력이 지반의 허용지지력을 초과하지 않아야 한다.
② 기초지반이 연약할 경우 말뚝기초, 콘크리트 기초 등으로 보강한다.
③ 높이는 통상 4m 이하로 하고 산복사면에 시공시 2m 내외로 시공한다.
④ 물빼기 구멍은 PVC 관으로 하고 기초지표면에서 30cm 위에 설치한다.

85 산지사방구조물의 재료 중 마름돌에 대해 설명하시오

해답

채석장에서 절취한 돌을 일정한 치수에 따라 잘라서 마름질한 돌로 대체로 직육면체가 많으며 주로 메쌓기에 이용된다.

86 황폐지 비탈면의 안정방법 4가지를 적으시오

해답

① 경사가 완만한 황폐지는 표토의 이동 없이 파종상을 만든다.
② 불규칙한 지반은 정리하도록 한다.
③ 경사가 급한 경우 단을 끊으며 발생된 부토는 선떼붙이기, 흙막이, 골막이 시공을 통해 안정화한다.
④ 직파가 어려운 급경사는 짚이나 거적덮기를 통해 피복한다.

87 비탈면 보강공법 종류 5가지를 적으시오.

해답

비탈다듬기공법, 철근삽입공법, 소일네일링공법, 록볼트공법, 록앵커공법, 다웰바공법

88 산지사방에서 산비탈 기초공사 종류 3가지, 녹화공사 종류 3가지를 적으시오

해답

- 기초공사 : 비탈다듬기, 땅속흙막이, 누구막이
- 녹화공사 : 바자얽기, 선떼붙이기, 단쌓기

89 아래 사방 유형을 올바르게 연결하시오.

황폐지 • • 임간나지
지활지 • • 계간황폐지
붕괴지 • • 밀린땅
황폐계류 • • 계안붕괴지

해답

- 황폐지 - 임간나지
- 지활지 - 밀린땅
- 붕괴지 - 계안붕괴지
- 황폐계류 - 계간황폐지

90 공사시 사용되는 시멘트에 대한 내용으로 옳은 것을 고르시오.

> · 시멘트는 분말도가 높을수록 수화작용이 (빨라진다 / 느려진다)
> · 시멘트에 탄산칼슘을 넣으면 (급결성 / 완결성) 이 된다.
> · 시멘트가 저장 중 공기와 접촉하여 이산화탄소 흡수시 응결이 (빨라진다 / 늦어진다)

해답
· 시멘트는 분말도가 높을수록 수화작용이 빨라진다.
· 시멘트에 탄산칼슘을 넣으면 급결성이 된다.
· 시멘트가 저장 중 공기와 접촉하여 이산화탄소 흡수시 응결이 늦어진다.

91 사방공사에서 사용되는 콘크리트의 장점과 단점을 각 2가지씩 적으시오.

해답
· 장점
 ① 크기나 모양에 제한이 적은편이다
 ② 내화성, 내구성, 내진성이 좋다
· 단점
 ① 건조시 수축되어 균열이 발생하기도 한다.
 ② 경화에 시간이 많이 소요된다.

92 비탈면 녹화를 위한 파종공법의 종자의 조건 3가지를 적으시오.

해답
· 건조에 강해야 한다.
· 생장이 왕성해야 한다.
· 맹아력이 강해야 한다.
· 한해 및 병해충 등에 저항성이 강해야 한다.

93 해안사방수종의 구비조건 4가지를 적으시오.

해답
· 양분, 수분에 대한 요구도가 적어야 한다.
· 생장이 왕성하고 지력을 증진시킬 수 있어야 한다.
· 바람에 대한 저항성이 강해야 한다.
· 급격한 온도 변화에 적응력이 커야 한다.

94 해안에서의 모래언덕 형성과정을 3단계로 나누어 적고 각각에 대해 설명하시오.

> **해답**
> · **모래 언덕 형성과정** : 치올린 모래언덕 → 설상사구 → 반월사구
> ① **치올린 모래언덕** : 바다로부터 밀려오는 파도에 의해 모래가 퇴적되어 얕은 모래둑을 형성한다.
> ② **설상사구** : 바다로부터 불어오는 바람이 치올린 언덕의 모래를 비산하여 내륙으로 이동시키는데 이때 방해물이 있으면 방해물의 뒤편에 합류하여 혀모양의 모래언덕이 형성된다.
> ③ **반월사구** : 설상사구에서 바람이 모래를 수평으로 이동시켜 양쪽에 반달모양의 모래언덕을 형성하게 된다.

95 토목재료 중 콘크리트 강도에 영향을 주는 요인 3가지를 적으시오

> **해답**
> ① 물
> ② 골재의 종류 및 품질
> ③ 혼화재

96 보의 높이가 4m, 물의 단위중량이 1,500 km/m³ 일 때 사방댐이 받는 총수압을 구하시오

> **해답**
> $\frac{1}{2} \times 1500 \times 4^2 = 12,000 \, kg/m^2$

97 아래의 평균유속공식인 Manning 공식에서 n, R, I 가 의미하는 바를 적으시오.

$$V = \frac{1}{n} \times R^{\frac{2}{3}} \times I^{\frac{1}{2}}$$

> **해답**
> · R : 경심
> · I : 수로 기울기
> · n : 조도계수

98 사방공사시 사용되는 골재 운반용 컨베이어벨트의 장점 4가지를 적으시오.

해답
- 단위시간당 작업량이 커서 대용량 운반에 적합하다.
- 연속작업능률이 좋다.
- 작업시 기상의 영향을 거의 받지 않는다.
- 안전사고가 비교적 적은 편이다.
- 임지 환경에 영향을 적게 준다.

99 옹벽의 안정조건 4가지를 적으시오.

해답
① 전도에 대한 안정
② 활동에 대한 안정
③ 침하에 대한 안정
④ 내부응력에 대한 안정

100 콘크리트의 성질 개량을 위해 첨가되는 혼화재료로 미량으로만 투입되는 혼화제의 종류 4가지를 적으시오.

해답
① AE제
② 경화촉진제
③ 지연제
④ 방수제
⑤ 발포제
⑥ 착색제

PART 3
산림기반시설

산림기반시설

1. 임도 계획 및 기능

(1) 임도

① 임도의 기능은 이동기능, 접근기능, 공간기능 등 크게 3가지가 있다.

이동기능	• 교통을 신속하고 원활하게 해주는 기능 • 생산된 물류를 신속하게 유통시키는 기능 • 사람들의 왕래 및 여가활동을 위한 신속성, 안정성, 편리성 • 간선임도, 연결임도가 해당 된다.
접근기능	• 임지이용의 활성화, 산림작업과 생산활동에 직접 이용되는 것 • 지선임도, 경영임도가 해당 된다.
공간기능	제한된 공간을 갖는 임업에서 집재, 집적, 주차 등의 공공용지, 휴양림에서 광장 등의 생활공간으로 이용 된다.

② 임도의 기능에서 나타나는 효과 및 문제점은 아래와 같다.

효과	문제점
• 산림화재의 예방 • 병해충의 방제 • 산림의 휴양 기능 • 벌채시간의 절약과 작업 피로의 경감 • 지역 소득 증대	• 산림내 수원의 파괴 • 산림 토양의 유실 및 침식 • 생태계의 순환 방해 • 동물의 서식공간의 파괴 및 단절

③ 임도 선형 설계 시 고려할 사항은 다음과 같다.

㉠ 지역 및 지형과의 조화

㉡ 종단선형과 평면선형과의 조화

㉢ 교통상의 안정성

㉣ 선형의 연속성

④ 선형설계의 제약 요소

㉠ 자연환경의 보존 및 국토보전 상에서의 제약

㉡ 지형 및 지물의 제약

㉢ 시공상 제약

㉣ 사업비 및 유지 관리비의 제약

⑤ 임도구조 개량사업 대상지
　㉠ 집중호우시 피해발생의 위험이 있는 임도
　㉡ 절토, 성토면이 녹화되지 않은 임도
　㉢ 테마임도로 지정된 임도
　㉣ 대형차량 통행이 필요한 간선임도

(2) 임도의 종류

① 기능에 의한 분류

지선임도	• 조림, 육림, 수확 및 보호관리 등 임업경영의 목적의 임도를 말한다. • 경영임도, 시업임도 등이 있다.
간선임도	• 임업적 목적보다 공익적 목적의 비중이 더 큰 임도로 유역간의 연결, 농어촌 도로망의 연계 등 지역경제활동에 기여한다. • 산림의 다면적 기능 발휘가 기대되는 넓은 산림지역에 필요하다. • 연결임도, 도달임도 등이 있다.
작업임도	산림사업을 위해 간선임도나 지선임도에 연결하는 임도이다

② 이용집약도에 의한 분류

주임도	집재장 혹은 부임도에서 공도까지 연결되는 영구적인 임도
부임도	집재장 혹은 작업도로부터 주임도 혹은 공도까지 연결되는 영구적인 임도
작업도	임지 또는 운재로에서 집재장, 부임도 또는 주임도가지 연결되는 일시적인 임도로 주로 인력장비의 이동에 이용
운재로	임지에서 집재장 또는 작업도까지 연결되는 일시적인 임도로 임산물 운반에 이용된다.

③ 설치위치에 따른 분류

• 주계곡임도 • 부계곡임도 • 사면임도	• 능선임도 • 산정임도 • 분지임도

2. 적정 임도밀도

(1) 임도의 밀도

임도밀도는 임도의 성숙도를 나타내는 양적지표로 단위면적당 임도시설거리를 의미한다.

$$임도밀도(m/ha) = \frac{총연장거리(m)}{총면적(ha)}$$

(2) 임도노선의 선정

① 임도노선 선정기준
   ㉠ 조림, 육림, 간벌, 주벌 등 산림사업 대상지
   ㉡ 산림경영계획이 수립된 임지
   ㉢ 산불예방, 병해충방제 등 산림의 보호, 관리를 위하여 필요한 임지
   ㉣ 산림휴양자원의 이용 또는 산촌진흥을 위하여 필요한 임지
   ㉤ 농, 산촌 마을의 연결을 위하여 필요한 임지
   ㉥ 기존 임도간 연결, 임도와 도로 연결 및 순환임도 시설이 필요한 임지

② 임도노선의 흐름도 작성은 지형도, 예정선의 기입, 노선선정, 현지측정, 개략설계의 순서로 작성한다.

③ 임도를 계획할 때 우선순위를 결정하는 판정지수에는 임업효과지수, 투자효율지수, 경영기여율지수, 교통효용지수, 수익성지수가 있다.

④ 임도노선 선정요인
   ㉠ 공익적 기능에 대한 배려
     • 절취, 벌개 등을 최소화 할 수 있도록 노선 선정한다.
     • 절취 및 성토의 비탈면 안정을 도모할 수 있는 공정을 선정하고 필요할 경우 사토장이나 토사유출방지시설을 설치한다.
     • 발생 토량이 많은 지대나 흙일을 피할 수 없는 지대를 부득이 통과하는 경우 교량이나 터널 계획한다.
   ㉡ 구조규격
     • 이용차량의 안전한 통행과 교통류를 원활하게 통과시킬 수 있도록 한다.
     • 시공이 용이하고 공사비가 적게 들도록 한다.
     • 시공 후 유지관리비가 적게 들도록 한다.
     • 인원, 자재, 임산물의 출입에 유리하며 수송비가 적게 들도록 한다.

- 산림 및 주변지역에 미치는 자연, 사회적 영향이 최소화 되도록 한다.
ⓒ 다른 도로와의 조정
  기설도로 및 도로계획과 연관성을 고려한다.
ⓔ 지역노망의 형성
  지역도로망의 기능을 고려한다.
ⓜ 기타
  - 중요한 구조물의 위치 : 교량, 암거, 터널의 최소화
  - 일반 산지부 통과 : 능선부의 통과를 피한다.
  - 애추대 등의 통과 : 붕괴지, 눈사태지, 단층 등을 피한다.
  - 제한임지 내의 통과 : 보안림, 자연공원지역의 통과 시 제한규정 준수

(3) 산림기능별 임도 밀도

① 임도 밀도의 종류
  ⓐ 기본임도밀도
   - 조림에서 수확까지 산림작업에 투입되는 노동인력들이 작업장까지 왕복하는데 소요되는 경비와 같은 비생산노무경비를 임도시설에 전환하여 사회간접자본화 하는 개념이다.
   - 기본임도밀도는 다음과 같이 구할 수 있으며 각 항목이 기본임도밀도의 영향인자이다.

$$기본임도밀도(m/ha) = \sqrt{\frac{5 \times 보행우회계수 \times 노동단가(원/hr) \times 투입노동량(인/ha)}{평균보행속도(km/h) \times 임도개설비(원/m)}}$$

  ⓑ 적정임도밀도
   - 임도의 개설이 늘어가면서 임도밀도가 증가되면 집재비, 조재비, 관리비는 낮아지나 임도개설비, 유지관리비 등이 증가한다.
   - 임업생산비에서 임도개설 연장의 변화에 따른 집재비용과 개설비의 합계가 가장 효율적 혹은 최소가 되는 임도밀도를 말한다.
  ⓒ 지선임도밀도
   - 집재방법의 효율성을 수치화하여 적용 가능한 장비 및 최대집재거리를 임도밀도를 기준으로 구하는 방법으로 다음과 같은 공식을 통해 구한다.

$$D = \frac{a}{s}$$

D : 지선임도밀도(m/ha),　s : 평균집재거리(km),　a : 임도효율계수

- 임도효율계수는 경사지의 경우 7~9 정도, 급경사지는 9 이상의 값을 가진다.
- 지선임도의 가격은 다음과 같이 구한다.

$$\text{지선임도가격} = \frac{\text{지선임도밀도}(m/ha) \times \text{지선임도개설비단가}(원/ha)}{\text{수확재적}(m^3/ha)}$$

② 집재거리

 ㉠ 집재거리의 종류는 다음과 같다.

종류	공식	
임도간격	$RS = \dfrac{10000}{ORD}$	RS : 임도간격(m) ORD : 적정임도밀도(m/ha)
집재거리 (단방향집재)	$SD = \dfrac{10000}{ORD \times 2} = \dfrac{5000}{ORD}$	SD : 집재거리(m) ORD : 적정임도밀도(m/ha)
평균집재거리 (양방향집재)	$ASD = \dfrac{10000}{ORD \times 4} = \dfrac{2500}{ORD}$	ASD : 집재거리(m) ORD : 적정임도밀도(m/ha)

 ㉡ 개발지수는 임도의 질적 기준을 나타내는 지표로 임도배치의 효율성을 알 수 있다.

 ㉢ 임도망의 배치가 균일하면 개발지수는 1에 근접된다. 개발지수는 1을 기준으로 이보다 크거나 작을수록 불균일한 상태를 나타낸다.

 ㉣ 임도의 노선이 중첩되면 이용효율성이 낮아지게 된다.

 ㉤ 임도의 개발지수는 다음과 같이 구한다.

$$\text{임도개발지수} = \text{평균집재거리} \times \frac{\text{임도밀도}}{2500}$$

③ 집재거리간의 관계

 ㉠ 임도간격은 임도와 임도사이의 거리로 표현한다.

 ㉡ 집재거리는 양쪽의 임도에서 서로 집재작업이 실행되기에 평지림의 경우 임도간격의 1/2이 된다.

 ㉢ 평균집재거리는 임도변의 집재작업(최소집재거리)과 집재한계선(최대집재거리)까지 집재작업이 동일하게 실행되므로 평지림의 경우 집재거리의 1/2, 임도

간격은 1/4 이 된다.
- ㉣ 기본 계산식의 평지림을 기준으로 정립된 것이기에 산악지의 경우 임도와 집재우회계수를 고려해야 한다.
- ㉤ 평균집재거리 우회계수에 비례하고 임도밀도에 반비례한다. 즉 임도밀도가 클수록 우회계수가 작을수록 평균집재거리는 짧아지게 되어 노선 배치가 가장 양호하다고 판단한다.

④ Matthews 최적임도밀도
- ㉠ Matthews 이론은 생산원가이론을 적용하여 주벌의 집재비용과 임도개설비의 합계를 최소화하는 것을 목표로 적정임도밀도를 산출하는 이론이다.
- ㉡ 임도 개설로 임도밀도가 높아지면 집재비가 감소하고 임도개설비는 증가하며 교차하는 점을 적정임도밀도라 한다. 관련 그래프를 아래와 같이 나타낸다.

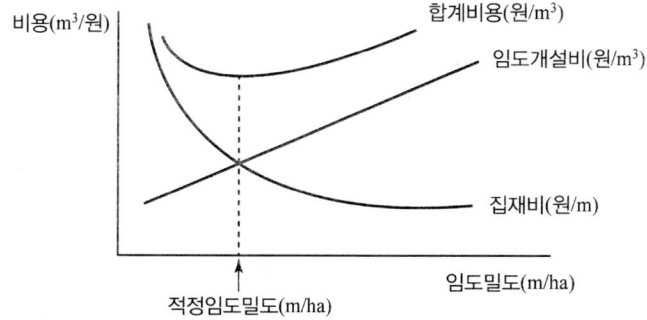

3. 임도망 배치

(1) 지형별 임도 배치 방법

① 계곡임도형
- ㉠ 임지 하부에 설치하며 보통 계곡임도는 처음 만들어지는 임도이다.
- ㉡ 홍수로 발생되는 유실 방지를 목적으로 위쪽의 사면에 설치한다.

② 산복임도형
- ㉠ 산복임도는 사면임도라 하며 계곡임도에서 시작하여 산록부와 산복부에 설치하는 임도로 하부에서 점차적으로 계획하여 진행하며 지그재그방식 혹은 대각선 방식이 적당하다.
- ㉡ 급경사가 긴 비탈면은 지그재그 방식이 적당하고 완경사지에서는 대각선 방식을 선택한다.
- ㉢ 집재작업효율이 높으며 상향집재방식에 적용 가능하다.

• 급경사지 : 지그재그형

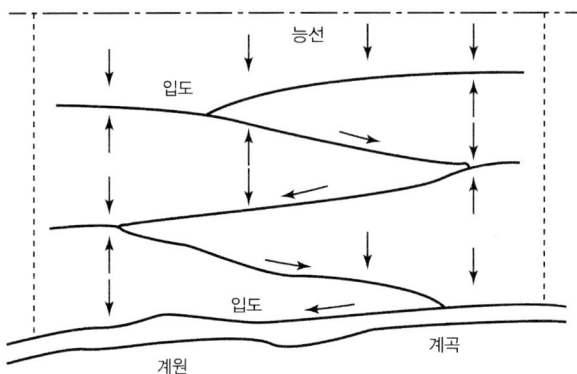

• 완경사지 : 대각선형

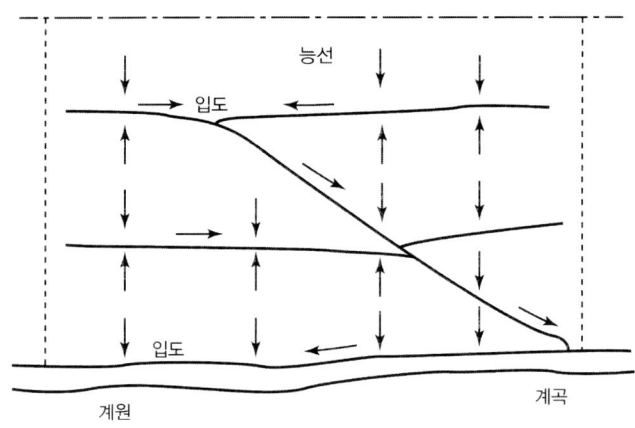

③ 능선임도형
　㉠ 축조비용이 저가이고 토사유출이 적다.
　㉡ 가선집재 같은 상향집재방식으로만 산림 개발이 가능하다.
　㉢ 계곡 및 늪지대에서 임도 개설 시 용이하다.

④ 산정부개발형
　산정부 부근을 순환하는 순환식 노선을 설치한다. 하향 및 가선에 의한 상향집재만 가능하다.

(2) 지형지수 산출방법

① 지형지수는 산림의 지형조건인 임지경사, 기복량, 곡밀도를 이용하여 산출한다. 지형지수는 면적 500~1000 ha 의 산림지역을 대상으로 하지만 이 지수에 의해 지형분류를 실시하고 그 값에 따라 산림작업 방법을 선택하게 된다.

② 지형분류 및 작업방식

구분	I(완)	II(중)	III(급)	IV(급준)
지형지수	0~19	20~39	40~69	70 이상
표준임도밀도	30~50	20~30	10~20	5~15
집운재방식	트럭	트랙터	중거리가선	장거리가선

(3) 임도망 배치 고려사항

① 산지경사 40% 이하인 완경사지에는 산록부에, 급경사지에는 산중복부에 배치하여 집재거리 300m 로 한다.
② 운재비가 적게 들고 신속한 운반이 되도록 하며 운반량에 제한이 없어야 한다.
③ 시장과의 거리가 적당해야 하고, 인접한 경영계획구와 마을 사이의 상호협력이 원활해야 한다.
④ 날씨와 계절에 따라 운재 능력에 제한이 없도록 하고 운재방법은 단일화해야 한다.
⑤ 산림풍치의 보전과 등산 및 관광 등의 편익을 고려한다.

4. 임도의 구조

(1) 종단구조

① 종단기울기
  ㉠ 종단기울기는 길 중심선의 수평면에 대한 기울기로 종단기울기를 유지하여 배수를 원활하게 하고 토양침식과 차량에 의한 파손을 막는다.
  ㉡ 종단기울기는 보통자동차에서는 설계속도의 약 50~80% 정도로 오를 수 있는 상태를 조건으로 설정한다.
  ㉢ 종단기울기는 최소 2~3% 이상 되어야 강수시에도 차량주행이 가능하다.
  ㉣ 작업임도의 종단기울기는 최대 20% 범위에서 조정한다.
  ㉤ 포장도로가 아닌 곳으로서 종단기울기의 대수차가 5% 이하인 경우 적용하지 않는다.
  ㉥ 임도의 종단기울기 고려 시 노면의 배수, 임도우회율, 주행차량의 등판력과 속도를 고려한다.

ⓢ 교량에 종단기울기는 특별한 장소를 제외하고 적용하지 않는다.
ⓞ 종단기울기를 급하게 하면 임도의 우회율을 낮출 수 있다.
ⓩ 간선임도, 지선임도의 종단기울기 표준은 아래와 같다.

설계속도(km/hr)	종단기울기(순기울기)	
	일반지형	특수지형
40	7% 이하	10% 이하
30	8% 이하	12% 이하
20	9% 이하	14% 이하

② 종단곡선

종단곡선에서 충격완화 및 가시거리의 확보를 위해 아래와 같은 설계조건에 따른다.

설계속도(km/hr)	종단곡선 반경(m)	종단곡선의 길이(m)
40	450 이상	40 이상
30	250 이상	30 이상
20	100 이상	20 이상

(2) 횡단구조

① 차도의 중앙부를 높게 하고 양쪽을 낮게 하여 횡단기울기를 만드는데 주로 빗물 배수를 위해 필요한 기울기이다.
② 간선임도, 지선임도는 포장한 경우 1.5~2%, 포장이 없는 쇄석도 및 사리도는 3~5% 정도의 기울기를 준다.
③ 차량의 곡선임도에 도달하면 원심력이 발생하여 바깥쪽으로 밀리는 위험을 방지하고자 바깥쪽을 안쪽보다 높게 하는데 이를 외쪽기울기라 한다. 통상 외쪽기울기는 8% 이하로 해준다.
④ 임도의 너비를 노폭이라 하며 차도의 너비와 길어깨의 너비를 합한 값이다.

(3) 횡단면형

① **차량규격**(단위 : m)
  ㉠ 임도 설계시 차량의 규격은 아래와 같다.

구분	길이	폭	높이	앞내민 길이	앞뒤바퀴 거리	뒷내민 길이	최소 회전반경
소형자동차	4.7	1.7	2.0	0.8	2.7	1.2	6.0
보통자동차	13.0	2.5	4.0	2.5	6.5	4.0	12.0
세미트레일러 연결차	16.7	2.5	4.0	1.3	전 : 4.2 후 : 9.0	2.2	12.0

ⓒ 임도설계에 기준이 되는 차량이 소형자동차와 보통자통차이다.

② **차량 설계속도**
　㉠ 설계속도는 평지보다 산지인 경우를 낮게 한다.
　㉡ 장거리 교통보다 단거리 교통인 경우 낮게 한다.
　㉢ 교통량이 많은 노선보다 작은 노선인 경우 낮게 한다.
　㉣ 차량 설계속도는 아래와 같이 구하도록 한다.

$$V = \frac{N \times d}{1000}$$

V : 설계속도(km/hr),　N : 시간당 교통량(대/hr)
d : 차두간격 또는 대피소 간 왕복거리(m)

③ **차도폭**

1차선인 경우	2차선인 경우
$W = B + \dfrac{V}{50} + 0.5$	$W = 2(B + b) + b_0 - 2b'$
W : 차도폭(m) B : 자동차폭(m) V : 설계속도(km/hr)	W : 차도폭(m) B : 자동차의 폭(m) b : 자동차 바퀴에서 길가까지 간격(m) b_0 : 두 차간에 스치는 여유간격 b' : 자동차 바퀴와 가장자리의 간격(m)

④ **임도 설계속도**

구분	설계속도(km/hr)
간선임도	20~40
지선임도	20~30
작업임도	20이하

⑤ **너비**
　㉠ 길어깨, 옆도랑의 너비를 제외한 임도의 유효너비(차도너비)는 통상 3m 정도로 규정한다. 단, 배향곡선지인 경우 6m 이상이다.
　㉡ 임도의 길어깨, 옆도랑 최소너비 기준은 50cm ~ 1m 범위를 가진다.
　㉢ 길어깨(갓길) 목적
　　・노체구조의 안정
　　・차량 안전 통행
　　・보행자 대피 공간

· 차도의 구조부 보호
㉣ 길어깨의 기능
· 차도, 보도 등 접속하여 도로의 주요 구조부를 보호한다.
· 측방여유폭으로 교통의 안정성과 쾌적성을 도모한다.
· 유지작업 및 지하매설물에 장소로 이용되기도 한다.
⑥ 대피소 및 차돌림곳
㉠ 간선 및 지선임도의 대피소는 차량의 교행시 통행에 지장이 없도록 만든 시설이다.
㉡ 대피소 설치 기준

구분	기준
간격	300 m 이내
너비	5m 이상
유효길이	15 m 이상

㉢ 차돌림곳 너비는 10m 이상으로 한다.
㉣ 대피소 및 차돌림 곳, 그 밖의 현지여건상 필요한 경우에는 그 너비를 조정할 수 있다.

(4) 합성기울기

① 합성기울기는 외쪽기울기 혹은 횡단기울기의 제곱과 종단기울기의 제곱의 합의 제곱근을 이용하여 구하며 공식은 아래와 같다.

$$S = \sqrt{i^2 + j^2}$$
S : 합성기울기(%),   i : 외쪽 또는 횡단기울기(%),   j : 종단기울기(%)

② 합성기울기는 12% 이하로 한다. 단, 불가피한 경우 아래의 기준에 따르며 최대 허용 기울기는 20% 이하로 한다.

간선임도	13 % 이하
지선임도	15 % 이하
노면포장을 하는 경우	18 % 이하

(5) 평면구조

① 곡선의 종류
  ㉠ 단곡선
    평형하지 않은 2개의 직선을 1개의 원곡선으로 연결하는 곡선
  ㉡ 복심곡선(복합곡선)
    반지름의 길이가 다른 두 단곡선이 같은 지점으로 만나는 곡선으로 동일한 접선을 가지게 되며 다른 곡선이 같은 방향으로 연속하게 된다.
  ㉢ 반향곡선(반대곡선)
    서로 다른 방향에서의 곡선이 한지점에서 만나 연속되는 것으로 별도의 직선부 설치가 필요하다.
  ㉣ 배향곡선(헤어핀곡선)
    • 단곡선, 복심곡선, 반향곡선이 혼합되어 머리핀모양(Hair-pin)으로 된 곡선으로 경사가 급한 곳에서 노선거리를 연장하거나, 종단기울기를 완화하거나, 동일사면에서 우회할 목적으로 설치한다.
    • 배향곡선 설치를 위해서는 사면기울기가 40% 이하이고 지반이 안정된 곳에 설치하고 동일사면에 1개 이상은 설치하지 않는다.

$$배향곡선\ 적정간격 = \frac{0.5 \times 임도간격(m) \times 사면\ 기울기(\%)}{종단기울기(\%)}$$

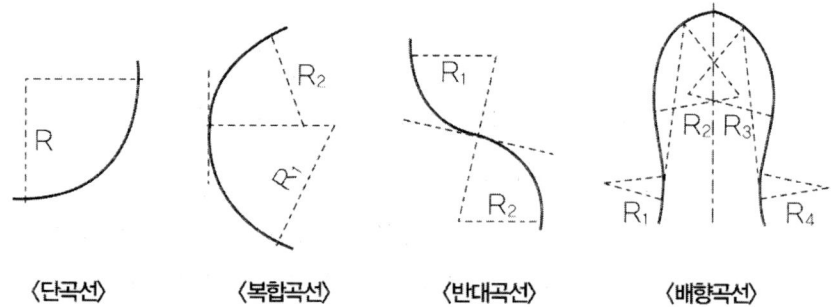

〈단곡선〉 〈복합곡선〉 〈반대곡선〉 〈배향곡선〉

② 곡선반지름
  ㉠ 최소곡선반지름은 노선의 굴곡 정도를 나타내며 도로의 너비, 운행속도, 도로 및 차량의 구조, 반출 목재의 길이, 시거, 타이어와 노면의 마찰계수 등에 영향을 받는다.
  ㉡ 운반되는 통나무의 길이 기준

  $$R = \frac{l^2}{4B}$$
  R : 곡선반지름(m), l : 통나무길이(m),   B : 노폭(m)

  ㉢ 원심력과 타이어 마찰계수에 의한 경우

  $$R = \frac{V^2}{127(f+i)}$$
  R : 최소곡선반지름(m),   V : 설계속도(km/hr),   i : 노면의 횡단물매
  f : 타이어의 마찰계수(임도설계속도 40km/hr 이하일 경우 0.15적용)

  ㉣ 곡선부의 중심선 반지름은 아래의 기준에 따라 설치한다. 단, 내각이 155° 이상인 경우 곡선을 설치하지 않을 수 있다

설계속도(km/hr)	최소곡선반지름(m)	
	일반지형	특수지형
40	60	40
30	30	20
20	15	12

  ㉤ 배향곡선은 중심선 반지름이 10m 이상이 되도록 설치한다.

③ 곡선부의 확폭(여유폭)
  차량의 뒷바퀴는 항상 앞바퀴보다 안쪽으로 기울어 곡선부로 통과하기에 앞, 뒷바퀴는 다른 궤도를 그리면서 주행하기에 곡선부의 안쪽으로 더 확폭이 필요하며 내각이 예각일 경우 이러한 현상이 더 심하다.

  $$e = \frac{L^2}{2R}$$
  e : 확폭량(m),   R : 중심선의 곡선반지름(m)
  L : 차량 앞면에서 뒷차축까지 거리(m)

④ 시거
  ㉠ 차도 중심선상 1.2m 높이에 당해 차선의 중심선상 잇는 높이 10cm 물체의 정점을 볼 수 있는 거리를 말한다.
  ㉡ 안전 주행을 위해 안전시거의 기준은 다음과 같다.

설계속도(km/h)	안전시거(m)
40	40 이상
30	30 이상
20	20 이상

  ㉢ 안전시거의 공식은 다음과 같다.

$$안전시거(m) = \frac{2\pi \times 곡선반지름(m) \times 중심각(°)}{360°}$$

⑤ 물매곡률비
  ㉠ 물매곡률비는 임도에서 곡선부의 안정성과 주행성을 확보하기 위한 지표이다.
  ㉡ 일반적으로 임도에서 3.0 이상의 물매곡률비가 적당하며 안전한 주행이 가능해진다.
  ㉢ 물매곡률비는 다음의 공식으로 구한다.

$$물매곡률비 = \frac{곡선반지름(m)}{종단기울기(\%)}$$

5. 노선 선정

(1) 예비조사

① 임도의 설계는 예비조사를 시작으로 답사, 예측, 실측, 설계도 작성, 공사량 산출, 설계서 작성의 순서로 이루어진다.
② 예비조사는 임도 설계에서 가장 먼저 시작하여 임도계획을 위한 기초조사에서 이용한 도면과 지형을 분석한다.

(2) 답사

① 지형도에서 검토한 노선의 적정여부를 확인하기 위해 직접 답사하여 예정선을 정한다.
② 예정선의 확정에서 옹벽, 암거, 교량 등의 구조물과 토질, 경사도 등을 조사한다.

(3) 예측 및 실측

① 예측은 답사에서 확정된 예정선을 경사측정, 방위측정, 거리측정 등으로 실측하여 예측도를 작성한다.
② 실측은 예측에 의한 노선을 현지에서 정밀측량을 실시한다.
③ 실측은 평면측량, 종단측량, 횡단측량, 구조물측량으로 구분한다.

6. 평면도

(1) 평면도

① 축척 1 : 1200 으로 작성위치는 종단면도 상단에 작성한다.
② 임시기표, 교각점, 측점번호 및 사유토지의 지번별 경계, 구조물 및 곡선 제원 등을 표시한다.

(2) 종단면도

① 횡 1 : 1000 , 종 1 : 200 축척으로 작성한다.
② 곡선, 선측점, 구간거리, 누가거리, 지반높이, 계획높이, 절토높이, 성토높이, 기울기 등을 적는다.
③ 종단면도의 전후 도면이 접합되게 하고 종단기울기의 변화점에는 종단곡선을 삽입한다.

(3) 횡단면도

① 횡단면도는 1 : 100 축척으로 좌측하단에서 상단으로 기입한다.
② 절토부분은 토사, 암반으로 구분하되, 암반부분은 추정선으로 기입하고 구조물은 별도로 표시한다.
③ 각 측점의 단면마다 지반고, 계획고, 절취고, 성토고, 절토단면적, 성토단면적, 지장목제거, 사면보호공 등의 물량을 기입한다.

(4) 구조물도

① 임도의 시공기면에 필요한 구조물의 정면도, 평면도, 측면도의 규격을 표시한 도면이다.
② 국부적으로 필요한 경우 그 부분을 확대한 상세도를 작성하고 공정별, 재료별 수량과 규격을 도시한다.

7. 측량

(1) 영선측량

① 경사지에서 노면의 시공면과 산지의 경사면이 만나는 지점을 영점이라 정의하고 이점을 연결한 선을 영선이라 한다.
② 영선을 기준으로 측량하는 경우를 영선측량이라 하며 시공기면의 시공선을 따라 측량하고 주로 산악지에서 이용된다.
③ 영선은 노반에 나타나며 절토작업과 성토작업의 경계선이다.
④ 영면은 임도상 영선의 위치 및 임도의 시공기면으로부터 수평으로 연장한 면이다.
⑤ 영선측량은 시공기면의 시공선을 따라 측량하기에 굴곡부를 제외하고 계획고 상태로 측량한다.
⑥ 산지 경사가 50% 정도의 균일한 사면일 때는 중심선과 영선이 일치되는 경우도 있으나 대게 일치되지 않는다.
⑦ 영선측량이나 중심선측량은 계곡부나 능선부에서 편차가 많이 발생하게 된다.

(2) 중심선 측량

① 노폭의 1/2 되는 지점을 중심점이라 하며 이를 연결한 선을 중심선이라 한다.
② 중심선 측량은 주로 평탄지와 완경사지에서 이용된다.
③ 노선의 시점을 기준으로 20m 마다 측점말뚝을 박아 시점말뚝에서 측점번호를 적는다.
④ 지형상 종, 횡단의 변화가 심한 지점, 구조물 설치 지점, 곡선부의 주요점은 보조말뚝을 설치하고 측점번호를 부여한다.

(3) 평면측량

① 평면측량에서 교각에 대한 곡선의 곡선시점과 곡선중점, 곡선종점의 곡선말뚝은 현지에 설정한다.
② 노선의 시점을 기준으로 20m 마다 측점말뚝을 박은 후 시점말뚝으로부터 측점번호를 기입하고 변화가 심한 지점, 구조물설치 지점, 곡선부의 주요점 등에 보조말뚝을 설치하여 측점번호를 부여하며 측점간 번호는 20m 이내에서 조정한다.

(4) 횡단측량

① 횡단측량은 중심말뚝마다 중심선과 직각방향으로 지형의 고저기복의 상태를 측정하는 것이다.
② 횡단측량은 중심선의 각 측점, 지형이 급변하는 지점, 구조물설치 지점의 중심선에

서 양방향으로 현지지형의 설계도면 작성에 지장이 없도록 측정을 한다.

(5) 종단측량

① 중심선측량이 완료되면 종단측량을 실시하는데 기준 지반고는 가장 가까운 삼각점이나 보조삼각점으로부터 측정하여 기점부근의 교량이나 암반 등에 수준점을 설치한다.

② 종단측량은 레벨과 표척을 사용하여 계획노선의 중심말뚝 및 보조말뚝에 따라 고저치를 측정하여 중심선의 고저기복을 알아보는 작업이다.

(6) 곡선결정

① 교각법
  ㉠ 교각법은 교각(θ)을 구할수 있을 때 사용되는 가장 기본적인 방법으로 단위는 m 로 한다.
  ㉡ 교각법은 곡선 상의 3개의 주요지점을 이용하여 곡선을 표현하며 곡선이 필요한 경우 3점을 표시한다. 주요 3 지점은 곡선시점(BC), 곡선중점(MC), 곡선종점(EC) 이다.

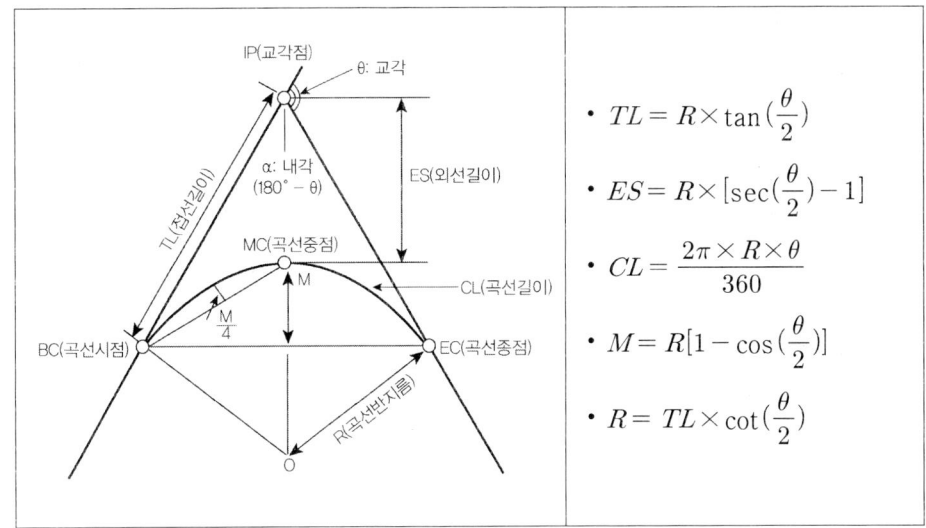

- $TL = R \times \tan(\frac{\theta}{2})$
- $ES = R \times [\sec(\frac{\theta}{2}) - 1]$
- $CL = \dfrac{2\pi \times R \times \theta}{360}$
- $M = R[1 - \cos(\frac{\theta}{2})]$
- $R = TL \times \cot(\frac{\theta}{2})$

② 편각법
  ㉠ 트래버스 측량시 두 직선이 이룬 편각을 측정하면서 진행하는 방법이다.
  ㉡ 전 측선의 연장과 다음 측선이 이루는 각을 편각이라 하며 다각형에서는 편각의 합이 360° 이다.
  ㉢ 노선측량에서 현장의 절선에 대한 편각을 구하여 곡선을 설치해 나가는 곡선설치의 한 방법이다.

$$\sin\alpha = \frac{S}{2R}$$

α : 편각(°),   S : 현의 길이(m),   R : 곡선반지름(m)

③ 진출법

현의 길이, 절선 편거, 현의 편거, 곡선반지름을 이용하는 방법으로 시준은 좋지 않은 곳에서도 폴과 테이프자만으로 곡선 설치가 가능한 작업이다.

8. 지형도

(1) 지형도 분석

① 지형도는 지표면의 정보를 일정 비율로 줄여 기호 등을 통해 상세하게 나타낸 지도로서 주로 1 : 25,000 , 1 : 50,000 축척을 사용한다.
② 축척은 실제 거리를 일정 비율로 줄인 정도이며 지도상의 거리와 실제거리의 비율이다.
③ 등고선의 경우 간격이 좁으면 급경사, 간격이 넓으면 완경사를 의미한다.
④ 등고선이 높은 쪽을 향해 휘어져 있는 부분은 계곡을 의미하고 낮은 쪽을 향해 휘어져 있는 경우 능선이다.
⑤ 등고선의 경우 도중에 소실되지 않고 폐합되며 최대경사의 방향은 등고선과 직교한다.
⑥ 지표면의 경사가 일정할 경우 등고선 간격은 같고 평행하며 절벽의 경우 등고선과 교차하게 된다.

(2) 축척계산과 도상 면적계산

축척은 실제거리를 일정 비율로 줄여 지도상에 나타낸 것으로 계산공식은 아래와 같다.

- 실제거리 = 지도상 거리 ÷ 축척
- 도상면적 = 실제 면적 ÷ 축척 분모^2

(3) 지형경사도 계산

경사도는 경사진 기울기를 수평면에 대한 각도로 나타내거나 수평거리(경사장)에 대한 수직높이의 비율을 백분율로 표시한 것이며 공식은 아래와 같다.

- 경사도 $= \dfrac{높이}{밑변} \times 100 = \dfrac{표고차}{거리} \times 100(\%)$

- 경사 보정량 $= -(\dfrac{고저차^2}{2 \times 거리}) \times 100$

(4) 등고선

① 등고선의 종류

주곡선	지형의 형상 및 고저를 평면도에 나타낼 때 등고선의 주체가 되는 곡선이다.
간곡선	지형도에서 주곡선만으로 지형의 기복과 고저를 표현하기 어려울 때 보조역할을 하기 위해 삽입되는 등고선을 말한다. 간격은 주곡선의 1/2이며 보통 점선으로 표시된다.
조곡선	등고선에서 간곡선으로도 지형을 표시하기 곤란할 때 간곡선 간격의 1/2의 곳에 점선 또는 파선으로 삽입한다.
계곡선	등고선에서 표고를 읽기 좋게 하기 위해 주곡선 5개마다 하나씩을 굵게 표시하는데 이를 계곡선이라 한다.

② 등고선의 축척

축척에 따른 각 선들의 간격은 아래와 같으며 단위는 m 이다.

구분	주곡선	간곡선	조곡선	계곡선
1 : 50,000	20	10	5	100
1 : 25,000	10	5	2.5	50
1 : 10,000	5	2.5	1.25	25

9. 콤파스 및 평판측량

(1) 콤파스 측량

① 국지인력의 영향으로 철제구조물과 전류가 많은 시가지 측량에는 적합하지 않다.
② 농지나 임야지에서 국지인력의 영향이 없는 곳에서는 작업이 신속하고 간편해 많이 이용된다.
③ 컴퍼스의 시준선은 N 과 S 를 연결하는 방향에서 얻어진다.
④ 시준선이 어떤 방향으로 향할 때 자침이 가리키는 값은 남북방향을 기준으로 한 각이 된다.
⑤ 콤퍼스측량은 콤파스의 검사 및 조정을 실시하고 자오선의 자침편차 및 국지인력을 보정한 후 도선법이나 사출법 등을 이용해 측량을 실시하게 된다.

(2) 자오선과 국지 인력

① 자오선

도선에 수직으로 양극을 지나는 지구 둘레의 원들을 자오선 또는 경도 자오선이라 부르며, 이들 자오선 중의 하나를 본초자오선이라 부른다.

② 자침편차

㉠ 진북에 대한 자침방위의 편위 각도 혹은 진북과 자북의 각을 말한다.
㉡ 자침편차는 일변화, 연변화, 주기변화, 불규칙변화로 분류한다.
㉢ 일반적으로 자침편차의 값은 일정하지 않고 끊임없이 변하며 북쪽으로 갈수록 커진다.
㉣ 하루의 변화를 일차, 1년을 주기로 변화하는 것을 연차라고 한다.
㉤ 연차는 겨울보다 여름이 더 크고 적도보다는 극지방이 더 크다

③ 일차

일차는 자침편차의 하루 사이 발생되는 변화로 5~10' 정도의 변화량을 보인다. 일차는 오전 11시가 평균이고 오후 2시에 최대값을 보여준다.

④ 국지인력

측량하고자 하는 주변 지역에 철제건물, 철광석, 직류전류 등이 있음으로 인해 생기는 국지적인 인력을 말한다. 이 때의 국지인력으로 인해 자력선의 방향이 변하여 자침이 자북선을 가르키지 못하게 된다.

(3) 평판 측량방법

① 평판측량

㉠ 평판측량은 각 지점에서의 관측을 통해 일정 축척으로 도면에 그리는 작업을 말한다.
㉡ 평판측량시 고려해야할 주요 요소로 수평을 맞추는 정준, 중심을 맞추는 구심, 방향을 맞추는 표정으로 3가지가 있다.

정준(=정치)	평판은 평지에 중심을 잡아주는 삼각대가 정삼각형 모양으로 다리를 설치해주고 경사지의 경우 두다리는 측정지점보다 낮은 등고선상에, 나머지 하나는 높은 곳에 설치하여 수평을 잡아준다.
구심(=치심)	평판측량에서 측점과 이에 대응하는 도상의 점을 같은 연직선상에 있게 하거나 측점을 도상으로, 또는 도상의 점을 측점으로 옮기는 것이다. 평판측량에서 구심에 허용되는 편심거리를 축척이라 하고 편심오차는 축척이 작을수록 오차가 커지게 된다.
표정	지도와 지표면의 측선을 일치시키는 것으로 매우 정밀한 방법이지만 잘못된 경우 오차에 많은 영향을 준다.

② 평판측량의 특징
　㉠ 장점
　　• 측량 시 과실 발견이 빨라 즉시 수정이 가능하다.
　　• 측량법이 간편하고 작업이 빠른 편이다.
　㉡ 단점
　　• 외업에 많은 시간이 요구되고 날씨가 나쁘면 작업 효율이 떨어진다.
　　• 외부 환경인 건습에 의해 도판지의 신축변화로 오차가 발생하기도 한다.
　　• 다른 측량에 비해 상대적으로 정밀도가 낮고 수량산출 및 축척변경이 어렵다.
　　• 평판측량의 측량용 기구의 부속품이 많아 운반은 불편하다.

③ 평판측량 종류
　㉠ 도선법(=전진법)
　　• 측량 시 한 지점에서 다음 지점으로 측량기계를 차례로 옮기면서 방향과 거리를 측정하여 도상에 다각형을 결정하는 방법이다.
　　• 전진법은 구역이 좁으며 긴 경우나 장애물이 있는 경우 교차법을 사용할 수 없는 경우 사용하는 방법이다.
　㉡ 사출법(=방사법)
　　• 측량 기구를 측량 구역의 중앙지점에 설치하고 여기에서 필요한 지점을 시준하여 방향선을 그은 후 거리를 재어 적당한 축척으로 길이를 잡아 각 점을 연결하는 것이다.
　　• 방사법은 장애물이 없고 비교적 평활한 지역에서 널리 사용되는 방법으로 측량이 간단하나 오차를 검사할 방법이 없다. 따라서 오차를 확인하기 위해서는 반드시 대각선 방향으로 검사선을 취해야 한다.
　㉢ 교차법(=교회법)
　　• 측량에 있어서 2개 이상의 기지점을 측점으로 하여 미지점의 위치를 결정하는 방법이다.
　　• 목표물을 직접 시준하는데 있어서 장애물이 시선을 가리거나 직접 거리를 측정하기 곤란한 지역에서 사용된다.
　　• 교차법은 장애물로 인해 직접적으로 측량이 불가능한 지역에서 거리를 직접 측량할 필요가 없이 측량을 할 수 있는 장점이 있다.

④ 평판측량 기구
　㉠ 평판측량에 사용되는 기구는 평판, 삼각대, 앨리데이드, 구심기, 추, 자침기 등이 있다.

ⓒ 평판은 삼각대 위에 고정시켜 표면에 제도용지를 깔고 측정한 결과를 그리는 판이다.
　　ⓒ 앨리데이드는 목표물을 시준하여 방향을 결정하는 기구이며 시준판, 기포관, 정준간 등으로 구성되어 있다.
　　ⓔ 구심기는 추를 매달아 땅 위의 측점과 도면 위의 측점을 같은 연직선에 오게 한다.
　　ⓜ 자침기는 도면의 방향을 결정할 때 사용한다.

(4) 측량의 오차와 정도

① 오차 원인

자연적 원인	기상의 변화, 광선 굴절, 바람 등의 원인
기계적 원인	기계 성능의 불완전, 팽창 및 수축 등의 불균일 원인
인위적 원인	조작의 미숙, 측정자의 시각 및 감각의 원인

② 오차 종류

정오차 (누적오차)	일정한 법칙에 따라 생기므로 원인과 상태만 알면 오차를 제거할 수 있다. 기온이나 습도, 재질, 인장강도 등에 의해 줄자의 길이가 늘어나거나 줄어드는 것으로 인해 발생하는 오차가 이에 속한다.
우연오차 (부정오차)	주위의 사정으로 측정자가 주의해도 피할 수 없는 불규칙적이고 우발적인 원인에 의해 발생하는 오차로 제거가 어려운 오차이다.
과실(착오)	관측자의 부주의에 의해 발생되는 오차로 제거가 가능하다.

③ 평판측량 오차
　　㉠ 평판의 설치 및 시준시 발생되는 오차
　　　・도판 경사에 의한 오차
　　　・구심의 불완전에 의한 오차
　　　・시준에 의한 오차
　　　・표정에 의한 오차
　　㉡ 제도에 의한 오차
　　㉢ 폐합오차의 수정
　　㉣ 해석법에 의한 오차
　　㉤ 기계적 오차

10. 고저 측량

(1) 고저측량의 정의

① 측정하고자 하는 점들에 대해 해수면 또는 기준면으로부터의 높이와 측점들 간의 고저차를 구하는 측량을 의미한다.

② 고저측량에 사용되는 주요 용어들은 아래와 같다.

후시(B.S)	고저측량에서 기계가 이미 표고를 알고 있는 점인 기준점에 대하여 행하는 시준이다. 트래버스 측량에서는 측량의 진행방향에 대하여 뒤쪽을 시준하는 것을 의미하기도 한다.
전시(F.S)	측량기계로부터 표고 값을 모르는 점에 대한 관측 행위로서 고저측량에서는 레벨을 이동하기 전의 시준, 즉 표고를 구하려고 하는 점에 세운 스태프의 눈금을 읽는 것이다.
기계고(I.H)	평균해수면에서 측량기계의 시준선에 이르는 수직거리를 말하는데, 때로는 지표면에서 측량기계의 시준선까지 수직거리를 말하기도 한다.
이기점(T.P)	측정시 장애물로 인해 시준이 어려울때 표척을 기준으로 전시, 후시를 동시에 읽는 점이다.
중간점(I.P)	고저측량시 전시만을 읽는 점으로 표고를 관측하는 미지점이다.
지반고(G.H)	기준 수준면에서 특정 지점까지의 표고이다.

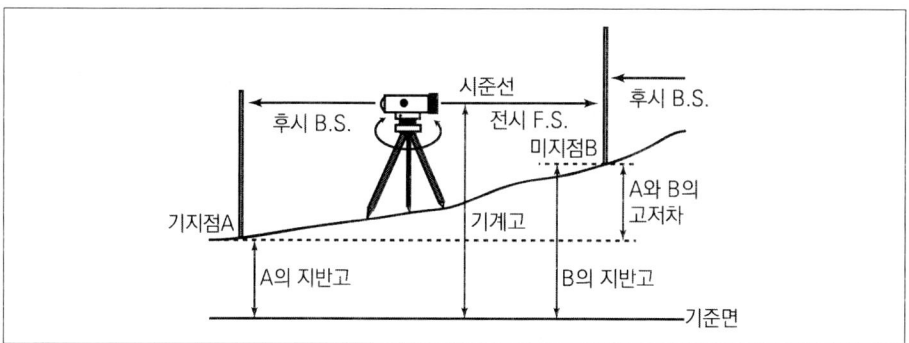

③ 기계고 및 지반고 공식

　㉠ 기준이 되는 기계고 = 그 점의 지반고 + 그 점의 후시
　㉡ 각 점의 지반고 = 기준 기계고 - 구하고자 하는 점의 전시
　㉢ 기점과 최종점의 고저차 = 후시의 합계 - 이기점 전시의 합계

11. 트래버스 측량

(1) 트래버스측량

① 연속된 측선이 만나서 이루어지는 각과 측선의 거리를 관측하여 측선의 경거, 위거를 계산하고 각 측점의 좌표를 구함으로 기준점의 수평위치를 결정하는 기준측량의 한가지 방법이다.

② 트래버스 종류

㉠ 폐합트래버스

여러 개의 측선이 연속으로 이루어진 다면형의 모양을 트래버스라 한다. 즉 종점과 시발점이 일치하여 다각형이 만들어지는 트래버스이다. 다각형으로 구성되어 각에 대한 오차 보정이 가능하고 소규모의 단독 측량에 많이 이용된다.

㉡ 개방트래버스

여러 개의 측선이 연속으로 이루어진 다면형의 모양 중 종점과 시발점 사이에 아무런 조건이 없는 다각형을 말한다. 개방트래버스는 오차의 점검이 불가능하여 높은 정도가 필요한 측량에는 사용하지 않으나 방법이 간편하므로 노선측량의 답사에 편리하다.

㉢ 결합트래버스

어느 한 기지점에서 시작하여 다른 기저점으로 연결되도록 하는 측량으로 정밀도가 높으며 대규모 지역에서 정확도가 요구되는 측량에 적합하다.

(2) 위거와 경거

① AB 측선의 방위각이 θ 일 때, AB 측선 거리의 남북방향을 위거(L), 동서방향을 경거(D)라 한다.

㉠ 측선 AB 의 위거 = AB × cosθ

㉡ 측선 AB 의 경거 = AB × sinθ

② 위거 및 경거의 조정량

$$\frac{위거(경거)오차 \times 해당측선길이}{측선길이 합계}$$

③ 폐합오차는 폐합트래버스에서 측량 시작점으로 되돌아왔을 때 원래 위치와 일치하지 않고 어긋나는 오차를 말하며 다음과 같이 구한다.

$$폐합오차 = \sqrt{위거오차^2 + 경오오차^2}$$

④ 폐합비는 측선 전체의 길이에 대한 폐합오차의 비율로 다음과 같이 구한다.

$$\frac{\sqrt{위거오차^2 + 경거오차^2}}{측선전체길이}$$

12. 설계예산서 작성

① 설계지침서

측량 및 설계시 아래의 설계지침서를 작성해야 한다.

· 현지조사 및 제도 방법 · 축조물의 위치 및 규모, 크기, 형상 · 공법 및 공사시방서 · 사용 중기의 종류 및 용도별 명세 · 주요 재료의 품명, 규격, 수량, 산지 및 조달방법 · 골재원, 지질, 토취장, 배합설계 등 사전조사 자료	· 축조, 공작물의 구조, 공법, 규모, 형상 · 공사 및 공정관리에 관한 사항 · 공사의 시공순위 · 필요한 경우 임도의 활용성 및 타당성 · 설계변경 조선 · 공사기간 산정기준근거 · 기타 설계도 작성 지침 사항

② 설계서 작성

㉠ 공종별로 작성된 공사비 및 내역, 자재비, 노임 등을 계산한 서류, 도면을 설계서라 한다. 설계서의 목록 및 순서는 아래와 같다.

㉮ 목차 ㉯ 공사설명서 ㉰ 일반시방서 ㉱ 특별시방서 ㉲ 예정공정표 ㉳ 예산내역서 ㉴ 일위대가표	㉵ 단가산출서 ㉶ 각종 중기경비계산서 ㉷ 공종별 수량계산서 ㉸ 각종 소요자재총괄표 ㉹ 토적표 ㉺ 산출기초

㉡ 예산내역서는 공종별 수량과 단가산출서 및 일위대가표에 의한 공종별 단가를 곱하여 작성한다.

13. 임도 절토 및 성토 작업

(1) 사면의 절취

① 토공작업은 흙을 재료로하며 크게 절취와 성토로 작업을 분류한다. 지반이 높을 때는 절취를 낮을때는 성토를 한다.
② 지반을 수직으로 깎게 되면 시간의 경과에 따라 흙이 무너지게 되는데 이때 특정 각도에서 영구 안정을 유지하는 경우 이때의 각을 안식각이라 한다. 즉, 안정된 비탈면이 수평면과 이루는 각도를 안식각이라 한다.
③ 비탈안정을 위해 수평면과 이루는 각도인 안식각보다 작은 기울기를 가지는 것이 좋다.
④ 사면의 절취에 의해 생긴 것을 절취 사면 혹은 땅깎기 비탈면이라 한다. 이러한 절취 사면은 안전을 위해 토질 및 주변 환경을 고려하며 기준은 아래와 같다.

종류	기울기
경암	1 : 0.3 ~ 0.8
연암	1 : 0.5 ~ 1.2
토사지역	1 : 0.8 ~ 1.5

(2) 토질 및 암석

① 토질은 흙의 상태로서 이를 시험하기 위한 검사 방법으로 탄성파검사, 전기검사, 관입시험, 베인시험등 흙의 특성과 측정하고자 하는 항목에 따라 검사 방법이 달라진다.
② 주요 암석

풍화암	일부는 곡괭이를 사용하거나 암질이 부식되어 균열이 1~10cm 정도 진행되었으며 굴착 또는 약간의 화약을 사용해야할 암질
연암	혈암, 사암 등으로 균열이 10~30cm 정도이며 굴착하거나 화약을 사용해야 하는 암질
보통암	풍화상태를 볼 수는 없으나 굴착 또는 화약을 사용해야 하며 균열은 30~50cm 정도 암질
경암	화강암, 안산암 등에 굴착 또는 화약을 사용해야하며 균열상태가 1m 이내로 석축용으로 쓸 수 있는 암질
극경암	암질이 아주 밀착된 단단한 암질

③ 임도의 기초작업에서 지반의 허용지지력은 보통 경암이 가장 크며 다음으로 연암, 자갈, 모래, 점토 순서이다.
④ 암석이 물리적, 화학적 작용에 의해 부서지는 현상을 풍화라고 하며 시멘트에서

공기 중 수분과 반응하여 화학적 작용으로 강도가 약해지는 현상을 보인다.
⑤ 토질시험에서 입경가적곡선의 유효입경은 가적 통과율의 10%에 해당한다.
⑥ 토양의 입도분석에서 균등계수는 토양을 구성하는 굵은 입자에서 미립자 등의 입도 배분을 나타낸 것으로 체로 분류하여 60% 통과율을 나타내는 모래 입자 키기의 비로 나타낸다. 균등계수는 통과중량백분율 60%에 대한 입경을 통과중량백분율 10%에 대응하는 입경으로 나눈 값이다.

(3) 성토 방법

① 성토의 재료는 전단강도가 크고 압축성이 작은 흙을 선택한다.
② 성토는 충분히 다진 후 반복하여 쌓고 성토한 경사의 기울기는 1:1.2~2.0 정도가 안정적이다. 성토너비가 1m 이하이고 지형여건상 부득이한 경우 기울기를 조정할 수 있다.
③ 성토사면의 길이는 5m 이내로 하고 초과하는 경우 옹벽, 석축 등의 구조물을 설치한다.
④ 임도노선이 급경사지 혹은 연약지반을 통과하는 경우 옹벽, 석축 등의 피해방지시설을 설치한다.
⑤ 절토, 성토 경사면이 붕괴 등의 위험이 있는 곳은 사면길이 2~3m 마다 폭 50~100cm 단의 폭을 끊어 소단을 설치한다. 이러한 소단은 작업원의 발판, 유수로 인한 사면의 침식을 방지, 낙석 및 이탈물을 잡아주며 사면을 분리하여 심리적 안정감을 준다.
⑥ 절토, 성토 작업시 토사 공급을 위해 필요에 따라 적정장소에 사토장, 토취장을 두는데 임상이 양호한 지역에는 설치하지 않는다. 여기서 사토장은 흙을 버리는 장소이며 토취장은 부족한 토사공급을 위한 장소이다.
⑦ 야생동물의 이동이 필요한 경우 경사로, 자연형계단 등을 설치해준다.

(4) 다짐

① 다짐은 롤러나 진동기 등의 기계적 장비를 통해 흙을 눌러 밀도를 높여 주는 것이다.
② 다짐을 통해 흙의 강도 상승, 투수성 감소, 지지력 증가 등의 변화가 발생한다.
③ 흙의 다짐 시험방법에 의해 최대건조밀도는 90% 이상 다짐이 되어야 한다.
④ 1회 다짐 두께는 통상 20~30cm 정도이다.
⑤ 다짐에 의한 토량의 변화는 아래와 같다.

흐트러진 토양	다져진 토양
$L = \dfrac{\text{흐트러진 상태 토량}}{\text{자연상태 토량}}$	$C = \dfrac{\text{다져진 상태 토량}}{\text{자연상태 토량}}$

(5) 토적 계산

① 양단면적평균법

각 측점의 단면적을 이용해 토적을 계산하는 방법으로 일정 구간의 양단면적을 구한 후 이를 평균하여 구간거리를 곱하여 토적을 구하는 방법이다.

$$V = \frac{A_1 + A_2}{2} \times l$$

V : 토적(m^3), A_1, A_2 : 양단의 단면적(m^2), l : 양단면 사이의 거리(m)

② 중앙단면적법

㉠ 토적을 구하고자 하는 구간의 양단면 밑변길이와 높이의 평균값을 이용하여 중앙단면적을 구하여 이를 거리와 곱해 토적을 계산하는 방법이다.

㉡ 중앙단면적법에 의한 토적계산은 실제 토적보다 적은 값이 나오지만 오차는 양단면적평균법보다 작다.

$$V = A_c \times l = \frac{l}{8}(B_1 + B_2)(H_1 + H_2)$$

V : 토적(m^3), A_c : 중앙단면적(m^2), B_1, B_2 : 양단의 밑변길이(m)
H_1, H_2 : 양단의 높이(m), l : 양단면의 거리(m)

③ 점고법

특정 구간을 동일 면적의 사각형 혹은 삼각형 형태로 구획하여 각 꼭지점의 높이를 구하고 면적과 평균 높이를 구해 토적을 계산하는 방법으로 사각형 구획시 사각형 분할법, 삼각형 구획시 삼각형 분할법이라 한다.

④ 각주공식

양단면 사이가 불규칙하지 않고 측면이 평면일 경우 토적을 구하기 편리한 방법이다. 중앙단면적보다는 체적이 상대적으로 적게 나오는 편이다.

$$V = \frac{h}{6}(A_1 + 4A_m + A_2)$$

(6) 토량의 더쌓기

① 토공작업을 하면서 땅을 파면 흙의 부피가 증가하고 쌓기를 하면 비바람 및 외부 충격에 의해 수축이 된다. 이렇게 토량의 증감은 토질, 흙쌓기 높이 등 여러 인자에 의해 달라진다.
② 흙쌓기 공사가 끝나고 흙의 수축으로 단면의 축소를 대비해 같이 비탈 기울기를 더 크게 하여 쌓는 것을 더쌓기라 한다.
③ 흙쌓기는 시공 후 시간이 지나면 수축하면서 용적이 감소하고 시공면이 어느정도 침하한다. 그래서 흙쌓기 높이의 5~10% 정도 더 쌓기를 실시한다.
④ 더쌓기의 기준은 아래과 같다.

흙쌓기 높이(m)	더쌓기 높이(%)
3m 미만	높이의 10%
3~6m 미만	높이의 8%
6~9m 미만	높이의 7%
9~12m 미만	높이의 6%
12m 이상	높이의 5%

(7) 지장목 제거

① 지장목은 1차 제거시 노체 폭 만큼인 약 50% 정도를 먼저 제거하고 2차 제거시 전량 파쇄한다.
② 노선상에 방해가 되는 지장목 벌채 지역의 폭은 보통 10m 정도이다.
③ 소경목은 불도저로 제거하며 근주의 지름이 30cm 이상인 경우 체인톱을 이용하여 벌채후 견인하거나 뿌리 뽑기가 어려울 경우 일정량 파낸 후 불도저로 잘라내기도 한다.
④ 산복에 임도 개설시 계곡의 임목은 잔존시키도록 한다.

14. 임도 배수구조물 공사

(1) 배수시설의 종류

① 표면배수시설
  ㉠ 노면배수시설에는 길어깨 배수시설과 중앙분리대 배수시설 등이 있다.
  ㉡ 사면배수시설에는 사면끝 배수시설과 도수로배수시설, 소단 배수시설 등이 있다.
  ㉢ 사면어깨 배수시설에는 산마루 측구, 감쇄공 등의 배수시설이 있다.

② 지하배수시설
  ㉠ 땅깎기 구간에는 맹암거와 횡단배수구 시설이 있다.
  ㉡ 흙쌓기 구간의 지하배수시설 및 절취부, 성취부 경계의 지하 배수시설이 있다.

(2) 유출량 및 시우량

① 시우량

$$Q = k \times \frac{A \times \frac{m}{1000}}{60 \times 60}$$

Q : 유출량(m³/sec), m : 최대시우량(mm/hr), k : 유거계수, A : 집수면적(m²)

② 합리식법

$$Q = 0.002778\,CIA$$

Q : 유출량(m³/sec), C : 유거계수, I : 최대시우량(mm/hr), A : 유역면적(ha)

$$Q = 0.2778\,CIA$$

Q : 유출량(m³/sec), C : 유거계수, I : 최대시우량(mm/hr), A : 유역면적(km²)
0.2778CI : 비유량

③ Manning 식
측구 및 배수시설에 유출하는 배수 유량계산은 Manning 식을 이용한다.

$$Q = A \times V \qquad V = \frac{1}{n} \times R^{2/3} \times I^{1/2}$$

Q : 배수유량(m³/sec), A : 측구단면적(m²), V : 평균유속(m/sec)
n : 조도계수, R : 경심, I : 측구물매

(3) 배수시설

① 옆도랑

  ㉠ 옆도랑은 노면이나 흙깎기 비탈면의 물을 배수하기 위해 임도 길어깨에 종단방향으로 설치하는 배수로이다. 임도에서 옆도랑의 위치는 대부분 흙깎기비탈면과 길어깨 사이에 설치한다.

  ㉡ 옆도랑은 임도의 종단방향으로 설치하는 배수시설로 최소 0.5% 의 종단기울기가 필요하다.

  ㉢ 주로 사용되는 옆도랑의 구조는 사다리꼴과 유사한 흙수로이다.

  ㉣ 종단기울기가 급하고 침식의 가능성이 있을 경우 유수 완화시설을 설치한다.

  ㉤ 옆도랑 깊이는 30cm 내외이며 절토 사면의 길이가 길어지는 구간은 L 자형으로 설치하며 상부지점에 배수시설을 설치한다.

  ㉥ 옆도랑의 유형에는 V자형, 사다리꼴형, L형, U형 이 있다

② 횡단배수구

  ㉠ 횡단배수구는 속도랑(암거)과 겉도랑(명거)이 있다.

속도랑	원통관이 사용되며 배수관의 지름이상 깊이로 매설한다.
겉도랑	• 통나무 2개를 꺾쇠와 말뚝으로 고정하고 폭은 통나무 하나 정도로 설치한다. • 표면에 노출된 배수로로 물을 임도에 횡단시켜 배수한다.

  ㉡ 배수구 통수단면은 100 년 빈도 확률강우량과 홍수도달시간을 이용하여 합리식으로 계산하고 최대홍수유출량의 2.0 배 이상으로 설치한다. 최근 5년간 극한 호우에 의한 강우강도를 이용하여 합리식으로 계산한다.

  ㉢ 배수구는 100m 내외 간격으로 지름 1000mm 이상으로 설치한다. 단, 필요에 따라 지름 800mm 이상으로 설치가 가능하다.

  ㉣ 배수구 유출구에서 원지반까지 도수로, 물받이를 설치한다.

  ㉤ 배수구가 막힐 우려가 있는 지형은 배수구 유입구에 유입방지시설을 설치한다.

  ㉥ 횡단배수구는 강우강도, 종단물매, 노상 토질, 옆도랑의 종류 등을 검토하여 노상을 침식하지 않는 범위에서 설치하도록 한다.

  ㉦ 임도의 횡단배수구 설치 장소는 아래와 같다.
  • 구조물의 앞 혹은 뒤
  • 체류수가 있는 곳
  • 외쪽물매로 옆도랑 물이 역류하는 곳
  • 유하방향의 종단기울기 변이점
  • 흙이 부족하여 속도랑으로 부적합한 곳

③ 세월교
- ㉠ 보통 갑작스럽게 많은 비가 올 때 유량이 급증하는 지역에 적합하며 평상시에는 관거를 통해 배수하고 홍수 때는 월류할 수 있게 한다.
- ㉡ 가능하면 호의 길이를 길게 하여 차량의 통행이 편리하게 한다.
- ㉢ 수로면은 돌붙임 콘크리트 혹은 콘크리트로 타설한다.
- ㉣ 세월교의 설치 기준은 아래와 같다.
  - • 선상지, 벼랑 등을 횡단할 경우
  - • 황폐계류를 횡단할 경우
  - • 계상물매가 급하여 노면 상부로부터 유입하는 형태가 될 경우
  - • 평시에는 유수가 없고 홍수시에만 물이 많이 흐르는 계곡

④ 산마루측구
- ㉠ 산마루측구는 사면어깨인 산마루의 배수시설을 말한다.
- ㉡ 임야를 절토할 때 절토사면과 산림의 경계지점에 설치하는 일종의 빗물받이를 말한다. 우수가 절토사면으로 흘러 내려 절토사면이 유실되지 않도록 설치하는 배수로이다.

15. 임도 사면보호 녹화

(1) 돌쌓기

① 돌쌓기 종류

찰쌓기	돌을 쌓을 때 뒤채움은 콘크리트를 사용하고 줄눈에 모르타르를 사용하며 뒷면에는 물빼기 구멍을 만든다.
메쌓기	돌을 쌓을 때 뒤채움이나 줄눈에 모르타르를 사용하지 않는다. 모르타르 사용이 없어 돌틈으로 물이 배수되어 별도의 배수구가 필요없다.
골쌓기	막쌓기라고도 하며 견치돌이나 막깬돌을 사용하기에 주로 마름모꼴 대각선으로 쌓는다.
켜쌓기	돌의 높이를 같게 해 가로 줄눈이 일직선이 되도록 쌓는다.

② 작업시 주의사항
- ㉠ 기초를 얕게 하면 침하가 일어나기에 충분히 깊게 하고 하부부터 큰 돌을 쌓아 올린다.
- ㉡ 줄눈의 10mm 정도의 두께를 가지며 주로 파선줄눈으로 쌓는다.
- ㉢ 앞면의 기울기는 메쌓기 1 : 0.3 , 찰쌓기 1 : 0.2를 표준으로 한다.
- ㉣ 뒤채움 콘크리트 두께는 50cm 이상으로 한다.

ⓜ 금기돌은 사용하지 않는다.
ⓑ 돌의 배치는 안정성을 위해 다섯에움 이상 일곱에움 이하가 되도록한다.
ⓢ 찰쌓기는 토압이 높은 곳이 적합하고 2~3m²마다 물빼기 구멍을 설치한다.
ⓞ 돌쌓기는 통줄눈을 피하고 파선줄눈으로 쌓는다.
ⓩ 돌쌓기를 할 때는 돌의 배치에 주의하여 다섯에움이상 일곱에움 이하가 되도록 한다.

③ 쌓기 돌의 종류
 ㉠ 견치돌은 특정 규격에 맞추어 만든 석재로 가장 많이 이용된다.
 ㉡ 호박돌은 호박처럼 둥근 자연 석재로 강도가 요구되지 않는 비탈면에 사용된다.
 ㉢ 갓돌은 돌쌓기 작업시 가장 위에 올리는 돌로 외관상 매우 중요한 돌이다.
 ㉣ 귀돌은 돌쌓기의 모서리각에 사용되는 돌이다.
 ㉤ 야면석은 계곡 등에서 채취되는 자연석으로 찰쌓기와 메쌓기에 사용된다.
 ㉥ 시공상 돌이 접촉부에 맞지 않는 불안정한 돌을 금기돌이라 하며 금기돌의 종류에는 넷붙임, 뜬돌, 거울돌, 떨어진돌, 선돌, 누운돌, 포갠돌, 뾰족돌 등이 있다.

(2) 공법의 종류

① 옹벽공법
 ㉠ 옹벽은 사면의 기울기로 인한 붕괴를 방지하기 위한 것으로 주로 콘크리트옹벽, 철근콘크리트옹벽이 주로 사용된다.
 ㉡ 중력식 옹벽은 시공이 가장 용이하고 경제적이다.
 ㉢ 옹벽은 재료에 따라 석축옹벽, 철근콘크리트옹벽, 콘크리트옹벽 등이 있다.
 ㉣ 옹벽은 구조에 따라 중력식, 반중력식, 캔틸레버식, 부벽식 옹벽으로 구분된다.

중력식	• 가장 오래된 형태로 기초 지반이 견고하며 석재, 벽돌, 콘크리트 블록 등으로 만들어진다. • 보통 중력식 옹벽은 무근콘크리트를 사용하는 옹벽공법이다.
반중력식	벽체 단면의 크기와 콘크리트 양을 줄이고 벽체 내부에 생기는 인장응력을 받게 하기 위해 옹벽 뒷면 부근에 소량의 철근을 사용한다.
캔틸레버식	옹벽의 높이가 3~7.5m 일 때 사용되는 콘크리트 옹벽으로 벽체의 위치에 따라 T형 옹벽, L형 옹벽 등으로 분류한다.
부벽식	옹벽의 높이가 8m 이상으로 높게 되면 비경제적 설계가 되기에 이를 해결하고자 벽체와 뒷판을 적당한 간격으로 묶어 주는 부벽을 설치한다. 이때 토압을 받는 곳에 부벽재를 만드는 것을 뒷부벽식 옹벽이라 하며 토압을 받지 않는 곳에 부벽재를 만드는 것을 앞부벽식 옹벽이라 한다.

⑩ 옹벽의 안정성 검토에서는 옹벽의 안정성 확보를 위해 전도, 활동, 침하, 내부응력에 대한 안정을 고려해야 한다.

전도에 대한 안정	외부의 합력 작용선이 옹벽의 밑변과 교차하며 외력의 합력이 댐아래 중앙 1/3 이내 작용하도록 한다.
활동에 대한 안정	옹벽에 작용되는 수압에 의해 이동하려하므로 이에 저항할 수 있어야 한다.
침하에 대한 안정	합력에 의한 지반의 강도보다 지반의 지지력이 커야 침하하지 않는다.
내부응력에 대한 안정	옹벽에 가해지는 힘에 의해 발생하는 내부의 응력은 옹벽의 허용응력보다 작아야 한다.

② 비탈흙막이공법
　㉠ 비탈의 안정을 위해 돌, 콘크리트벽, 돌망태, 통나무 등을 사용하여 흙막이에 이용한다.
　㉡ 비탈흙막이의 주요 방법은 아래와 같다.

틀공	기울기가 급하거나 용수가 있는 절토 사면과 같이 식생이 어려운 곳에 시공한다. 주로 콘크리트 블록을 이용하며 300~400kg/m^{2}을 사용한다.
돌망태공	땅밀림이나 지반이 약한 곳에 시공한다.
바자얽기	산지비탈이나 계단 위의 목책형이나 편책형의 바자를 설치한다.

③ 콘크리트뿜어붙이기공법
　㉠ 콘크리트 뿜어붙이기 공법은 비탈에 낙석의 우려가 있는 곳에 공기압으로 콘크리트를 뿜어 붙이는 방법으로 녹화 및 안정공법이 불가능한 곳에 이용하는 방법이다. 공법시 함수량은 45~50% 정도가 적당하며 건식이냐 습식이냐에 따라 배합비는 아래와 같다.

건식공법	시멘트:잔골재:굵은골재 = 1 : 4 : 1.5~3
습식공법	시멘트:잔골재:굵은골재 = 1 : 4 : 1~1.5

　㉡ 이 공법은 수분에 의한 수축 및 팽윤으로 균열이 일어날 수 있기에 물과 시멘트의 비율을 적게 하고 응결촉진제를 통해 굳는 속도를 빨리해주어야 한다. 단 응결촉진제도 과다 사용시 문제가 되어 시멘트 중량의 2% 내외로 한다.
　㉢ 응결촉진제는 수화반응을 통해 조기에 콘크리트의 강도를 상승시키는데 염화칼슘, 염화알루미늄 등을 사용한다.
　㉣ 굵은 골재의 최대입경은 15mm 이하로 하는 것이 안전하다.

ⓜ 뿜기 노즐의 경우 비탈면에 직각이 되도록 한다.
ⓑ 시공 두께는 통상 한랭지역은 10cm 이상, 온난지역은 5cm 이하로 한다.

④ 낙석방지공법

암반 비탈면에 낙석의 위험이 있는 곳에 시공하며 방법으로 낙석방지망공, 낙석방지책공이 있다.

낙석방지망공	• 아연을 도금한 철선이나 합성섬유로 짠 망을 비탈면에 덮어주는 방법이다. • 일반적인 철사망눈의 크기는 5~10cm 정도이며 사용되는 와이어로프의 간격은 가로, 세로 모두 4~5m 정도로 한다.
낙석방지책공	도로변으로 낙석의 유입을 막기위해 울타리를 설치하는 방법이다.

(3) 사면의 배수

① 사면의 배수는 침식을 방지하기 위해 비탈면에 배수시설을 설치하는 것으로 비탈돌림수로, 돌수로, 떼수로, 콘크리트수로 등이 있다.
② 돌붙임수로는 집수구역이 넓고 경사가 급하며 침식이 발생하는 산비탈 수로에 적합한 공법이다.
③ 사면 배수로의 종류는 아래와 같다.

비탈돌림수로	• 비탈어깨부위와 원래의 자연비탈면의 경계부에 설치한다. • 강우시 비탈면의 지하수 분출에 의한 비탈면 보호를 위해 설치한다. • 돌림수로는 가급적 깊게 설치하여 유수가 지층 사이로 스며들지 않게 한다.
돌수로	• 돌수로의 종류로 찰붙임돌수로, 메붙임돌수로가 있다. • 찰붙임돌수로는 집수량이 많은 위험지역에 축설한다. • 메붙임돌수로는 유량이 적고 기울기가 급한곳에 막깬돌, 잡석 등을 이용하여 축설한다.
떼수로 (떼붙임수로)	비탈 경사가 작고 유량 및 집수량이 적으며 미적경관이 요구되는 경우 설치한다.
콘크리트수로	콘크리트를 재료로 틀에 의해 원하는 모양으로 설치한다.
속도랑배수구	비탈면에 비가 오면 지하수 분출 등의 많은 유량으로 붕괴 우려 지역에 설치한다.

(4) 교량 및 암거

① 교량은 도로, 계곡 등을 건너기 위한 다리를 말한다. 용도에 따라 도로교, 철도교, 인도교 등으로 분류한다.
② 암거는 노면 아래 설치된 용수나 배수용 수로를 말한다.
③ 교량과 암거의 통수단면은 100년 빈도 확률강우량과 홍수도달시간을 이용하여

최대홍수유출량의 1.2배 이상으로 설치한다.
④ 교량의 높이는 최고수위로부터 교량 밑까지의 높이가 특수한 경우를 제외하고 1.5m 이상이 되도록 설치한다.
⑤ 너비는 임도의 너비와 같게 하며 난간이나 흙덮개의 안쪽너비는 3m 이상으로 한다.
⑥ 복토를 할 경우 흙의 두께는 50cm 이상으로 한다.
⑦ 교량에 관련된 하중의 종류는 아래와 같다.

주하중	사하중, 활하중, 토압, 수압 등
부하중	풍하중, 지진의 영향 등
특수하중	설하중, 원심하중, 가설시하중 등
사하중	교량의 자중 및 교량에 부과되는 물체의 하중을 말한다. 교량 및 암거의 사하중의 주된 재료 무게는 국토해양부의 도로교량 표준시방서에 의거한다.
활하중	구조물에 작용하는 힘이 영구적이지 않은 하중을 말한다. 주로 구조물의 사용 의해 발생하는 하중으로 교량 위를 지나는 차량, 사람, 열차 등에 의한 하중을 말한다. 이때 교량위에 이동하는 자동차의 하중을 표준트럭하중(DB 하중)이라 정의하며 활하중의 무게 산정시 사하중 위에서 실제로 움직이는 DB-18(32.45톤) 이상의 무게를 기준으로 한다. DB-24 는 43.2 ton 을 의미하며 DB-18 은 32.4 ton 을 말한다.

⑧ 교량 설치 지점은 아래와 같다
- 지반이 견고하고 복잡하지 않은 곳으로 한다.
- 하상의 변동이 적고 하천의 폭이 협소한 곳으로 한다.
- 하천이 가급적 직선인 곳으로 하며 굴곡부는 피하도록 한다.
- 교량을 하천 수면보다 상당히 높게 할 수 있는 곳으로 한다.

16. 임도 노면 공사

(1) 노면포장

① 노체의 기본구조는 가장 아래인 노상을 기준으로 노반, 기층, 표층의 순서로 구분된다.

종류	특징
노체	• 도로의 전체 층을 부르는 말로 노상, 노면, 기층, 표층으로 구성된다. • 노면에 가까울수록 외부의 응력을 견뎌야하기에 상층부는 양질의 재료를 사용하도록 한다.
노상	• 도로의 최하층에 위치한 본체로 포장층에서 아래로 약 1m 정도의 두께를 말한다. • 다른 층에 비해 응력을 적게 받고 부적당한 재료가 아닌 경우 현장의 재료를 이용한다.
노면(노반)	• 차량의 하중을 직접 받는 도로의 표면 부분이다. • 일반적으로 자갈길이나 쇄석도로 시공한다.
기층	• 표층을 지지하고 교통에 의한 하중 및 충격을 분산시켜준다. • 표층과 노반의 사이에 위치한다.
표층	차량의 하중에 의한 노면의 마모에 직접 저항하는 도로의 가장 겉부분을 말한다.

② 노면재료 특성

　㉠ 흙모랫길(토사도)
　　• 토면의 점토와 모래를 혼합하여 자연전압 하는 경우와 자갈과 토사를 깔아주는 경우가 있다.
　　• 토사도는 교통량이 적은 곳에 만드는 것이 유리하다.
　　• 시공비가 적으나 배수 문제가 많고 토사 유실에 의해 파손되기 쉽다.

　㉡ 자갈길(사리도)
　　• 자갈을 노면에 깔고 차량의 교통에 의한 자연전압으로 노면을 만든다.
　　• 굵은 골재로서는 자갈, 결합재로서는 점토나 세점토사를 골라서 적당한 비율로 깔고 롤러로 다져서 표면을 시공한 것이다.
　　• 방진처리를 위해 물이나 염화칼슘 등을 이용한다.
　　• 시공방법으로 상치식과 상굴식이 있다.

　㉢ 쇄석도(부순돌길)
　　• 쇄석(부순돌)이 서로 물려서 죄는 힘과 결합력에 의해 만들어진 단단한 도로이다.
　　• 쇄석도는 보통 습기가 많은 지대의 임도에서 사용된다.
　　• 쇄석도의 노체 두께는 20cm를 표준으로 한다.

• 시공방법으로 텔퍼드식과 머캐덤식이 있다.

텔퍼드식	노반의 하층에 깬돌을 깔고 쇄석 재료를 입히는 방법으로 지반이 연약한 곳에 주로 활용한다.
머캐덤식	• 교통체 머캐덤도 : 쇄석이 교통과 강우로 다져진 도로 • 수체 머캐덤도 : 쇄석의 틈 사이 석분을 물로 침투시켜 롤러로 다져진 도로 • 역청 머캐덤도 : 쇄석을 타르나 아스팔트로 결합시킨 도로 • 시멘트 머캐덤도 : 쇄석을 시멘트로 결합시킨 도로

② 통나무길
- 노면의 횡단방향에 지름 20cm 정도의 통나무를 깔아서 만든 길이다.
- 통나무길은 임도의 노면침하 방지를 위해 저습지대에 적합한 길이다

⑩ 섶길

노상 위에 지름 30cm 정도의 섶 다발을 가로 방향으로 깔고 그 위에 다시 30cm 정도 성토하여 노면을 만든다. 통나무 길과 같이 저습지대에서 노면의 침하 방지 역할을 한다.

③ 노면시공 방법

㉠ 노면 시공시 표면은 충격에 견디는 힘이 커야하기에 양질의 재료를 사용해야 한다.

㉡ 노면 시공시 암반지역을 제외하고 대부분 정지가 완료하면 진동롤러를 사용하여 다진다.

㉢ 노면이 사질토양이거나 점토질인 구간의 종단기울기가 8%를 초과하거나, 종단기울기는 8% 이하로 낮지만 지반이 약한 경우는 쇄석이나 자갈, 콘크리트 포장 등으로 보강해 준다.

(2) 노면포장종류

① 아스팔트 콘크리트 포장

㉠ 노상 위에 동상방지층, 보조기층, 기층, 중간층, 표층 순으로 구성한다.

㉡ 노상이 연약한 경우 노상토가 보조기층으로 침입하는 것을 방지할 목적으로 양질의 차단층을 시공하고 한랭한 지역은 동상의 위험을 막기 위해 모래, 슬래그 등을 사용한다.

㉢ 표층위에 미끄럼 방지와 마모저항을 위해 3cm 내외의 마모층을 시공하기도 하며 이러한 경우는 포장층 계산에 별도로 포함시키지 않는다.

② 시멘트 콘크리트 포장

㉠ 노상위에 보조기층, 기층, 시멘트 콘크리트 표층으로 구성된다.

ⓒ 보조기층은 노상의 지지력을 증대하고 노상의 손상을 방지해주며 동상의 영향을 줄여준다.

ⓒ 초기 비용은 시멘트 콘크리트 포장이 비싸지만 유지보수 비용은 아스팔트 포장이 더 많이 든다.

ⓔ 아스팔트 포장과 비교한 시멘트 콘크리트 포장은 골재와 시멘트를 섞어 시공하기에 강도나 내마모성이 좋고 포장이 오래 가지만 공법이 상대적으로 복잡하다.

ⓜ 포장의 종류는 아래와 같다.

보통콘크리트 포장 (무근콘크리트 포장)	철근의 보강 없이 줄눈을 배치하여 균열을 허용하지 않는 포장
철근콘크리트 포장	콘크리트 슬래브 단면의 상하를 복철근으로 배치 보강하여 줄눈을 두며 균열발생을 허용하는 포장
연속철근 콘크리트 포장	줄눈의 설치 없이 미세균열의 발생을 허용하는 포장, 줄눈이 없는 구조라 유지관리비가 거의 소요되지 않는다.

③ 콘크리트 블록 포장

ⓐ 적당한 모양과 크기로 공장에서 대량 생산하여 노면에 설치하는 방법이다.

ⓑ 최근에는 아스팔트 블록, 등판로의 소포석, 보도포장에 판석등이 이용되고 있다.

ⓒ 포장 단면은 블록표층, 안정층, 보조기층, 노상으로 구성된다.

ⓓ 포장블록의 장점은 아래와 같다.
- 블록은 저렴하게 생산이 가능하다.
- 설치가 용이하고 시공 즉시 교통이 가능하다.
- 급경사지와 같이 지형이 불리한 곳도 포장이 가능하다.
- 줄눈에 의한 표층 균열이 없으며 유지보수비는 저렴하다.

④ 자갈도

ⓐ 표면에 자갈, 부순돌, 슬래그 등을 모래와 점토로 혼합하며 노면 두께는 대략 15~25cm 정도로 한다.

ⓑ 자갈도는 먼지가 나지 않고 배수가 양호하며, 마모에 강해야 한다.

ⓒ 자갈도의 시공법은 표면공법과 상굴공법이 있다.

(3) 포장 공법

입상재료공법	막자갈, 막부순돌을 이용하며 보조기층에 주로 사용
입도조정공법	두 종류 이상의 재료를 사용하여 입도를 조정, 노상혼합방식과 중앙혼합방식이 있다.
시멘트 안정처리 공법	현장 재료 혹은 보충재를 가한 것에 시멘트를 첨가하는 공법, 강도 및 내구성이 좋아진다.
가열아스팔트 안정처리공법	현장 재료 혹은 보충재를 가한 것에 아스팔트로 가열처리 하는 방법
상온아스팔트 안정처리공법	현장 재료 혹은 보충재를 가한 것에 유화아스팔트나 커트백 아스팔트와 같이 점성이 낮은 재료를 첨가하여 혼합하는 방법
머캐덤 공법	한층 마무리 두께와 동일한 입경의 주골재를 포설하고 다시 위에 채움 골재로 마무리 하는 방법

03 임도공학 기출문제 100제

01 임도밀도가 50m/ha, 임도효율계수가 10 인 경우 평균집재거리를 구하시오.

해답

임도밀도 $= \dfrac{\text{임도효율계수}}{\text{평균집재거리}} \rightarrow 50 = \dfrac{10}{\text{평균집재거리}} \rightarrow$ 평균집재거리 : 0.2km

02 반향곡선에 대해 설명하시오.

해답

반향곡선은 반대곡선이라 하며 서로 다른 방향의 곡선을 연속시킨 것으로 운행이 어려운 곳에 일정 길이의 직선을 설치한다.

03 설계속도가 20km/h, 횡단기울기가 5% 인 임도의 최소곡선반지름을 구하시오 (단, 마찰계수 0.2, 소수점 셋째자리에서 반올림)

해답

$\dfrac{20^2}{127(0.2+0.05)} = \dfrac{400}{31.75} = 12.5984 \cdots$

답 12.60m

04 임도의 횡단선형에서 유효너비와 길어깨에 대해 설명하시오.

해답

- **유효너비** : 차량의 너비에 일정 여유너비를 추가한 것으로 옆도랑 너비를 제외한 임도의 유효너비는 3m 배향곡선지에서는 6m 이상을 기준으로 한다.
- **길어깨** : 차도의 구조부 보호를 목적으로 차도의 양쪽에 접속하여 수평이 되도록 설치하는 부분으로 간선, 지선임도에서는 너비를 0.5~1m 정도로 한다.

05 산림의 임도설치 시 나타나는 효과 4가지를 적으시오.

해답
- 산림화재의 예방
- 산림의 휴양 기능
- 지역 소득 증대
- 병해충의 방제
- 벌채시간의 절약과 작업 피로의 경감

06 임도의 거리가 500m 이고 산림의 총면적이 50ha 일 경우 임도밀도를 구하시오.

해답

임도밀도 = $\dfrac{총연장거리}{총면적} = \dfrac{500}{50} = 10 m/ha$

07 노면 재료에 따른 임도의 종류에서 토사도, 사리도, 쇄석도에 대해 설명하시오

해답
- **토사도** : 노면이 토사로 구성된 도로로 주로 교통량이 적은 곳에 사용한다.
- **사리도** : 자갈을 노면에 깔고 롤러로 다져서 표면을 시공한 도로이다.
- **쇄석도** : 쇄석이 서로 물려서 죄는 힘과 결합력에 의해 만들어진 단단한 도로이다.

08 아래의 표를 보고 종단기울기의 기준을 기입하시오.

설계속도(km/hr)	종단기울기	
	일반지형	특수지형
40	(①)	10% 이하
20	9% 이하	(②)

해답

① 7% 이하   ② 14% 이하

※ 종단기울기 기준

설계속도(km/hr)	종단기울기(순기울기)	
	일반지형	특수지형
40	7% 이하	10% 이하
30	8% 이하	12% 이하
20	9% 이하	14% 이하

09 보기 내용에 빈칸을 채우시오

> 임도에서 차도의 중앙부를 높게 하고 양쪽을 낮게 하여 횡단기울기를 만드는데 간선임도, 지선임도에서 포장한 경우 (①)%, 포장이 없는 쇄석도나 사리도의 경우 (②)% 정도의 기울기를 준다. 또한 차량의 밀림을 방지하기 위해 바깥쪽을 안쪽보다 높게 하는 외쪽기울기는 (③)% 이하로 해준다.

해답
① 1.5~2   ② 3~5   ③ 8

10 간선임도와 지선임도의 임도 설계속도를 적으시오.

해답
- **간선임도** : 20~40km/h
- **지선임도** : 20~30km/h

11 임도에서 길어깨의 목적 3가지를 적으시오.

해답
- 노체구조의 안정
- 차량 안전 통행
- 보행자 대피 공간
- 차도의 구조부 보호

12 아래 빈칸을 채우시오.

> 대피소의 경우 간격을 (①)m 이내, 너비를 (②)m 이상, 유효길이는 (③)m 이상으로 설치한다.

해답
① 300   ② 5   ③ 15

13 횡단기울기 4%, 종단기울기 3%인 임도의 합성기울기를 구하시오.

> 해답

$\sqrt{4^2 + 3^2} = \sqrt{16+9} = 5$
합성기울기 : 5%

14 평면구조에서 곡선의 종류 4가지를 적으시오.

> 해답

단곡선, 복합곡선(복심곡선), 반대곡선(반향곡선), 배향곡선(헤어핀곡선)

15 설계속도가 30km/h 이고 노면의 횡단기울기가 3% 인 경우 최소곡선반지름을 구하시오. (타이어 마찰계수 0.15, 소수점 셋째자리 반올림)

> 해답

$\dfrac{30^2}{127(0.03+0.15)} = 39.37007 \cdots$

답 39.37m

16 임도의 곡선 설치 방법 3가지를 적으시오.

> 해답

교각법, 편각법, 진출법

17 평면도, 횡단면도의 축적을 적으시오.

> 해답

평면도 1 : 1200 , 횡단면도 1 : 100

18 아래의 보기를 참고하여 설계서 작성 순서를 바르게 나열하시오.

< 보기 >
공사설명서, 특별시방서, 예산내역서, 일반시방서, 예정공정표, 일위대가표

> 해답

공사설명서 - 일반시방서 - 특별시방서 - 예정공정표 - 예산내역서 - 일위대가표

19 아래의 유출량 공식에서 k, A, m 이 의미하는 바를 적으시오.

해답

$$Q = k \times \frac{A \times \frac{m}{1000}}{60 \times 60}$$

k : 유거계수,　A : 집수면적(m²),　m : 최대시우량(mm/h)

20 아래의 빈칸을 완성하시오.

> 배수구 통수단면은 (①)년 빈도 확률강우량과 홍수도달시간을 이용하여 최대홍수유출량의 (②)배 이상으로 설치한다.

해답

① 100　② 1.2

21 찰쌓기와 메쌓기에 대해 설명하시오.

해답
- **찰쌓기** : 돌을 쌓을 때 뒤채움은 콘크리트를 사용하고 줄눈에 모르타르를 사용하며 뒷면에는 물빼기 구멍을 만든다.
- **메쌓기** : 돌을 쌓을 때 뒤채움이나 줄눈에 모르타르를 사용하지 않는다. 모르타르 사용이 없어 돌틈으로 물이 배수되어 별도의 배수구가 필요없다.

22 등고선의 종류 4가지를 적으시오.

해답
주곡선, 간곡선, 조곡선, 계곡선

23 평판측량 3요소를 기입하시오.

해답
① 정준　② 구심　③ 표정

24 평판측량의 장점과 단점을 각 2가지씩 적으시오.

> 해답

① 장점
- 측량시 과실 발견이 빨라 즉시 수정이 가능하다.
- 기구가 간단하고 운반이 편리하다.

② 단점
- 외업에 많은 시간이 요구되고 날씨가 나쁘면 작업 효율이 떨어진다.
- 다른 측량에 비해 상대적으로 정밀도가 낮고 수량산출 및 축척변경이 어렵다.

25 측량시 발생되는 오차의 종류 3가지를 적으시오.

> 해답

① 정오차
② 부정오차
③ 과실

26 고저측량에서의 기계고와 지반고에 대해 설명하시오.

> 해답

- **지반고** : 기준 수준면에서 특정 지점까지의 표고이다.
- **기계고** : 평균해수면에서 측량기계의 시준선에 이르는 수직거리를 말하는데, 때로는 지표면에서 측량기계의 시준선까지 수직거리를 말하기도 한다.

27 대표적인 다공정 처리기계인 하베스터, 프로세서, 펠러번처에 대해 설명하시오.

> 해답

- **하베스터** : 임목을 벌목하여 가지자르기, 토막내기 작업을 일관된 공정으로 작업할 수 있는 다공정 벌채장비이다
- **프로세서** : 이미 벌목된 전목의 가지를 자르고 토막을 내는 장비로서 벌채목의 수간을 잡는 그래플장치, 가지를 자르는 장치, 수간을 밀어내는 송재 장치, 절단장치로 이루어져 있다.
- **펠러번처** : 임목을 벌목하는 장비로서 임목을 별도하여 일정한 장소에 모아쌓기가 가능한 장비로서 후속작업인 전목집재를 손쉽게 하는 장비이다.

28 체인톱의 구비시 고려해야할 조건 3가지를 적으시오.

해답
① 중량이 가볍고 취급방법이 간단해야 한다.
② 견고하고 절삭효율이 좋아야 한다.
③ 소음과 진동이 적어야 한다.
④ 연료소비, 유지비 등의 기타경비가 적게 들어야 한다.
⑤ 가격이 저렴하고 소모품의 수급이 용이해야 한다.

29 체인톱의 안전장치 종류 5가지를 적으시오.

해답
① 앞, 뒤손 보호판
② 손잡이
③ 체인브레이크
④ 체인잡이볼트
⑤ 체인덮개

30 트랙터 집재 작업능률의 영향 인자 5가지를 쓰시오.

해답
① 소밀도
② 경사
③ 토성
④ 단재적
⑤ 집재거리

31 와이어로프의 폐기기준 3가지를 적으시오.

해답
· 이음매가 있는 것
· 한 꼬임에 끊어진 소선수가 10% 이상 인 것
· 지름의 감소가 공칭지름 7% 초과 인 것
· 심하게 변형되거나 부식된 것
· 열과 전기 충격에 의해 손상된 것

32 가선집재에서 가공본줄을 이용하는 방식 4가지를 적으시오.

해답
타일러식, 엔드리스 타일러식, 폴링블록식, 스너빙, 호이스트 케리지식

33 임도를 계획할 때 고려사항 5가지를 설명하시오.

> **해답**
> - 운반량 제한이 없어야 한다.
> - 날씨에 따른 제약이 적어야 한다.
> - 운재비가 적게 들어야 한다.
> - 운반과정에서 목재의 손상이 적어야 한다.
> - 신속하게 운반해야 한다.
> - 운재 방법이 단일화 되어야 한다.

34 트랙터에는 타이어식과 크롤러식이 있다. 타이어방식과 비교하여 크롤러방식이 갖는 장점 2가지를 적으시오.

> **해답**
> - 견인력이 크다.
> - 등판력이 우수하다.
> - 경사지에서 작업성이 우수하다.
> - 작업도에 대한 피해가 적은편이다.

35 아래의 보기의 명칭과 번호를 알맞게 연결하시오.

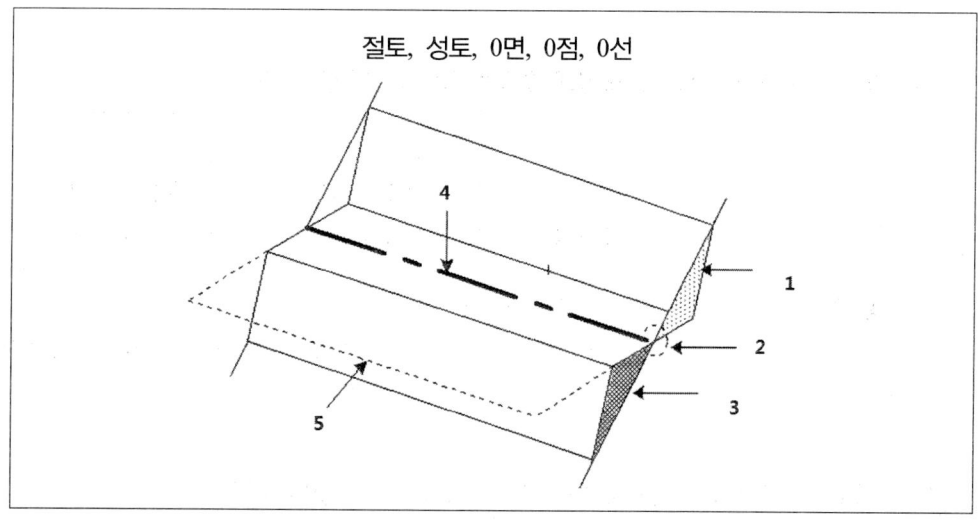

> **해답**
> ① 절토 ② 0점 ③ 성토 ④ 0선 ⑤ 0면

36 다공정 수확장비인 하베스터와 프로세서의 작업상 차이점을 적으시오.

해답

하베스터는 벌목, 지타, 측정, 절단, 쌓기, 소집재가 가능하며 프로세서는 그중에서 벌목의 기능이 없다.

37 다공정 수확장비의 단점 4가지를 적으시오.

해답

- 지형의 영향을 많이 받는다.
- 급경사지에서는 사용이 제한된다.
- 숙련된 기술자가 필요하다.
- 가격이 매우 고가이다.

38 벌도맥의 기능 3가지를 적으시오.

해답

① 나무가 넘어가는 속도를 감소
② 벌도목의 파열을 방지
③ 넘어갈 방향을 지시

39 아래의 보기를 보고 임도설계 순서를 바르게 나열하시오.

<보기>		
㉠ 답사	㉡ 설계도 작성	㉢ 예측 및 실측
㉣ 공사량 산출	㉤ 예비조사	㉥ 설계서 작성

해답

예비조사 → 답사 → 예측 및 실측 → 설계도 작성 → 공사량 산출 → 설계서 작성

40 임도설계도면 작성 전 예비조사와 답사에 대해 설명하시오.

해답

- **예비조사** : 임도 설계시 필요한 다양한 요인을 고려하고 검토하는 과정이다.
- **답사** : 지형도를 통해 선택한 임시노선을 현지 답사를 통해 확인 및 검사하는 과정이다.

41 양각기를 이용하여 1:25000 지형도에서 종단기울기가 10% 일 때 양각기 폭을 구하시오. (단, 등고선 표고차는 10m)

해답

- $\dfrac{10}{수평거리} \times 100 = 10(\%) \rightarrow$ 수평거리 : 100m
- $10000cm \times \dfrac{1}{25000} = 0.4cm$
- 양각기 폭 : 4mm

42 1:25000 지형도에서 양각기를 이용하여 종단물매 5% 노선을 나타내고자 한다. 이때 양각기의 폭은 몇 mm 인지 쓰시오.(단, 고저차 10m)

해답

- 수평거리 $= \dfrac{고저차}{기울기} \times 100 = \dfrac{10}{5} \times 100 = 200$
- $20000 \div 25000 = 0.8cm$

답 8mm

43 영선에 대해 설명하시오.

해답

임도시공시 흙깎기(절토)와 흙쌓기(성토)작업을 구분하는 경계선(기준선)이다.

44 방위각 240°를 방위로 나타내시오.

해답

S 60° W

45 기계화 벌목의 장점 2가지를 적으시오.

해답

① 원목의 손상이 줄어든다.
② 인력이 줄어든다.
③ 작업의 생산성을 높일 수 있다.

46 오차의 종류 3가지를 적고 각각에 대해 설명하시오.

해답

① **정오차** : 일정한 법칙에 따라 생기므로 원인과 상태만 알면 오차를 제거할 수 있다.
② **부정오차** : 주위의 사정으로 측정자가 주의해도 피할 수 없는 불규칙적이고 우발적인 원인에 의해 발생하는 오차로 제거가 어려운 오차이다.
③ **과실** : 관측자의 부주의에 의해 발생되는 오차로 제거가 가능하다.

47 임목의 벌도가 가능한 기계 3가지를 적으시오.

해답

① 하베스터
② 펠러번처
③ 트리펠러

48 와이어로프의 가공본줄, 버팀줄, 짐올림줄의 안전계수를 쓰시오.

해답

① 가공본줄 : 2.7
② 버팀줄 : 4.0
③ 짐올림줄 : 6.0

49 A 지역에 터파기 작업을 실시하고자 한다. 3개소의 토공량이 $250m^3$ 이고 굴착기의 1일 작업형이 $40m^3$ 일 때 총 작업일수를 구하시오.

해답

· 250 ÷ 40 = 6.25
· 6.25 이므로 작업일수는 7 일

50 임도의 성토에 소단의 역할 3가지를 적으시오.

해답

① 비탈의 안정성을 높이기 위해
② 유수로 인한 침식을 방지
③ 작업자의 발판으로 이용
④ 낙석 및 이탈물을 잡아주는 역할
⑤ 사면을 분리하여 심리적 안정감을 도모

51 임도의 기울기에서 횡단기울기와 외쪽기울기, 합성기울기에 대해 설명하시오.

> **해답**
> - **횡단기울기** : 임도 노면을 가로지르는 면의 기울기를 백분율(%)로 표현한 것으로 적절한 배수를 통한 노면의 보호를 주목적으로 한다.
> - **외쪽기울기** : 차량이 곡선부에서 원심력에 의해 바깥쪽으로 밀리는 현상을 방지하기 위해 곡선부 바깥쪽을 안쪽보다 높게 해주는 기울기이다.
> - **합성기울기** : 종단기울기과 횡단기울기를 각각 제곱하여 합한 값의 제곱근을 한다.
>
> ※ **합성기울기**
> 종단물매와 가로물매 (횡단물매)를 합성한 물매이다. 합성물매는 종단물매와 외쪽물매 (또는 가로물매)를 각각 제곱하여 합한 값의 제곱근으로 구한다. 자동차가 곡선부 구간을 주행할 경우에는 보통 노면보다 더 급한 합성물매가 발생되기 때문에 자동차의 안전운행에 위험부담을 주거나 적재된 짐이 편중되어 주행에 좋지 않은 영향을 미치므로 어느 한계까지 제한할 필요가 있다.

52 유역면적 5ha, 시우량 150mm/hr 일 때 유량을 합리식을 이용하여 구하시오.
(단, 유거계수는 0.45, 결과 값은 소수점 셋째자리에서 반올림)

> **해답**
> - $0.002778 \times 0.45 \times 150 \times 5 = 0.937575$
>
> $0.94 m^3/s$

53 임도시공에서 설계도의 종류 4가지를 적으시오.

> **해답**
> ① 평면도
> ② 종단면도
> ③ 횡단면도
> ④ 구조물도

54 교량에 나타나는 하중의 종류에서 사하중과 활하중에 대해 설명하시오.

> **해답**
> - **사하중** : 교량의 자중 및 교량에 부과되는 물체의 하중을 말한다.
> - **활하중** : 구조물에 작용하는 힘이 영구적이지 않은 하중을 말한다. 즉 구조물의 사용과 점용 등에 의해 발생하는 하중으로 교량위를 지나는 차량, 사람, 열차 등에 의한 하중을 말한다.

55 임도의 선형설계시 고려해야할 사항 3가지를 적으시오.

해답
- 지형, 지역, 경관 등과의 조화
- 적정기울기의 유지
- 선형의 연속성
- 교통의 안정성

56 임도의 선형 설계 시 제약하는 요소 3가지를 적으시오.

해답
- 자연환경의 보존 및 국토보전의 제약
- 지형, 지질 등의 제약
- 시공상의 제약
- 사업비 및 유지관리비의 제약

57 평균집재거리가 500m, 임도효율계수가 5.0 인 경우 지선임도밀도를 구하시오.

해답

$$\frac{5}{0.5km} = 10m/ha$$

※ **지선임도밀도**

집재방법의 효율성을 수치화하여 적용 가능한 장비 및 최대집재거리를 임도밀도를 기준으로 구하는 방법

$$D = \frac{a}{s}$$

여기서, D : 지선임도밀도(m/ha)
　　　　s : 평균집재거리(km)
　　　　a : 임도효율계수

58 임도에서 횡단선형의 구성요소 4가지를 적으시오.

해답
① 차도너비
② 길어깨
③ 절토, 성토면
④ 옆도랑

59 임도의 종류에서 지선임도와 간선임도에 대해 설명하시오.

해답
- **간선임도** : 산림의 경영관리 및 보호상 중추적인 역할을 하는 임도로 도로와 도로를 연결하는 임도
- **지선임도** : 일정 구역의 산림경영 및 보호를 목적으로 간선임도 혹은 도로에서 연결하여 설치하는 임도

60 산악임지의 사면 위치에 따라 임도의 종류 3가지를 적으시오.

해답
① 계곡임도
② 산복임도
③ 능선임도

61 임도의 횡단배수구를 설치해야 하는 장소 4군데를 적으시오.

해답
- 구조물의 앞과 뒤
- 체류수가 있는 곳
- 외쪽물매로 옆도랑 물이 역류하는 곳
- 종단기울기 변이점

62 측점 1의 횡단면적이 120m² 이고 20m 떨어진 측점 2의 횡단면적이 150m² 인 경우 토공량을 구하시오.

해답

$$\frac{120+150}{2} \times 20 = 2700 m^3$$

※ **양단면적평균법**

$$V = \frac{A_1 + A_2}{2} \times \ell$$

여기서, V : 토적(m³), A_1, A_2 : 양단의 단면적(m²),
L : 양단면 사이의 거리 (m)

63 세월공의 설치 장소 4가지를 적으시오.

해답
- 선상지, 벼랑 등을 횡단할 경우
- 황폐계류를 횡단할 경우
- 계상물매가 급하여 노면 상부로부터 유입하는 형태가 될 경우
- 평시에는 유수가 없고 홍수시에만 물이 많이 흐르는 계곡

64 유속 2m/s, 유량 4m³/s 일 때의 단면적을 계산하시오.

해답
유량 = 유속 × 유적 → $4m^3/s$ = 2m/s × 유적
∴ 유적 = $2m^2$

65 흙쌓기에서 가로 10m, 세로 4m 의 경우 흙쌓기 비율은 얼마인지 쓰시오.

해답
흙쌓기의 경우 높이에 대한 거리의 비율로 나타내며 <가로 길이 : 높이>의 비율로 표현한다.
흙쌓기 비율 = 1 : 2.5

66 기본임도밀도 산정에 미치는 영향 인자 3가지를 쓰시오

해답
① 임도개설비
② 평균보행속도
③ 노동단가 및 투입노동량

67 기고식 측량 결과 기계고 36.7m, 전시 3.2m 인 경우 지반고를 구하시오.

해답
지반고 = 기계고 − 전시 = 36.7m − 3.2m = 33.5m

68 와이어로프에서 6 × 7 이 의미하는 바를 적으시오.

해답
스트랜드의 본수 × 와이어의 개수

69 임도밀도의 단위를 적으시오.

해답
m/ha

70 쇄석도의 종류에서 임도 노면 처리방식에 의해 분류되는 4가지를 적으시오.

해답
① 교통체 머캐덤도
② 수체 머캐덤도
③ 역청 머캐덤도
④ 시멘트 머캐덤도

71 임도 배수구의 단면적이 1.5m², 유속이 0.8m/s 인 경우 최대유량(m³/s)을 구하시오.

해답
유량 = 유속 × 유적 → 0.8 m/s × 1.5m² = 1.2m³/s

72 임도에서 포장을 하지 않은 노면과 포장을 한 노면의 횡단기울기의 표준값을 적으시오.

해답
• 포장을 한 노면 : 1.5~2%
• 포장을 하지 않은 노면 : 3~5%

73 설계속도가 20km/h 의 경우 일반지형의 최소곡선반지름을 적으시오

해답
15m

74 설계속도에 따른 일반지형과 특수지형의 최소곡선 반지름의 빈칸을 채우시오.

설계속도(km/hr)	최소곡선반지름(m)	
	일반지형	특수지형
40	(①)	40
30	(②)	20
20	(③)	12

해답
① 60 ② 30 ③ 15

75 면적이 500 ha 인 임지에서 간선임도 1200m, 지선임도 800m 인 경우 임도 밀도를 계산하시오.

> **해답**
> $$\frac{1200+800}{500} = \frac{2000m}{500ha} = 4m/ha$$

76 아래의 빈칸을 채우시오.

> 돌쌓기에서 모르타르와 콘크리트를 이용하는 방법으로 (①) 가 있으며 반대로 모르타르나 콘크리트 사용없이 돌쌓는 방법을 (②) 라 한다. 마름모꼴 대각선으로 쌓는 것을 (③), 돌의 높이를 같게 해 가로 줄눈이 일직선이 되도록 쌓는 방법을 (④) 이라 한다.

> **해답**
> ① 찰쌓기   ② 메쌓기
> ③ 골쌓기   ④ 켜쌓기

77 교각 60°, 곡선반지름이 20m 일 때 곡선길이를 구하시오
(단, π = 3.14 , 소수점 셋째자리에서 반올림)

> **해답**
> $$\frac{2 \times 3.14 \times 20 \times 60}{360} ≒ 20.933 ≒ 20.93m$$
> ※ 곡선길이 공식
> $$CL = \frac{2\pi \times R \times \theta}{360} = \frac{2\pi \times 곡선반지름 \times 교각}{360}$$

78 배향곡선의 경우 중심선 반지름을 몇 m 이상으로 설치하는지 적으시오.

> **해답**
> 10m

79 토공량을 구하기 위해 측정을 하니 한쪽면의 윗변의 길이가 6m, 아랫변의 길이가 10m, 높이가 3m 이고 반대면의 윗변의 길이가 7m, 아랫변의 길이가 12m, 높이 5m 인 경우 양단면적 평균법을 이용하여 구하시오.(양쪽 단면의 길이 10m)

해답

- 한쪽 단면적 : $\dfrac{6+10}{2} \times 3 = 24m^2$
- 반대쪽 단면적 : $\dfrac{7+12}{2} \times 5 = 47.5m^2$
- 양단면적평균법 : $\dfrac{24+47.5}{2} \times 10 = 357.5m^3$

답 357.5m^3

80 쇄석도의 종류에서 임도 노면 처리방식에 의해 분류되는 4가지를 적고 각각에 대해 설명하시오.

해답

① **교통체 머캐덤도** : 쇄석이 교통과 강우로 인하여 다져진 도로
② **수체 머캐덤도** : 쇄석의 틈 사이에 석분을 물로 투입하여 롤러로 다져진 도로이다
③ **역청 머캐덤도** : 쇄석을 타르나 아스팔트로 결합 시킨 도로
④ **시멘트 머캐덤도** : 쇄석을 시멘트로 결합시킨 도로

81 임지내 임도 설치시 발생되는 문제점 3가지를 적으시오.

해답

- 산림내 수원의 파괴
- 산림 토양의 유실 및 침식
- 생태계의 순환 방해
- 동물의 서식공간의 파괴 및 단절

82 아래 빈칸을 채우시오.

> 길어깨, 옆도랑의 너비를 제외한 임도의 유효너비는 통상 (①)m 정도로 규정한다. 단, 배향곡선지인 경우 (②)m 이상이다.

해답

① 3 ② 6

83 곡선부의 중심선 반지름은 내각이 몇 °(도) 이상인 경우 곡선을 설치하지 않을 수 있는지 적으시오.

해답

155°

84 아래 설계도 관련 내용의 빈칸을 채우시오.

> (①)는 도로의 중심선, 구조물의 위치와 종류 및 규격, 임도예정노선 등을 표시한다.
> (②)는 곡선, 선측점, 구간거리, 누가거리, 지반높이 등을 적으며 (③)은 지반고, 계획고, 절취고, 성토고 등을 기재한다.

해답

① 평면도   ② 종단면도   ③ 횡단면도

85 강우강도 200mm/h, 유출 계수 0.8, 유량 0.2m³/s 일 때 유역면적(ha)을 구하시오. (소수점 셋째자리에서 반올림)

해답

0.002778 × 0.8 × 200 × A = 0.2
A = 0.45 ha

86 옆도랑은 임도의 종단방향으로 설치하는 배수시설로 최소 몇 % 의 종단기울기가 필요한지 적으시오.

해답

0.5%

87 대표적인 돌쌓기 종류 4가지를 적고 각각에 대해 설명하시오.

해답

① **찰쌓기** : 돌을 쌓을 때 뒤채움은 콘크리트를 사용하고 줄눈에 모르타르를 사용하며 뒷면에는 물빼기 구멍을 만든다.
② **메쌓기** : 돌을 쌓을 때 뒤채움이나 줄눈에 모르타르를 사용하지 않는다. 모르타르 사용이 없어 돌틈으로 물이 배수되어 별도의 배수구가 필요없다.
③ **골쌓기** : 견치돌이나 막깬돌을 사용하기에 주로 마름모꼴 대각선으로 쌓는다.
④ **켜쌓기** : 돌의 높이를 같게 해 가로 줄눈이 일직선이 되도록 쌓는다.

88 돌쌓기 공사 시공시 찰쌓기와 메쌓기의 표준기울기를 적으시오.

해답
① 메쌓기 1 : 0.3
② 찰쌓기 1 : 0.2

89 돌쌓기에서 피해야하는 금기돌의 종류 5가지를 적으시오.

해답
뜬돌, 거울돌, 선돌, 포갠돌, 뾰족돌, 누운돌, 떨어진돌 등

90 옹벽공법에서 구조에 따른 종류 4가지를 적으시오.

해답
① 중력식
② 반중력식
③ 캔틸레버식
④ 부벽식옹벽

91 1 : 25000 축척에서 지도상의 거리가 5mm 일 경우 실제 거리(m)를 구하시오.

해답
실제거리 = 5mm × 25000 = 125,000mm = 12500cm = 125 m

92 등고선에서 주곡선과 간곡선에 대해 설명하시오.

해답
- **주곡선** : 지형의 형상 및 고저를 평면도에 나타낼 때 등고선의 주체가 되는 곡선이다.
- **간곡선** : 지형도에서 주곡선만으로 지형의 기복과 고저를 표현하기 어려울 때 보조역할을 하기 위해 삽입되는 등고선을 말한다. 간격은 주곡선의 1/2이며 보통 점선으로 표시된다.

93 평판측량의 방법 3가지를 적으시오.

해답
전진법, 방사법, 교차법

94 기고식에서 B.S, F.S, I.H, G.H 가 의미하는 것을 적으시오.

해답
- B.S : 후시
- F.S : 전시
- I.H : 기계고
- G.H : 지반고

95 교각 40°, 곡선반지름이 10m 일 때 곡선길이를 구하시오.
(단, π = 3.14 , 소수점 셋째자리에서 반올림)

해답

$$\frac{2 \times 3.14 \times 10 \times 40}{360} = 6.9777 \cdots m$$

답 6.98m

96 방위 E 60° S 를 방위각으로 표현하시오.

해답
150°

97 임도의 효과 4가지를 적으시오

해답
- 임산물의 신속한 반출 및 반출비의 경감
- 산림 내 편리한 교통을 이용하여 노동공급이 원활함
- 작업능률이 향상됨
- 임업기계의 도입이 용이함
- 산림 자원의 이용이 증대
- 산림 보호 및 관리가 용이

98. 아래 기고식을 보고 빈칸을 채우시오.

측점	후시	기계고	전시 T.P	전시 I.P	지반고	REMARKS
B.M NO.8	2.30	32.3			30.0	B.M NO.8 의 H=30.0m
1				3.2	(①)	
2				2.5	29.8	
3	4.25	(②)	1.1		31.2	
4				2.3	33.15	
5				2.1	33.35	측정 6은 B.M NO.8에 비하여 1.95m 높다
6			3.5		31.95	
SUM	6.55		4.6			

해답

① **지반고** = 기계고 - 전시 = 32.3 - 3.2 = 29.1
② **기계고** = 지반고 + 후시 = 31.2 + 4.25 = 35.45

99. 평면곡선의 종류 4가지를 적고 각각에 대해 설명하시오.

해답

- **단곡선** : 평형하지 않은 2개의 직선을 1개의 원곡선으로 연결하는 곡선
- **복심곡선** : 반지름의 길이가 다른 두 단곡선이 같은 지점으로 만나는 곡선으로 동일한 접선을 가지게 된다. 다른 말로는 복합곡선이라 한다.
- **반향곡선** : 서로 다른 방향에서의 곡선이 한 지점에서 만나 연속되는 것으로 별도의 직선부 설치가 필요하다.
- **배향곡선(헤어핀곡선)** : 단곡선, 복심곡선, 반향곡선이 혼합되어 머리핀 모양(Hair-pin)으로 된 곡선으로 경사가 급한 곳에서 종단기울기를 완화하거나 동일사면에서 우회할 목적으로 설치한다.

100. 임도노선 토적계산법 종류 3가지를 적으시오.

해답

양단면평균법, 중앙단면적법, 점고법

PART 4
산림기사
필답형

산림기사 실기-필답형 2013년 제1회

01 면적 100ha, 임도 총연장 2km, 임도효율이 10일 경우 평균집재거리를 구하시오.

해답
- $\dfrac{2000m}{100ha} = 20m/ha$, $\dfrac{10}{평균집재거리} = 20$
- 평균집재거리 = 0.5km

02 사방댐의 물빼기 구멍 기능 3가지를 적으시오.

해답
① 사방댐의 시공 중 유수의 통과
② 사방댐에 가해지는 압력의 감소
③ 퇴사 후의 침투 수압의 경감
④ 사력기초 위에 축설한 댐은 기초 아래의 잠류의 속도 감소

03 임도에서 평면구조에 사용되는 곡선의 종류 4가지를 쓰고 설명하시오.

해답
① 단곡선 : 1개의 원호로 중심이 1개인 곡선
② 복합곡선 : 반지름이 다른 2개의 곡선이 같은 방향으로 설치된 곡선
③ 반향곡선 : 상반되는 방향의 곡선을 연속시킨 곡선, 맞물린 곳에 10m 이상의 직선부 설치
④ 배향곡선 : 반지름이 작은 원호의 바로 앞과 뒤에 반대반향의 곡선을 설치한 곡선, 급경사지 종단기울기 완화 또는 동일사면 방향 전환 시에 사용.

04 임도설계도면 작성 전 준비작업 4단계를 적으시오.

해답
① 예비조사
② 답사
③ 예측
④ 실측

05 가공본줄 노선 선정함에 있어 집재선 측량시 조사사항 3가지를 쓰시오.

해답
- 지간거리
- 지간 경사각
- 장애물
- 고저차
- 중간지지대

06 횡단 측량이 필요한 곳 3군데를 쓰시오.

해답
① 중심선의 각 측점
② 지형이 급변하는 지점
③ 구조물 설치 지점

07 골재 운반작업에 있어 컨베이어 벨트의 특징 4가지를 적으시오.

해답
① 대용량 운반에 적합하다.
② 기상변화에 대한 영향이 거의 없다.
③ 안전사고의 위험도가 적은편이다.
④ 경사 30° 까지 운반이 가능하다.

08 비례구획윤벌법에 대해 설명하시오.

해답

고전적 수확조절기법 중 구획윤벌법의 한 가지 방법으로 토지의 생산력에 따라 개위면적을 산출하여 벌구 면적을 조절함으로써 연수확량을 균등하게 하여 법정림으로 유도하는 방법

09 사유림 경영지도원칙 중 우리나라와 같은 산림자원 부족의 경우 필요한 지도원칙을 적으시오.

해답

생산성의 원칙

10 벌목작업을 위한 벌목지 구획시 유의사항 3가지를 적으시오.

해답

① 각 벌구의 수종, 재적 및 본수가 균등하도록 한다.
② 한 벌구의 크기가 너무 커서는 안되고, 집재방법과 적합하도록 한다.
③ 벌목지 구획은 계곡으로부터 산정 방향으로 설정하는 세로나누기가 원칙이다.

11 산림경영계획에 있어 시설계획 4종류를 쓰고 예를 1개씩 쓰시오.

해답

① 운재설비 관련 시설계획 : 차도, 반출설비, 저목장
② 조림 관련 시설계획 : 묘포, 퇴비장, 종자저장고
③ 산림보호 관련 시설계획 : 방화선, 산림감시탑
④ 산림이용 관련 시설계획 : 저목장, 제재소, 벌채사무소
⑤ 국토보안 관련 시설계획 : 사방공사, 공작물 보수

12 아래 설명의 괄호에 적합한 내용을 적으시오.

> 절성토면 나무의 뿌리, 잡초 등을 제거하는 작업을 ( ) 이라 한다.

해답

벌개제근

13 임목 단위당 가격 12만원/m³, 벌목비 2만원/m³, 조제율 0.7, 회수기간 5개월, 월이율 2%, 기업이익율 10%일 때 임목 단위당 시장가를 구하시오.

> **해답**
> $0.7 \times \left(\dfrac{120,000}{1+5 \times 0.02 + 0.1} - 20,000 \right) = 56,000$
> 56,000원/m³

14 기본임도밀도 산정에 미치는 영향 인자 3가지를 쓰시오.

> **해답**
> ① 임도개설비
> ② 평균보행속도
> ③ 노동단가 및 투입노동량

15 표준목을 산정하는 주요인자 3가지를 쓰시오.

> **해답**
> ① 흉고직경
> ② 수고
> ③ 흉고형수

산림기사 실기-필답형 — 2013년 제2회

01 단면 A_1의 면적이 $250m^2$, 단면 A_2의 면적이 $320m^2$ 이다. 거리가 12m 일 경우 양단면적 평균법을 이용하여 토적을 계산하시오.

해답

$$\frac{250+320}{2} \times 12 = 3420 m^3$$

02 반지름이 20m 이고 교각이 40° 일 경우 접선길이, 곡선길이, 외선길이를 구하시오. (단, π=3.14, 소수점 셋째자리 반올림)

해답

접선길이 = 반지름 × $\tan\left(\frac{\theta}{2}\right)$ = $20 \times \tan\left(\frac{40}{2}\right)$ = $20 \times 0.3639 \cdots = 7.2794 \cdots$ m

곡선길이 = $\frac{2 \times \pi \times 반지름 \times \theta}{360}$ = $\frac{2 \times 3.14 \times 20 \times 40}{360}$ = $13.955 \cdots$ m

외선길이 = 반지름 × $\left[\sec\left(\frac{\theta}{2}\right) - 1\right]$

$= 20 \times [\sec 20 - 1] = 20 \times \left[\frac{1}{\cos 20} - 1\right] = 1.283 \cdots$ m

접선길이 : 7.28m, 곡선길이 : 13.96m, 외선길이 : 1.28m

03 측구터파기를 하고자 한다. 총 토공량이 $260m^3$, 하루 작업량 $42m^3$ 일 경우 토공계획서를 작성하시오.

해답

하루 작업량 : 260 ÷ 42 = 6.19, 약 7일 소요

구분	1일차	2일차	3일차	4일차	5일차	6일차	7일차
작업량(m^3)	42	42	42	42	42	42	8

04 Kameraltaxe 계산인자 4가지를 적으시오.

해답
① 현실연간생장량　② 현실축적
③ 법정축적　④ 갱정기

05 기계화 벌목의 장점 3가지를 적으시오.

해답
① 나무의 손상이 적다.
② 인력이 적게 들어 경제적이다.
③ 생산성을 높일 수 있다.

06 임도선형설계시 고려사항과 제한사항에 대해 각 3가지씩 적으시오.

해답
- 고려사항
  ① 주변 지형과의 조화
  ② 교통의 안정성
  ③ 선형의 연속성
- 제한사항
  ① 지형, 지질 등 제약
  ② 시공상의 제약
  ③ 비용의 제약

07 확대기초와 전면기초에 대해 설명하시오.

해답
- 확대기초 : 전체 구조의 하중을 전달하는 기둥 등을 확대해 직접 지반으로 전달하는 기초를 말한다.
- 전면기초 : 전체 구조의 하중을 한 장의 슬래브로 지지한 기초를 말한다.

08 임도의 횡단선형 구성요소 4가지를 적으시오.

해답
① 길어깨
② 옆도랑
③ 절토 비탈면
④ 성토 비탈면
⑤ 차도 너비

09 가선집재 시스템의 노선 선정에 대한 아래 보기 내용에 대해 설명하시오.

<보기>
준비작업, 답사, 집재선의 측량, 설계서 작성

해답
- **준비작업** : 도상계획에 따라 사업지의 벌채, 반출 등의 계획을 고려하고 항공사진이나, 기본도를 참고하여 집재가선의 배치를 합리적으로 준비한다.
- **답사** : 도면 및 기초자료를 이용해 집재예정구역의 지형, 지주, 그루터기 위치, 집재기 위치 등을 조사하고 가선방식, 수고 및 흉고직경 등 기타 필요한 사항을 조사한다.
- **집재선 측량** : 규모에 따라 트랜싯, 포켓용콤파스 등을 이용해 지간거리, 지간경사각, 고저차, 장애물, 중간지지부 등을 조사하고 상황에 맞추어 항공사진, 기본도 등을 사용하여 실측을 대신할 수 있다.
- **설계서 작성** : 설계서는 답사, 측량 등의 결과를 이용하여 작성한다.

10 옹벽안정조건 4가지를 쓰고 설명하시오.

해답
① **전도에 대한 안정** : 외부의 합력 작용선이 옹벽의 밑변과 교차하며 외력의 합력이 댐 아래 중앙 1/3 이내 작용하도록 한다.
② **활동에 대한 안정** : 옹벽에 작용되는 수압에 의해 이동하려하므로 이에 저항할 수 있어야 한다.
③ **침하에 대한 안정** : 합력에 의한 지반의 강도보다 지반의 지지력이 커야 침하하지 않는다.
④ **내부응력에 대한 안정** : 옹벽에 가해지는 힘에 의해 발생하는 내부의 응력은 옹벽의 허용응력보다 작아야 한다.

11 횡단배수구의 종류를 적으시오.

해답
겉도랑, 속도랑

12 토양수의 종류 4가지를 적으시오.

해답
① 결합수 ② 흡습수
③ 모세관수 ④ 중력수

13 임도시공 시 적용할 수 있는 배수시설의 종류 4가지를 적으시오.

해답
① 사면어깨 배수시설 : 산마루 측구, 감쇄공 등의 배수시설
② 사면배수시설 : 사면끝 배수시설, 도수로 배수시설, 소단 배수시설
③ 노면배수시설 : 길어깨 배수시설, 중앙분리대 배수시설
④ 땅깎기 구간 지하 배수시설 : 맹암거, 횡단배수구

배수시설

① **표면배수시설**
- 노면배수시설 : 길어깨 배수시설, 중앙분리대 배수시설
- 사면배수시설 : 사면끝 배수시설, 도수로 배수시설, 소단 배수시설

② **지하배수시설**
- 땅깎기 구간 지하 배수시설 : 맹암거, 횡단배수수
- 흙쌓기 구간 지하 배수시설
- 절, 성토 경계부 지하 배수시설

③ **임도 인접지 배수시설**
- 사면어깨 배수시설 : 산마루 측구, 감쇄공 등의 배수시설
- 배수구 및 배수관 : 집수정, 배수구, 배수관 및 맨홀 등의 배수시설

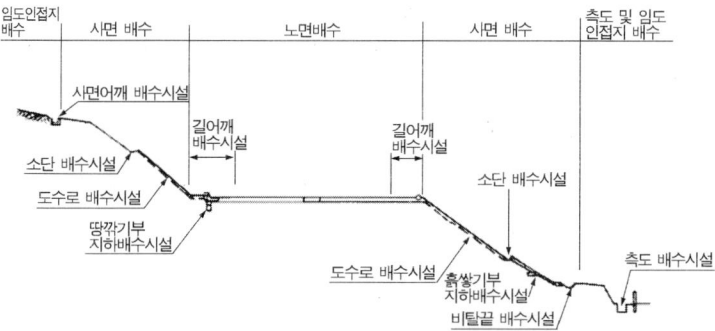

〈임도배수의 종류〉

14 임도의 설계 순서를 적으시오.

해답

예비조사 - 답사 - 예측 및 실측 - 설계도 작성 - 공사수량 산출 - 설계서 작성

15 옆도랑 형태 3가지를 적으시오.

해답

① V자형
② 사다리꼴형
③ L형
④ U형

산림기사 실기-필답형
2013년 제3회

01 사방댐의 적지 4군데를 적으시오.

해답
- 댐부분은 좁고 상류부분은 넓어 퇴사하기 용이한 곳
- 상류 계류 바닥 기울기가 완만하고 지류가 합류하는 곳
- 구역이 긴 구간의 경우 계단상으로 설치한다.
- 계상 및 양안에 암반이 존재하는 곳

02 평면도, 횡단면도, 종단면도의 특징을 적으시오.

해답

① 평면도
평면도는 축척 1 : 1200을 기준으로 도로의 중심선, 구조물의 위치와 종류 및 규격, 임도예정노선, 주변지역의 등고선 등을 표시한다.

② 종단면도
종단면도는 횡 1 : 1000, 종 1 : 200 축척을 기준으로 곡선, 선측점, 구간거리, 누가거리, 지반높이, 계획높이, 절토높이, 성토높이, 기울기 등을 적는다.

③ 횡단면도
횡단면도는 1 : 100 축척을 기준으로 각 측정별로 횡단면도의 하단부에 측점, 지반고, 계획고, 절취고, 성토고를 기재하고 절토단면적, 성토단면적, 옹벽, 석축 등의 수량을 기재한다.

03 임황조사 종류 5가지를 적으시오.

해답

- 임종
- 임상
- 임령
- 혼효율
- 영급
- 경급
- 수고
- 입목도

04 타워야더 임목수확시스템의 특징을 적으시오.

> **해답**
> 임내에서 장거리에 생산된 원목을 공중으로 띄워 상, 하향으로 집재하는 집재장비로 임지훼손을 적게 하고 강이나 급경사지에서도 집재가 가능한 장비이다.

05 임도간격, 집재거리, 평균집재거리의 특징 및 상호관계에 대해 설명하고 임도밀도가 20m/ha 일 경우 각각에 대한 값을 구하시오.

> **해답**
> • 임도간격 : 임도 간격은 임도와 임도사이의 거리로 표현한다.
> $$RS = \frac{10000}{적정임도밀도} = \frac{10000}{20} = 500m$$
> • 집재거리 : 집재거리는 양쪽의 임도에서 서로 집재작업이 실행되기에 평지림의 경우 임도간격의 1/2이 된다.
> $$SD = \frac{10000}{적정임도밀도 \times 2} = \frac{5000}{적정임도밀도} = \frac{5000}{20} = 250m$$
> • 평균집재거리 : 평균집재거리는 임도변의 집재작업(최소집재거리)과 집재한계선(최대집재거리)까지 집재작업이 동일하게 실행되므로 평지림의 경우 집재거리의 1/2, 임도간격은 1/4 이 된다.
> $$ASD = \frac{10000}{적정임도밀도 \times 4} = \frac{2500}{적정임도밀도} = \frac{2500}{20} = 125m$$

06 임지평가방식에서 원가방식, 수익방식, 비교방식의 평가방법 2가지씩 적으시오.

> **해답**
> ① 원가방식 : 원가방법, 비용가법
> ② 수익방식 : 기망가법, 환원가법
> ③ 비교방식 : 직접비교법, 간접비교법

07 암반녹화공법 4가지를 적으시오.

> **해답**
> ① 식생기반설치공법
> ② 구조물붙이기공법
> ③ 피복녹화공법
> ④ 비탈면안정공법
> ⑤ 분사파종공법

08 수확조절기법의 교차법 종류 3가지를 적으시오.

해답
① Kameraltaxe
② Heyer
③ Karl
④ Gehrhardt

09 임도의 곡선설치 방법 3가지를 적으시오.

해답
① 편각법
② 교각법
③ 진출법

10 말구직경 30cm, 수고 8m 인 국산재의 재적을 말구직경자승법을 이용하여 구하시오.(단, 소수점 셋째자리 반올림)

해답

$$V(m^3) = (30 + \frac{8-4}{2})^2 \times \frac{8}{10000} = 0.8192 m^3$$

답 0.82m³

국산재 기준 말구직경자승법

산림청 목재측정법은 국산재의 경우 산림청의 원목 재적표 작성시 통나무 길이 6m 이상, 미만을 기준으로 산출방법이 다르나 말구직경자승법과 유사하다.

· 길이 6m 이상인 경우

$$V(m^3) = (d_n + \frac{L'-4}{2})^2 \times \frac{L}{10000}$$

· 길이 6m 미만인 경우

$$V(m^3) = d_n^2 \times \frac{L}{10000}$$

V : 재적, d_n : cm 단위의 말구 지름, L : m 단위의 목재 길이
L' : m 단위의 길이로 소수점 자리는 절사 (ex. 8.8m → 8m 적용)

11 어떤 임분의 현실축적이 ha 당 450m³, 수확표에 의한 법정축적은 ha 당 350m³, 법정벌채량은 ha 당 7m³ 인 경우 표준벌채량을 훈데스하겐법을 이용하여 구하시오.

해답

$$450 \times \frac{7}{350} = 9m^3$$

표준벌채량(훈데스하겐법)

$$현실축적 \times \frac{법정벌채량}{법정축적}$$

12 트랙터집재, 가선집재의 장점과 단점을 쓰시오.

해답

· 트랙터 집재
 - 장점 : 운전이 비교적 용이하고 견인력이 커 한 번에 많은 목재를 운반할 수 있다.
 - 단점 : 저속이라 장거리 운반은 부적합하며 급경사지에서는 작업이 어렵다.
· 가선집재
 - 장점 : 작업지 근처 임목의 피해가 적고 급경사지에서도 작업이 가능하다.
 - 단점 : 기동성이 낮고 숙련된 기술을 요구하며 작업생산성이 낮은 편이다.

13 아래 표를 참고하여 법정축적을 수확표에 의한 방법으로 구하시오.
(산림면적 60ha, 윤벌기 30년)

임령	10	20	30
재적(m³)	30	80	160

해답

$$10 \times (30 + 80 + \frac{160}{2}) \times \frac{60}{30} = 3800 m^3$$

14 임령 23년의 임지의 우세목의 평균 수고가 12m 로 조사되었다. 이때의 임분의 지위지수를 구하시오.

	6	8	10	12
20년	6.7	8.2	10.0	12.2
25년	7.8	9.5	11.4	13.9

해답

지위지수 10 기준 : 10.0+3/5(11.4–10.0) = 10.84 → 12 − 10.84 = 1.16
지위지수 12 기준 : 12.2+3/5(13.9–12.2) = 13.22 → 12 − 13.22 = (−)1.22
지위지수 : 지위지수 10

15 사방댐의 반수면의 기울기를 급하게 하는 이유를 적으시오.

해답

반수면 기울기는 댐을 월류하여 낙하하는 물질에 의해 물매 비탈면에 손상이 가지 않도록 하기 위해 일반적으로 1 : 0.2를 표준으로 한다.

산림기사 실기-필답형 2014년 제1회

01 임도 노선 선정 요인 중 다음의 요인에 대하여 쓰시오.

◎ 공익적 기능에 대한 배려
◎ 구조규격
◎ 다른 도로와의 조정
◎ 지역노망의 형성

해답

- 공익적 기능에 대한 배려 : 벌개의 작업을 최소화하고 비탈면의 안정을 위한 공정으로 진행한다.
- 구조 규격 : 차량의 안전한 교류가 가능하고 시공 후 유지관리비가 적게 들도록 한다.
- 다른 도로와의 조정 : 가설도로와 도로계획 등 연관성을 고려한다.
- 지역노망의 형성 : 지역 도로의 기능을 고려한다.

임도노선 선정 기준

· 공익적 기능에 대한 배려	· 일반 산지부의 통과
· 다른 도로와의 조정	· 애추지대 등의 통과
· 지역로망의 형성	· 제한임지내의 통과
· 중요한 구조물의 위치	· 구조규격

02 임분 재적을 계산하는 방법 중 표준목법에서 우리히법과 드라우드법을 설명하고 계산식을 쓰시오.

해답

- Draudt(드라우드법) : 각 직경급을 대상으로 표준목을 선정하여 임분의 재적을 측정하는 표준목법의 일종이다.
  - 공식 : 전체 임분 재적 = 표준목 재적 $\times \dfrac{\text{전임분임목}}{\text{표준목의 수}}$

- Urich(우리히법) : 전체의 임목을 몇 개의 계급으로 나누고, 각 계급의 본수를 동일하게 한 다음 각 계급에서 같은 수의 표준목을 선정하는 방법이다.
  - 공식 : 전체 임분 재적 = 표준목 재적 합계 $\times \dfrac{\text{임분 흉고단면적 합계}}{\text{표준목 흉고단면적 합계}}$

> **Hartig 법**

임분재적을 추정하는 방법 중의 하나인 표준목법 중에서 가장 정확도가 높은 방법이다. 각 계급의 흉고단면적을 동일하게 하고 임목의 그루수가 같은 계급을 나누어 각 계급에서 같은 수의 표준목을 정하는 방법으로 구하는 공식은 우리히법과 동일하다.

- 공식 : 전체 임분 재적 = 표준목 재적 합계 × $\dfrac{\text{임분 흉고단면적 합계}}{\text{표준목 흉고단면적 합계}}$

03 건습도의 구분 기준과 해당지역을 쓰시오.

구분	기준	해당지
건조		
약건		
적윤		
약습		
습		

해답

구분	기준	해당지
적윤	손으로 쥐었을 때 손바닥 전체에 습기가 있고 물에 대한 감촉이 확실한 정도	계곡, 평탄지, 산록
약건	손으로 쥐었을 때 손바닥에 습기가 약간 묻는 정도	경사가 약간 급한 사면
약습	손으로 쥐었을 때 손가락 사이에 약간의 물기기 비친 정도	경사가 완만한 계곡
습	손으로 쥐었을 때 손가락 사이 물방울이 맺히는 정도	낮은 지대로 지하수위가 높은 곳
건조	손으로 쥐었을 때 수분 감촉이 거의 없는 정도	풍충지에 가까운 경사지

04 임황 조사 항목 5가지를 쓰시오.

해답

- 임종
- 임상
- 임령
- 혼효율
- 영급
- 경급
- 수고
- 입목도

05 임종과 임상에 대해 쓰시오.

해답

- **임종** : 임황조사 항목으로 자연적으로 조성된 천연림과 인공적으로 조성된 인공림으로 분류된다.
- **임상** : 임목재적 혹은 본수 등을 기준으로 침엽수림, 활엽수림, 혼효림으로 구분되며 기준은 아래와 같다.
  - **침엽수림** : 침엽수 점유율이 75% 이상인 임분
  - **활엽수림** : 활엽수 점유율이 75% 이상인 임분
  - **혼효림** : 침엽수 혹은 활엽수가 26~75% 미만의 임분

06 아래의 빈칸을 완성하시오.

> 배수구의 통수단면은 (①) 년 빈도 확률강우량과 홍수도달시간을 이용한 (②)으로 계산된 최대홍수유출량의 (③) 배 이상으로 설계, 설치하고 수리계산과 현지여건을 감안하되, 기본적으로 (④)m 간격으로 설치하며 그 지름은 (⑤)mm 이상으로 한다.

해답

① 100 　② 합리식 　③ 1.2 　④ 100 　⑤ 1000

07 임업기계화의 장단점을 각각 3가지씩 쓰시오.

해답

- **장점**
  ① 작업의 능률이 높아진다.
  ② 작업시간이 단축된다.
  ③ 작업자의 노동강도가 줄어든다.
- **단점**
  ① 기계를 운전할 숙련된 전문가가 필요하다.
  ② 임지의 훼손이 발생할 수 있다.
  ③ 경영규모의 의존도가 높다.

08 동령림 임분의 조림에 관한 기록이 없어서 표준목을 선정하고 성장추를 직각으로 중심부를 관통한 목편을 취하여 수피 안쪽의 나이테를 세었더니 32개 였다. 이것을 통해 임분의 연령을 추정하는 방법을 쓰시오.

> 해답

생장추로 빼낸 목편의 나이테 수를 세어 수령을 측정하는데 이때 목편의 나이테의 수에 목편을 채취한 곳까지 자라는데 소요된 연수를 추가로 더해준다. 보통 나무의 아래부분에서 목편을 채취하면 2년정도를, 가슴높이에서 채취하게 되면 약 5년 정도를 더 해준다.
현재 나이테의 개수가 32개 이므로 임령은 약 34~37 정도로 추정한다.

09 다음 표를 보고 각각의 임목생장률을 슈나이더 공식으로 계산하시오.
(소수점 넷째자리 반올림, 상수 k=550)

구분	흉고직경	임목재적	연륜수	생장률(%)
P1	14	0.0520	3	①
P2	16	0.0662	4	②
P3	18	0.0937	5	③

> 해답

① $\dfrac{550}{3 \times 14} = 13.095 \cdots$ **답** 13.095

② $\dfrac{550}{4 \times 16} = 8.59375$ **답** 8.594

③ $\dfrac{550}{5 \times 18} = 6.1111 \cdots$ **답** 6.111

10 길어깨의 기능 2가지를 쓰시오.

> 해답

① 차도의 구조부 보호
② 운전시 시거 확보

11 종단물매가 3% 이고 횡단물매가 4%일 경우 합성물매를 구하시오.

> **해답**

합성물매 $= \sqrt{3^2 + 4^2} = \sqrt{9+16} = 5$

합성기울기

합성기울기 $= \sqrt{종단기울기^2 + 횡단기울기^2}$

12 윗면의 윗변 길이가 8m 아랫변 길이가 4m 높이가 2m이고 아랫면의 윗변길이가 10m, 아랫변 길이 6m, 높이 3m 일 때 체적을 계산하시오.(단, 윗면과 아랫면의 간격은 10m)

> **해답**

- 한쪽 단면적 : $\dfrac{8+4}{2} \times 2 = 12m^2$
- 반대쪽 단면적 : $\dfrac{10+6}{2} \times 3 = 24m^2$
- 양단면적평균법 : $\dfrac{12+24}{2} \times 10 = 180m^3$

공식

- 사다리꼴 면적 공식 : $\dfrac{윗변 + 아랫변}{2} \times 높이$
- $V = \dfrac{A_1 + A_2}{2} \times \ell$

  V : 토적 (m³),
  A_1, A_2 : 양단의 단면적(m²),
  ℓ : 양단면 사이의 거리 (m)

13 와이어로프 폐기 기준 3가지를 쓰시오.

> **해답**

① 심하게 변형된 경우
② 심하게 부식된 경우
③ 지름의 감소가 공칭지름 기준 7%를 초과한 경우

14 다음의 빈칸을 완성하시오.

> 간선임도의 설계속도는 시속 (①) ~ (②)km 이고 지선임도의 설계속도는 시속 (③) ~ (④)km 이다.

해답

① 20   ② 40   ③ 20   ④ 30

15 다음 각각의 소반 임목평균수고가 다음과 같을 경우 지위지수를 판정하시오.

구분	우세목	평균목	열세목	지위
1소반	10.3	8.0	7.5	①
2소반	11.8	10.1	8.4	②
3소반	13.6	11.5	9.8	③

해답

① 10   ② 12   ③ 14

지위지수

지위지수는 산림의 잠재생산력 혹은 생산력의 판단지표로서 특정 임령의 우세목의 평균수고를 이용한다. 지위지수곡선에서 2m 괄약을 적용하여 기록하도록 한다. 단 해당 수종의 지위지수 곡선이 없을 경우 침엽수는 잣나무, 활엽수는 신갈나무의 지위지수 곡선을 기준으로 한다.
- 지위지수 10 : 수고 9m 이상 ~ 11m 미만
- 지위지수 12 : 수고 11m 이상 ~ 13m 미만
- 지위지수 14 : 수고 13m 이상 ~ 15m 미만

산림기사 실기-필답형 2014년 제2회

01 토목재료 중 콘크리트 강도에 영향을 주는 요인 3가지를 적으시오.

> **해답**
> ① 물
> ② 골재의 종류 및 품질
> ③ 혼화재

02 면적 10,000 ha, 임도 밀도 10m/ha 일 경우 임도의 총연장거리를 구하시오.

> **해답**
> 10 = 임도총연장거리 ÷ 10000 → 임도총연장거리 = 100000m

03 임상의 구분기준을 쓰시오.

> **해답**
> • 침엽수림 : 침엽수가 75% 이상 점유하는 임분
> • 활엽수림 : 활엽수가 75% 이상 점유하는 임분
> • 혼효림 : 침엽수 혹은 활엽수가 26~75% 미만 점유하는 임분

04 입목도의 의미와 표시방법을 쓰시오.

> **해답**
> • 의미 : 정상임분축적에 대한 현실임분축적의 100분율로 표시한 것이다.
> • 표기법 : $\dfrac{\text{현실임분축적}}{\text{정상임분축적}} \times 100(\%)$

05 배향곡선의 중심선 반지름이 최소 몇 m 이상 설치하여야 하는가?

> 해답
10m

06 평균생장량 10m³, 현실축적 350m³, 법정축적 450m³, 갱정기 20년 일 때 Heyer 식을 이용하여 표준벌채량을 구하시오.(조정계수 0.7)

> 해답

$$(10 \times 0.7) + \frac{350 - 450}{20} = 2m^3$$

Heyer(표준벌채량)

$$(평균생장량 \times 조정계수) + \frac{현실축적 - 법정축적}{갱정기}$$

07 토공작업에 있어서 시공기면 설계에 영향을 주는 요인 3가지를 쓰시오.

> 해답
① 절토량
② 성토량
③ 토사 운반거리

08 평면도, 종단면도(횡, 종), 횡단면도의 축척을 쓰시오.

> 해답
· 평 면 도 1 : 1200
· 종단면도 1 : 1000(횡), 1 : 200(종)
· 횡단면도 1 : 100

09 상수리나무 재적 0.9m³, 흉고단면적 0.09m², 수고 20m 일 때 형수법에 의해 흉고형수를 구하시오.

> 해답
재적 = 형수 × 단면적 × 수고
0.9 = 형수 × 0.09 × 20
형수 = 0.5

10 특정 지역 나무들의 흉고직경을 측정하니 다음과 같이 조사되었다. 이를 매목조사야장에 기록하시오.

직경	본수
7.8	2
8.5	3
10.0	5
11.9	5
12.3	2
13.8	5
14.6	5
15.8	3
계	30

> **해답**

직경	본수
6	0
8	5
10	5
12	7
14	10
16	3
18	0
계	30

경급 2cm 괄약 범위

- 8cm : 7cm 이상 ~ 9cm 미만
- 10cm : 9cm 이상 ~ 11cm 미만
- 12cm : 11cm 이상 ~ 13cm 미만

11 유속 2m/s, 5초 동안 유량 20m³ 일 때의 단면적을 계산하시오.

> **해답**

- 5초동안 유량 20m³ 이므로 초당 유량은 4m³/s 이다.
- 유량 = 유속 × 유적 → 4m³/s = 2m/s × 유적

  유적 = 2m²

12 아래의 영급에 맞는 기준을 기입하시오.

> ① I　　　　　　　　　② II
> ③ III　　　　　　　　④ IV

해답

① I : 임령 1~10년
② II : 임령 11~20년
③ III : 임령 21~30년
④ IV : 임령 31~40년

영급

구분	기준	구분	기준
I	1~10 년	VI	51~60 년
II	11~20 년	VII	61~70 년
III	21~30 년	VIII	71~80 년
IV	31~40 년	IX	81~90 년
V	41~50 년	X	91~100 년

13 30년생 소나무의 재적이 100m³, 40년생 소나무의 재적은 200m³ 였다. 프레슬러 공식을 이용하여 생장률을 계산하시오.(소수점 셋째자리 반올림)

해답

$$\frac{200-100}{200+100} \times \frac{200}{10} = 6.6666 \cdots (\%)$$

답 6.67%

프레슬러 공식

$$\frac{\text{현재 재적} - n\text{년전 재적}}{\text{현재 재적} + n\text{년전 재적}} \times \frac{200}{n}$$

14 바퀴 사이 축의 거리가 6.5m 이고 곡선반경이 30m 일 때 임도곡선부의 여유폭을 구하시오.(소수점 셋째자리 반올림)

해답

$$\frac{6.5^2}{2 \times 30} ≒ 0.704m$$

답 0.70m

임도곡선부 여유폭

$$\text{여유폭} = \frac{\text{차량 앞바퀴에서 뒷바퀴 간격}^2}{2 \times \text{곡선반지름}}$$

15 적정임도밀도에 대하여 도식화하고 Mattews의 이론에 대하여 기술하시오.

해답

Mattews 이론 : 임도 밀도가 높을수록 혹은 임도의 간격이 좁을수록 임도의 개설비로 인해 직접적인 영향을 받는 집재비용이 줄어들고 임도비와 집재비의 합이 최소인 임도 밀도를 가장 적당한 임도밀도로 간주한다. Mattews 의 공식 및 도식화한 것은 아래와 같다.

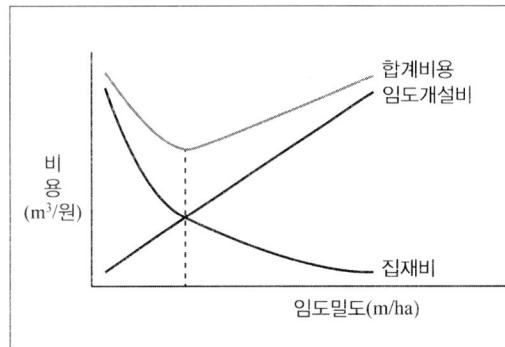

적정임도밀도(m/ha)
$$= 50\sqrt{\frac{V \times E \times \eta \times \eta'}{r}}$$

V : 생산예정재적(m^3/ha)
E : 집재비
η : 임도우회계수(1~2)
η' : 집재우회계수(1~1.5)
r : 임도개설비(원/m)

산림기사 실기-필답형

2014년 제3회

01 소반을 구획하는 경우 3가지를 적으시오.

해답
① 기능이 상이할 때
② 지종이 상이할 때
③ 임종, 임상, 작업종이 상이할 때

소반의 구획
- 기능이 상이할 때
- 지종이 상이할 때
- 임종, 임상, 작업종이 상이할 때
- 임령, 지위, 지리 또는 운반계통이 상이할 때

02 아래의 수고조사야장을 참고하여 3점 평균에 의한 수고를 계산하시오.
(소수점 둘째자리 반올림)

흉고직경	조사목별 수고 (m) 조사수고									합계	평균	삼점평균
	1	2	3	4	5	6	7	8	9			
6												
8	9.5	9.8	9.3							28.6	9.5	①
10	10.5	11.2	10.8	11.3						43.8	11.0	②
12	12.5									12.5	12.5	③
14	12.8	13.5	13.3							39.6	13.2	④
16	13.8	15.2	14.3							43.3	14.4	⑤
18	16.3									16.3	16.3	⑥
20	18.3	17.5								35.8	17.9	17.9

해답

① 9.5

② $\dfrac{9.5+11.0+12.5}{3}=11.0$ → **답** 11.0

③ $\dfrac{11.0+12.5+13.2}{3}=12.233\cdots$ → **답** 12.2

④ $\dfrac{12.5+13.2+14.4}{3}=13.366\cdots$ → **답** 13.4

⑤ $\dfrac{13.2+14.4+16.3}{3}=14.633\cdots$ → **답** 14.6

⑥ $\frac{14.4+16.3+17.9}{3} = 16.2$ → 답 16.2

03 경영계획서에서 임반의 면적에 대해 설명하시오.

해답

임반은 산림의 위치를 명확하게 하기 위해 능선, 하천, 도로 등 자연경계를 통해 구획을 나누고 가능한 100ha 내외로 구획하며 불가피한 경우 조정이 가능하다.

04 아래에 분류된 경사도를 보고 각각의 기준을 적으시오.

- 완경사지
- 급경사지
- 절험지
- 경사지
- 험준지

해답

구분	기준
완경사지	경사 15° 미만
경사지	경사 15°~20° 미만
급경사지	경사 20°~25° 미만
험준지	경사 25°~30° 미만
절험지	경사 30° 이상

05 아래의 우점도를 계산하고 임상을 적으시오.

구분	소나무	구상나무	신갈나무
본수	5	5	2

해답

- 혼효율
  - 소나무 : $\frac{5}{5+5+2} = \frac{5}{12} \times 100(\%) = 41.666 \cdots (\%)$
  - 구상나무 : $\frac{5}{5+5+2} = \frac{5}{12} \times 100(\%) = 41.666 \cdots (\%)$
  - 신갈나무 : $\frac{2}{5+5+2} = \frac{2}{12} \times 100(\%) = 16.666 \cdots (\%)$
- 임상 : 침엽수림

06 정기평균생장량의 공식을 적고 이에 대해 해석하시오.

>**해답**
>
>정기평균생장량 $= \dfrac{A \text{년생의 재적} - B \text{년생의 재적}}{A\text{년} - B\text{년}}$
>
>[해석] 일정기간 동안의 생장량을 정기생장량이라 두 재적의 차이와 년수의 차이로 나눈 값이 1년 동안 평균적인 생장량으로 나타낸다.

07 수고의 측정 결과 초두부 값이 55%, 근원부의 값이 -20% 로 나타났다. 이때의 나무의 수고와 계산식을 적으시오.(나무와 측정자 간의 거리는 20m)

>**해답**
>
>・ $\dfrac{\text{초두부} - \text{근원부}}{100} \times \text{이격거리} = \dfrac{55 - (-20)}{100} \times 20 = 15m$
>
>・수고 : 15m

08 도상면적 $10cm^2$ 축척 1 : 5000 일 때 실제면적을 구하시오.

>**해답**
>
>$10cm^2 \times 5000^2 = 10 \times 25{,}000{,}000 = 250{,}000{,}000\,cm^2 = 25{,}000 m^2$
>
>∴ 2.5 ha

09 중앙직경 0.6m, 재장 4m 인 목재의 재적을 후버식을 이용하여 구하시오.
(단, $\pi = 3.14$ 적용할 것, 소수점 셋째자리에서 반올림 할 것)

>**해답**
>
>$V(m^3) = 3.14 \times 0.3^2 \times 4 = 1.1304$
>
>답 $1.13m^3$
>
>**후버식**
>
>$V(m^3) = r \times L = \dfrac{\pi}{4} \times d^2 \times L$
>
>V : 재적 , r : 중앙 단면적 , L : 목재 길이 , d : 지름

10 아래의 표를 참고하여 절토량과 성토량을 구하시오.

측점	단면적		거리	토량	
	절토	성토		절토량	성토량
1	0	8.5	0		
2	29.6	1.5	20	①	②
3	5.5	6.5	10	③	④
4	4.3	36.7	20	⑤	⑥

해답

① $\dfrac{0+29.6}{2} \times 20 = 296 m^3$ ② $\dfrac{8.5+1.5}{2} \times 20 = 100 m^3$

③ $\dfrac{29.6+5.5}{2} \times 10 = 175.5 m^3$ ④ $\dfrac{1.5+6.5}{2} \times 10 = 40 m^3$

⑤ $\dfrac{5.5+4.3}{2} \times 20 = 98 m^3$ ⑥ $\dfrac{6.5+36.7}{2} \times 20 = 432 m^3$

양단면적평균법

- $V = \dfrac{A_1+A_2}{2} \times \ell$

  V : 토적 (m³), $A_1 \cdot A_2$: 양단의 단면적(m²), ℓ: 양단면 사이의 거리 (m)

11 대각선의 방위를 적으시오.

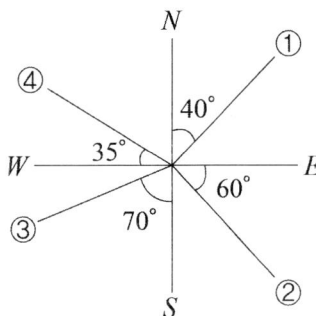

해답

① N40°E   ② S30°E   ③ S70°W   ④ N55°W

방위 방위는 남북을 기준으로 표기하도록 한다.

12 임목의 흉고직경이 30cm 이고 수피의 두께가 1.5cm 였다. 이때 수피 내의 흉고직경을 구하시오.

해답
30 − (2×1.5) = 27cm

13 임도의 횡단면도를 도식화하고 차도너비, 길어깨, 옆도랑을 표시하시오.

해답

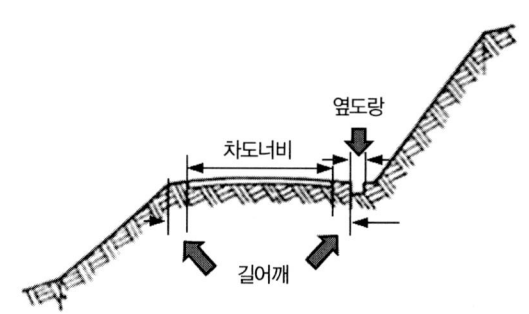

14 대표적인 산악임도 3가지를 적고 각각에 대해 설명하시오.

해답

① **계곡임도** : 임지 하부에 설치하여 처음 만들어지는 임도로 홍수로 발생되는 유실 방지를 목적으로 위쪽의 사면에 설치한다.
② **산복임도** : 계곡임도에서 시작되어 산록부와 산복부에 설치하는 임도이다.
③ **능선임도형** : 계곡 및 늪지대에 임도 개설을 하며 가선집재 같은 상향집재방식으로만 산림 개발이 가능하다.

15 골재 운반을 위한 컨베이어 벨트의 특징 4가지를 적으시오.

해답

① 대용량 운반에 적합하다.
② 기상변화에 대한 영향이 거의 없다.
③ 안전사고의 위험도가 적은편이다.
④ 경사 30° 까지 운반이 가능하다.

> **골재 운반 컨베이어 벨트 특징**
>
> • 단위시간당 작업량이 커서 대용량 운반에 적합하다.
> • 연속작업능률이 좋고 기상의 영향을 거의 받지 않는다.
> • 경사 30° 까지 운반 가능하고 30~50° 경우 골재의 미끄럼 방지를 위해 클라이머 클리트를 설치한다.
> • 안전사고가 비교적 적은 편이며 환경 영향이 적다.
> • 작업전 설치를 위한 시일이 소요된다.

산림기사 실기-필답형

2015년 제1회

01 아래의 표를 보고 경급을 구분하시오.

구분	경급	점유율	경급	점유율	구분
1	4/2~10	70%	8/4~12	30%	(㉠)
2	5/2~12	60%	10/6~16	40%	(㉡)
3	12/10~18	35%	14/8~20	65%	(㉢)
4	34/12~40	80%	28/10~36	20%	(㉣)

해답

㉠ 치수   ㉡ 치수   ㉢ 소경목   ㉣ 대경목

경급 기준

경급은 흉고직경의 범위 및 점유정도에 따라 아래와 같이 분류하게 된다.
- 치수 : 흉고직경 6cm 미만 임목이 50% 이상의 임분
- 소경목 : 흉고직경 6~16cm 임목이 50% 이상의 임분
- 중경목 : 흉고직경 18~28cm 임목이 50% 이상의 임분
- 대경목 : 흉고직경 30cm 이상의 임목의 임분

02 강우에 의한 침식 유형 4단계를 적고 각각의 특징에 대해 설명하시오.

해답

① 우격침식 : 빗방울이 땅 표면을 타격하여 침식시키는 초기 과정
② 면상침식 : 토양표면의 전면이 엷게 유실되는 과정
③ 누구침식 : 토양표면에 잔 도랑이 발생하는 과정
④ 구곡침식 : 누구침식에 의해 발생된 도랑이 커지는 과정, 심토까지 깎이기도 한다.

03 임도의 종류에 따른 설계속도를 기입하시오.

해답

- 간선임도 : 20~40km/h
- 지선임도 : 20~30km/h
- 작업임도 : 20km/h 이하

04 크롤러와 타이어 바퀴식의 각각의 특징을 2가지씩 기입하시오.

> 해답
- 크롤러 방식
  ① 견인력이 크다.
  ② 등판력이 우수하다.
- 타이어 방식
  ① 가격이 상대적으로 저렴하다.
  ② 기동력이 우수하다.

05 산림경영계획구에서 비슷한 연령, 작업종, 수종이 함께하는 것은 (㉠) 이다.

> 해답
㉠ 소반

06 합리적인 임도노선 계획을 위해 고려해야 할 사항 4가지를 기입하시오.

> 해답
① 운재비가 적게 들어야 한다.
② 운반과정에서 목재의 손상이 적어야 한다.
③ 신속하게 운반해야 한다.
④ 운재 방법이 단일화 되어야 한다.

07 1/25000 의 지도에서 종단기울기가 5%, 실제 높이가 10m 인 노선의 양각기의 폭을 구하시오.(단, 양각기 폭 단위는 mm 로 표기할 것)

> 해답
- 경사 $= \dfrac{\text{등고선의 높이}}{\text{실제 거리}} \times 100(\%)$

  $\Rightarrow 5 = \dfrac{10}{\text{실제거리}} \times 100 \Rightarrow \text{실제거리} = 200(m)$

- 양각기폭 $= 200m \times \dfrac{1}{25,000} = 0.008m = 8mm$

08 임황조사 항목 6가지를 기입하시오.

해답

① 임종 ② 임상 ③ 혼효율 ④ 수종 ⑤ 임령 ⑥ 영급

임황, 지황 조사항목

- 임황조사항목 : 임종, 임상, 혼효율, 수종, 임령, 영급, 수고, 경급, 소밀도, 축적
- 지황조사항목 : 지종, 방위, 경사도, 표고, 토성, 토심, 건습도, 지위, 지리, 하층식생

09 토양에 대한 토성을 5가지로 구분했을 때 그 종류와 설명을 쓰시오.

해답

① **사토** : 모래가 대부분인 토양
② **사양토** : 모래가 1/3~2/3 을 포함하는 토양
③ **양토** : 모래가 1/3 이하인 토양
④ **식양토** : 점토가 1/3~2/3 을 포함하는 토양
⑤ **식토** : 점토가 대부분인 토양

10 지리 등급에서 1, 5, 10급지의 기준을 기입하시오.

해답

- 1급지 : 해당소반 중심에서 임도까지의 거리가 100m 이하인 경우
- 5급지 : 해당소반 중심에서 임도까지의 거리가 401~500m인 경우
- 10급지 : 해당소반 중심에서 임도까지의 거리가 901m 이상인 경우

지리

※ 지리 : 해당 소반 중심에서 임도 혹은 도로까지의 거리

급지	기준	급지	기준
1	100m 이하	6	501~600m
2	101~200m	7	601~700m
3	201~300m	8	701~800m
4	301~400m	9	801~900m
5	401~500m	10	901m 이상

11 평판측량에서 오차를 줄이기 위해 고려해야 할 사항을 기입하시오.

해답
- 정치 : 평판은 수평이어야 한다.
- 표정 : 평판은 일정한 방향이나 방위이어야 한다.
- 치심 : 평판의 도면상 측점 위치는 지상 측점과 일치하며 동일 수직선상에 있어야 한다.

12 수확표의 용도 3가지를 기입하시오.

해답
① 입목도 및 벌기령 결정
② 수확량 예정
③ 지위 판정

13 말구직경 24cm, 중앙직경 28cm, 원구직경 34cm, 재장 4m 인 경우 후버식과 스말리안식을 이용하여 재적을 계산하시오.
(단, $\pi = 3.14$, 결과값은 소수점 셋째자리에서 반올림)

해답
- 후버식 : $V(m^3) = 0.785 \times 0.28^2 \times 4 = 0.246176$

    답 0.25m³

- 스말리안식 : $V(m^3) = 0.785 \times \dfrac{(0.34^2 + 0.24^2)}{2} \times 4 = 0.271924$

    답 0.27m³

14 윤척 사용시 측정 오차를 줄이는 방법 3가지를 기입하시오.

해답
① 경사진 곳에서 근원부를 중심으로 경사 위쪽에서 측정한다.
② 지상 1.2m 지점 측정이 어려울 경우 1.2m 지점을 기준으로 위, 아래 동일 간격을 이격하여 측정 후 평균을 낸다.
③ 수간과 윤척은 측정시 직각을 이루도록 한다.

윤척 사용시 주의사항
- 윤척의 고정각과 유동각은 평행을 이루도록 한다.
- 윤척의 고정각과 유동각은 수간과 직각을 이루도록 한다.
- 경사진 곳에서 근원부를 중심으로 경사 위쪽에서 측정한다.
- 지상 1.2m 지점 측정이 어려울 경우 1.2m 지점을 기준으로 위, 아래 동일 간격을 이격하여 측정 후 평균을 낸다.
- 윤척의 다리 길이는 측정하는 임목의 반경보다 길어야 한다.

15 아래 보기를 보고 임도시설 설계서의 작성 순서를 차례대로 기입하시오.

<보기>
- ㉠ 예정공정표
- ㉡ 일반시방서
- ㉢ 예산내역서
- ㉣ 특별시방서
- ㉤ 공사설명서
- ㉥ 일위대가표

해답

(㉤) - (㉡) - (㉣) - (㉠) - (㉢) - (㉥)

산림기사 실기-필답형 — 2015년 제2회

01 계절에 따른 벌목작업의 특징을 각 2가지를 적으시오.

- 여름작업
  ①
  ②
- 겨울작업
  ①
  ②

해답

- 여름작업
  ① 해가 길어져 충분한 작업시간이 확보된다.
  ② 벌도목의 자연건조가 용이하여 집재시 유리하다.
- 겨울작업
  ① 병해충의 피해가 적다.
  ② 나무 수액의 이동이 정지되어 목재의 품질이 양호하다.

계절에 따른 벌목작업 특징

- 여름작업
  - 겨울에 비해 작업장으로의 접근이 용이하다.
  - 해가 길어 충분한 작업시간이 확보된다.
  - 벌도목의 건조가 용이해져 집재작업시 유리하다.
  - 나무의 수액이동으로 목재의 품질하락이 우려된다.
  - 병해충으로 인한 목재 품질 하락 및 피해확산이 우려된다.

- 겨울작업
  - 병해충의 피해가 적다.
  - 나무의 수액 이동이 정지되어 목재의 품질이 양호하다.
  - 인력수급에 유리하다.
  - 눈이 오면 작업장의 접근이 어렵다.
  - 작업 시 사고의 위험성이 높다.

02 적정임도밀도가 25m/ha 의 경우 임도 간격을 구하시오.

해답

$$임도간격 = \frac{10,000}{적정임도밀도} = \frac{10,000}{25} = 400(m)$$

03 방위와 경사도에 대해 쓰시오.

◎ 방위
◎ 경사도

해답

- **방위** : 산림에서 방위는 주로 8방위를 사용하며 구획한 임지의 주사면을 보고 측정한다.
- **경사도** : 경사도는 지황조사항목에 속하며 임지의 경사를 측정하여 아래와 같이 분류한다.
  - 완경사지 : 경사 15° 미만
  - 경사지 : 경사 15°~20° 미만
  - 급경사지 : 경사 20°~25° 미만
  - 험준지 : 경사 25°~30° 미만
  - 절험지 : 경사 30° 이상

04 기고식을 이용하여 기계고, 지반고를 구하시오.

측점	후시	기계고	전시 T.P	전시 I.P	지반고	REMARKS
B.M NO.8	2.30	(①)			30.0	B.M NO.8 의 H=30.0m
1				3.2	(②)	
2				2.5	29.8	
3	4.25	(③)	1.1		31.2	
4				2.3	33.15	측정 6은 B.M NO.8에 비하여 1.95m 높다
5				2.1	(④)	
6			3.5		31.95	
SUM	6.55		4.6			

해답

① 기계고 = 30 + 후시 = 30 + 2.3 = 32.3
② 지반고 = 기계고 - 전시 = 32.3 - 3.2 = 29.1
③ 기계고 = 지반고 + 후시 = 31.2 + 4.25 = 35.45
④ 지반고 = 기계고 - 전시 = 35.45 - 2.1 = 33.35

05 경급 야장을 작성하시오.

직경	본수
4.8	1
6.2	1
8.8	1
10	1
13.5	1
14.8	1
16.2	1
20.5	1
합계	8

직경	본수
6	
8	
10	
12	
14	
16	
18	
20	
합계	

해답

직경	본수
6	1
8	1
10	1
12	0
14	2
16	1
18	0
20	1
합계	7

2cm 괄약

경급야장 작성 시 흉고직경은 6cm 부터 2cm 괄약을 기준으로 기입을 한다. 2cm 괄약의 범위 기준은 아래와 같다.

6cm	6cm 이상 ~ 7cm 미만	12cm	11cm 이상 ~ 13cm 미만
8cm	7cm 이상 ~ 9cm 미만	14cm	13cm 이상 ~ 15cm 미만
10cm	9cm 이상 ~ 11cm 미만	16cm	15cm 이상 ~ 17cm 미만

06 자연휴양림에 기본적으로 들어가는 시설 7가지를 쓰시오.

해답

① 숙박시설 ② 편익시설 ③ 위생시설 ④ 체험시설
⑤ 교육시설 ⑥ 전기시설 ⑦ 통신시설

자연휴양림 시설 분류

- 숙박시설 : 산림휴양관, 숲속의 집 등
- 편익시설 : 임도, 야영장, 캠핑장 등
- 위생시설 : 화장실, 오물처리장, 음수대 등
- 체험, 교육시설 : 산책로, 등산로, 산림공원 등
- 체육시설 : 족구장, 물놀이장, 암벽등반시설 등
- 전기, 통신시설 : 전기시설, 전화시설, 인터넷 등
- 안전시설 : 펜스, 화재경보기, 사방댐 등

07 각 임분에 해당하는 벌기령을 기입하시오.

> · 잣나무 국유림 - (   )
> · 소나무 공, 사유림 - (   )
> · 낙엽송 기업경영림 - (   )

해답

- 잣나무 국유림 : 60년
- 소나무 공, 사유림 : 40년
- 낙엽송 기업경영림 : 20년

벌기령 기준

- 주요 수종 기준 벌기령(2015년 기준)

수종	국유림	공, 사유림	기업경영림
소나무	60년	40년	30년
잣나무	60년	50년	40년
리기다소나무	30년	25년	20년
낙엽송	50년	30년	20년
참나무	60년	25년	20년

08 평면곡선에 해당하는 곡선의 종류 3가지를 도식화하고 각각의 특징에 대해 적으시오.

해답

단곡선	반대곡선	복합곡선
중심이 1개이고 1개의 일정한 곡선으로 가장 많이 이용된다.	서로 다른 방향의 곡선을 연속시킨 것으로 맞물린 곳 10m 이상의 직선부에 설치한다.	중심이 다르고 반지름이 다른 두 단곡선이 같은 방향으로 연속하는 곡선이다.

09 와이어로프의 형태에 따라 설명하시오.

<보기>
씰(seal)형, 워링톤(warrington)형, 필러(filler)형

해답

- 씰형 : 내층과 외층의 소선수가 동일하고 내층의 소선의 홈에 외층의 소선이 완전히 들어가는 형태이다.
- 필러형 : 필러형은 외층의 소선수가 내층의 소선수의 2배이고 외층과 내층의 사이에 내층과 동수의 가는 필러선을 충진시킨 형태이다.
- 워링톤형 : 외층의 소선수가 내층의 소선수의 2배이다. 외층의 소선은 대소2종류이고 그것과 내층과 조합시켜 꼬임간극을 작게한 형태이다.

와이어로프

씰형	필러형	워링톤형
실형은 각층의 소선수가 (1+n+n)으로 표시되어 내층과 외층의 소선수가 동일하고 내층의 소선의 홈에 외층의 소선이 완전히 들어가는 형태이다. 이러한 구성의 와이어로프는 외층의 소선이 굵어 마모에 강한 특징을 가진다.	필러형은 각층의 소선수가 (1+n+(n)+2n) 으로 표시되고 외층의 소선수가 내층의 소선수의 2배이고 외층과 내층의 사이에 내층과 동수의 가는 필러선을 충진시킨 형태로 유연성과 내피로성이 양호하여 가장 널리 사용된다.	워링톤형은 각층의 소선수가 (1+n+(n+n)) 으로 표시되며 외층의 소선수가 내층의 소선수의 2배이다. 외층의 소선은 대소 2종류이고, 내층과 조합시켜 꼬임간극을 작게한 형태이다. 균형이 양호한 장점을 가진다.

10 유속 3m/s, 횡단면적 5m² 의 수로에 10초동안 흐른 유량을 구하시오.

해답

유량 = 유적 × 유속 = 5m² × 3m/s = 15m³/s
10초 동안 흐른 유량 : 10초 × 15m³/s = 150m³

11 옹벽의 안정조건 4가지를 적고 각각에 대해 설명하시오.

> **해답**
> ① **전도에 대한 안정** : 외부의 합력 작용선이 옹벽의 밑변과 교차하며 외력의 합력이 댐 아래 중앙 1/3 이내 작용하도록 한다.
> ② **활동에 대한 안정** : 옹벽에 작용되는 수압에 의해 이동하려하므로 이에 저항할 수 있어야 한다.
> ③ **침하에 대한 안정** : 합력에 의한 지반의 강도보다 지반의 지지력이 커야 침하하지 않는다.
> ④ **내부응력에 대한 안정** : 옹벽에 가해지는 힘에 의해 발생하는 내부의 응력은 옹벽의 허용응력보다 작아야 한다.

12 임반의 특징 4가지를 적으시오.

> **해답**
> ① 산림의 위치를 표시한다.
> ② 산림시업의 기록 등의 편의를 도모한다.
> ③ 능선, 계곡, 방화선, 도로 등을 이용하여 임반을 구획한다.
> ④ 벌채 개소의 경계가 된다.

13 수익방식에 의한 임목평가법 2가지를 쓰고 각각에 대해 설명하시오.

( ) :
( ) :

> **해답**
> • **임목기망가법** : 임분이 벌기에 도달할 때까지 얻을 수 있는 간벌수익, 주벌수익 등 총수익의 현재가를 벌기까지 들어갈 총비용의 현재가로 차감하여 구한 것을 임목기망가라 한다.
> • **수익환원법** : 미래 평가대상의 산림에 기대되는 순수익을 할인율로서 평가시점에 있어서의 가격으로 할인하여 산림가격을 평정하는 방법이다.

14 지름 40cm, 연륜수 5개 일 때 생장률을 구하여라.(상수는 500 으로 한다.)

해답

$$\frac{500}{5\times 40} = 2.5(\%)$$

슈나이더 공식

$$P = \frac{K}{nD}$$

여기서, P : 생장률, K : 상수, D : 흉고지름
n : 연륜폭 1cm에 포함된 연륜수 혹은 나이테의 수

15 정지작업을 한다고 하였을 경우 작업해야할 토적량을 구하시오. 모서리의 숫자는 각 지점의 토심(m)을 나타내고, 각 정사각형의 면적은 $100m^2$ 이다.

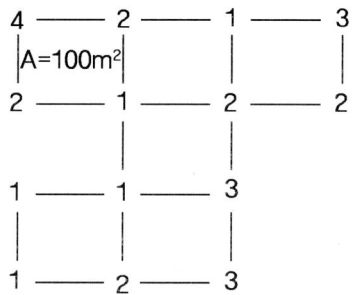

해답

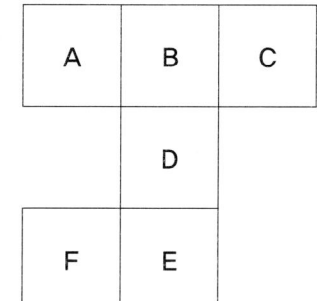

A : (4+2+2+1)÷4=2.25
B : (2+1+1+2)÷4=1.5
C : (1+3+2+2)÷4=2
D : (1+1+2+3)÷4=1.75
E : (1+3+3+2)÷4=2.25
F : (1+1+1+2)÷4=1.25
총토적량= (A+B+C+D+E+F)×면적 = (2.25+1.5+2+1.75+2.25+1.25)×100=1100m^3

01 사방댐과 골막이의 차이점에 대해 설명하시오.

해답

사방댐과 골막이의 규모비교시 상대적으로 사방댐의 규모가 더 크다. 사방댐은 대수면과 반수면을 모두 축조하나 골막이는 반수면만 축조를 한다. 시공위치의 경우 골막이는 사방댐에 비해 계류의 상부에 위치하며 중앙부를 낮게 하여 물이 빠지도록 설계한다.

02 면적 1000ha, 임도밀도 20m/ha 의 임도망을 아래의 보기에 맞추어 계산하시오. (단, 보정계수는 1 적용)

> ◎ 총연장거리
> ◎ 평균집재거리

해답

- 총연장거리

  총연장거리 = 임도밀도 × 총면적 = $1000 \times 20 = 20000(m)$

- 평균집재거리

  평균집재거리 = $\dfrac{10000}{\text{적정임도밀도} \times 4} = \dfrac{10000}{20 \times 4} = 125$

03 노면 재료에 따른 임도의 종류에서 3가지만 적고 각각에 대해 설명하시오.

해답

① 토사도 : 노면이 토사로 구성된 도로로 주로 교통량이 적은 곳에 사용한다.
② 사리도 : 자갈을 노면에 깔고 롤러로 다져서 표면을 시공한 도로이다.
③ 통나무길 : 통나무를 깔아서 만든 길로 습한 지역에 주로 시공한다.

노면 재료에 따른 임도 종류

① **흙모랫길(토사도)**
- 토면의 점토와 모래를 혼합하여 자연전압 하는 경우와 자갈과 토사를 깔아주는 경우가 있다.
- 토사도는 교통량이 적은 곳에 만드는 것이 유리하다.
- 시공비가 적으나 토사 유실에 의해 파손되기 쉽다.

② **자갈길(사리도)**
- 자갈을 노면에 깔고 차량의 교통에 의한 자연전압으로 노면을 만든다.
- 굵은 골재로서는 자갈, 결합재로서는 점토나 세점토사를 골라서 적당한 비율로 깔고 롤러로 다져서 표면을 시공한 것이다.
- 시공방법으로 상치식과 상굴식이 있다.

③ **쇄석도(부순돌길)**
- 쇄석(부순돌)이 서로 물려서 죄는 힘과 결합력에 의해 만들어진 단단한 도로이다.
- 쇄석도는 보통 습기가 많은 지대의 임도에서 사용된다.
- 시공방법으로 텔퍼드식과 머캐덤식이 있다.

④ **통나무길**
- 노면의 횡단방향에 지름 20cm 정도의 통나무를 깔아서 만든 길

⑤ **섶길**
- 노상 위에 지름 30cm 정도의 섶 다발을 가로 방향으로 깔고 그 위에 다시 30cm 정도 성토하여 노면을 만든다.

04 임도노선 토적계산법 종류 3가지만 적고 각각에 대해 설명하시오.

해답

① **양단면평균법** : 양단면적을 구하고 두 단면 사이 거리를 이용하여 평균값을 이용하여 토적을 계산하는 법
② **중앙단면적법** : 양단면적의 중앙의 단면적을 구하고 양 단면적 간의 거리를 이용하여 토적을 계산하는 법
③ **점고법** : 특정 구간을 동일 면적의 사각형 혹은 삼각형 형태로 구획하여 각 꼭지점의 높이를 구하고 면적과 평균 높이를 구해 토적을 계산하는 법

05 아래의 그림과 같이 구획된 지역의 토사량을 구하시오.
(구역면적은 10m² 이다. 최종 토사량은 소수점첫째자리에서 반올림)

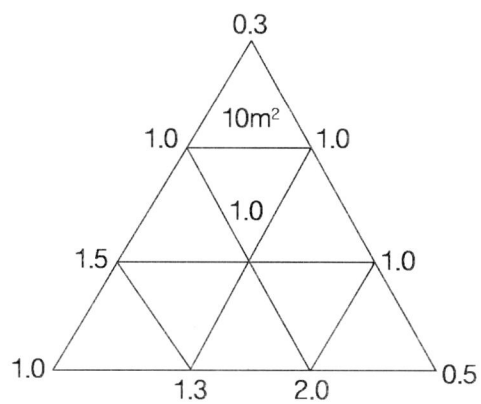

해답

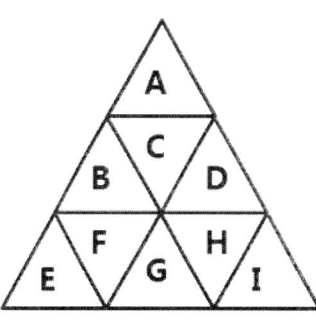

A : (0.3+1+1)÷3=0.766···
B : (1.5+1+1)÷3=1.166···
C : (1+1+1)÷3=1
D : (1+1+1)÷3=1
E : (1+1.5+1.3)÷3=1.266···
F : (1.5+1.3+1)÷3=1.266···
G : (1.3+1+2)÷3=1.433···
H : (1+2+1)÷3=1.333···
I : (2+1+0.5)÷3=1.166···

A + B + C + D + E + F + G + H + I = 10.4×10 = 104m³

06 해안에서의 모래언덕 형성과정 3단계를 적고 설명하시오.

해답

① 치올린 모래언덕 : 바다로부터 밀려오는 파도에 의해 모래가 퇴적되어 얕은 모래둑을 형성한다.
② 설상사구 : 바다로부터 불어오는 바람이 치올린 언덕의 모래를 비산하여 내륙으로 이동시키는데 이때 방해물이 있으면 방해물의 뒤편에 합류하여 혀모양의 모래언덕이 형성된다.
③ 반월사구 : 설상사구에서 바람이 모래를 수평으로 이동시켜 양쪽에 반달모양의 모래언덕을 형성하게 된다.

07 아래 나열된 인자들이 임지기망가에 미치는 영향에 대해 기술하시오.

> ◎ 주벌수익과 간벌수익 :
> ◎ 조림비와 관리비 :
> ◎ 이율 :

해답
- 주벌수익과 간벌수익 : 수익이 클수록 임지기망가도 커진다.
- 조림비와 관리비 : 조림비, 관리비가 클수록 임지기망가는 작아진다.
- 이율 : 이율은 낮을수록 임지기망가는 커진다.

08 노면의 횡단경사 설치 이유와 방법에 대해 기술하시오.

해답
- 설치 이유 : 노면의 배수를 원활하게 하여 노면의 유실 방지
- 설치 방법 : 횡단경사는 아스팔트는 1.5~2%, 간이포장도로는 2~4%, 비포장도로는 3~6%정도의 횡단경사를 기준으로 한다.

09 현재 원목의 시장가격은 50,000원/m³, 운반비 20,000원/m³, 조재율 85%, 월이율 2%, 자본회수기간 3개월, 기업이익율 10% 일 경우 시장가역산법을 이용하여 원목의 가격을 구하시오.(단, 1원 미만은 절사)

해답

$$0.85 \times \left(\frac{50,000}{1+3 \times 0.02 + 0.1} - 20,000 \right) = 19,637.93 \cdots 원$$

답 19,637원

시장가역산법 공식

$$X = f\left(\frac{A}{1+mP+r} - B \right)$$

X : 단위 재적당 임목가격, f : 조재율, P : 월이율, m : 자본 회수 기간
r : 기업이익률, B : 단위재적당 벌목, 운반 비용

10 임업이율의 성격 3가지만 적으시오.

> **해답**
> ① 장기이율이다.
> ② 평정이율이다.
> ③ 명목이율이다.

> **임업이율의 성격**
> ㉠ 임업이율은 대부이자가 아닌 자본이자이다.
> ㉡ 임업이율은 현실이율이 아닌 평정이율이다.
> ㉢ 임업이율은 실질이율이 아닌 명목이율이다.
> ㉣ 임업이율은 장기이율이다.

11 사방댐의 물빼기 구멍의 목적 3가지를 적으시오.

> **해답**
> ① 사방댐의 시공중 유수의 통과
> ② 사방댐에 가해지는 압력의 감소
> ③ 퇴사 후의 침투 수압의 경감
> ④ 사력기초 위에 축설한 댐은 기초 아래의 잠류의 속도 감소

12 보기의 내용은 순토측고기를 이용하여 측정한 수고의 결과이다. 아래의 내용을 참고하여 수고를 계산하시오.

<보기>
수평거리 20m, 초두부 50%, 근원부 -10%

> **해답**
> $$\frac{초두부 - 근원부}{100} \times 이격거리 = \frac{50 - (-10)}{100} \times 20 = 12m$$

13 산림면적 400ha, 윤벌기 50년 일 경우 단순구획윤벌법을 이용하여 1영계의 면적을 구하시오.

> **해답**
> $$영계면적 = \frac{산림면적}{벌기령} = \frac{400}{50} = 8ha$$

14 잣나무림의 벌기가 50년이고 벌기마다 3000만원의 영구 수익이 발생할 경우 얻을 수 있는 전가합계를 구하시오.(단, 연이율 5%, 1.05^{50}=11.467, 1원미만은 절사)

해답

$$\frac{30,000,000}{1.05^{50}-1} = \frac{30,000,000}{10.467} = 2,866,150.76 원$$

답 2,866,150

> **무한정기이자의 전가계산**
>
> 현재로부터 n년마다 R씩 영구히 얻을 수 있는 이자의 전가합계는 아래와 같으며 주로 주벌수확과 같이 벌기마다 정기적으로 일정 수입을 영구히 얻을 경우 현재가인 자본가를 구할 때 공식이다.
>
> $$K = \frac{R}{(1+P)^n - 1}$$

15 임업토목공사의 기계화의 장점 및 단점을 각 2가지씩 적으시오.

해답

장점	단점
• 사람이 하기 어려운 큰 규모의 공사가 가능하다. • 공사 기간이 단축된다. • 공사비 절감이 가능하다. • 시공능률이 높아진다.	• 기계가 고가이다. • 유지, 보수 등의 비용이 발생한다. • 기계를 다루는 전문가가 필요하다. • 소규모 공사시 비효율적이다. • 소음이 발생한다.

2016년 제1회

01 기고식을 이용하여 지반고를 구하시오.

측점	후시	기계고	전시 T.P	전시 I.P	지반고	REMARKS
B.M NO.8	2.30	32.3			30.0	B.M NO.8 의 H=30.0m
1				3.2	29.1	
2				2.5	(①)	
3	4.25	35.45	1.1		31.2	
4				2.3	(②)	측정 6은 B.M NO.8에 비하여 1.95m 높다
5				2.1	33.35	
6			3.5		31.95	
SUM	6.55		4.6			

해답

① 지반고 = 기계고 − 전시 = 32.3 − 2.5 = 29.8
② 지반고 = 기계고 − 전시 = 35.45 − 2.3 = 33.15

02 BC 방위각 45°, 거리 80m 지점이 IP이고, IP에서 방위각 120°로 거리 80m 지점이 EC일 때 접선길이, 곡선길이, 외선길이를 구하시오.
(임도노폭 4m, 반지름 40m, 셋째자리 반올림)

해답

- 접선길이 = 반지름 $\times \left(\dfrac{\theta}{2}\right) = 40 \times \tan\left(\dfrac{75}{2}\right) = 40 \times 0.7673 = 30.6930 \cdots$

답 30.69m

- 곡선길이 = $\dfrac{2 \times \pi \times 반지름 \times \theta}{360} = \dfrac{2 \times 3.14 \cdots \times 40 \times 75}{360} = 52.359 \cdots m$

답 52.36m

- 외선길이 = 반지름 $\times \left[\sec\left(\dfrac{\theta}{2}\right) - 1\right] = 40 \times \left[\dfrac{1}{\cos 37.5} - 1\right] = 10.418 \cdots m$

답 10.42m

03 임령 32년의 임지의 우세목의 수고가 16.5m, 16.5m, 17.0m, 17.5m, 17.5m 로 조사되었다. 이 우세목의 평균수고를 구하고 지위지수표를 이용하여 임분의 지위지수를 구하시오.

	6	8	10	12
30년	9.2	12.4	15.4	18.6
35년	10.7	14.4	17.9	21.6

해답

- 우세목 평균 수고 : (16.5+16.5+17.0+17.5+17.5)÷5= 17
- 지위지수 8 : $12.4 + \frac{2}{5}(14.4 - 12.4) = 13.2$ → 17 − 13.2=3.8
- 지위지수 10 : $15.4 + \frac{2}{5}(17.9 - 15.4) = 16.4$ → 17 − 16.4=0.6
- 임분의 지위지수 : 10

04 건습도의 구분기준과 해당지역을 쓰시오.

건습도	기준	해당지역
건조	손으로 쥐었을 때 손바닥에 수분의 감촉이 거의 없는 경우	①
약건	손으로 쥐었을 때 손바닥에 습기가 약간 있는 경우	②
적윤	손으로 쥐었을 때 손바닥 전체 물에 대한 감촉이 뚜렷한 경우	③
약습	손으로 쥐었을 때 손가락 사이에 물기가 비친 경우	④
습	손으로 쥐었을 때 손가락 사이 물방울이 맺히는 경우	⑤

해답

① 산정, 능선
② 산복, 경사면
③ 계곡, 평탄지
④ 계곡 및 평탄지
⑤ 오목한 지대로 지하수위가 높은 곳

05 국유림에서 다음 수종의 기준 벌기령을 쓰시오.

> <보기>
> 소나무, 잣나무, 리기다소나무, 낙엽송

해답
- 소나무 60년
- 잣나무 60년
- 리기다소나무 30년
- 낙엽송 50년

06 소반을 정하는데 있어 기준이 되는 면적, 번호부여방법, 구획요건 4가지를 적으시오.

해답
- 면적 : 1ha 이상으로 구획한다.
- 번호부여방법 : 임반 번호와 동일하게 설정하며 아라비아숫자로 표기한다.
  표기 순서는 < 임반 - 보조임반 - 소반 - 보조소반 > 이다.
- 구획요건 4가지
  - 지종이 상이할 때
  - 임상, 작업종이 상이할 때
  - 임령, 지위, 지리 혹은 운반계통이 상이할 때
  - 기능이 상이할 때

07 가선집재시스템에서 가공본줄이 있는 고정스카이라인식 5가지의 종류와 각각에 대해 설명하시오.

해답
- 타일러식 : 가로 집재가 용이하나 집재거리가 제한적이며 집재에 의한 잔존목의 손상이 많다.
- 엔드리스 타일러식 : 가로집재 및 집재목의 짐내림이 용이하고 가로장치가 있으면 택벌지에서 직각방향 가로집재가 가능하다.
- 폴링블록식 : 가공본줄 설치 및 철거가 용이하나 조작이 어렵고 속도가 느리다.
- 호이스트 케리지식 : 잔존목 훼손을 최소화하고 조작이 간편하다.
- 스너빙 : 올림집재로 이용되며 설치가 간단하고 운전이 용이하다.

08 원구직경 24cm, 말구직경 34cm, 재장 4m 일 때 스말리안 식으로 재적을 계산하시오. (단, π=3.14, 소수점 셋째자리 반올림)

> **해답**
>
> $0.785 \times \dfrac{0.24^2 + 0.34^2}{2} \times 4 = 0.27194 m^3$
>
> **답** 0.27m³

09 2005년 ha 당 재적이 150m³, 2015년 재적이 220m³일 경우 프레슬러공식을 이용하여 생장률(%)을 구하시오(단, 셋째자리 반올림)

> **해답**
>
> $\dfrac{220-150}{220+150} \times \dfrac{200}{10} = 3.783 \cdots (\%)$
>
> **답** 3.78%

10 산악임지에서 사면위치에 따른 임도의 종류 3가지를 적고 각각에 대해 설명하시오.

> **해답**
>
> ① 계곡임도 : 임지 하부에 설치하여 처음 만들어지는 임도로 홍수로 발생되는 유실 방지를 목적으로 위쪽의 사면에 설치한다.
> ② 산복임도 : 계곡임도에서 시작되어 산록부와 산복부에 설치하는 임도이다.
> ③ 능선임도형 : 계곡 및 늪지대에 임도 개설을 하며 가선집재 같은 상향집재방식으로만 산림 개발이 가능하다.

11 보의 높이가 4m, 물의 단위중량이 1500kg/m³ 일 경우 사방댐이 받는 총수압을 구하시오.

> **해답**
>
> 수압 공식 = 1/2 × 물의 단위중량 × 높이 제곱
>
> $\dfrac{1}{2} \times 1500 \times 4^2 = 12000 kg/m^2$

12 경급을 구분하고 설명하시오.

> 해답

- 치수 : 흉고직경 6cm 미만의 임목이 50% 이상 생육하는 임분
- 소경목 : 흉고직경 6~16cm 의 임목이 50% 이상 생육하는 임분
- 중경목 : 흉고직경 18~28cm 의 임목이 50% 이상 생육하는 임분
- 대경목 : 흉고직경 30cm 이상의 임목이 50% 이상 생육하는 임분

13 입목도와 소밀도에 대해 설명하시오.

> 해답

- 입목도 : 정상임분축적에 대한 현실임분축적의 100분율로 표시한 것이다.
- 소밀도 : 일정 임지에 수관을 투영한 면적과 산림면적과의 비율로 울폐도라고도 한다.
  - 소 : 수관밀도 40% 이하 임분
  - 중 : 수관밀도 41~70% 임분
  - 밀 : 수관밀도 71% 이상 임분

14 경사가 25°인 곳에서 1.5m 높이로 단끊기를 하여 계단을 설치하고자 한다. 면적 1900m² 일 때 연장길이를 구하시오(단, 소수점 셋째자리 반올림)

> 해답

연장길이 $= \dfrac{\text{면적} \times \tan\theta}{\text{높이}} = \dfrac{1{,}900 \times \tan 25}{1.5} = 590.656 \cdots \text{m}$

답 590.66m

15 체인톱 안전장치 종류 4가지를 쓰고 설명하시오.

> 해답

앞, 뒤손 보호판	체인이 끊어질 경우 손을 보호
손잡이	작업시 발생되는 진동을 완화
체인브레이크	체인톱이 튐현상과 같은 충격을 받을 때 체인을 강제 급정지
체인잡이볼트	체인이 끊어지거나 튀는 것을 방지
체인덮개	톱날의 위험에서 작업자를 보호
완충스파이크	체인톱의 지지 및 튐김 방지
스로틀레버차단판	톱 작동시 장애물에 의해 액셀러버가 작동하지 않게 차단
진동방지장치	진동을방지하여 작업자를 보호
소음기	소음 피해를 방지

산림기사 실기-필답형 — 2016년 제2회

01 임지기망가에 영향을 주인 요인 4가지를 기입하시오.

해답
① 주벌수익 ② 간벌수익 ③ 조림비 ④ 이율

02 임도 개설에 의해 발생되는 긍정적 효과 4가지를 기입하시오.

해답
① 산림사업을 효율적으로 실행할 수 있다.
② 산불, 병해충 등의 저지선 역할을 하며 산림보호를 효과적으로 실행할 수 있다.
③ 산림과 시장의 연결역할을 하여 산림자원 및 인적자원의 이동이 효율적으로 이루어진다.
④ 산림휴양자원의 이용에 효과적이다.

03 아래의 교각법에 의한 곡선에서 빈칸의 명칭을 기입하시오.

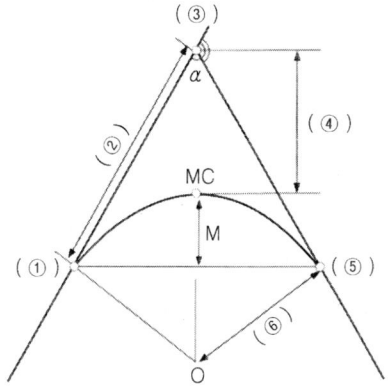

해답
① 곡선시점 ② 접선길이 ③ 교각점
④ 외선길이 ⑤ 곡선종점 ⑥ 곡선반지름

04 원구지름 25cm, 중앙지름 22cm, 말구지름 20cm, 길이 3m 일 경우 리케식을 이용하여 재적을 구하시오(단, π = 3.14 , 소수점 셋째자리에서 반올림)

해답

재적 $= \dfrac{3}{6} \times \left(\dfrac{\pi}{4} \times 0.25^2 + 4 \times \dfrac{\pi}{4} \times 0.22^2 + \dfrac{\pi}{4} \times 0.2^2 \right) \fallingdotseq 0.1162 m^3$

답 $0.12m^3$

05 아래의 ( )에 알맞은 말을 적으시오.

> KSA 5101 에 규정되어 있는 10mm 체를 전부 통과하고 (①)mm 체에서 중량비로 (②)% 이상 통과하는 골재를 잔골재라 한다.

해답

① 5   ② 85

06 산림경영계획의 산림조사부에 대해 기술하시오.

해답

임황 및 지황 조사 결과를 임소반에 기록하여 산림현황을 나타낸 표를 말한다.

07 지황조사 항목에서 토심에 대해 기술하시오.

해답

지황항목에서 토심은 땅의 깊이를 표기하며 아래와 같은 기준을 가진다.
천 : 유효토심 30cm 미만
중 : 유효토심 30~60cm 미만
심 : 유효토심 60cm 이상

08 견치돌, 야면석, 다듬돌, 호박돌에 대해 기술하시오.

해답

- 견치돌 : 돌을 뜰 때 특별한 규격에 맞게 깨낸 돌이다.
- 야면석 : 계곡이나 산지에서 얻는 무게 100kg 이상의 자연석이다.
- 다듬돌 : 일정크기의 돌을 마름질한 돌로 직육면체 모양이 많다.
- 호박돌 : 호박모양의 자연석으로 계곡에서 얻을 수 있다.

09 아래의 기고식의 빈칸의 기계고와 지반고를 구하고 풀이 과정을 기입하시오.

측점	후시	기계고	전시 T.P	전시 I.P	지반고	REMARKS
B.M NO.8	2.30	(①)			30.0	B.M NO.8 의 H=30.0m
1				3.2	(②)	
2				2.5	29.8	
3	4.25	(③)	1.1		31.2	
4				2.3	33.15	측정 6은 B.M NO.8에 비하여 1.95m 높다
5				2.1	(④)	
6			3.5		31.95	
SUM	6.55		4.6			

해답

① 기계고 = 30 + 후시 = 30 + 2.3 = 32.3
② 지반고 = 기계고 - 전시 = 32.3 - 3.2 = 29.1
③ 기계고 = 지반고 + 후시 = 31.2 + 4.25 = 35.45
④ 지반고 = 기계고 - 전시 = 35.45 - 2.1 = 33.35

10 경사도 25° 인 곳에 계단폭이 2m 인 계단을 설치할 경우 1ha 의 계단 연장길이를 구하시오.(단, 소수점 첫째자리에서 반올림 하고 풀이 과정을 기입할 것)

해답

$$연장길이 = \frac{면적 \times \tan\theta}{높이} = \frac{10000 \times 0.4663\cdots}{2} = 2331.53\cdots$$

답 2332m

11 조림 및 육림, 임목수확, 임도개선 등 산림작업의 특징 4가지를 쓰시오.

해답

① 노동강도가 높다.
② 사고위험률이 타산업에 비해 높다.
③ 지형 및 기상에 영향을 많이 받는다.
④ 기계화율이 타산업에 비해 낮다.
⑤ 목재가격에 작업비의 비중이 높다.

12 평판측량 3요소를 기입하시오.

해답
① 정준
② 구심
③ 표정

13 m 년간의 조림비의 후가계산식을 적으시오.(단, 조림비 : A, 연이율 : P 표기할 것)

해답
후가계산식 : $A \times (1+P)^m$

14 소밀도에 대해 기입하시오.

해답
소밀도는 조사면적에 대한 입목의 수관면적이 차지하는 비율을 백분율로 표시하며 표기 방법은 아래와 같다.
· 소 : 수관밀도 40% 이하 임분
· 중 : 수관밀도 41~70% 임분
· 밀 : 수관밀도 71% 이상 임분

15 임목 형수가 0.5, 단면적이 40m^2, 재적 300m^3 일 경우의 수고를 구하시오.

해답
재적 = 형수 × 단면적 × 수고
300 = 0.5 × 40 × 수고
수고 = 15m

산림기사 실기-필답형 — 2016년 제3회

01 현실임분재적 300m³, 법정임분 재적 400m³, 법정벌채량 40m³ 일 경우 현실벌채량을 구하시오.

해답

벌채량 = 현실임분재적 × $\dfrac{\text{법정벌채량}}{\text{법정임분재적}}$ = $300 \times \dfrac{40}{400} = 30 m^3$

02 등고선 선단의 경사도가 45°, 계단간격이 200cm 일 경우 1ha 당 계단 연장길이를 구하시오.

해답

연장길이 = $\dfrac{\text{면적} \times \tan\theta}{\text{높이}} = \dfrac{10000 \times 1}{2} = 5000 m$

03 임상을 구분하는 기준에 대해 설명하시오.

해답

- 임상 : 임목재적 혹은 본수 등을 기준으로 침엽수림, 활엽수림, 혼효림으로 구분되며 기준은 아래와 같다.
 - 침엽수림 : 침엽수 점유율이 75% 이상인 임분
 - 활엽수림 : 활엽수 점유율이 75% 이상인 임분
 - 혼효림 : 침엽수 혹은 활엽수가 26~75% 미만의 임분

04 100 ha 의 면적 중에서 20m×20m 의 표준지를 200개 선발하여 조사한 결과 전체 재적이 600m³ 일 경우 ha 당 평균 재적을 구하도록 하시오.

해답

20m×20m=400m²
400m² × 200개 = 80,000m² = 8ha
600m³ ÷ 8ha = 75m³/ha
평균재적 : 75m³/ha

05 지황조사 항목 4가지를 적으시오.

해답

① 지종 ② 방위 ③ 경사도 ④ 지리

> **임황, 지황**
> - 임황조사항목 : 임종, 임상, 혼효율, 수종, 임령, 영급, 수고, 경급, 소밀도, 축적
> - 지황조사항목 : 지종, 방위, 경사도, 표고, 토성, 토심, 건습도, 지위, 지리, 하층식생

06 아래를 참고하여 B.P에서 2번까지의 절토부피를 양단면적평균법으로 구하도록 하시오.

구분	거리(m)	단면적(m²)
B.P	–	0.5
1번 지점	10	3.5
2번 지점	20	4.5

해답

- B.P에서 1번지점까지 절토량 : $\dfrac{0.5+3.5}{2} \times 10 = 20m^3$
- 1번에서 2번지점까지 절토량 : $\dfrac{3.5+4.5}{2} \times 20 = 80m^3$
- B.P에서 2번지점까지 절토량 : 20m³ + 80m³ = 100m³

07 콘크리트 배합비 1 : 3 : 6 의 의미를 적으시오.

해답

콘크리트 배합비는 시멘트, 모래, 자갈의 사용 비율을 의미한다.
즉, 시멘트 : 모래 : 자갈 = 1 : 3 : 6 을 표기한 것이다.

08 중심선과 영선을 설명하시오.

해답

- 중심선 : 노폭의 1/2 되는 지점을 중심점이라 하며 이를 연결한 선을 중심선이라 한다.
- 영선 : 임도시공시 흙깎기(절토)와 흙쌓기 (성토)작업을 구분하는 경계선(기준선)이다.

09 경심 0.76, 유로비탈 1/18 일 때 평균유속을 구하시오.(단, 소수점 셋째자리 반올림, Bazin 공식을 활용하고 α = 0.0004 , β = 0.0007 적용 할 것)

해답

$$\sqrt{\dfrac{1}{0.0004+\dfrac{0.0007}{0.76}}} \times \sqrt{0.76 \times \dfrac{1}{18}} = 27.513\cdots \times 0.205\cdots = 5.653\cdots\ m/s$$

답 5.65m/s

Bazin 공식

- Bazin 공식 : 기울기가 급하고 유속이 빠른 수로의 평균유속을 구하는데 적합한 공식이다.

$$V = \sqrt{\dfrac{1}{\alpha + \dfrac{\beta}{R}}} \times \sqrt{RI}$$

여기서, R : 경심
I : 수로 기울기
α, β : 조도 계수

10 표고 100m 지점에서 출발하여 경사도 10% 조건에서 수평거리 8000m 떨어진 곳의 산정부의 표고를 구하시오.

해답

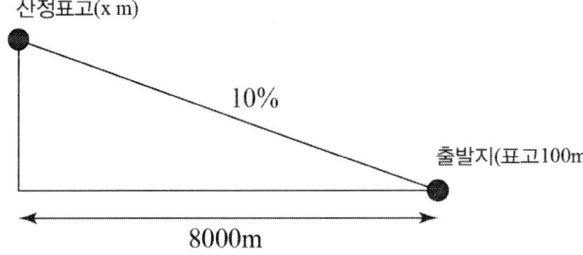

- 기울기 = (높이 ÷ 밑변) × 100
- 0.1 = x ÷ 8000 → x = 800 m
- 100 + (8000×0.1) = 900m
- 산정부 표고 : 900 m

11 임도망 계획 고려사항 5가지를 설명하시오.

해답
- 운반량 제한이 없어야 한다.
- 날씨에 따른 제약이 적어야 한다.
- 운재비가 적게 들어야 한다.
- 운반과정에서 목재의 손상이 적어야 한다.
- 신속하게 운반해야 한다.
- 운재 방법이 단일화 되어야 한다.

12 경사도 구분기준을 적으시오.

구분	기준
( )	경사 15° 미만
( )	경사 15°~20° 미만
( )	경사 20°~25° 미만
( )	경사 25°~30° 미만
( )	경사 30° 이상

해답

구분	기준
완경사지	경사 15° 미만
경사지	경사 15°~20° 미만
급경사지	경사 20°~25° 미만
험준지	경사 25°~30° 미만
절험지	경사 30° 이상

13 벌기령 50년 소나무를 개벌시 주벌수입 1000만원, 간벌수입 20년의 경우 100만원, 30년의 경우 200만원이다. 조림비는 50만원, 관리비는 매년 3만원, 이율이 5% 인 경우 임지기망가를 구하시오(단, 1미만은 버릴 것)

해답

$$\frac{1000만원 + 100만원(1.05)^{50-20} + 200만원(1.05)^{50-30} - 50만원(1.05)^{50}}{1.05^{50} - 1} - \frac{3만원}{0.05}$$

$$= \frac{1000만원 + 432.194\cdots 만원 + 530.659\cdots 만원 - 573.369\cdots 만원}{11.467\cdots - 1} - 60만원$$

$$= 727,439.304\cdots$$

답 727,439 원

14 산림평가 임업경영요소 3가지를 쓰시오.

> **해답**
> ① 수익 ② 비용 ③ 이율

15 트랙터 집재 작업능률의 영향 인자 5가지를 쓰시오.

> **해답**
> ① 소밀도
> ② 경사
> ③ 토성
> ④ 단재적
> ⑤ 집재거리

산림기사 실기-필답형   2017년 제1회

01 찰쌓기와 메쌓기에 대해 설명하시오.

해답
- 찰쌓기 : 돌을 쌓을 때 뒤채움은 콘크리트를 사용하고 줄눈에 모르타르를 사용하며 뒷면에는 물빼기 구멍을 만든다.
- 메쌓기 : 돌을 쌓을 때 뒤채움이나 줄눈에 모르타르를 사용하지 않는다. 모르타르 사용이 없어 돌 틈으로 물이 배수되어 별도의 배수구가 필요없다.

02 유역면적 2ha, 시우량 150mm/hr 일 때 유량을 합리식을 이용하여 구하시오
(단, 유거계수는 0.8, 결과 값은 소수점 셋째자리에서 반올림)

해답
0.002778×0.8×150×2=0.66672

답 0.67m³/s

합리식법

$Q = 0.002778\,CIA$

Q : 유출량(m³/sec) C : 유거계수
I : 최대시우량(mm/hr) A : 유역면적(ha)

03 영선에 대해 설명하시오.

해답
영선은 임도시공시 흙깎기(절토)와 흙쌓기(성토)작업을 구분하는 경계선(기준선)이다.

04 어떤 물건의 구입가격이 2000만원, 잔존가격 200만원, 사용 연수 10년인 물건을 정액법을 이용하여 감가상각비를 구하시오.

해답
$$\frac{취득원가 - 잔존가치}{내용연수} = \frac{2000만원 - 200만원}{10년} = 180만원$$

05 계통적 추출법을 이용하여 표본점을 추출하고자 한다. 면적 200ha, 표본점 개수 63개소일 때 표본점의 추출간격을 구하시오(단, 결과값은 소수점 첫째자리에서 반올림)

해답

$$\sqrt{\frac{200}{63}} \times 100 = 178.174\cdots$$

답 178m

표본 추출간격

$$\sqrt{\frac{전조사\ 대상면적}{표본점\ 추출개수}} \times 100$$

06 벌도 방향에 결정하는 영향인자 5가지를 적으시오.

해답

① 벌도목 분포 상황 ② 잔존목 분포 상황
③ 임도 위치 ④ 집재로 위치
⑤ 집재방향

07 아래의 표를 참고하여 각 지역 개위면적을 구하시오.
(단, 결과값은 소수점 셋째자리에서 반올림)

구분	면적(ha)	벌기재적(m³)
1	3	200
2	5	400

해답

· 벌기평균재적 $= \dfrac{(200 \times 3) + (400 \times 5)}{3+5} = 325 m^3$

· 1번 개위면적 : $\dfrac{200}{325} \times 3 = 1.85\,ha$

· 2번 개위면적 : $\dfrac{400}{325} \times 5 = 6.15\,ha$

개위면적

$$\dfrac{해당임분\ 벌기재적}{기준임분\ 벌기재적} \times 해당임분\ 면적$$

08

흉고직경 22cm, 재장 10m, 형수 0.45 일 때의 임목재적을 구하시오
(단, π = 3.14, 결과값은 소수점 셋째자리에서 반올림)

해답

임목재적 $= \pi \times 0.11^2 \times 10 \times 0.45 = 0.170973$

📋 $0.17m^3$

09

양단면적평균법에 대해 설명하시오.

해답

양단면적평균법은 각 측점의 단면적을 이용하여 토적을 계산하는 방법으로 양단면적을 구하고 이를 평균하여 구간거리를 곱해 토적을 계산하는 방법이다.

양단면적평균법 상세

각 측점의 단면적을 이용해 토적을 계산하는 방법으로 그림에서 보는 바와 같이 일정 구간의 토적을 계산할 때에 양단면적을 구한 후 이를 평균하여 구간거리와 곱하여 토적을 구한다. 일반적으로 실제 토적에 비해 많은 값이 나오지만 도로나 철도의 토적계산에 널리 이용된다.

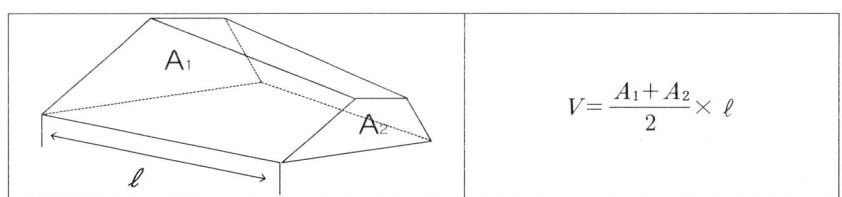

10

산림면적 4000 ha, 윤벌기 50년, 영계수 10 일 때 법정영급면적과 영급수를 구하시오

해답

- 법정영급면적 $= \dfrac{4,000}{50} \times 10 = 800 ha$
- 영급수 $= \dfrac{4,000}{800} = 5$개

11 임도개설 계획에서 우선순위 결정인자 4가지를 적으시오.

> **해답**
> ① 임업효과지수 ② 수익성지수
> ③ 교통효과지수 ④ 투자효율지수
> ⑤ 경영기여율지수

12 아래의 보기를 보고 임도설계 순서를 바르게 나열하시오.

<보기>
㉠ 답사 ㉡ 설계도 작성 ㉢ 예측 및 실측 ㉣ 공사량 산출 ㉤ 예비조사 ㉥ 설계서 작성

( ) - ( ) - ( ) - ( ) - ( ) - ( )

> **해답**
> 예비조사 - 답사 - 예측 및 실측 - 설계도 작성 - 공사량 산출 - 설계서 작성

13 아래 표를 참고하여 임령이 23년, 우세목의 평균수고가 14m 인 소나무 임분의 지위지수를 구하시오.

구분	14	16	18
20년	8.9	10.3	12.1
25년	11.4	13.6	16.3

> **해답**
> • 지위지수 16 : 10.3 + 3/5(13.6 − 10.3) = 12.28 m → 14 − 12.28 = 1.72
> • 지위지수 18 : 12.1 + 3/5(16.3 − 12.1) = 14.62 m → 14 − 14.62 = (−)0.62
> • 지위지수 : 18

14 1/25000 축척에서 양각기의 폭이 4mm, 높이의 차가 10m의 경우 경사도를 구하시오.

> **해답**
> • 실제거리 = 축척분모수 × 도상거리 = 25,000 × 0.004 → 실제거리 : 100m
> • 경사도 = $\frac{10}{100} \times 100$ → 경사도 : 10%

15 아래 4급 선떼 작업에 표시된 번호의 명칭을 적으시오.

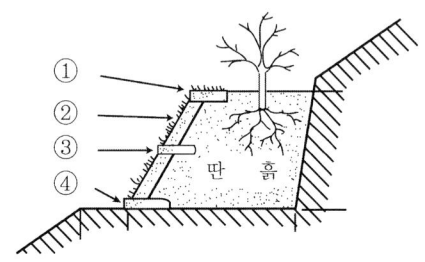

> **해답**
> ① 갓떼   ② 선떼   ③ 받침떼   ④ 바닥떼

산림기사 실기-필답형

2017년 제2회

01 임도설계에 기준이 되는 차량과 임도의 종류별 설계속도를 적으시오.

> **해답**
> ① 임도설계에 기준이 되는 차량
>   · 소형자동차
>   · 보통자동차
> ② 임도의 종류별 설계속도
>   · 간선임도 : 20~40 km/h
>   · 지선임도 : 20~30 km/h

02 사방댐 기능 4가지를 기입하시오.

> **해답**
> ① 계상물매를 완화하고 침식을 방지한다.
> ② 산각을 고정하고 붕괴를 방지한다.
> ③ 계상에 퇴적한 불안정 토사의 유동을 막고 양안의 산각을 고정한다.
> ④ 산불 발생시 진화용수나 야생동물의 음용수로 이용된다.

03 산림조사 항목에서 경사도를 구분하고 약어 및 기준을 적으시오.

> **해답**
> · 완경사지(완) : 경사 15° 미만
> · 경사지(경) : 경사 15°~20° 미만
> · 급경사지(급) : 경사 20°~25° 미만
> · 험준지(험) : 경사 25°~30° 미만
> · 절험지(절) : 경사 30° 이상

04

보기의 조건을 보고 임지기망가를 구하시오.(단, 1원 미만은 절사)

<보기>
주벌수익이 420만원, 간벌수익은 20년 일 때 10만원, 25년 일 때 30만원, 조림비는 ha 당 20만원, 관리비 2만원, 이율 5%, 벌기가 30년인 임지의 임지기망가를 구하시오.

해답

$$\frac{4,200,000 + 100,000(1.05)^{30-20} + 300,000(1.05)^{30-25} - 200,000(1.05)^{30}}{1.05^{30}-1} - \frac{20,000}{0.05}$$

$$= \frac{4,200,000 + 162,889.46\cdots + 382,884.46\cdots - 864,388.47\cdots}{3.32\cdots} - 400,000$$

$$= 768,408.42\cdots 원$$

답 768,408원

05

1/5000 지형도의 등고선 간격의 실제 수평거리가 50m 일 때 종단기울기를 구하시오.

해답

계산과정 : 경사 $= \frac{5}{50} \times 100 \rightarrow$ 경사 $= 10\%$

답 종단기울기 = 10%

등고선

구분	주곡선	간곡선	조곡선	계곡선
1 : 50,000	20	10	5	100
1 : 25,000	10	5	2.5	50
1 : 5,000	5	2.5	1.25	25

– 출처 : 국토지리정보원

06 목재 생산 방식은 집재원목의 형태에 따라 분류된다. 이러한 방식 3가지를 적고 각각에 대해 설명하시오.

해답
① **전목생산방법** : 전목작업은 벌도만 된 상태의 전목을 집재하여 조재 및 집재작업을 실행하며 이때 야더타워, 스키더 등을 통해 전목을 집재하고 이후 가지자르기 등의 조재작업을 실시한다. 고성능기계의 사용이 많아 인력이 가장 적게 들어간다.
② **전간생산방법** : 임분내에서 벌도와 가지자르기만을 실시한 벌도목을 트랙터, 타워야더 등을 이용하여 집재하여 원목을 생산하는 방법이다. 집재작업시 원목을 전간재로 집재하기 때문에 한번에 대량의 목재를 정리, 반출하는 것이 가능하다.
③ **단목생산방법** : 임분내 벌도, 가지자르기, 통나무 자르기 등의 조재작업을 통해 원목을 생산하는 방식으로 많은 인력을 요구한다.

07 주벌시기가 빠를 때 임지기망가가 어떻게 변화하는지를 적으시오.

해답
주벌수익의 값이 크고 빠를수록 임지기망가는 커진다.

> **임지기망가 영향인자**
> · 주벌수익과 간벌수익 : 수익이 클수록 임지기망가도 커진다.
> · 조림비와 관리비 : 조림비, 관리비가 클수록 임지기망가는 작아진다.
> · 이율 : 이율은 낮을수록 임지기망가는 커진다.
> · 벌기 : 벌기가 커지면 임지기망가는 증가한다. 단, 최대시기 도달 이후는 점차 감소한다.

08 수확표의 용도 4가지를 적으시오.

해답
① 입목재적 및 생장량의 추정
② 지위판정
③ 입목도 및 벌기령의 결정
④ 수확량의 예측

09
교각 60°, 곡선반지름이 20m 일 때 곡선길이를 구하시오.
(단, π = 3.14, 소수점 셋째자리에서 반올림)

해답

$$\frac{2 \times 3.14 \times 20 \times 60}{360} = 20.933 \cdots$$

답 20.93m

> **곡선반지름** $CL = \dfrac{2\pi \times R \times \theta}{360} = \dfrac{2\pi \times 곡선반지름 \times 교각}{360}$

10
우리나라의 경급의 구분 및 기준을 적으시오.

해답
- 치수 : 흉고직경 6cm 미만의 임목이 50% 이상 생육하는 임분
- 소경목 : 흉고직경 6~16cm 의 임목이 50% 이상 생육하는 임분
- 중경목 : 흉고직경 18~28cm 의 임목이 50% 이상 생육하는 임분
- 대경목 : 흉고직경 30cm 이상의 임목이 50% 이상 생육하는 임분

11
잣나무의 흉고직경 20cm, 수고 15m, 재적 0.2355m³ 일 때의 흉고형수를 구하시오.
(단, π = 3.14)

해답

$$흉고형수 = \frac{재적}{단면적 \times 수고} = \frac{0.2355}{\pi \times 0.1^2 \times 15} = 0.5$$

12
유거계수 0.8, 유역면적 5.5ha, 강우강도 160mm/h 일 때 유량을 구하시오.
(단, 소수점 셋째자리 반올림)

해답

유량 = $0.002778 \times 0.8 \times 5.5 \times 160 = 1.955712$

답 1.96m³/s

> **합리식법**
>
> $Q = 0.002778\, CIA$
> 여기서, Q : 유출량(m³/sec) C : 유거계수
> I : 최대시우량(mm/hr) A : 유역면적(ha)

13 땅밀림 현상에 대한 설명으로 옳은 것을 고르시오.

◎ 토양 : 점토 / 사양토
◎ 규모 : 크다 / 작다
◎ 경사 : 급경사 / 완경사
◎ 지질 : 특정 지질 / 일반적 지질

해답

- **토양** : 점토
- **경사** : 완경사
- **규모** : 크다
- **지질** : 특정 지질

14 Hartig 에 대해 설명하고 공식을 쓰시오.

해답

Hartig 법은 임분재적을 추정하는 방법 중의 하나인 표준목법 중에서 가장 정확도가 높은 방법이다. 각 계급의 흉고단면적을 동일하게 하고 임목의 그루수가 같은 계급을 나누어 각 계급에서 같은 수의 표준목을 정하는 방법으로 구하는 공식은 우리히법과 동일하다.

공식 : 전체 임분 재적 = 표준목 재적 합계 × $\dfrac{\text{임분 흉고단면적 합계}}{\text{표준목 흉고단면적 합계}}$

> **표준목법**
> - **단급법** : 임분재적을 추정하기 위한 표준목법에서 표준목을 선정하는 방법 중의 하나로 가장 간단한 방법이다.
> - **Draudt(드라우드법)** : 각 직경급을 대상으로 표준목을 선정하여 임분의 재적을 측정하는 표준목법의 일종이다.
> - **Urich(우리히법)** : 전체의 임목을 몇 개의 계급으로 나누고, 각 계급의 본수를 동일하게 한 다음 각 계급에서 같은 수의 표준목을 선정하는 방법이다.

15 비탈에 소단을 설치하는 이유 4가지를 적으시오.

해답

① 비탈의 안정성을 높이기 위해
② 유수로 인한 침식을 방지
③ 작업자의 발판으로 이용
④ 낙석 및 이탈물을 잡아주는 역할
⑤ 사면을 분리하여 심리적 안정감을 도모

01
강우강도 100mm/h, 유출 계수 0.7, 유량 0.194m³/s 일때 유역면적(ha)을 구하시오.
(단, 소수점 셋째자리에서 반올림)

해답

0.002778×100×0.7×유역면적(ha) = 0.194
유역면적(ha) = 0.9976···
답 1ha

02
내부투자수익률법의 정의 및 투자 결정방식을 적으시오.

해답

- 정의 : 투자에 의해 미래에 예상되는 현금유입의 현재가치와 현금유출의 현재가치가 같게 하는 할인율을 말한다.
- 투자 결정방식 : 순현재가를 0이 되게하는 이자율의 크기로 투자효율을 평가한다. 즉, 내부이익률이 할인율보다 클 경우 투자안을 결정하게 된다.

03
매년 ha 당 1200 만원의 순수익을 가진 산림의 자본가를 구하시오.(이율 5%)

해답

$$\frac{12,000,000}{0.05} = 240,000,000$$

04 산사태와 땅밀림이 일어나는 지역의 유형, 원인, 면적에 대한 특징을 비교하여 적으시오.

해답

- 유형 : 산사태는 주로 사질토양에서 많이 발생하고 20° 이상의 급경사지에서 많이 발생한다. 땅밀림의 경우 점성토에서 주로 나타나며 5~20° 정도의 경사지에서 발생한다.
- 원인 : 산사태는 강우에 영향을 많이 받으며 땅밀림은 지하수의 영향이 가장 크다.
- 면적 : 산사태는 발생 규모가 상대적으로 작고 땅밀림은 1~100ha 정도가 규모가 크다.

산사태 & 땅밀림

구분	산사태	땅밀림
지질	지질과 연관성이 적음	특정 지질, 지질구조에서 많이 발생
토질	사질토에서 주로 발생	점성토에서 주로 발생
지형	20° 이상 급경사지 발생	5~20° 완경사지 발생
속도	10mm/day 이상 빠름	10mm/day 미만으로 느림
규모	면적 규모가 작다	1~100ha 정도로 규모가 크다
특징	강우강도에 영향을 많이 받으며 징후 발생이 적고 돌발적으로 활락하여 시간 의존성이 작은 것이 특징이다.	발생전 균열이 발생하고 지하수의 영향이 크며 지속성을 가지고 시간의 의존성이 큰 편이다.

05 와이어로프 6×7의 의미와 단면도를 그리시오.

해답

와이어로프 6×7(스트랜드 본수×와이어 개수)은 7본선과 6꼬임을 의미한다.

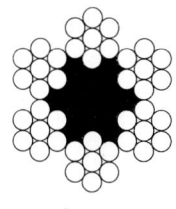

6 × 7

06 옆도랑의 유형 4가지를 적으시오.

해답

① V자형
② 사다리꼴형
③ L형
④ U형

07 원목의 원구직경 36cm, 말구직경 26cm, 중앙직경 30cm, 재장 10m 인 경우 스말리안식과 후버식을 이용하여 각각의 재적을 구하시오(단, π=3.14, 소수점 셋째자리 반올림).

> **해답**
> - 후버식 = 중앙단면적 × 재장
> $\pi \times 0.15^2 \times 10 = 0.7065 \rightarrow$ **답** 0.71m^3
> - 스말리안식 = $\dfrac{\text{원구단면적} + \text{말구단면적}}{2} \times \text{재장}$
> $\dfrac{(0.13^2 + 0.18^2)}{2} \times \pi \times 10 = 0.77401 \rightarrow$ **답** 0.77m^3

08 수간석해에서 직선연장법과 평행선법에 대해 설명하시오.

> **해답**
> ① **직선연장법** : 수간석해도에서 어떤 영급의 최후 단면의 값과 바로 앞의 단면의 값을 연결한 직선을 그대로 연장하여 수간측과 교차되는 지점을 영급의 수고로 하는 방법
> ② **평행선법** : 수간석해도의 밖에 있는 영급의 선과 평행선을 그어 교차되는 지점을 영급의 수고로 정하는 방법이다.

09 횡단선형의 유효너비와 길어깨에 대해 설명하시오.

> **해답**
> - **유효너비** : 차량의 너비에 일정 여유너비를 추가한 것으로 옆도랑 너비를 제외한 임도의 유효너비는 3m 배향곡선지에서는 6m 이상을 기준으로 한다.
> - **길어깨** : 차도의 구조부 보호를 목적으로 차도의 양쪽에 접속하여 수평이 되도록 설치하는 부분으로 간선, 지선임도에서는 너비를 0.5~1m 정도로 한다.

10 양각기를 이용하여 1:25000 지형도에서 종단기울기가 10% 일 때 양각기 폭(mm)을 구하시오(단, 등고선 표고차는 10m)

> **해답**
> - $\dfrac{10}{\text{수평거리}} \times 100 = 10(\%) \rightarrow$ 수평거리 : 100m
> - 100m = 10,000cm
> $10,000cm \times \dfrac{1}{25,000} = 0.4cm$
> - 양각기 폭 : 4mm

11 수확조정의 기법인 법정축적법의 종류 3가지를 적으시오.

<u>해답</u>
① 교차법   ② 이용률법   ③ 수정계수법

12 토적의 한쪽 단면의 윗길이 3m, 아랫길이 6m, 높이 2m 이고 반대쪽의 단면은 윗길이 4m, 아래 길이 8m, 높이 3m 의 단면이 있다. 두 단면의 사이 거리가 4m 일 경우 양단면적 평균법을 이용하여 토적량을 구하시오.

<u>해답</u>

- 한쪽 단면적 : $\dfrac{3+6}{2} \times 2 = 9$

- 반대쪽 단면적 : $\dfrac{4+8}{2} \times 3 = 18$

- 양단면적평균법 : $\dfrac{9+18}{2} \times 4 = 54 m^3$

공식

- 사다리꼴 면적 공식 : $\dfrac{윗변 + 아랫변}{2} \times 높이$

- $V = \dfrac{A_1 + A_2}{2} \times \ell$

  여기서, V : 토적 (m³), $A_1 \cdot A_2$: 양단의 단면적(m²), ℓ : 양단면 사이의 거리 (m)

13 흉고직경 30cm, 수고 20m, 형수 0.5 일 때의 임목의 재적을 구하시오.
(단, π=3.14, 소수점 셋째자리 반올림)

<u>해답</u>
임목재적 $= \pi \times 0.15^2 \times 20 \times 0.5 = 0.7065$
답 0.71m³

14 영급 IV 의 임령 기준을 적으시오.

> 해답

IV : 31 ~ 40년

영급

구분	기준	구분	기준
I	1~10 년	VI	51~60 년
II	11~20 년	VII	61~70 년
III	21~30 년	VIII	71~80 년
IV	31~40 년	IX	81~90 년
V	41~50 년	X	91~100 년

15 소나무 임분의 임령이 40년, 우세목의 평균수고가 12.6m, 흉고단면적 합계가 22.2m² 이다. 아래 수확표를 활용하여 임분의 ha 당 재적을 구하시오.
(단, 소수점 셋째자리 반올림)

임령	지위지수	평균수고(m)	ha 당 흉고단면적합계(m²)	단재적(m³)
40	8	12.1	24.02	147.01

> 해답

$$ha 당 재적 = 수확표 단재적 \times \frac{현실수고}{수확표 수고} \times \frac{현실 흉고단면적 합계}{수확표 흉고단면적 합계}$$

$$ha 당 재적 = 147.01 \times \frac{12.6}{12.1} \times \frac{22.2}{24.02} = 141.485 \cdots$$

답 141.49m³/ha

산림기사 실기-필답형 2018년 제1회

01 벌기령과 벌채령을 설명하시오.

▶ 해답
- 벌기령 : 임목을 일정한 성숙상태로 육성시키는데 필요한 계획상의 연수로서 경영목표 달성에 가장 적합한 벌채연령이다.
- 벌채령 : 임목이 실제로 벌채될 때의 연령이다.

02 임도설계시 임도곡선 설정방법 3가지 쓰시오.

▶ 해답

교각법, 편각법, 진출법

03 교각이 120°이고 곡선반경이 25m 일 때 접선길이와 곡선길이를 구하시오.
(단, π=3.14, 소수점 셋째자리 반올림)

▶ 해답
- 접선길이 = 반지름 $\times \tan(\frac{\theta}{2}) = 25 \times \tan(\frac{120}{2}) = 43.301 \cdots$

답 43.30m

- 곡선길이 = $\frac{2 \times \pi \times 반지름 \times \theta}{360} = \frac{2 \times 3.14 \times 25 \times 120}{360} = 52.333 \cdots m$

답 52.33m

04 수확조정기법 중 법정축적법의 정의를 쓰고 카마렐탁세법의 식과 계산인자를 쓰시오.

▶ 해답

kameraltaxe 정의 : kameraltaxe법은 법정축적법 중에서 가장 먼저 만들어진 방법으로 개별작업과 택벌작업에 다같이 적용된다. 표준연벌량이 생장량의 절반보다 적지 않도록 한다.

표준연벌채량 = 현실연간생장량 + $\frac{현실축적 - 법정축적}{갱정기}$

05 골쌓기와 켜쌓기를 그림으로 나타내시오.

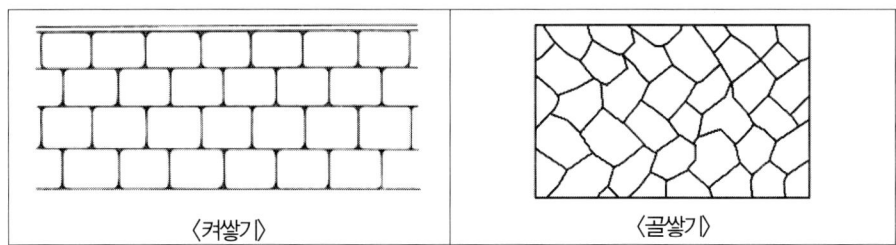

06 크롤러식과 타이어식 특징을 각각 2가지씩 적으시오.

· 크롤러 방식
① 견인력이 크다.
② 등판력이 우수하다.
· 타이어 방식
① 가격이 상대적으로 저렴하다.
② 기동력이 우수하다.

※ 추가 상세

크롤러 방식	타이어 방식
· 견인력이 크다. · 험한 지형에서 주행성이 좋다. · 경사지에서 작업성이 우수하다. · 중량이 무겁고 기동력이 낮다. · 가격이 고가이다. · 수리 및 유지비가 상대적으로 많이 소요된다.	· 가격이 저렴하다. · 수리 및 유지비가 상대적으로 적게 든다. · 중량이 가볍고 기동력이 좋다.

07 다음 표에서 <중> 지위의 입목도를 구하시오.

지위	임령 20년일 때의 수확표상 재적(m³)	임령 20년일 때의 수확표상 현실축적(m³)
상	80	65
중	65	45
하	49	25

입목도 = $\dfrac{현실축적}{법정축적} \times 100(\%) = \dfrac{45}{65} \times 100 ≒ 69.2\%$

08 임도에 설치되는 배향곡선의 정의와 설치목적을 설명하시오.

해답
- 정의 : 단곡선, 복심곡선, 반향곡선이 혼합되어 머리핀모양(Hair-pin)으로 된 곡선
- 설치 목적 : 경사가 급한 곳에서 노선을 연장하여 종단기울기를 완화하거나 동일사면에서 우회할 목적으로 설치한다.

09 연년생장량과 평균생장량의 관계를 2가지만 설명하시오.

해답
① 초기에는 연년생장량이 평균생장량보다 크다.
② 연년생장량은 평균생장량 보다 극대점이 빨리 나타난다.

※ 참고
① 초기에는 연년생장량이 평균생장량보다 크다.
② 연년생장량은 평균생장량 보다 극대점이 빨리 나타난다.
③ 평균생장량의 극대점에서는 연년생장량과 평균생장량의 크기가 같다.
④ 평균생장량의 극대점 까지 연년생장량이 항상 평균생장량 크다.

10 임황조사의 인자를 8개 쓰시오.

해답
임종, 임상, 혼효율, 수종, 임령, 영급, 수고, 경급, 소밀도, 축적

11 A, B, C 세 개의 임지에서 평균 생장량 $180m^3$, A의 면적 18ha, 생산량 $200m^3$ 일 때 임지 A의 개위면적을 구하시오.

해답
$\frac{200}{180} \times 18 = 20\,ha$

12 선떼붙이기 공법에서 소단의 너비는 (   ), 발디딤너비는 (   ) 천단폭은 40cm이다.

해답
50~70cm, 10~20cm

13 사방댐의 설치 대상지와 시공장소를 각각 2가지씩 적으시오.

> **해답**
> ① 시공장소
> • 댐부분은 좁고 상류부분은 넓어 퇴사하기 용이한 곳
> • 상류 계류 바닥 기울기가 완만하고 지류가 합류하는 곳
> • 계상 및 양안에 암반이 존재하는 곳
> ② 설치대상지
> • 산사태 발생이 우려되는 지역의 하류계천
> • 집중 호우시 토사, 석력 등의 유출 우려가 되는 곳
> • 계류의 경사가 급해 유속을 감소시킬 필요가 있는 곳

14 어떤 잣나무의 재적이 $1.142m^3$ 이고 직경이 40cm, 수고가 20m일 때 이 잣나무의 흉고형수를 구하시오.(단, 소수점 셋째자리까지 반올림 하시오)

> **해답**
> 흉고형수 $= \dfrac{1.142m^3}{(3.14 \times 0.2m \times 0.2m) \times 20m} = 0.4546 \cdots$
>
> 답 0.45

15 목재의 길이가 6m, 노폭이 3.6m일 때 임도의 곡선반지름을 구하시오.

> **해답**
> 최소곡선반지름 $= \dfrac{반출 목재 길이^2}{4 \times 도로 너비} = \dfrac{6^2}{4 \times 3.6} = 2.5m$

산림기사 실기-필답형

2018년 제2회

01 현실축적이 ha 당 400m³, 법정벌채량이 ha 당 40m³, 법정축적이 ha 당 500m³ 일 경우 표준벌채량을 훈데스하겐법으로 계산하시오.

해답

$$400 \times \frac{40}{500} = 32\text{m}^3$$

02 간선임도, 지선임도, 작업임도의 설계속도기준을 적으시오.

해답
- 간선임도 : 설계속도 20~40km/h
- 지선임도 : 설계속도 20~30km/h
- 작업임도 : 설계속도 20km/h 이하

03 임지평가방법에서 절충방식에 이용되는 평가법 3가지를 적으시오.

해답
① 원가방식
② 수익방식
③ 비교방식

04 지위, 지리에 대해 쓰시오.

해답
- 지위 : 지위는 산림생산능력을 말하는 것으로 임지가 가지고 있는 잠재적 생산능력을 평가하는 기준이 된다.
- 지리 : 해당 소반 중심에서 임도 혹은 도로까지의 거리로서 10급지로 분류한다.

05 보의 높이가 3m, 물의 단위중량이 1.1 Ton/m³일 경우 사방댐이 받는 총수압을 구하시오.

해답

$$\frac{1}{2} \times 1100 \times 3^2 = 4950 \, \text{kg/m}^2$$

06 수확표의 용도 3가지를 적으시오.

해답

① 입목도 및 벌기령 결정
② 수확량 예정
③ 지위 판정

07 산림에서 이용되는 8방위를 적으시오.

해답

동, 서, 남, 북, 북서, 북동, 남서, 남동

08 정지작업을 한다고 하였을 경우 작업해야 할 토적량을 구하시오. 모서리의 숫자는 각 지점의 토심(m)를 나타내고, 각 사각형의 면적은 10m² 이다.

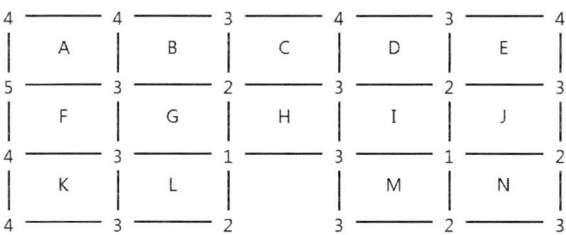

해답

A : (4+4+5+3)÷4 = 4
B : (4+3+3+2)÷4 = 3
⋮ ⋮ ⋮
N : (1+2+2+3)÷4 = 2
총토적량= (A+B+ ≈ +N)×면적=(4+3+≈+2)×10=385m³

09 아래의 표를 보고 임상을 구분하시오(단위 : %)

	(가)	(나)	(다)	(라)	(마)	(바)
소나무	60	10	5	30	10	25
잣나무	20	10	15	45	0	35
떡갈나무	10	30	15	5	90	20
서어나무	10	30	20	10	0	10
물푸레나무	0	20	50	10	0	10

해답

(가) 침엽수림   (나) 활엽수림   (다) 활엽수림
(라) 침엽수림   (마) 활엽수림   (바) 혼효림

추가 상세

- 침엽수 : 소나무, 잣나무,
- 활엽수 : 떡갈나무, 서어나무, 물푸레나무

(가) 침엽수인 소나무, 잣나무 점유율이 75% 이상인 80% 이므로 침엽수림이다.
(나) 활엽수인 떡갈나무, 서어나무, 물푸레나무의 점유율이 80% 이므로 활엽수림이다.
(다) 활엽수의 점유율이 85% 이므로 활엽수림이다.
(라) 침엽수가 점유율이 75% 이므로 침엽수림이다.
(마) 활엽수가 점유율이 90% 이므로 활엽수림이다.
(바) 침엽수 점유율 60%, 활엽수 점유율 40% 로 혼효림이다.

임상

임목재적 혹은 본수 등을 기준으로 침엽수림, 활엽수림, 혼효림으로 구분되며 기준은 아래와 같다.
- 침엽수림 : 침엽수 점유율이 75% 이상인 임분
- 활엽수림 : 활엽수 점유율이 75% 이상인 임분
- 혼효림 : 침엽수 혹은 활엽수가 26~75% 미만의 임분

10 다음 돌골막이의 정면도와 단면도에서 공작물 윗너비의 길이 L = 4m, 밑너비 길이 L = 2m, 높이 H = 2m 이고 물매면의 비탈길이 h = 2.09m, 돌쌓기 두께 0.4m, 뒷채움 평균두께 0.5m 인 경우 총체적을 구하시오.

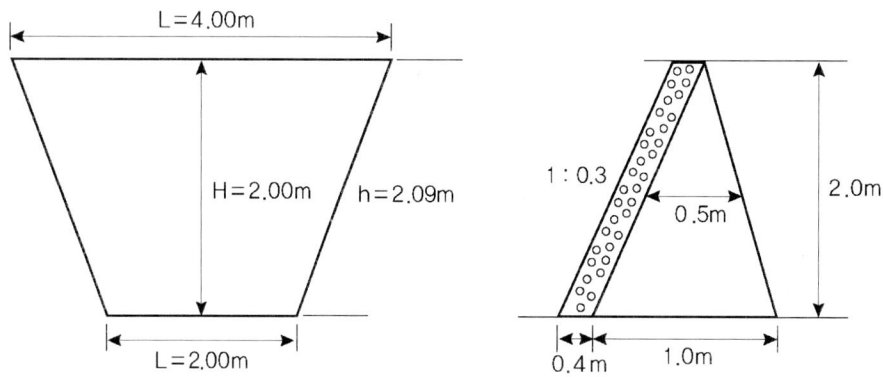

해답

정면도단면적 = $\dfrac{밑변길이 + 윗변길이}{2} \times 높이 = \dfrac{2+4}{2} \times 2 = 6m^2$

평균두께 0.9m(0.4m+0.5m)와 정면도 단면적을 이용하여 0.9m × 6m² = 5.4m³

11 하베스터와 펠러번처 등 다기능기계의 단점 3가지를 적으시오.

해답
- 지형의 영향을 많이 받는다.
- 급경사지에서는 사용이 제한된다.
- 숙련된 기술자가 필요하다.
- 가격이 매우 고가이다.

12 비탈면시공시 토사안식각에 대해 설명하시오.

해답

안정된 비탈면이 수평면과 이루는 각도를 안식각이라 한다.

13 횡단기울기, 외쪽기울기, 합성기울기의 정의를 적으시오.

해답
- 횡단기울기 : 임도 노면의 노면을 가로지르는 면의 기울기를 백분율 (%)로 표현한 것으로 적절한 배수를 통한 노면의 보호를 주목적으로 한다.
- 외쪽기울기 : 차량이 곡선부에서 원심력에 의해 바깥쪽으로 밀리는 현상을 방지하기 위해 곡선부 바깥쪽을 안쪽보다 높게 해주는 기울기이다.
- 합성기울기 : 종단기울기와 횡단기울기를 각각 제곱하여 합한 값의 제곱근으로 한다.

14 단목연령측정방법 3가지를 적으시오.

해답
- 기록에 근거한 방법
- 나이테 수에 근거한 방법
- 생장추에 근거한 방법
- 지절에 근거한 방법
- 흉고직경에 근거한 방법

15 방위각 315° 를 방위로 나타내시오.

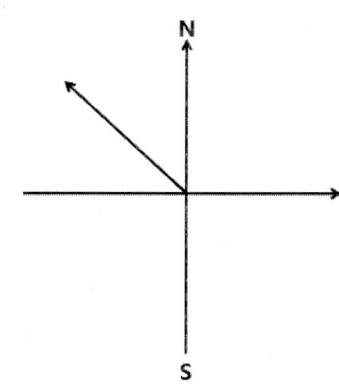

해답
N45°W

산림기사 실기-필답형

2018년 제3회

01 훈데스하겐법에 대해 설명하시오.

해답

훈데스하겐법은 현실축적, 법정벌채량, 법정축적을 이용하여 연간표준벌채량을 구하는 것으로 생장량이 축적에 비례한다는 가정 하에 실시하는 방법이다.

02 산복비탈수로 종류 4가지를 적으시오.

해답

비탈면돌림수로, 돌수로(찰쌓기수로, 메쌓기수로), 콘크리트수로, 떼수로

03 아래의 재적을 참고하여 혼효율을 계산하시오.

소나무	잣나무	상수리나무
33m³	55m³	22m³

해답

침엽수종인 소나무, 잣나무의 점유율의 합이 80%로 침엽수림이다.

- 소나무 : $\dfrac{33}{33+55+22} = \dfrac{33}{110} \times 100(\%) = 30(\%)$

- 잣나무 : $\dfrac{55}{33+55+22} = \dfrac{55}{110} \times 100(\%) = 50(\%)$

- 상수리나무 : $\dfrac{22}{33+55+22} = \dfrac{22}{110} \times 100(\%) = 20(\%)$

임상

임목재적 혹은 본수 등을 기준으로 침엽수림, 활엽수림, 혼효림으로 구분되며 기준은 아래와 같다.
- 침엽수림 : 침엽수 점유율이 75% 이상인 임분
- 활엽수림 : 활엽수 점유율이 75% 이상인 임분
- 혼효림 : 침엽수 혹은 활엽수가 26~75% 미만의 임분

04 면적 1000ha, 임도밀도 20m/ha 의 임도망을 아래의 보기에 맞추어 계산하시오.
(단, 보정계수는 1 적용)

> ◎ 총연장거리
> ◎ 평균집재거리
> ◎ 임도간격
> ◎ 집재거리

해답

· 총연장거리

$$임도밀도 = \frac{총연장거리}{총면적}$$

$$\rightarrow 총연장거리 = 임도밀도 \times 총면적 = 1000 \times 20 = 20000m$$

· 평균집재거리

$$집재거리 = \frac{10000}{적정임도밀도 \times 4} = \frac{10000}{20 \times 4} = 125m$$

· 임도간격

$$임도간격 = \frac{10,000}{적정임도밀도} = \frac{10000}{20} = 500m$$

· 집재거리

$$집재거리 = \frac{5,000}{적정임도밀도} = \frac{5000}{20} = 250m$$

05 수고가 17m 인 25년생 나무가 5년 후 24m 가 되었을 때 프레슬러 공식을 이용하여 생장률(%)을 구하시오(단, 소수점 셋째자리에서 반올림)

해답

$$\frac{24-17}{24+17} \times \frac{200}{5} = 6.8292 \cdots (\%)$$

답 6.83(%)

06 와이어로프 폐기기준 4가지를 적으시오.

해답

① 심하게 변형된 경우
② 심하게 부식된 경우
③ 지름의 감소가 공칭지름 기준 7%를 초과한 경우
④ 한 꼬임에 끊어진 소선수가 10% 이상인 경우

07 황폐지 비탈면의 안정방법 4가지를 적으시오.

> **해답**
> ① 경사가 완만한 황폐지는 표토의 이동 없이 파종상을 만든다.
> ② 불규칙한 지반은 정리하도록 한다.
> ③ 경사가 급한 경우 단을 끊으며 발생된 부토는 선떼붙이기, 흙막이, 골막이 시공을 통해 안정화한다.
> ④ 직파가 어려운 급경사는 짚이나 거적덮기를 통해 피복한다.

08 벌기 50년의 나무가 벌기마다 5000만원의 수입을 영구적으로 얻기 위한 전가합계를 계산하시오(단, 연이율 6%, 1.06^{50}=18.42, 1원미만은 절사 할 것)

> **해답**
> $$\frac{50,000,000}{(1+0.06)^{50}-1} = \frac{50,000,000}{17.42} = 2,870,264.064$$
> 답 2,870,264원

09 수확표의 용도 4가지를 적으시오.

> **해답**
> ① 입목재적 및 생장량의 추정
> ② 지위판정
> ③ 입목도 및 벌기령의 결정
> ④ 수확량의 예측

10 임도에서 완화구간을 설치하는 이유를 설명하시오.

> **해답**
> 완화구간은 차량의 주행을 원활하게 하기 위해 설치한다.

11 사방댐의 안정조건 4가지를 적으시오.

> **해답**
> ① 전도에 대한 안정
> ② 활동에 대한 안정
> ③ 제체의 파괴에 대한 안정
> ④ 기초지반의 지지력에 대한 안정

12 임상의 구분기준을 쓰시오.

해답
- **침엽수림** : 침엽수가 75% 이상 점유하는 임분
- **활엽수림** : 활엽수가 75% 이상 점유하는 임분
- **혼효림** : 침엽수 혹은 활엽수가 26~75%미만 점유하는 임분

13 간선 및 지선임도에서의 대피소 설치 기준을 적으시오.

해답

대피소는 간격 300m 이내, 너비 5m 이상, 유효길이 15m 이상으로 설치한다.

14 지위, 수고, 흉고직경이 흉고형수에 미치는 영향에 대해 설명하시오.

해답
- **지위** : 지위가 양호할수록 형수가 작아진다.
- **수고** : 수고가 높을수록 형수는 작아진다.
- **흉고직경** : 흉고직경이 커질수록 형수는 작아진다.

15 토목재료 중 콘크리트 강도에 영향을 주는 요인 3가지를 적으시오.

해답
① 물
② 골재의 종류 및 품질
③ 혼화재

> **콘크리트 강도 영향인자**
> - 배합 방법 : W/C 비, 골재 입도, 공기량
> - 재료 : 물, 시멘트, 골재 종류 및 품질, 혼화재
> - 시공방법 : 운반, 타설, 다짐, 양생

산림기사 실기-필답형

2019년 제1회

01 아래의 야장을 참고하여 답안 및 풀이를 기재하시오.

경급(cm)	수고(m)	본수	단재적(m³)
6	5	11	0.0079
8	6	14	0.0154
10	7	22	0.0263
12	7	27	0.0360
14	8	16	0.0540
16	8	4	0.0680
18	9	2	0.0950
20	9	3	0.1140

(1) 표준지 면적이 800m²일 경우 ha당 재적을 구하시오.(단, 소수점 셋째자리 반올림)
(2) 경급을 구하시오.
(3) 수고를 구하시오.

해답

(1) 표준지 면적이 800m²일 경우 ha당 재적을 구하시오(단, 소숫점 셋째자리 반올림)

본수	단재적(m³)	재적(m³)
11	0.0079	0.0869
14	0.0154	0.2156
22	0.0263	0.5786
27	0.0360	0.972
16	0.0540	0.864
4	0.0680	0.272
2	0.0950	0.19
3	0.1140	0.342

$$ha 당\ 재적 = \frac{3.5211}{0.08} = 44.01375 ≒ 44.01 m^3/ha$$

(2) 경급을 구하시오.

$$경급 = \frac{평균경급}{최소경급 \sim 최대경급} = \frac{12}{6 \sim 20}$$

평균경급 = $\dfrac{(6\times11)+(8\times14)+(10\times22)+(12\times27)+(14\times16)+(16\times4)+(18\times2)+(20\times3)}{11+14+22+27+16+4+2+3}$

= $\dfrac{66+112+220+324+224+64+36+60}{99} = \dfrac{1106}{99} ≒ 12$

(3) 수고를 구하시오.

수고 = $\dfrac{평균수고}{최소수고 \sim 최대수고} = \dfrac{7}{5 \sim 9}$

평균수고 = $\dfrac{(5\times11)+(6\times14)+(7\times22)+(7\times27)+(8\times16)+(8\times4)+(9\times2)+(9\times3)}{99}$

= $\dfrac{55+84+154+189+128+32+18+27}{99} = \dfrac{687}{99} ≒ 7$

02 표준목법의 종류 두가지를 기재하시오.

해답

① 단급법 : 임분재적을 추정하기 위한 표준목법에서 표준목을 선정하는 방법 중의 하나로 가장 간단한 방법이다.
② 드라우드법 : 각 직경급을 대상으로 표준목을 선정하여 임분의 재적을 측정하는 표준목법의 일종이다.

표준목법

- **단급법** : 임분재적을 추정하기 위한 표준목법에서 표준목을 선정하는 방법 중의 하나로 가장 간단한 방법이다
- **Draudt(드라우드법)** : 각 직경급을 대상으로 표준목을 선정하여 임분의 재적을 측정하는 표준목법의 일종이다
- **Urich(우리히법)** : 전체의 임목을 몇 개의 계급으로 나누고, 각 계급의 본수를 동일하게 한 다음 각 계급에서 같은 수의 표준목을 선정하는 방법이다
- **Hartig(하티그법)** : 임분재적을 추정하는 방법 중의 하나인 표준목법 중에서 가장 정확도가 높은 방법이다. 각 계급의 흉고단면적을 동일하게 하고 임목의 그루수가 같은 계급을 나누어 각 계급에서 같은 수의 표준목을 정하는 방법으로 구하는 공식은 우리히법과 동일하다

03 30년일 때 임목의 재적이 0.2565m³, 25년일 때 재적 0.1861m³ 인 경우 프레슬러 공식을 이용하여 생장률을 구하시오(단, 소수점 셋째자리 반올림).

해답

$\dfrac{0.2565-0.1861}{0.2565+0.1861} \times \dfrac{200}{5} ≒ 6.36\%$

04 1/25,000 축척에서 경사도 10%, 수고높이 10m 일 경우 양각기 폭을 구하시오.

> **해답**
> - $\dfrac{10}{수평거리} \times 100 = 10(\%) \rightarrow$ 수평거리 : $100m$
> - 100m = 10000cm
> $$10000cm \times \dfrac{1}{25000} = 0.4cm \quad 양각기 폭 : 4mm$$

05 외쪽기울기 3%, 종단기울기 4% 일 경우 합성기울기를 구하시오.

> **해답**
> 합성기울기 $= \sqrt{3^2 + 4^2} = \sqrt{9+16} = 5$
> 합성기울기 : 5%

06 벌기재적을 최대로 하기 위한 평균생장량과 연년생장량의 그림을 그리고 설명하시오.

> **해답**
> 벌기재적을 최대로 하기 위한 시점은 임목의 평균생장량의 극대점이 되는 시기이다.
>
>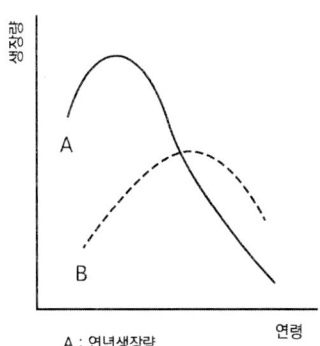
>
> A : 연년생장량
> B : 평균생장량

07 사방댐의 물빼기 구멍을 설치하는 방법을 쓰시오.

> **해답**
> 사방댐의 물빼기 구멍은 댐아래쪽의 계상선이나 댐 높이의 1/3 지점에 설치하며 하류 댐 물빼기 구멍은 상류댐기초보다는 낮은 위치에 설치해야 한다.

08 산림자원의 조성 및 관리에 관한 법류에 의한 산림의 기능별 구분 6가지를 쓰시오.

해답
① 수원의 함양
② 산림재해방지
③ 자연환경 보전
④ 목재 생산
⑤ 산림 휴양
⑥ 생활환경 보전

09 산림수확 조정법 중에서 구획윤벌법에 대해 쓰시오.

해답
구획윤벌법은 가장 오래된 수확조정법으로 전 산림면적을 윤벌기 연수와 같은 벌구로 나누어 매년 한 벌구씩 벌채하는 것으로 단순구획윤벌법과 비례구획윤벌법이 있다.

10 랑꼬임과 보통꼬임의 차이점을 보통꼬임 중심으로 쓰시오.

해답
랑꼬임은 와이어로프의 꼬임이 스트랜드의 꼬임 방향과 일치하지만 보통꼬임은 와이어로프의 꼬임과 스트랜드의 꼬임이 역방향으로 되어 있으며 보통꼬임은 킹크가 잘 일어나지 않지만 마모가 되기 쉬운 것이 특징이다.

11 유역면적 $4.0km^2$, 유출계수 0.8, 강우강도 100mm/hr, 일 때 계획지점에 대한 최대홍수량을 구하시오.

해답
$0.2778 \times 0.8 \times 4.0 \times 100 = 88.896 m^3/s$

12 입목지에 대해 설명하시오.

해답
임목재적이나 본수가 30%를 초과하는 임분을 입목지라 한다.

13 황폐계류의 특성을 쓰시오.

> **해답**
>
> 황폐계류는 유로 연장이 비교적 짧은 편이며 계상의 물매가 급하며 유량은 강우 등에 의해 증가하거나 감소하는 편이다. 유수에 의해 침식이 시작되어 사력이 만들어지고 하류로 유출된다. 호우가 종료되면 유량이 감소되고 사력의 이동이 줄어든다.

14 최소곡선 반지름에 크기에 영향을 미치는 인자 5가지를 쓰시오.

> **해답**
>
> ① 도로 나비 및 구조
> ② 반출 목재 길이
> ③ 차량구조
> ④ 운행속도
> ⑤ 시거

15 기고식을 이용하여 기계고, 지반고를 구하시오.

측점	후시	기계고	전시		지반고
			T.P	I.P	
B.M	3.30	(①)			50.0
1				2.5	(②)

> **해답**
>
> ① 기계고 = 지반고 + 후시 = 50.0 + 3.30 = 53.3m
> ② 지반고 = 기계고 - 전시 = 53.3 - 2.50 = 50.8m

산림기사 실기-필답형

2019년 제2회

01 임지기망가에 영향 인자 4가지를 적으시오.

> **해답**
> 주벌수익, 간벌수익, 조림비, 이율, 벌기

02 임도의 횡단배수구를 설치해야 하는 장소 4군데를 적으시오.

> **해답**
> - 구조물의 앞과 뒤
> - 체류수가 있는 곳
> - 외쪽물매로 옆도랑 물이 역류하는 곳
> - 종단기울기 변이점

03 측량오차의 종류 3가지를 적고 각각에 대해 설명하시오.

> **해답**
> ① 정오차 : 일정한 법칙에 따라 생기므로 원인과 상태만 알면 오차를 제거할 수 있다.
> ② 부정오차 : 주위의 사정으로 측정자가 주의해도 피할 수 없는 불규칙적이고 우발적인 원인에 의해 발생하는 오차로 제거가 어려운 오차이다.
> ③ 과실 : 관측자의 부주의에 의해 발생되는 오차로 제거가 가능하다.

04 등고선구공법의 설치 목적을 적으시오.

> **해답**
> 토양침식을 방지하여 식물 생육에 필요한 수분을 공급하게 된다.

05 사방댐의 적지 3군데를 적으시오.

해답
- 댐부분은 좁고 상류부분은 넓어 퇴사하기 용이한 곳
- 상류 계류 바닥 기울기가 완만하고 지류가 합류하는 곳
- 구역이 긴 구간의 경우 계단상으로 설치한다.
- 계상 및 양안에 암반이 존재하는 곳

06 임업이율의 성격 3가지를 적으시오.

해답
① 장기이율이다.
② 평정이율이다.
③ 명목이율이다.

07 정지기계의 종류 3가지를 적으시오.

해답
① 모터그레이드
② 불도저
③ 스크레이퍼 도저

08 면적이 10ha, 임도길이 2km, 평균집재거리가 10m 일 때 임도개발지수를 구하시오.

해답

$$개발지수 = \frac{임도밀도 \times 평균집재거리}{2500} = \frac{200 \times 10}{2500} = 0.8$$

09 혼효율의 산정 방법에 대해 적으시오.

해답
수관 점유 면적 혹은 입목본수 비율에 대한 100분율로 산정한다.

10 표준목법 중 흉고직경을 결정하는 방법 3가지를 적으시오.

> 해답
① 흉고단면적법
② 산술평균지름법
③ 와이제법

11 아래 4급 선떼 작업에 표시된 번호의 명칭을 적으시오.

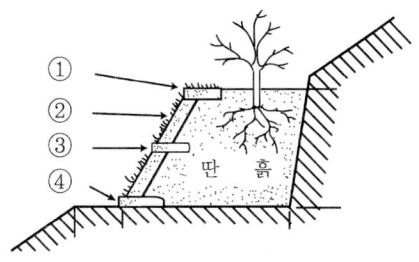

> 해답
① 갓떼 ② 선떼 ③ 받침떼 ④ 바닥떼

12 쇄석도의 종류에서 수체 머캐덤도, 교통체 머캐덤도에 대해 설명하시오.

> 해답
① 교통체 머캐덤도 : 쇄석이 교통과 강우로 인하여 다져진 도로이다.
② 수체 머캐덤도 : 쇄석의 틈 사이에 석분을 물로 투입하여 롤러로 다져진 도로이다.

13 단면적 상수가 1 인 릴라스코프를 이용하여 20개소를 측정할 때 측정본수는 380본이고 임분의 평균수고는 10m, 임분형수는 0.4 였다. 이 임분의 ha 당 재적을 구하시오.

> 해답
$$ha당 재적 = \frac{단면적계수 \times 임목본수 \times 평균수고 \times 임분형수}{표본점수}$$
$$ha당 재적 = \frac{1 \times 380 \times 10 \times 0.4}{20} = 76(m^3/ha)$$

14 아래 내용에 빈칸을 채우도록 하시오.

> 수확조정의 기법 중 생장량법에서 (㉠)는 일정한 수식이나 특수한 규정이 따로 정해져 있는 것이 아니라 경험에 근거로 실행하는 방법이다. (㉡) 는 각 임분의 평균생장량합계를 곧 수확예정량으로 하는 순수생장량법으로 적용범위가 한정적이고 윤벌기가 필요 없다. (㉢)는 현실축적에 각 임분의 평균생장량을 곱해 얻은 연년생장량을 수확예정량으로 하는 방법으로 윤벌기 및 벌기를 정할 필요가 없다.

해답

㉠ 조사법
㉡ Martin 법
㉢ 생장률법

15 소나무 임분의 임령이 40년, 우세목의 평균수고가 12.6m, 흉고단면적 합계가 22.2m² 이다. 아래 수확표를 활용하여 임분의 ha 당 재적을 구하시오.
(단, 소수점 셋째자리 반올림)

임령	지위지수	평균수고(m)	ha 당 흉고단면적 합계(m²)	단재적(m³)
40	8	12.1	24.02	147.01

해답

$$ha\,당재적 = 수확표\,단재적 \times \frac{현실수고}{수확표수고} \times \frac{현실\,흉고단면적\,합계}{수확표\,흉고단면적\,합계}$$

$$ha\,당재적 = 147.01 \times \frac{12.6}{12.1} \times \frac{22.2}{24.02} ≒ 141.49$$

답 141.49m³/ha

2019년 제3회

01 임도곡선(교각법)의 설정시 아래 표기된 명칭 4가지를 적으시오.

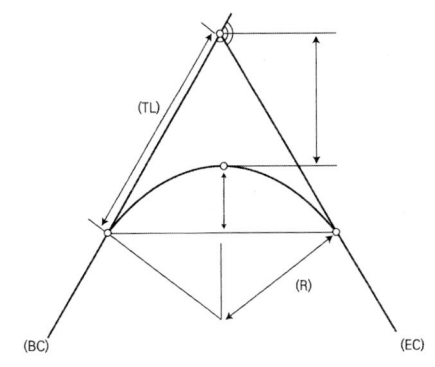

해답
BC : 곡선시점, EC : 곡선종점, TL : 접선길이, R : 곡선반지름

02 kameraltaxe 법의 공식인자 4가지를 적으시오.

해답
현실연간생장량, 현실축적, 법정축적, 갱정기

03 면적 3600 ha, 윤벌기 60년, 영계수 10 일 때 법정영급면적과 영급수를 구하시오.

해답
- 법정영급면적 $= \dfrac{3600}{60} \times 10 = 600 ha$
- 영급수 $= \dfrac{3600}{600} = 6$개

04 설계속도 40km/h, 마찰계수 0.13, 외쪽물매 7% 일 때의 최소곡선반지름을 구하시오.
(단, 소수점 셋째자리 반올림)

> **해답**
>
> $$\frac{\text{설계속도}^2}{127(\text{타이어 마찰계수}+\text{노면횡단물매})} = \frac{40^2}{127(0.13+0.07)} \fallingdotseq 62.99\,m$$

05 이령림의 임령측정방법 4가지를 적으시오.

> **해답**
>
> ① 본수령 ② 재적령 ③ 면적령 ④ 표본목령

06 측량시 발생되는 오차의 종류 3가지를 적으시오.

> **해답**
>
> ① 정오차 ② 부정오차 ③ 과실

07 사방수종의 요구 조건 4가지를 적으시오.

> **해답**
>
> ① 생장력이 왕성해야 한다.
> ② 뿌리의 자람이 좋고 토양에 긴박력이 커야 한다.
> ③ 환경에 대한 적응성이 커야 한다.
> ④ 묘목의 생산비가 적고 대량생산이 잘 돼야 한다.

08 수익방식의 임목평가방법 2가지를 적고 각각에 대해 설명하시오.

> **해답**
>
> • 임목기망가법 : 임분이 벌기에 도달할 때까지 얻을 수 있는 간벌수익, 주벌수익 등 총수익의 현재가를 벌기까지 들어갈 총비용의 현재가로 차감하여 구한 것을 임목기망가라 한다.
> • 수익환원법 : 미래 평가대상의 산림에 기대되는 순수익을 할인율로서 평가시점에 있어서의 가격으로 할인하여 산림가격을 평정하는 방법이다.

09 소단의 역할 4가지를 적으시오.

해답
① 비탈의 안정성을 높인다.
② 유수에 의한 침식을 방지한다.
③ 작업자의 발판으로 이용한다.
④ 낙석 및 이탈물을 잡아준다.
⑤ 사면을 분리하여 심리적 안정감을 도모한다.

10 토성에서 사양토가 의미하는 바를 적으시오.

해답
모래가 1/3~2/3 을 포함하는 토양을 말한다.

11 측고기 사용 시 주의사항을 적으시오.

해답
- 측정할 나무의 초두부와 근원부가 잘 보이는 곳에서 측정한다.
- 경사지에서 뿌리 근처보다 높은 곳에서 측정하고 등고 위치에서 측정하도록 한다.
- 경사지에서는 여러 방향에서 측정하여 평균을 낸다.

12 유속 0.18 km/h, 유적 5m² 의 수로에 10초 동안 흐른 유량을 구하시오.

해답
- 0.18 km/h → 0.05 m/s
- 유량 = 유적 × 유속 = $5m^2$ × 0.05 m/s = 0.25 m^3/s
- 10초 동안 흐른 유량 : 10초 × 0.25 m^3/s = 2.5 m^3

13 임도설계시 유의사항 3가지를 적으시오.

해답
- 운반량에 제한이 없어야 한다.
- 운재 방법이 단일화 되어야 한다.
- 신속하게 운반해야 한다.
- 날씨에 따른 제약이 적어야 한다.
- 운반과정에서 목재의 손상이 적어야 한다.

14 나무의 흉고직경 20cm, 수고 12m, 흉고형수 0.5 일 때 재적을 구하시오 (단, 소수점 셋째자리 반올림)

> **해답**
> - 단면적 : 0.1 × 0.1 × 3.14 = 0.0314
> - 재적 = 단면적 × 수고 × 흉고형수
>   = 0.0314 × 12 × 0.5 = 0.1884 m³ ≒ 0.19m³

15 수구면과 추구면 사이의 일정한 너비를 남기는 이유 4가지를 적으시오

> **해답**
> ① 벌목시 나무의 넘어지는 속도를 감소시킨다.
> ② 작업자의 안정성을 높인다.
> ③ 벌도목의 파열을 방지한다.
> ④ 임목의 벌도 방향을 결정한다.

산림기사 실기-필답형

2020년 제1회

01 산림경영계획도에 표기하는 항목 4가지를 적으시오.

해답
임반, 소반, 방위, 임상, 임도, 간벌, 면적 등

02 사방댐의 설치장소 4군데를 적으시오.

해답
- 댐부분은 좁고 상류부분은 넓어 퇴사하기 용이한 곳
- 상류 계류 바닥 기울기가 완만하고 지류가 합류하는 곳
- 구역이 긴 구간의 경우 계단상으로 설치한다.
- 계상 및 양안에 암반이 존재하는 곳

03 와이어로프 폐기기준 4가지를 적으시오.

해답
① 심하게 변형된 경우
② 심하게 부식된 경우
③ 지름의 감소가 공칭지름 기준 7%를 초과한 경우
④ 한 꼬임에 끊어진 소선수가 10% 이상인 경우

04 사방수종의 요구 조건 4가지를 적으시오.

해답
① 생장력이 왕성해야 한다.
② 뿌리의 자람이 좋고 토양에 긴박력이 커야 한다.
③ 환경에 대한 적응성이 커야 한다.
④ 묘목의 생산비가 적고 대량생산이 잘 되어야 한다.

05 임도의 곡선 설치 방법 3가지를 적으시오.

해답

교각법, 편각법, 진출법

06 경심 0.96, 유로비탈 1/18 일 때 평균유속을 구하시오.
(단, Bazin 공식을 활용하고 $\alpha = 0.0004$, $\beta = 0.0007$ 적용, 소수점 셋째자리 반올림)

해답

$$\sqrt{\dfrac{1}{0.0004+\dfrac{0.0007}{0.96}}} \times \sqrt{0.96 \times \dfrac{1}{18}} = 29.759\cdots \times 0.2309\cdots = 6.872\cdots \; m/s$$

답 6.87m/s

07 지위, 수고, 흉고직경이 흉고형수에 미치는 영향에 대해 설명하시오.

해답

- 지위 : 지위가 양호할수록 형수가 작아진다.
- 수고 : 수고가 높을수록 형수는 작아진다.
- 흉고직경 : 흉고직경이 커질수록 형수는 작아진다.

08 측고기를 이용한 수고 측정시 측정 위치를 설명하시오.

해답

수고 측정시 경사지에서는 등고 위치에서 초두부와 근원부가 명확하게 보이는 곳에서 측정하며 측정거리는 가능하면 수고와 같은 거리를 이격하여 측정한다.

09 아래 표를 참고하여 평균임령 구하시오.

임령	20	21	22	23	24	25
본수	15	20	30	20	10	5

해답

$$\dfrac{(20\times 15)+(21\times 20)+(22\times 30)+(23\times 20)+(24\times 10)+(25\times 5)}{15+20+30+20+10+5} = \dfrac{2205}{100} = 22.05$$

- 평균임령 : 22

10 찰쌓기 물빼기 구멍의 설치 기준을 적으시오.

> **해답**
> 찰쌓기 물빼기 구멍은 배치를 어긋나게 하고 서로의 간격은 2~3m^2 마다 1개소를 계획하는 것을 표준으로 하며 바닥지름 3~5cm 정도의 염화비닐관 등으로 시공한다.

11 최소곡선 반지름에 크기에 영향을 미치는 인자 5가지를 쓰시오.

> **해답**
> ① 도로 나비 및 구조
> ② 반출 목재 길이
> ③ 차량구조
> ④ 운행속도
> ⑤ 시거

12 아래 나열된 인자들이 임지기망가에 미치는 영향에 대해 기술하시오

◎ 주벌수익과 간벌수익 :
◎ 조림비와 관리비 :
◎ 이율 :

> **해답**
> • 주벌수익과 간벌수익 : 수익이 클수록 임지기망가도 커진다.
> • 조림비와 관리비 : 조림비, 관리비가 클수록 임지기망가는 작아진다.
> • 이율 : 이율은 낮을수록 임지기망가는 커진다.

13 교차법의 종류 3가지를 적으시오.

> **해답**
> Kameraltaxe 법, Heyer, Karl

14 대피소의 간격, 너비, 유효길이 설치기준을 적으시오.

> **해답**
> 대피소의 간격은 300m 이내, 너비 5m 이상, 유효길이 15m 이상으로 설치한다.

15 1/25000 의 지도에서 종단기울기가 8%, 실제 높이가 10m 인 노선의 양각기의 폭을 구하시오(단, 양각기 폭 단위는 mm 로 표기할 것).

해답

- 경사 = $\dfrac{\text{등고선의 높이}}{\text{실제거리}} \times 100(\%) \Rightarrow 8 = \dfrac{10}{\text{실제거리}} \times 100 \Rightarrow \text{실제거리} = 125(m)$

- 양각기폭 = 실제거리 × 축척 = $125m \times \dfrac{1}{25000} = 0.005m = 5mm$

산림기사 실기-필답형

2020년 제2회

01 직사각형 칼날웨어에서 월류수심 1m에 유량이 2m³/sec 일 때 칼날웨어의 나비를 구하시오.(단, 사방댐의 수축은 없는 것으로 가정한다. 소수점 넷째자리 반올림)

해답

$2 = 1.84 \times (웨어나비 - \frac{0 \times 1}{10}) \times 1^{\frac{3}{2}} \Rightarrow 2 = 1.84 \times 웨어나비 \times 1$

웨어나비 $= 1.086956522 ≒ 1.087m$

02 임황 및 지황의 조사항목을 각각 3가지씩 적으시오.

해답
- 임황 : 임종, 임상, 수종
- 지황 : 방위, 토성, 토심

03 소반구획 요인 3가지를 쓰시오.

해답
① 지종이 상이할 때
② 임상, 작업종이 상이할 때
③ 임령, 지위, 지리 혹은 운반계통이 상이할 때
④ 기능이 상이할 때

04 가선집재 요소 작업의 순서를 적으시오.

해답
공차주행 → 로프인출 → 초커설치 → 가로집재 → 적재주행 → 초커제거 → 모아쌓기

05 산림면적 1,000ha, 윤벌기 50년, 1영급을 편성하는 영계수가 10 이라고 할 때 법정영급면적과 영급수를 구하시오.

> **해답**
>
> 법정영급면적 $= \dfrac{1000}{50} \times 10 = 200ha$
>
> 영급수 $= \dfrac{1000}{200} = 5개$

06 이령림의 연령 측정방법 중에서 면적령을 설명하시오.

> **해답**
>
> 면적령은 이령림의 임령을 결정하는 다양한 방법 중의 하나로 각 이령임분이 차지하고 있는 면적을 고려한 가중평균에 의하여 구한다.

07 자연침식과 가속침식에 대해 설명하시오.

> **해답**
>
> - 자연침식 : 인간활동이 가해지지 않은 자연적인 침식으로 진행속도는 느리며 정상침식 혹은 지질학적 침식이라고 한다.
> - 가속침식 : 사람 혹은 동물이나 재해가 발생하여 지피식물이 파괴되고 물, 바람, 중력 등의 외적영향에 의해 일어나는 침식으로 자연침식보다 빠른 것이 특징이다.

08 법정축적법의 정의를 쓰고 Kameraltaxe 법의 공식을 적으시오.

> **해답**
>
> - 법정축적법 정의 : 각 작업급에 대한 현실림의 축적과 생장량, 법정축적을 이용하여 표준벌채량을 계산하고 현실림을 법정림 상태로 유도하는 방법이다.
> - kameraltaxe 정의 : kameraltaxe법은 법정축적법 중에서 가장 먼저 만들어진 방법으로 개벌작업과 택벌작업에 다같이 적용된다.
>
> 표준연벌채량 $=$ 현실연간생장량 $+ \dfrac{\text{현실축적} - \text{법정축적}}{\text{갱정기}}$

09 선떼붙이기공법 중에서 4급 선떼붙이기 그림을 도식화하시오.

> 해답

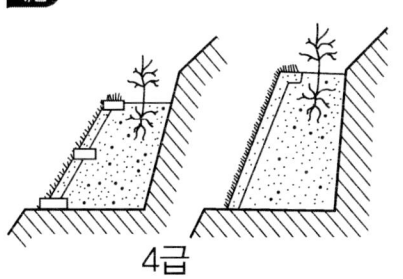

10 면적 72ha, 강우강도 100mm/hr, 유출계수 0.8에서 유출계수가 0.5로 감소했을 경우 강수량을 합리식으로 계산하시오(단, 소수점 셋째자리 반올림 할 것).

> 해답
> - $0.002778 \times 0.8 \times 100 \times 72 ≒ 16.00 m^3/s$
> - $0.002778 \times 0.5 \times 100 \times 72 ≒ 10.00 m^3/s$
> - 감소량 : $16.00 - 10.00 = 6.00 m^3/s$

11 횡단배수구 설치 장소 4군데를 적으시오.

> 해답
> - 구조물의 앞과 뒤
> - 체류수가 있는 곳
> - 외쪽물매로 옆도랑 물이 역류하는 곳
> - 종단기울기 변이점

12 사방댐과 구곡막이(골막이)의 차이점을 설명하시오.

> 해답

사방댐과 골막이의 규모 비교시 상대적으로 사방댐의 규모가 더 크다. 사방댐은 대수면과 반수면을 모두 축조하나 골막이는 반수면만 축조를 한다. 시공위치의 경우 골막이는 사방댐에 비해 계류의 상부에 위치하며 중앙부를 낮게 하여 물이 빠지도록 설계한다.

13 새집공법에 대해 설명하시오.

> **해답**
>
> 암반사면에 반달형의 모양으로 잡석을 쌓아 내부에 흙을 채워 식생하는 공법이다.

14 입목도에 대해 설명하시오.

> **해답**
>
> 입목도는 같은 지위 및 나이를 가진 수종을 정상입분의 축적을 현실임분의 축적의 비율을 100분율로 표시한다.

15 10m×10m 안에서 10cm 가 4본, 12cm 2본, 14cm 2본, 16cm 3본 일 경우 1ha 내의 흉고단면적의 합계를 구하시오.

> **해답**
>
> · 0.01ha(10m×10m) 흉고단면적 합계
> $(3.14 \times 0.05^2 \times 4) + (3.14 \times 0.06^2 \times 2) + (3.14 \times 0.07^2 \times 2) + (3.14 \times 0.08^2 \times 3)$
> $≒ 0.0314 + 0.022608 + 0.030772 + 0.060288 = 0.145068 ≒ 0.145m^2$
> · 1 ha 당 흉고단면적
> $0.01\ ha : 0.145m^2 = 1ha : x$
> $x = 14.5m^2$

산림기사 실기-필답형 — 2020년 제3회

01 사방댐의 기능 3가지를 적으시오.

해답
① 계상물매를 완화하고 침식을 방지한다.
② 산각을 고정하고 붕괴를 방지한다.
③ 계상에 퇴적한 불안정 토사의 유동을 막고 양안의 산각을 고정한다.

02 삼각웨어의 월류 수심이 80cm 일 때 유량을 구하시오(단, 소수점 둘째자리 반올림)

해답
$1.4 \times 0.8^{5/2} ≒ 0.8$
답 $0.8 m^3/s$

03 임목수확장비인 하베스터와 프로세서의 차이점에 대해 설명하시오.

해답
하베스터와 프로세서의 작업기능은 유사하나 하베스터는 벌목이 가능하고 프로세서는 벌목이 안된다.

04 평균강우량 산정 방법 3가지를 적고 각각에 대해 설명하시오.

해답
- **강우량고도법** : 강수량을 고도에 따라 증가하는 것을 이용하여 산출하는 방법이다.
- **티센법** : 어떤 유역 내 및 유역과 가까운 여러 지점에서 관측된 강우량으로부터 그 유역의 평균강우량을 산정하는 방법이다.
- **등우선법** : 어떤 유역의 평균강우량을 추정하는 방법으로 등우선도를 이용하는 방법이다. 강우에 대한 지형의 영향이 고려되는 방법으로 산지지형에 적합하다.
- **산술평균법** : 각 지점별 강우량을 합산하여 관측점 수로 나누어 산출한다. 오차가 적고 가장 간단한 방법이다.

05 평면곡선에 해당하는 배향곡선, 반대곡선을 도식화하고 각각의 특징에 대해 적으시오.

> **해답**
> - 배향곡선(헤어핀곡선) : 단곡선, 복심곡선, 반향곡선이 혼합되어 머리핀모양(Hair-pin)으로 된 곡선으로 경사가 급한 곳에서 노선을 연장하여 종단기울기를 완화하거나 동일사면에서 우회할 목적으로 설치한다.

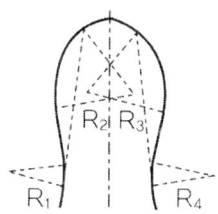

[배향곡선]

> - 반대곡선(반향곡선) : 서로 다른 방향에서의 곡선이 한지점에서 만나 연속되는 것으로 별도의 직선부 설치가 필요하다.

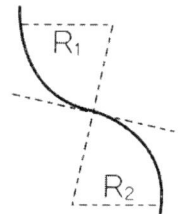

[반향곡선]

06 2014년 임목재적이 150m³, 2024년 임목재적이 220m³ 일 경우 프레슬러공식을 이용하여 생장율을 구하시오(소수점 둘째자리까지 기입할 것)

> **해답**
> $$\frac{220-150}{220+150} \times \frac{200}{10} \fallingdotseq 3.78\%$$

07 임지가 20년전에는 20만원, 매년 개량비 3만원, 관리비 1만원이 지출된다. 간벌수익 미래가 15만원이고 이율 5% 일 때 임지 비용가를 산정하시오 (단, 1.05²⁰=2.653)

> **해답**
> $$임지비용가 = 200,000(1.05)^{20} + \frac{(30,000+10,000)\times[(1.05)^{20}-1]}{0.05} - 15만원$$
>
> $$= 530,600 + \frac{40,000 \times 1.653}{0.05} - 150,000$$
>
> $$= 530,600 + 1,322,400 - 150,000 = 1,703,000 \text{ 원}$$

08 임분 재적을 계산하는 방법 중 표준목법에서 우리히법과 드라우드법을 설명하고 계산식을 쓰시오.

> 해답

- Draudt(드라우드법) : 각 직경급을 대상으로 표준목을 선정하여 임분의 재적을 측정하는 표준목법의 일종이다.

  공식 : 전체 임분 재적 = 표준목 재적 × $\dfrac{\text{전임분 임목}}{\text{표준목의 수}}$

- Urich(우리히법) : 전체의 임목을 몇 개의 계급으로 나누고, 각 계급의 본수를 동일하게 한 다음 각 계급에서 같은 수의 표준목을 선정하는 방법이다.

  공식 : 전체 임분 재적 = 표준목 재적 합계 × $\dfrac{\text{임분 흉고단면적 합계}}{\text{표준목 흉고단면적 합계}}$

09 자연휴양림에 기본적으로 들어가는 시설 7가지를 쓰시오.

> 해답

① 숙박시설　② 편익시설　③ 위생시설　④ 체험시설
⑤ 교육시설　⑥ 전기시설　⑦ 통신시설

10 산사태와 비교한 땅밀림 현상의 특징 3가지를 적으시오.

> 해답

① 산사태와 비교하여 땅밀림의 규모가 매우 크다.
② 땅밀림의 경사는 완경사에서 발생한다.
③ 땅밀림의 토양은 주로 점토 성질에서 발생한다.

11 건습도에서 적윤, 습, 건조의 기준을 설명하시오.

> 해답

- 적윤 : 손으로 쥐었을때 손바닥 전체 습기가 있고 물에 대한 감촉이 확실한 정도
- 습 : 손으로 쥐었을때 손가락 사이 물방울이 맺히는 정도
- 건조 : 손으로 쥐었을때 수분 감촉이 거의 없는 정도

12 평판측량 준비과정 3가지를 적고 각각에 대해 설명하시오.

해답

① 정준 : 평판은 평지에 중심을 잡아주는 삼각대가 정삼각형 모양으로 다리를 설치해주고 경사지의 경우 두 다리는 측정지점보다 낮은 등고선상에, 나머지 하나는 높은 곳에 위치하게 설치하여 수평을 잡아준다.
② 구심 : 평판측량에서 측점과 이에 대응하는 도상의 점을 같은 직선상에 있게 하거나 측점을 도상으로, 또는 도상의 점을 측점으로 옮기는 것이다.
③ 표정 : 지도와 지표면의 측선을 일치시키는 것으로 매우 정밀한 방법이지만 잘못된 경우 오차에 많은 영향을 준다.

13 아래의 우점도를 계산하고 임상을 적으시오.

구분	소나무	리기다소나무	신갈나무
단면적(m²)	11	7	2

해답

• 우점도

- 소나무 : $\dfrac{11}{11+7+2} = \dfrac{11}{20} \times 100(\%) = 55(\%)$

- 리기다소나무 : $\dfrac{7}{11+7+2} = \dfrac{7}{20} \times 100(\%) = 35(\%)$

- 신갈나무 : $\dfrac{2}{11+7+2} = \dfrac{2}{20} \times 100(\%) = 10(\%)$

• 침엽수종이 80% 이상을 차지하고 있어 임상은 침엽수림이다.

14 임반의 구획 이유 3가지를 적으시오.

해답

① 위치를 명확하게 하고 산림상태를 정정하는데 편리하다.
② 벌채 개소의 경계가 되고 벌구를 정리하여 경영의 합리화를 도모한다.
③ 측량 및 임지의 면적을 계산하기 편리하다.

산림기사 실기-필답형

2020년 제4회

01 사방댐의 물빼기 구멍의 목적 3가지를 적으시오.

해답
① 시공 중 유수의 통과
② 시공 후 대수면의 수압감소
③ 사력층 시공시 기초하부의 잠류 속도 감소

02 견치돌, 야면석, 다듬돌, 호박돌에 대해 기술하시오.

해답
- 견치돌 : 돌을 뜰 때 특별한 규격에 맞게 깨낸 돌이다.
- 야면석 : 계곡이나 산지에서 얻는 무게 100kg 이상의 자연석이다.
- 다듬돌 : 일정크기의 돌을 마름질한 돌로 직육면체 모양이 많다.
- 호박돌 : 호박모양의 자연석으로 계곡에서 얻을 수 있다.

03 산림자원의 조성 및 관리에 관한 법률에 의한 산림의 기능별 구분 6가지를 쓰시오.

해답
① 수원의 함양
② 산림재해방지
③ 자연환경 보전
④ 목재 생산
⑤ 산림 휴양
⑥ 생활환경 보전

04 설계속도가 30km/h 이고 노면의 횡단기울기가 3% 인 경우 최소곡선반지름을 구하시오.
(타이어 마찰계수 0.15, 소수점 셋째자리 반올림)

> **해답**
>
> $$\text{최소곡선반지름} = \frac{\text{설계속도}^2}{127(\text{횡단기울기} + \text{타이어 마찰계수})}$$
> $$= \frac{30^2}{127(0.03 + 0.15)} = 39.37m$$

05 면적이 200 ha 인 산림에 간선임도 500m, 지선임도 5km가 개설되어 있다. 이 산림의 임도밀도가 40m/ha가 되기 위해서는 임도를 얼마만큼 증설하여야 하는지 계산하시오.

> **해답**
>
> $$40 = \frac{500 + 5000 + x}{200} = \frac{5500 + x}{200}$$
> $x = 2500 \text{ m}$

06 임도설계서 작성에 들어가는 4가지를 적으시오.

> **해답**
>
> ① 예정공정표
> ② 일반시방서
> ③ 예산내역서
> ④ 특별시방서

07 산비탈흙막이 효과 3가지를 적으시오.

> **해답**
>
> ・사면기울기의 완화
> ・표면 유하수분산
> ・수로공사의 기초

08 벌기령이 40년, 갱신기가 2년일 때의 윤벌기를 구하시오.

> **해답**
>
> 윤벌기 = 윤벌령 + 갱신기간 = 40 + 2 = 42년

09 아래 수종의 국유림 벌기령 기준을 적으시오

◎ 소나무 :
◎ 잣나무 :
◎ 리기다소나무 :

해답

소나무 60년, 잣나무 60년, 리기다소나무 30년

10 아래의 표를 참고하여 법정축적을 수확표에 의한 방법으로 구하시오.
(단, 산림면적 60ha, 윤벌기 40년)

임령	10	20	30
ha 당 재적(m³)	30	80	200

해답

$$10 \times (30 + 80 + \frac{200}{2}) \times \frac{60}{40} = 3150 m^3$$

11 아래의 ( ) 에 알맞은 말을 채우시오

전 산림 면적을 윤벌기 연수와 같은 수의 벌구로 나누어 윤벌기를 거치는 가운데 매년 한 벌구씩 벌채 수확하는 방법을 (㉠) 이라 한다. 전체 산림면적을 기계적으로 윤벌기 연수로 나누어 벌구면적을 같게 하는 (㉡)과 토지의 생산능력에 따라 벌구의 크기를 조절하는 (㉢)이 있다.

해답

㉠ 구획윤벌법
㉡ 단순구획윤벌법
㉢ 비례구획윤벌법

12 단목 연령 측정방법 3가지를 적으시오.

> **해답**
> - 기록에 근거한 방법
> - 나이테 수에 근거한 방법
> - 생장추에 근거한 방법
> - 지절에 근거한 방법
> - 흉고직경에 근거한 방법

13 미입목지, 제지, 혼효림에 대해 설명하시오.

> **해답**
> - 미입목지 : 임목재적의 비율이 30% 이하인 임분을 말한다.
> - 제지 : 시업지 및 시업제한지 이외의 임지로서 묘포, 건물, 임도, 기타 시설용 부지와 대부된 임지 및 농지, 암석지 등을 의미한다.
> - 혼효림 : 침엽수 혹은 활엽수가 26~75% 미만의 임분

14 임도의 효과 4가지를 적으시오.

> **해답**
> - 임산물의 신속한 반출 및 반출비의 경감
> - 산림 내 편리한 교통을 이용하여 노동공급이 원활함
> - 작업능률이 향상됨
> - 임업기계의 도입이 용이함
> - 산림 자원의 이용이 증대
> - 산림 보호 및 관리가 용이

산림기사 실기-필답형 — 2021년 제1회

01 삼각법을 이용한 수고 측고기 종류 3가지를 적으시오.

해답
아브네이레블, 블루메라이스측고기, 텐드로미터, 하가측고기, 스피겔릴라스코프

02 임반의 구획기준을 적으시오.

해답
임반은 산림의 위치를 명확하게 하기 위해 능선, 하천, 도로 등 자연경계를 통해 구획한다.

03 산림평가 임업경영요소 3가지를 적으시오.

해답
① 수익 ② 비용 ③ 이율

04 모래덮기공법 종류 3가지를 적으시오.

해답
소나무섶모래덮기공법, 갈대모래덮기공법, 짚모래덮기공법

05 펠러번처의 특징에 대해 설명하시오.

해답
임목을 벌목하는 장비로서 임목을 벌도하여 일정한 장소에 모아쌓기가 가능한 장비로서 후속작업인 전목집재가 손쉽게 하는 장비이다.

06 원구직경 24cm, 중앙직경 28cm, 말구직경 34cm, 재장 4m 일 때 스말리안 식으로 재적을 계산하시오.(단, 소수점 셋째자리 반올림)

해답

$$0.785 \times \frac{0.24^2 + 0.34^2}{2} \times 4 = 0.27$$

답 $0.27m^3$

07 교각이 90°, 곡선반지름이 15m 인 경우 접선길이, 곡선길이를 구하시오.
(단, $\pi = 3.14$ 적용할 것)

해답

접선길이 = 반지름 $\times \tan\left(\dfrac{\theta}{2}\right)$ = $15 \times \tan\left(\dfrac{90}{2}\right)$ = 15×1 = $15m$

곡선길이 = $\dfrac{2 \times \pi \times 반지름 \times \theta}{360}$ = $\dfrac{2 \times 3.14 \times 15 \times 90}{360}$ = $23.55m$

08 벌기가 50년이고 벌기마다 200만원의 영구 수익이 발생할 경우 얻을 수 있는 전가합계를 구하시오(단, 연이율 5%, 1.05^{50}=11.467, 1원미만은 버림)

해답

$$\frac{2000000}{1.05^{50} - 1} = \frac{2000000}{10.467} ≒ 191,076 원$$

09 면적 1000ha, 임도밀도 20m/ha 의 임도망을 아래의 보기에 맞추어 계산하시오.
(단, 보정계수는 1 적용)

◎ 총연장거리
◎ 평균집재거리
◎ 임도간격
◎ 집재거리

해답

· 총연장거리

임도밀도 = $\dfrac{총연장거리}{총면적}$ → 총연장거리=임도밀도×총면적=1000×20=20000m

· 평균집재거리

집재거리 = $\dfrac{10000}{적정임도밀도 \times 4}$ = $\dfrac{10000}{20 \times 4}$ = $125m$

- 임도간격

    임도간격 = $\dfrac{10,000}{적정임도밀도} = \dfrac{10000}{20} = 500m$

- 집재거리

    집재거리 = $\dfrac{5,000}{적정임도밀도} = \dfrac{5000}{20} = 250m$

10 현실축적이 ha 당 400m³, 법정벌채량이 ha 당 40m³, 법정축적이 ha 당 500m³ 일 경우 표준벌채량을 훈데스하겐법으로 계산하시오.

> **해답**
>
> $400 \times \dfrac{40}{500} = 32m^3$

11 방수로 사다리꼴의 장단점을 적으시오.

> **해답**
>
> - 장점 : 방수로 부분이 넓어지기 때문에 월류심이 최소가 되며 댐의 횡단면적이 절약된다. 또한 하류계상부의 침식이 경감된다.
> - 단점 : 양안의 암반이 비교적 견고해야 적용할 수 있으며 천단부 상부의 암석은 풍화 부분을 절취해야 한다. 흐름에 대한 마찰 저항을 적게 하고 그만큼의 유량 증대를 위해 계획고 수위 이상까지 돌붙이기 시공이 필요하다.

12 와이어로프 이음방법 3가지를 적으시오

> **해답**
>
> 아이스플라이스 가공법, 소켓가공법, 록가공법, 클립체결법

13 기울기 3%, 유량속도 0.2m/s, 유속계수가 0.8 일 경우 경심을 구하시오.
(단, 경심은 정수로 나타낼 것)

> **해답**
>
> 0.2=0.8× $\sqrt{경심 \times 0.03}$
>
> 0.03×경심=0.0625
>
> 경심=2.083…
>
> 경심=3(m)
>
> ※ Chezy 공식
>
>   평균유속 = 유속계수 $\sqrt{경심 \times 수로기울기}$

14 옹벽의 안정조건 4가지를 적으시오.

> 해답
① 전도에 대한 안정
② 활동에 대한 안정
③ 침하에 대한 안정
④ 내부응력에 대한 안정

15 임목비용가와 시장가역산법에 대해 설명하시오.

> 해답
- 임목비용가 : 유령임분의 임목을 평가하는 방법으로 임분을 성립시키는데 필요한 순비용의 후가 합계이다.
- 시장가역산법 : 원목이 시장에 유통되는 가격을 먼저 조사하고 시장가격에서 벌채 등 운반에 필요한 비용을 공제하여 임목의 가격을 역으로 구하는 방법으로 벌기 이상의 임목에 대해 평가하는데 적용한다.

2021년 제2회 산림기사 실기-필답형

01 내부투자수익률법에 대해 설명하시오.

해답
내부투자수익률법은 투자를 하여 미래에 예상되는 현금유입의 현재가치와 예상되는 현금유출의 현재가치를 같게 하는 할인율로 순현재가치를 0이 되게 하는 이자율의 크기로 투자효율을 평가하는 방법이다.

02 유역면적이 1ha 이고 최대시우량이 100 mm/h 일 때 시우량법에 의한 계획지점의 최대홍수량을 구하시오(단, 유거계수는 0.8, 소수점 셋째자리에서 반올림).

해답
$$0.8 \times \frac{10{,}000 \times \frac{100}{1000}}{3600} \fallingdotseq 0.22 \, m^3/s$$

03 릴라스코프(relascope)에 대해 설명하시오.

해답
릴라스코프는 각산정표준지법에 사용되는 측정기구로 임분의 흉고단면적을 측정할 수 있는 기구이다.

04 교각이 60°, 곡선반지름 10m 일 때 곡선길이를 구하시오.
(단, π=3.14, 소수점 셋째자리 반올림)

해답
$$곡선길이 = \frac{2 \times \pi \times 반지름 \times \theta}{360} = \frac{2 \times 3.14 \times 10 \times 60}{360} \fallingdotseq 10.47m$$

05 저목장 설치 장소를 적으시오.

해답

저목장은 작업로와 임도의 연결점 부근에 위치하는 것이 좋으며 곡선부, 협곡점, 습한 곳 등은 피하고 장비의 이동에 지장이 없는 곳으로 한다.

06 30년 벌기 기준으로 주벌수익 400만원, 간벌수익 20년 기준 10만원, 25년 기준 30만원을 얻을 수 있고 조림비는 ha 당 20만원, 관리비는 1만원, 이율은 5% 일 때 임지기망가를 구하시오.

해답

$$임지기망가 = \frac{4,000,000 + 100,000(1.05)^{30-20} + 300,000(1.05)^{30-25} - 200,000(1.05)^{30}}{1.05^{30} - 1} - \frac{10,000}{0.05}$$

$$= \frac{4,000,000 + 162,889.4\cdots + 382,884.4\cdots - 864,388.4\cdots}{4.321\cdots - 1} - 200,000$$

$$= 908,202.68\cdots 원$$

답 908,202원

07 랑꼬임과 보통꼬임의 차이점을 보통꼬임 중심으로 쓰시오.

해답

랑꼬임은 와이어로프의 꼬임이 스트랜드의 꼬임 방향과 일치하지만 보통꼬임은 와이어로프의 꼬임과 스트랜드의 꼬임이 역방향으로 되어 있으며 보통꼬임은 킹크가 잘 일어나지 않지만 마모가 되기 쉬운 것이 특징이다.

08 임반의 구획 방법을 적으시오.

◎ 임반 구획 방법 :
◎ 면적 구획 방법 :
◎ 번호 부여 방법 :
◎ 보조임반 구획 방법 :

해답

- 임반 구획 방법 : 구획의 경우 능선, 하천, 도로 혹은 자연경계로 한다.
- 면적 구획 방법 : 가능한 100ha 내외고 구획하며 불가피한 경우 조정이 가능하다.
- 번호 부여 방법 : 산림경영계획구 유역 하류에서 시계방향으로 아라비아 숫자로 표기한다.
- 보조임반 구획방법 : 불가피하게 기존의 마지막 임반번호를 이어서 편성이 어려울 경우 연접된 임반의 번호에 보조번호를 붙여 보조임반을 구획한다.

09 오스트리아 공식법에 의한 수확량 계산시 다음과 같을 경우 연간평균수확량을 계산하시오(단, 산림면적은 30ha)

> ◎ ha 당 현실생장량 : $3m^3$
> ◎ 현실축적 : $50m^3$
> ◎ 법정축적 : $100m^3$
> ◎ 갱정기 : 20년

해답

$$3 + \frac{50-100}{20} = 0.5$$

연간평균수확량 : $0.5m^3/ha \times 30ha = 15m^3$

10 아래의 우점도를 계산하고 임상을 적으시오.

구분	소나무	구상나무	신갈나무
본수	5	5	2

해답

• 혼효율
  - 소나무 : $\frac{5}{5+5+2} = \frac{5}{12} \times 100(\%) ≒ 41.7(\%)$
  - 구상나무 : $\frac{5}{5+5+2} = \frac{5}{12} \times 100(\%) ≒ 41.7(\%)$
  - 신갈나무 : $\frac{2}{5+5+2} = \frac{2}{12} \times 100(\%) ≒ 16.6(\%)$

• 임상 : 침엽수림
  소나무, 구상나무는 침엽수종, 신갈나무는 활엽수종으로 침엽수종의 점유율이 75% 이상으로 임상은 침엽수림이다.

11 평면곡선의 종류 4가지를 적고 각각에 대해 설명하시오.

> **해답**
> - 단곡선 : 평형하지 않은 2개의 직선을 1개의 원곡선으로 연결하는 곡선
> - 복합곡선(복심곡선) : 반지름의 길이가 다른 두 단곡선이 같은 지점으로 만나는 곡선으로 동일한 접선을 가지게 되며 다른 곡선이 같은 방향으로 연속하게 된다.
> - 반대곡선(반향곡선) : 서로 다른 방향에서의 곡선이 한지점에서 만나 연속되는 것으로 별도의 직선부 설치가 필요하다.
> - 배향곡선(헤어핀곡선) : 단곡선, 복심곡선, 반향곡선이 혼합되어 머리핀모양(Hair-pin)으로 된 곡선으로 경사가 급한곳에서 노선을 연장하여 종단기울기를 완화하거나 동일사면에서 우회할 목적으로 설치한다.

12 아래 기고식을 보고 빈칸을 채우시오.

측점	후시	기계고	전시 T.P	전시 I.P	지반고	REMARKS
B.M NO.8	2.30	32.3			30.0	B.M NO.8 의 H=30.0m
1				3.2	(①)	
2				2.5	29.8	
3	4.25	(②)	1.1		31.2	
4				2.3	33.15	
5				2.1	33.35	측정 6은 B.M NO.8에 비하여 1.95m 높다
6			3.5		31.95	
SUM	6.55		4.6			

> **해답**
> ① 지반고 = 기계고 - 전시 = 32.3 - 3.2 = 29.1
> ② 기계고 = 지반고 + 후시 = 31.2 + 4.25 = 35.45

13 산지침식에서 빗물침식의 4가지 과정을 순서대로 적고 간단하게 설명하시오.

> **해답**
> ① 우격침식 : 빗방울이 땅 표면을 타격하여 침식시키는 초기 과정
> ② 면상침식 : 토양표면의 전면이 엷게 유실되는 과정
> ③ 누구침식 : 토양표면에 잔 도랑이 발생하는 과정
> ④ 구곡침식 : 누구침식에 의해 발생된 도랑이 커지는 과정, 심토까지 깎이기도 한다.

14 골쌓기와 켜쌓기를 그림으로 나타내시오.

해답

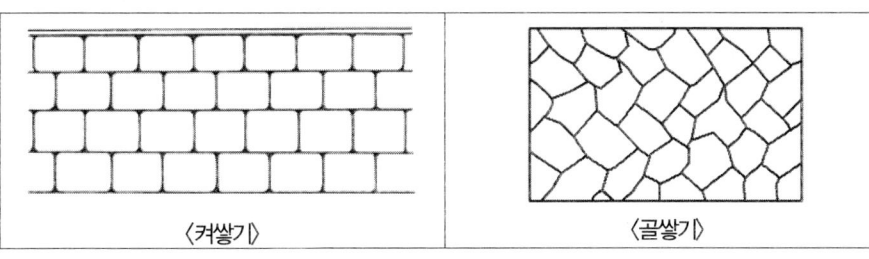

15 벌기령이 40년, 갱신기가 5년일 때의 윤벌기를 구하시오.

해답

윤벌기 = 윤벌령 + 갱신기간 = 40 + 5 = 45년

산림기사 실기-필답형 — 2021년 제3회

01 해안사공사에 있어 기본공종 4가지를 적으시오.

해답

퇴사울세우기, 모래덮기, 파도막이, 정사울세우기

02 임업경영에 있어 작업급에 정의를 적으시오.

해답

수종, 작업종, 벌기령이 유사한 임분의 집합으로 공통의 시업목적아래 경영되는 산림을 의미하며 작업급은 보속경영의 단위가 된다.

03 벌기령 30년의 소나무를 개벌하여 주벌수입 420만원, 간벌수입은 20년일 때 9만원, 25년일 때 36만원을 올릴수 있으며 조림비 30만원, 관리비는 매년 12000원, 이율은 6% 일 경우 임지기망가를 구하시오.

해답

$$\frac{4,200,000 + 90,000(1.06)^{30-20} + 360,000(1.06)^{30-25} - 300,000(1.06)^{30}}{1.06^{30} - 1} - \frac{12,000}{0.06}$$

$$\frac{4,200,000 + 161,176.2\cdots + 481,761.2\cdots - 1,723,047.3\cdots}{4.74\cdots} - 200,000 = 457,720.2\cdots$$

답 457,720원

04 산림구획을 위한 소반구획을 다르게 하는 경우 4가지를 적으시오.

해답

- 기능이 상이할 때
- 지종이 상이할 때
- 임종, 임상, 작업종이 상이할 때
- 임령, 지위, 지리 등이 상이할 때

05 트랙터 집재에 작업능률에 영향을 주는 인자 3가지를 적으시오.

> 해답
> - 임목의 소밀도
> - 경사
> - 토양상태
>
> **추가내용**
>
> 임목의 소밀도, 경사, 토양상태, 단재적, 집재거리

06 법정림의 윤벌기가 50년일 때의 법정연벌률을 구하시오.

> 해답
>
> 법정연벌률 = $\dfrac{200}{윤벌기} = \dfrac{200}{50} = 4\%$

07 기고식 야장에서 B의 지반고를 구하시오.

측점	후시	기계고	전시 T.P	전시 I.P	지반고	REMARKS
B.M NO.8	2.30	32.3			30.0	B.M NO.8의 H=30.0m
1				3.2	(B)	
2				2.5	29.8	
3	4.25	35.45	1.1		31.2	
4				2.3	33.15	측정 6은 B.M NO.8에 비하여 1.95m 높다
5				2.1	33.35	
6			3.5		31.95	
SUM	6.55		4.6			

> 해답
>
> 지반고 = 기계고 - 전시 = 32.3 - 3.2 = 29.1

08 산지침식에서 빗물침식의 4가지 과정을 순서대로 적고 간단하게 설명하시오.

> 해답
> ① 우격침식 : 빗방울이 땅 표면을 타격하여 침식시키는 초기 과정
> ② 면상침식 : 토양표면의 전면이 얇게 유실되는 과정
> ③ 누구침식 : 토양표면에 잔 도랑이 발생하는 과정
> ④ 구곡침식 : 누구침식에 의해 발생된 도랑이 커지는 과정, 심토까지 깎이기도 한다.

09 임황조사항목 6가지를 적으시오.

해답

임종, 임상, 수종, 혼효율, 임령, 영급, 수고, 경급, 소밀도, 축적 등

10 사방댐의 앞댐 설치 목적 2가지, 요구사항 2가지를 적으시오

해답

- 설치목적
  - 본댐의 방수로를 통하여 월류하는 물의 힘을 약화시킨다.
  - 본댐 반수면 하단의 세굴을 방지한다.
- 요구사항
  - 본댐과 종단적으로 중복되어야 한다.
  - 중목 높이는 본댐 높이의 1/3 ~ 1/4 정도이다.
  - 앞댐의 어깨높이와 댐의 측벽, 측변, 하류단의 천단고는 같게 한다.

11 앞바퀴와 뒷바퀴의 축간거리가 6.5m 이고 곡선반지름이 30m 일 경우 임도곡선부에서 여유폭을 구하시오(단, 소수점 셋째자리 반올림).

해답

$$\frac{6.5^2}{2 \times 30} = 0.7\,m$$

12 임목 가공 상태에 따른 목재생산방법 3가지를 설명하시오.

해답

① 전목생산방법
   임분 내에 벌도목을 스키더, 타워야도로 전목집재하고 임도변이나 토장에서 가지자르기, 통나무자르기 작업을 고성능 임업기계를 이용한다.
② 전간생산방법
   임분내에서 벌도와 가지자르기만을 실시한 벌도목을 트랙터, 타워야더 등을 이용하여 집재하여 원목을 생산하는 방법이다. 집재작업시 원목을 전간재로 집재하기 때문에 한번에 대량의 목재를 정리, 반출하는 것이 가능하다.
③ 단목생산방법
   임분내 벌도, 가지자르기, 통나무 자르기 등의 조재작업을 통해 일정 규격의 원목을 생산하는 방식으로 많은 인력을 요구한다.

13 아래의 표를 참고하여 각 지역 개위면적을 구하시오.

구분	면적(ha)	벌기재적(m³)
1	3	200
2	5	400

해답

- 벌기평균재적 = $\dfrac{(200 \times 3) + (400 \times 5)}{3 + 5} = 325 m^3$

- 1번 개위면적 : $\dfrac{200}{325} \times 3 = 1.85 \, ha$

- 2번 개위면적 : $\dfrac{400}{325} \times 5 = 6.15 \, ha$

개위면적

$\dfrac{해당임분 벌기재적}{기준임분 벌기재적} \times 해당임분 면적$

14 어떤 표준지의 수고조사야장을 정리하니 다음과 같이 정리되었다. 아래의 수고조사야장을 참고하여 3점 평균에 의한 수고를 계산하고 적용수고를 구하시오.

흉고직경	조사목별 수고 (m) 조사수고									합계	평균	삼점평균	적용수고
	1	2	3	4	5	6	7	8	9				
6													
8	9.5	9.8	9.3							28.6	9.5	①	⑦
10	10.5	11.2	10.8	11.3						43.8	11.0	②	⑧
12	12.5									12.5	12.5	③	⑨
14	12.8	13.5	13.3							39.6	13.2	④	⑩
16	13.8	15.2	14.3							43.3	14.4	⑤	⑪
18	16.3									16.3	16.3	⑥	⑫
20	18.3	17.5								35.8	17.9	17.9	

해답

① 9.5

② $\dfrac{9.5 + 11.0 + 12.5}{3} ≒ 11.0$

③ $\dfrac{11.0 + 12.5 + 13.2}{3} ≒ 12.2$

④ $\dfrac{12.5 + 13.2 + 14.4}{3} ≒ 13.4$

⑤ $\dfrac{13.2 + 14.4 + 16.3}{3} ≒ 14.6$

⑥ $\dfrac{14.4 + 16.3 + 17.9}{3} ≒ 16.2$

⑦ 10 ⑧ 11 ⑨ 12 ⑩ 13 ⑪ 15 ⑫ 16

2022년 제1회

01 기고식을 이용하여 기계고, 지반고를 구하시오.

측점	후시	기계고	전시 T.P	전시 I.P	지반고	REMARKS
B.M NO.8	2.30	(①)			30.0	B.M NO.8 의 H=30.0m
1				3.2	(②)	
2				2.5	29.8	
3	4.25	(③)	1.1		31.2	
4				2.3	33.15	측정 6은 B.M NO.8에 비하여 1.95m 높다
5				2.1	(④)	
6			3.5		31.95	
SUM	6.55		4.6			

해답

① 기계고 = 30 + 후시 = 30 + 2.3 = 32.3
② 지반고 = 기계고 - 전시 = 32.3 - 3.2 = 29.1
③ 기계고 = 지반고 + 후시 = 31.2 + 4.25 = 35.45
④ 지반고 = 기계고 - 전시 = 35.45 - 2.1 = 33.35

02 소반을 나누는 기준으로 면적, 번호부여방법, 구획요건 4가지를 적으시오

해답

- 면적 : 1ha 이상으로 구획한다.
- 번호부여방법 : 임반 번호와 동일하게 설정하며 아라비아숫자로 표기한다. 표기 순서는 < 임반 - 보조임반 - 소반 - 보조소반 > 이다.
- 구획요건 4가지
  - 지종이 상이할 때
  - 임상, 작업종이 상이할 때
  - 임령, 지위, 지리 혹은 운반계통이 상이할 때
  - 기능이 상이할 때

03 임업이율의 성격 3가지를 적으시오

> **해답**
> ㉠ 임업이율은 대부이자가 아닌 자본이자이다.
> ㉡ 임업이율은 현실이율이 아닌 평정이율이다.
> ㉢ 임업이율은 실질이율이 아닌 명목이율이다.
> ㉣ 임업이율은 장기이율이다.

04 트랙터에는 타이어식과 크롤러식이 있다. 타이어방식과 비교하여 크롤러방식이 갖는 장점 2가지를 적으시오

> **해답**
> • 견인력이 크다.
> • 등판력이 우수하다.
> • 경사지에서 작업성이 우수하다.
> • 작업도에 대한 피해가 적은편이다.

05 수확조정의 기법인 법정축적법의 종류 3가지를 적으시오.

> **해답**
> ① 교차법
> ② 이용률법
> ③ 수정계수법

06 아래 보기는 임도설계의 업무순서이다. 보기를 보고 빈칸에 적합한 것을 골라 순서대로 나열하시오.

<보기>
예비조사 - (   ) - 예측 및 실측 - (   ) - 공사수량 산출 - (   )

㉠ 설계서 작성　　㉡ 답사　　㉢ 설계도 작성

> **해답**
> ㉡ - ㉢ - ㉠

07 경사가 30°인 곳에서 2m 높이로 단끊기를 하여 계단을 설치하고자 한다. 면적 1ha 일 때 연장길이를 구하시오(소수점 첫째자리 반올림).

해답

연장길이 $= \dfrac{\text{면적} \times \tan\theta}{\text{높이}} = \dfrac{10{,}000 \times \tan 30}{2} \fallingdotseq 2887\,m$

08 해안사지 조림 수종 구비 조건 4가지를 적으시오.

해답
- 양분과 수분 요구도가 적을 것
- 온도의 급격한 변화에 잘 견딜 것
- 비사, 한해, 조해 등의 피해에 잘 견딜 것
- 울폐력이 좋고 낙엽, 낙지 등으로 지력을 증진시킬 수 있을 것

09 소밀도, 지위에 대해 설명하시오.

해답
- 소밀도 : 일정 임지에 수관을 투영한 면적과 산림면적과의 비율로 울폐도라고도 한다.
- 지리 : 해당 소반 중심에서 임도 혹은 도로까지의 거리로서 10급지로 분류한다.

10 아래 보기의 내용을 보고 법정축적법의 오스트리아법에 의한 표준벌채량을 구하시오.

< 보기 >	
◎ 작업급의 생장량 200m³	◎ 법정축적 250m³
◎ 현실축적 300m³	◎ 갱정기 50년

해답

작업급의 생장량 $+ \dfrac{\text{현실축적} - \text{법정축적}}{\text{갱정기}} = 200 + \dfrac{300 - 250}{50} = 201\,(m^3)$

11 횡단기울기, 외쪽기울기, 합성기울기의 정의를 적으시오.

> **해답**
> - 횡단기울기 : 임도 노면의 노면을 가로지르는 면의 기울기를 백분율 (%)로 표현한 것으로 적절한 배수를 통한 노면의 보호를 주목적으로 한다.
> - 외쪽기울기 : 차량이 곡선부에서 원심력에 의해 바깥쪽으로 밀리는 현상을 방지하기 위해 곡선부 바깥쪽을 안쪽보다 높게 해주는 기울기이다.
> - 합성기울기 : 종단기울기와 횡단기울기를 합성한 기울기로 종단기울기, 횡단기울기를 각각 제곱하여 합한 값의 제곱근으로 구한다.

12 다음 수로의 그림을 보고 유적, 윤변, 경심을 구하시오.(단, 소수점 셋째자리 반올림)

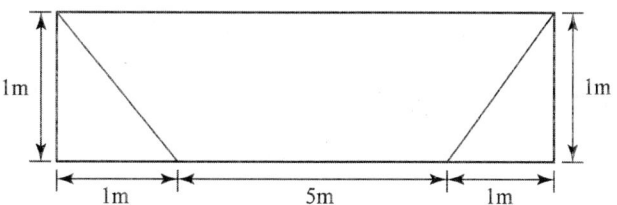

> **해답**
> - 유적 $= \frac{1}{2} \times (5+7) \times 1 = 6\,m^2$
> - 윤변 $= 1.41\cdots + 5 + 1.41\cdots = 7.82\cdots$ m
>   - 한 빗변의 길이 : $\sqrt{1^2 + 1^2} = 1.41\cdots$
> - 경심 = 면적 ÷ 윤변 = $6 \div 7.82\cdots = 0.7664\cdots$ → 경심 : 0.77m

13 200 ha 의 임지에서 ha 당 현실축적 70m³, ha당 현실생장량 2m³, 법정축적 100m³, 갱정기 20년 일 때 재적을 구하시오.

> **해답**
>
> 연간표준벌채량 = 연간생장량합계 + $\dfrac{현실축적 - 법정축적}{갱정기}$
>
> $= 2 + \dfrac{70 - 100}{20} = 0.5\,m^3$
>
> - 0.5m³ × 200ha = 100m³

14 비탈면시공시 안식각에 대해 적으시오.

> **해답**
>
> 안정된 비탈면이 수평면과 이루는 각도를 안식각이라 한다.

15 임도측량시 교각법을 활용하여 곡선반지름 40m, 내각 60°의 경우 외선길이 및 곡선길이를 구하시오(π = 3.14, 소수점 셋째자리 반올림)

> **해답**
>
> • 교각 : 180° - 내각 = 180° - 60° = 120°
> • 외선길이 = 반지름 $\times [\sec(\frac{\theta}{2}) - 1]$
> $= 40 \times [\sec(60) - 1] = 40 \times [\frac{1}{\cos 60} - 1] = 40\,m$
> • 곡선길이 = $\frac{2 \times \pi \times 반지름 \times \theta}{360}$
> $= \frac{2 \times 3.14 \times 40 \times 120}{360} \fallingdotseq 83.73\,m$

산림기사 실기-필답형

2022년 제2회

01 교각이 30°, 곡선반지름이 80m 인 경우 접선길이, 곡선길이를 구하시오.
(단, π=3.14, 소수점 셋째자리 반올림)

해답

- 접선길이 = 반지름 × $\tan\left(\dfrac{\theta}{2}\right)$ = $80 \times \tan\left(\dfrac{30}{2}\right)$ = 80×0.2679 ≒ 21.43m
- 곡선길이 = $\dfrac{2\pi \times 반지름 \times \theta}{360}$ = $\dfrac{2 \times 3.14 \times 80 \times 30}{360}$ ≒ $41.87m$

02 윤벌기와 벌기령의 정의를 적으시오.

해답

- 윤벌기 : 윤벌기는 한 작업급의 모든 임분을 일순벌하는데 걸리는 시간을 의미한다.
- 벌기령 : 임목을 일정한 성숙상태로 육성시키는데 필요한 계획상의 연수로서 경영목표 달성에 가장 적합한 벌채연령이다.

03 황폐계류의 유역을 상류에서 하류까지 3단계로 구분하여 적고 각각에 대해 설명하시오.

해답

① 토사생산구역 : 황폐계류의 최상류부로 계안, 계상의 침식에 의해 토사의 생산이 왕성하여 계상의 기울기는 저하된다.
② 토사유과구역 : 토사생산구역에서 생산된 토사를 이동시키는 구역으로 침식 및 퇴적이 적으며 협곡을 이룬다.
③ 토사퇴적구역 : 토사가 퇴적되는 황폐계류의 최하류부로 기울기는 완만하고 계폭이 넓다.

04 다음 경사도에서 기준을 적으시오.

◎ 완경사지
◎ 경사지
◎ 급경사지
◎ 험준지
◎ 절험지

해답
- 완경사지(완) : 경사 15° 미만
- 경사지(경) : 경사 15°~20° 미만
- 급경사지(급) : 경사 20°~25° 미만
- 험준지(험) : 경사 25°~30° 미만
- 절험지(절) : 경사 30° 이상

05 와이어로프 폐기기준 4가지를 적으시오.

해답
① 심하게 변형된 경우
② 심하게 부식된 경우
③ 지름의 감소가 공칭지름 기준 7%를 초과한 경우
④ 한 꼬임에 끊어진 소선수가 10% 이상인 경우

06 유역면적 4.0km², 유출계수 0.8, 강우강도 100mm/hr, 일 때 계획지점에 대한 최대홍수량을 구하시오.

해답
$0.2778 \times 0.8 \times 4.0 \times 100 = 88.896 m^3/s$

07 유량이 40m³/s이고 평균유속이 8m/s일 때 수로의 횡단면적(m²)을 구하시오.

해답
유량 = 유속 × 단면적
40 = 8 × 단면적
단면적 = 5m²

08 원구의 단면적이 $0.06m^2$, 말구 단면적이 $0.03m^2$, 재장 8m 인 경우 스말리안식을 이용하여 재적을 구하시오.

해답

$$\frac{0.06+0.03}{2} \times 8 = 0.36 m^3$$

09 정지작업을 한다고 하였을 경우 작업해야할 토적량을 구하시오. 모서리의 숫자는 각 지점의 토심(m)를 나타내고, 각 정사각형의 면적은 $5m^2$ 이다.

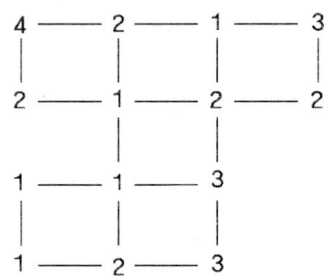

해답

```
| A | B | C |
|   | D |   |
| F | E |   |
```

A : (4+2+2+1)÷4=2.25
B : (2+1+1+2)÷4=1.5
C : (1+3+2+2)÷4=2
D : (1+1+2+3)÷4=1.75
E : (1+3+3+2)÷4=2.25
F : (1+1+1+2)÷4=1.25
총토적량= (A+B+C+D+E+F)×면적 = (2.25+1.5+2+1.75+2.25+1.25)×5 = $55m^3$

10 국유림의 경영관리의 주목적 4가지를 적으시오.

해답
- 산림보호의 기능
- 임산물 생산의 기능
- 휴양과 문화의 기능
- 인력고용의 기능
- 경영의 개선

11 돌쌓기에서 피해야하는 금기돌의 종류 5가지를 적으시오.

해답
뜬돌, 거울돌, 선돌, 포갬돌, 뾰족돌, 누운돌, 떨어진돌 등

12 해안사방수종의 구비조건 4가지를 적으시오.

해답
- 양분, 수분에 대한 요구도가 적어야 한다.
- 생장이 왕성하고 지력을 증진시킬 수 있어야 한다.
- 바람에 대한 저항성이 강해야 한다.
- 급격한 온도 변화에 적응력이 커야 한다.

13 소나무 조림지 5ha 의 식재 및 조림 준비에 30만원/ha 가 소비되고 40년 후 벌채 및 수확하여 2000만원/ha 수익이 발생할 경우 이 소나무 조림지의 순현재가치를 구하시오 (단, 연이율 5%, 1.05^{40} = 7.0으로 한다)

해답
- 총수익은 5ha×2000만원=10,000만원
- 총지출은 5ha×30만원=150만원
- $\dfrac{10{,}000만원}{1.05^{40}} - 150만원 ≒ 1{,}279만원$

14 평분법과 관련된 방법의 단점 4가지를 적으시오

> **해답**
> - 재적평분법은 경제변동에 대한 탄력성이 없는 것으로 평가된다.
> - 재적평분법은 장래의 생장량을 미리 추정하거나 또는 산림의 법정상태를 고려하지 않는다.
> - 면적평분법은 택벌작업에 적용이 어렵다.
> - 재적평분법은 경영되고 있지 않은 임분의 생장량 정보를 얻기 어렵다.

산림기사 실기-필답형

2022년 제3회

01 사면임도에서 급경사지, 완경사지에 따른 임도의 노선형을 도식화하시오

해답
① 급경사지 : 지그재그형

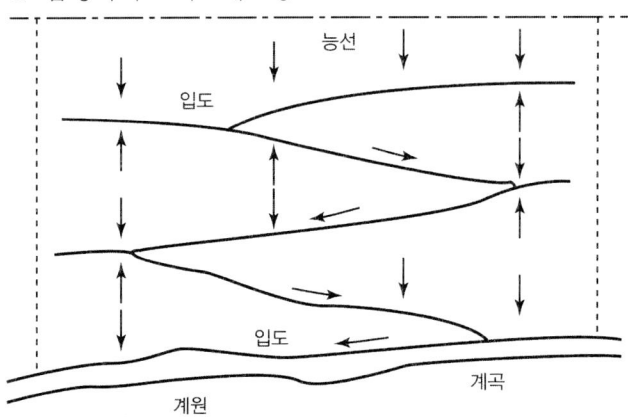

② 완경사지 : 대각선형

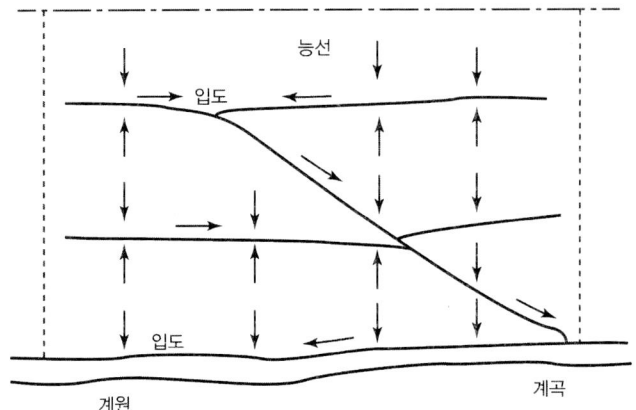

02 현실재적 90m³, 지위지수 12인 25년 수확표상 재적 100m³, 연년생장량 6 일 때 현실생장량을 계산하시오.

해답

$$ha 당 생장량 = 수확표 생장량 \times \frac{현실임분 재적}{수확표상 재적}$$

$$= 6 \times \frac{90}{100} = 5.4\,m^3$$

03 50년생 임분이 200m³, 40년생일 때 100m³ 일 경우 프레슬러식을 이용하여 생장률을 구하시오.

해답

$$\frac{200-100}{200+100} \times \frac{200}{10} = 6.7\%$$

04 경사가 25°인 곳에 1.5m 높이로 단끊기를 하여 계단설치를 하려 한다. 평면적 2000m², 사면적 2500m² 의 계단연장길이를 각각 구하시오(단, 반올림하여 정수로 기재할 것)

해답

· 평면적법 : $\dfrac{면적 \times \tan\theta}{높이} = \dfrac{2000 \times \tan 25°}{1.5} ≒ 621.7435 = 622\,m$

· 사면적법 : $\dfrac{면적 \times \sin\theta}{높이} = \dfrac{2500 \times \sin 25°}{1.5} ≒ 704.3637 = 704\,m$

05 연년생장량과 평균생장량의 관계를 4가지만 설명하시오.

해답

① 초기에는 연년생장량이 평균생장량보다 크다.
② 연년생장량은 평균생장량 보다 극대점이 빨리 나타난다.
③ 평균생장량의 극대점에서는 연년생장량과 평균생장량의 크기가 같다.
④ 평균생장량의 극대점 까지 연년생장량이 항상 평균생장량 크다.

06 산림장비의 취득원가 300만원, 잔존가치 30만원이고 추정 연수가 10년일 경우 이 장비의 연간 감가상각비를 정액법에 의한 매년 감가상각비를 구하시오.

> **해답**
>
> $$\frac{취득원가 - 잔존가치}{내용연수} = \frac{300만원 - 30만원}{10년} = 27만원$$

07 다공정 임업기계의 제약점 4가지를 적으시오(단, 가격은 제외)

> **해답**
> - 기계고장 시 수리 가능한 인력 확보가 요구된다.
> - 급경사지에서 사용이 제한되며 지형의 영향을 많이 받는다.
> - 조작에 높은 숙련도가 요구된다.
> - 경제적 운영을 위해 철저한 작업계획을 세워야 한다.

08 원목의 시장가 100,000원/m³, 운반비 20,000원/m³, 조재율 85%, 월이율 1%, 자본회수기간 6개월, 기업이익율 10% 인 경우 시장가역산법을 이용하여 구하시오(단, 소수점 첫째자리에서 반올림하시오)

> **해답**
>
> $$0.85 \times \left(\frac{100,000}{1 + 6 \times 0.01 + 0.1} - 20,000\right) ≒ 56,276원$$

09 아래는 산림문화·휴양에 관한 법률에 관한 내용이다. 아래 빈칸 4개에 적합한 단어를 채우시오.

> 산림청장은 소관 국유림에 (　)·(　)·(　)·(　)을 조성하려는 경우 농림축산식품부령으로 정하는 바에 따라 산림욕장등에 필요한 시설 등의 조성계획을 작성하여야 한다

> **해답**
> - 산림욕장
> - 치유의 숲
> - 숲속야영장
> - 산림레포츠시설

10 면적 1ha, 임도길이 200m, 평균집재거리 10m 일 경우 임도밀도, 임도간격, 임도개발지수를 구하시오.

해답

- 임도밀도 = $\dfrac{\text{임도총연장거리}}{\text{면적}} = \dfrac{200}{1} = 200 m/ha$
- 임도간격 = $\dfrac{10,000}{\text{적정임도밀도}} = \dfrac{10,000}{200} = 50m$
- 임도개발지수 = 평균집재거리 × $\dfrac{\text{임도밀도}}{2500} = 10 \times \dfrac{200}{2500} = 0.8$

11 선형계획 모형의 전제조건에서 비례성, 비부성, 부가성에 대해 설명하시오.

해답
- 비례성 : 작용성과 이용량은 항상 활동 수준에 비례하도록 요구된다.
- 비부성 : 의사결정변수는 어떠한 경우에도 음(-)의 값이 나타나서는 안된다.
- 부가성 : 두 가지 이상의 활동이 동시에 고려되어야 한다면 전체의 생산량은 개개 생산량의 합계와 일치해야 한다.

12 단끊기의 역할 2가지를 적으시오.

해답
- 사면에 유하되는 토사를 저지한다.
- 유수를 분산시켜 침식을 방지한다.

13 아래 matthews 임도밀도이론에 대한 내용이다 빈칸을 채우도록 하시오.

> mattews 임도밀도이론은 임도 개설로 임도밀도가 높아지면 (㉠)는 감소하고 (㉡)는 증가하며 교차하는 점을 (㉢)라고 한다.

해답
㉠ 집재비
㉡ 임도개설비
㉢ 적정임도밀도

14 수제의 종류 중에서 상향수제, 하향수제, 직각수제 3가지의 두부의 세굴정도에 대하여 각각 적으시오.

해답
- 상향수제 : 두부의 세굴 작용이 가장 크다.
- 하향수제 : 두부의 세굴 작용이 가장 약하다.
- 직각수제 : 상향수제 보다는 두부의 세굴 작용이 적고 하향수제에 비해서는 크다.

산림기사 실기-필답형

2023년 제1회

01 산지침식에서 빗물침식의 4가지 과정을 적고 각각에 대해 설명하시오

해답
① 우격침식 : 빗방울이 땅 표면을 타격하여 침식시키는 초기 과정
② 면상침식 : 토양표면의 전면이 얇게 유실되는 과정
③ 누구침식 : 토양표면에 잔 도랑이 발생하는 과정
④ 구곡침식 : 누구침식에 의해 발생된 도랑이 커지는 과정, 심토까지 깎이기도 한다.

02 임분의 평균생장량 5m³, ha 당 현실축적 100m³, ha 당 법정축적 120m³, 갱정기 20년, 조정계수 0.7 일 때 heyer 공식을 이용하여 ha 당 연간벌채량을 구하고 갱정기의 정의를 적으시오.

해답
· $(0.7 \times 5) + \dfrac{100-120}{20} = 3.5 - 1 = 2.5\,m^3$
· 갱정기 : 법정영급이 아닌 작업급을 법정인 영급으로 정리하는 기간

03 아래 선형계획 모형의 전제조건을 적으시오.

◎ 비부성 :
◎ 부가성 :
◎ 분할성 :
◎ 제한성 :

해답
· 비부성 : 의사결정변수는 어떠한 경우에도 음(-)의 값을 나타내서는 안된다.
· 부가성 : 두 가지 이상의 활동이 동시에 고려되어야 한다면 전체의 생산량은 합계와 일치해야 한다.
· 분할성 : 모든 생산물과 생산수단은 분할이 가능해야 한다.
· 제한성 : 모형을 구성하는 활동의 수와 생산방법은 제한이 있어야 한다.

04 1ha 에 10,000,000 원에 A 소나무림과 인접한 지역에 8ha 의 B 소나무림이 있다. 지위등급별 지수가 각각 A 소나무림은 140%, B 소나무림은 100% 이고, 지리등급별 지수가 각각 A 소나무림은 50%, B 소나무림은 70% 라고 할 때 B 소나무림의 임지매매가를 구하시오.

해답

$10,000,000 \times \dfrac{100}{140} \times \dfrac{70}{50} \times 8\,ha = 80,000,000$ 원

05 다음은 산림관리기반시설의 설계 및 시설기준에 대한 내용이다. 빈칸에 알맞은 말을 적으시오.

> ◎ 곡선부의 중심선 반지름은 다음의 규격 이상으로 설치하여야 한다. 다만, 내각이 (㉠)이상 되는 장소에 대하여는 곡선을 설치하지 아니할 수 있다
> ◎ 배향곡선의 중심선 반지름은 (㉡) 이상으로 설치해야 한다
> ◎ (㉢) 및 (㉣) 그 밖의 현지여건상 필요한 경우에는 그 너비를 조정 할 수 있다.

해답

㉠ 155°
㉡ 10m
㉢ 대피소
㉣ 차돌림곳

06 골쌓기와 켜쌓기를 그림으로 나타내시오.

해답

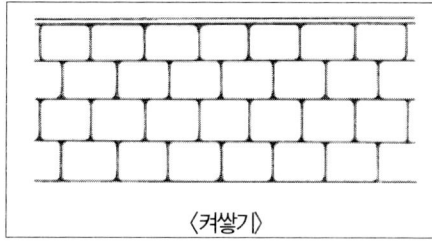
<켜쌓기>

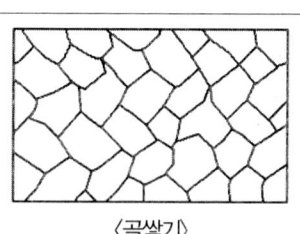
<골쌓기>

07 6 * 7 인 와이어로프의 단면구조를 그리고 지름을 표시하시오.

> 해답

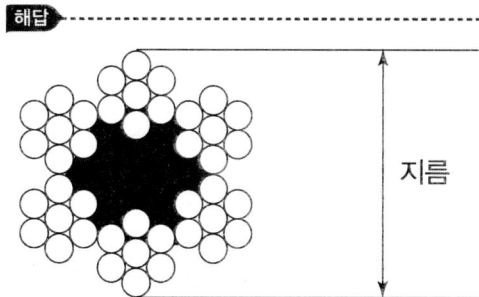

08 아래 표를 보고 빈칸에 계산하여 적으시오.

	재적	평균생장량	10년간 연년생장
10년	15m³	(㉠)	(㉢)
20년	36m³	(㉡)	(㉣)

> 해답

㉠ $\dfrac{15}{10} = 1.5 m^3$

㉡ $\dfrac{36}{20} = 1.8 m^3$

㉢ $\dfrac{15}{10} = 1.5 m^3$

㉣ $\dfrac{36-15}{10} = 2.1 m^3$

09 아래 단어의 표시방법을 적으시오.

◎ 혼효율
◎ 임령
◎ 영급
◎ 소밀도

해답

· 혼효율 : 해당수종 수관점유면적 또는 입목본수의 비율을 100분율로 표시하며 단위는 % 이다.
· 임령 : $\dfrac{평균임령}{최저임령 \sim 최고임령}$
· 영급 : 로마자 기입(I, II, III, IV, V)
· 소밀도 : 조사면적에 대한 임목의 수관면적이 차지하는 비율로 100분율로 표시하며 소(수관밀도 40% 이하인 임분), 중(수관밀도 41~70%인 임분), 밀(수관밀도 71% 이상인 임분)로 적는다.

10 B.P에서 NO.2 까지의 절토량을 양단면적평균법과 각주공식을 이용하여 각각 구하시오.

측점	B.O	NO.1	NO.2
거리(m)		10	10
단면적(m²)	1	2	3

해답

· 양단면적평균법 : $(\dfrac{1+2}{2} \times 10) + (\dfrac{2+3}{2} \times 10) = 15 + 25 = 40\,m^3$
· 각주공식 : $\dfrac{20}{6} \times (1 + 4 \times 2 + 3) = 40\,m^3$

11 소단의 역할 4가지를 적으시오.

해답

① 비탈의 안정성을 높인다.
② 유수에 의한 침식을 방지한다.
③ 작업자의 발판으로 이용한다.
④ 낙석 및 이탈물을 잡아준다.
⑤ 사면을 분리하여 심리적 안정감을 도모한다.

12 아래의 조건을 참고하여 합성기울기와 최소곡선반지름을 구하시오.
(단, 결과값은 소수점 셋째자리 반올림)

◎ 외쪽기울기 3%
◎ 종단기울기 4%
◎ 설계속도 40km/h
◎ 마찰계수 0.13

해답

- 합성기울기 : $\sqrt{3^2 + 4^2} = \sqrt{9+16} = \sqrt{25} = 5\%$

- 최소곡선반지름 : $\dfrac{40^2}{127(0.13+0.03)} = \dfrac{1600}{127 \times 0.16} = \dfrac{1600}{20.32} ≒ 78.74\,m$

13 소반구획 기준 4가지를 쓰시오.

해답

① 지종이 상이할 때
② 임상, 작업종이 상이할 때
③ 임령, 지위, 지리 혹은 운반계통이 상이할 때
④ 기능이 상이할 때

14 산림면적 1,000ha, 윤벌기 50년, 1영급을 편성하는 영계수가 10 이라고 할 때 법정영급면적과 영급수를 구하시오.

해답

법정영급면적 $= \dfrac{1000}{50} \times 10 = 200\,ha$

영급수 $= \dfrac{50}{10} = 5$개

15 보의 높이가 4m, 물의 단위중량이 1500kg/m³ 일 경우 사방댐이 받는 총수압을 구하고 일류수심의 정의를 적으시오.

> **해답**
> • 수압 공식 = 1/2 × 물의 단위중량 × 높이 제곱
> • $\dfrac{1}{2} \times 1500 \times 4^2 = 12000 \, kg/m^2$
> • 일류수심 : 사방댐의 방수로 등에서 넘어 흐르는 물의 깊이를 말하며 월류수심이라고도 한다.

산림기사 실기-필답형

2023년 제2회

01 아래의 표를 참고하여 절토량과 성토량을 구하시오.

측점	단면적		거리	토량	
	절토	성토		절토량	성토량
1	0	8.5	0		
2	29.6	1.5	20	①	②
3	5.5	6.5	10	③	④
4	4.3	36.7	20	⑤	⑥

해답

① $\dfrac{0+29.6}{2} \times 20 = 296 m^3$

② $\dfrac{8.5+1.5}{2} \times 20 = 100 m^3$

③ $\dfrac{29.6+5.5}{2} \times 10 = 175.5 m^3$

④ $\dfrac{1.5+6.5}{2} \times 10 = 40 m^3$

⑤ $\dfrac{5.5+4.3}{2} \times 20 = 98 m^3$

⑥ $\dfrac{6.5+36.7}{2} \times 20 = 432 m^3$

02 유역에 내리는 평균강우량 산정방법 4가지를 적으시오.

해답

티센법(thiessen), 격자법, 강우량고도법, 산술평균법

03 선떼붙이기공법 중에서 4급 선떼붙이기 그림을 도식화하시오.

해답

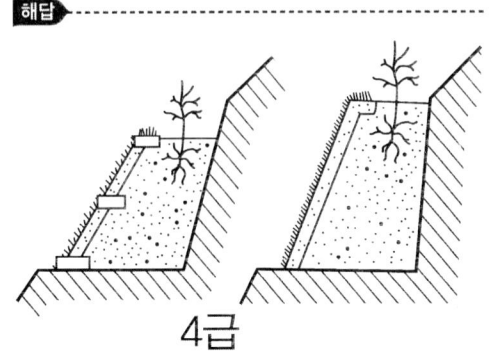

04 이령림의 연령측정 방법 중 면적령에 대해 설명하고 임황조사에서 임령의 표시방법을 적으시오.

해답

- 면적령 : 면적령은 이령림의 임령을 결정하는 다양한 방법 중의 하나로 각 이령임분이 차지하고 있는 면적을 고려한 가중평균에 의하여 구한다.
- 임령 표시방법 : 임령 : $\dfrac{평균임령}{최저임령 \sim 최고임령}$

05 아래 표를 참고하여 우세목 평균수고가 11m 이고, 임령 35년생의 지위지수를 구하시오.

	30년 수고	40년 수고
지위10	10.00	11.25
지위14	11.75	14.00

해답

- 지위 10 : 10 + 5/10(11.25 − 10) = 10.625
  11 − 10.625 = 0.375
- 지위 14 : 11.75 + 5/10(14 − 11.75) = 12.875
  11 − 12.875 = −1.875
- 지위지수는 10 이다.

06 임목의 시장가격이 100,000원, 자금의 회수기간 10개월, 월이율 10%, 기타비용이 30,000원일 경우 1m³ 임목가를 구하시오.

해답

$$\frac{100,000}{1+10\times 0.1} - 30,000 = 20,000 \text{ 원}$$

07 곡선반지름 200m, 교각 32°15' 일 때 접선길이와 곡선길이를 구하시오(단, π=3.14, 소수점 셋째자리 반올림).

해답

- 접선길이 $= 반지름 \times \tan(\frac{\theta}{2}) = 200 \times \tan(\frac{32°15'}{2})$
  $= 200 \times 0.2891\cdots = 57.8215\cdots\ m$

답 57.82 m

- 곡선길이 $= \frac{2\times\pi\times반지름\times\theta}{360} = \frac{2\times 3.14\times 200\times 32°15'}{360} = 112.5166\cdots\ m$

답 112.52 m

08 지선임도 20m/ha, 임도효율계수 8 일 때 평균집재거리를 계산하시오.

해답

$임도밀도 = \frac{임도효율계수}{평균집재거리} \rightarrow 20 = \frac{8}{평균집재거리} \rightarrow 평균집재거리 : 0.4km$

09 산림의 투자결정을 위한 분석방법 4가지를 적고 각각에 대해 설명하시오.

해답

- 순현재가치법 : 사업에 모든 비용과 편익을 기준년도의 현재가치로 할인하여 편익에서 총 비용을 제외한 값으로 평가하며 순현재가치가 0 보다 크면 경제적 타당성이 있다고 판단한다.
- 내부투자수익율법 : 투자를 하여 미래에 예상되는 현금수입의 현재가치와 예상되는 현금유출의 현재가치를 같게 하는 것으로 순현재가치가 0 이 되는 할인율을 말한다. 내부투자수익율이 기대 수익률보다 높은 투자 대안은 투자가치가 있는 것으로 판단한다.
- 수익비용률법 : 투자비용과 투자에 의한 기대 수익의 비율이 1 보다 크면 투자가치가 있다고 판단한다.
- 회수기간법 : 회수기간은 투자에 소요된 비용을 회수하는데 걸리는 기간으로 빨리 회수되는 투자안일수록 투자가치가 높다고 판단한다.

10 다음 수종에 대한 공유림 벌기령을 적으시오

◎ 소나무 - (㉠)
◎ 리기다소나무 - (㉡)
◎ 낙엽송 - (㉢)
◎ 참나무 - (㉣)

해답

㉠ 40 ㉡ 25 ㉢ 30 ㉣ 25

11 공·사유림의 효율적 경영의 촉진을 위해 운영하는 시범림의 종류 4가지를 적으시오.

해답

조림성공 시범림, 경제림육성 시범림, 숲가꾸기 시범림, 임업기계화 시범림, 복합경영 시범림, 산림인증 시범림

12 랑꼬임과 비교한 보통꼬임의 특징 4가지를 적으시오.

해답

- 스트랜드의 꼬임방향와 스트랜드를 구성하는 와이어의 꼬임 방향이 역방향이다
- 킹크가 생기기 어렵고 취급이 용이하다
- 마모가 쉽다
- 집재가선의 되돌림줄, 짐당김줄 등 일반 작업줄에 적당하다

13 다음의 조건을 보고 chezy, manning 공식을 활용하여 평균유속을 구하시오(소수점 셋째 자리 반올림)

◎ 유속계수 0.7
◎ 조도계수 0.3
◎ 경심 10
◎ 수로기울기 1%

해답

- chezy

$$0.7 \times \sqrt{10 \times 0.01} = 0.7 \times 0.316227\cdots = 0.22135\cdots$$

답 0.22 m/s

- manning

$$\frac{1}{0.3} \times 10^{\frac{2}{3}} \times 0.01^{\frac{1}{2}} = 3.3333\cdots \times 4.64158\cdots \times 0.1 = 1.54719\cdots$$

답 1.55 m/s

14 면적 600 ha, 윤벌기 30년, 영계수 6 일 때 법정영급면적과 영급수를 구하시오.

> 해답

- 법정영급면적 $= \dfrac{600}{30} \times 6 = 120 ha$
- 영급수 $= \dfrac{600}{120} = 5$개

15 황폐지 표면 침식방지 4가지 방법을 적으시오.

> 해답

- 불규칙한 지반을 정리한다.
- 경사가 완만한 초기 및 중기 황폐지역은 파종상을 만든다.
- 경사가 급한 지역은 단을 끊는다.
- 생산된 부토는 선떼붙이기, 흙막이 등으로 고정한다.
- 작은 수로에서는 위쪽에 누구막이 아래쪽에 수로를 설치한다.

2023년 제3회 산림기사 실기-필답형

01 기고식을 이용하여 기계고, 지반고를 구하시오

측점	후시	기계고	전시 T.P	전시 I.P	지반고	REMARKS
B.M NO.8	2.30	(①)			30.0	B.M NO.8 의 H=30.0m
1				3.2	(②)	
2				2.5	29.8	
3	4.25	(③)	1.1		31.2	
4				2.3	33.15	측정 6은 B.M NO.8에 비하여 1.95m 높다
5				2.1	(④)	
6			3.5		31.95	
SUM	6.55		4.6			

해답

① 기계고 = 30 + 후시 = 30 + 2.3 = 32.3
② 지반고 = 기계고 - 전시 = 32.3 - 3.2 = 29.1
③ 기계고 = 지반고 + 후시 = 31.2 + 4.25 = 35.45
④ 지반고 = 기계고 - 전시 = 35.45 - 2.1 = 33.35

02 유역면적 36ha, 최대시우량 100mm/h, 유출계수가 0.8에서 0.5로 변하였을 경우 감소량을 시우량으로 구하시오(단, 소수점 셋째자리 반올림)

해답

$$(0.8 - 0.5) \times \frac{360,000 \times \frac{100}{1,000}}{3,600} = 3 \ (m^3/s)$$

03 아래 보기의 조건으로 오스트리아법에 의한 표준벌채량과 훈데스하겐에 의한 표준벌채량을 구하시오

◎ 현실축적 : 400m³/ha
◎ 법정축적 : 500m³/ha
◎ 법정벌채량 : 40m³/ha
◎ 갱정기 : 50년
◎ 작업급 생장량 : 34m³/ha

해답

· 훈데스하겐법
$$400 \times \frac{40}{500} = 32\,\text{m}^3$$

· 오스트리아법
$$34 + \frac{400 - 500}{50} = 32\,\text{m}^3$$

04 사방댐의 안정조건 4가지를 적으시오

해답
① 전도에 대한 안정
② 활동에 대한 안정
③ 제체의 파괴에 대한 안정
④ 기초지반의 지지력에 대한 안정

05 아래 임반의 구획 방법을 적으시오

◎ 임반 구획 방법 :
◎ 번호 부여 방법 :

해답

· 임반 구획 방법 : 구획의 경우 능선, 하천, 도로 혹은 자연경계로 한다.
· 번호 부여 방법 : 산림경영계획구 유역 하류에서 시계방향으로 아라비아 숫자로 표기한다.

06 평면도, 종단면도(횡, 종), 횡단면도의 축척을 쓰시오

해답
- 평면도 1:1200
- 종단면도 1:1000(횡), 1:200(종)
- 횡단면도 1:100

07 1차기(10년)의 표준지 0.04ha 에 대한 재적 6m³, 2차기(20년)의 표준지 0.04ha 에 대한 재적 8m³이다. 앞의 조건을 통해 아래 내용을 구하시오(단, 소수점 셋째자리 반올림)

◎ 1차기의 ha 당 재적 :
◎ 2차기의 ha 당 재적 :
◎ 생장률 :

해답

◎ 1차기의 ha 당 재적 : $\dfrac{6}{0.04} = 150 \, m^3/ha$

◎ 2차기의 ha 당 재적 : $\dfrac{8}{0.04} = 200 \, m^3/ha$

◎ 생장률 : $\dfrac{200-150}{200+150} \times \dfrac{200}{10} = 2.857 \cdots$ → 답 : 2.86 %

08 아래 보기의 수종의 국유림 벌기령을 차례대로 적으시오

<보기>
소나무, 잣나무, 낙엽송, 참나무

해답
60년, 60년, 50년, 60년

09 모래덮기에 공법의 종류 2가지를 적으시오

해답
모래덮기공법, 사초심기, 실파공

10 임종과 임상에 대해 쓰시오

> **해답**
> - 임종 : 임황조사 항목으로 자연적으로 조성된 천연림과 인공적으로 조성된 인공림으로 분류된다.
> - 임상 : 임목재적 혹은 본수 등을 기준으로 침엽수림, 활엽수림, 혼효림으로 구분되며 기준은 아래와 같다.
>   - 침엽수림 : 침엽수 점유율이 75% 이상인 임분
>   - 활엽수림 : 활엽수 점유율이 75% 이상인 임분
>   - 혼효림 : 침엽수 혹은 활엽수가 26~75% 미만의 임분

11 아래 내용을 보고 계산하시오

> (1) 목재의 길이가 20m, 노폭이 4m일 때 임도의 최소곡선반지름을 구하시오.
> (2) 1/25,000 축적에서 경사도 8% 일 경우 캠퍼스 간격(mm)을 구하시오(단, 두 등고선의 표고차는 10m)

> **해답**
> (1) 최소곡선반지름 $= \dfrac{\text{반출 목재 길이}^2}{4 \times \text{도로 너비}} = \dfrac{20^2}{4 \times 4} = 25m$
>
> (2) · $\dfrac{10}{\text{수평거리}} \times 100 = 8(\%) \rightarrow$ 수평거리 : 125m
>
>   · $12500cm \times \dfrac{1}{25000} = 0.5cm$
>
>   **답** 5mm

12 벌기가 60년인 임목의 임목가는 150만원이다. 마르티나이트(Martineit) 식으로 계산한 30년생의 임목가를 구하시오.

> **해답**
> $1,500,000 \times \dfrac{30^2}{60^2} = 375,000$ 원

13 다공정 처리기계인 하베스터, 프로세서에 대해 설명하시오

해답
- 하베스터 : 임목을 벌목하여 가지자르기, 토막내기 작업을 일관된 공정으로 작업할 수 있는 다공정 벌채장비이다
- 프로세서 : 이미 벌목된 전목의 가지를 자르고 토막을 내는 장비로서 벌채목의 수간을 잡는 그래플장치, 가지를 자르는 장치, 수간을 밀어내는 송재 장치, 절단장치로 이루어져 있다.

14 벌기령이 50년이고 매년 500만원의 수입을 올리는 임지의 자본가를 구하시오
(단, 이율은 3%, 천원미만은 절사)

해답

$$\frac{5,000,000}{0.03} = 166,666,666.66 \cdots$$

답 166,666,000 원

15 찰쌓기, 메쌓기의 가장 큰 차이점과 사방댐, 골막이의 가장 큰 차이점을 설명하시오

해답
- 찰쌓기는 줄눈에 모르타르를 사용하고 메쌓기는 줄눈에 모르타르를 사용하지 않는다.
- 사방댐은 대수면과 반수면을 모두 축조하나 골막이는 반수면만 축조를 한다.

산림기사 실기-필답형

2024년 제1회

01 임도설계도면 작성 전까지의 준비 작업 순서 4단계를 적으시오

해답
① 예비조사
② 답사
③ 예측
④ 실측

02 사방댐과 골막이의 차이점, 정사울세우기와 퇴사울세우기의 차이점을 각각 1가지씩 적으시오

해답
- 사방댐은 대수면과 반수면을 모두 축조하나 골막이는 반수면만 축조를 한다.
- 정사울세우기는 모래의 이동을 막고 식재목이 잘 자라는 환경을 조성하는데 퇴사울세우기는 바람에 의해 날리는 모래를 퇴적시켜 안정화를 도모한다.

03 지위지수가 8인 25년생 소나무 임분의 현실재적 89.46m^3, 수확표상 재적 99.89m^3 였다. 이 임분이 40년생 수확표상 재적 227.13m^3, 수확표상 현실생장량 7.09m^3 일 경우 40년생의 주임목재적과 현실생장량을 구하시오(단, 소수점 셋째자리 반올림)

해답
[40년생 주임목재적]
현실재적 : 수확표상 재적 = 40년 주임목재적 : 40년생 수확표상 재적
89.46 : 99.89 = 40년 주임목재적 : 227.13
40년 주임목재적 = 203.41m^3

[40년생 현실생장량]
수확표생장량 : 40년 수확표상 재적 = 현실생장량 : 40년 주임목재적
7.09 : 227.13 = 현실생장량 : 203.41
현실생장량 = 6.35m^3

04 6,144,570 원을 연 10% 이자율로 10년간 빌렸을 경우 만기 상환금액을 적으시오. (단, 결과값은 1원 미만 절사할 것)

> **해답**
> 원리금의 합계=원금×$(1.p)^n$ → 6,144,570×$(1.1)^{10}$ = 15,937,432.11원
> 冒 15,937,432 원

05 수구면과 추구면 사이의 일정한 너비를 남기는 이유 4가지를 적으시오.

> **해답**
> ① 벌목 시 나무의 넘어지는 속도를 감소시킨다.
> ② 작업자의 안정성을 높인다.
> ③ 벌도목의 파열을 방지한다.
> ④ 임목의 벌도 방향을 결정한다.

06 유역면적이 3.6km², 최대시우량 100mm/h, 유거계수 0.45 일 때 최대홍수유량을 시우량법과 합리식법을 활용하고 풀이과정을 별도로 적으시오(단, 소수점 첫째자리에서 반올림 할 것)

> **해답**
> · 시우량법 : $0.45 \times \dfrac{3,600,000 \times \dfrac{100}{1000}}{60 \times 60} = 45\,m^3/s$
>
> · 합리식법 : $0.002778 \times 0.45 \times 100 \times 360 = 45.0036$ → $45\,m^3/s$

참고

시우량법	합리식법
$Q = K \times \dfrac{A \times \dfrac{m}{1000}}{60 \times 60}$ Q : 유량(m³/s) A : 유역면적(m²) m : 최대시우량(mm/h) K : 유거계수	$Q = 0.002778\,CIA$ Q : 유출량(m³/s) C : 유거계수 I : 최대시우량(mm/hr) A : 유역면적(ha)

07 정지작업을 한다고 하였을 경우 작업해야할 토적량을 구하시오. (모서리의 숫자는 각 지점의 토심(m)를 나타내고, 각 정사각형의 면적은 $50m^2$ 이다.)

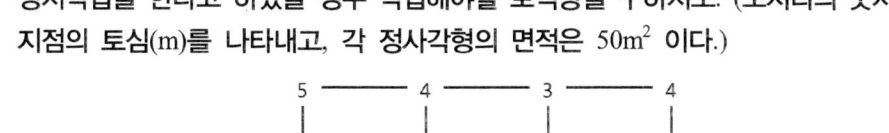

해답

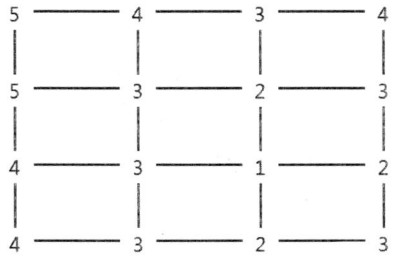

A : (5+4+3+5)÷4=4.25
B : (4+3+3+2)÷4=3
C : (3+4+3+2)÷4=3
D : (5+3+3+4)÷4=3.75
E : (3+2+1+3)÷4=2.25
F : (2+3+2+1)÷4=2
G : (4+3+3+4)÷4=3.5
H : (3+1+2+3)÷4=2.25
I : (1+2+3+2)÷4=2

총토적량 = (A+B+C+D+E+F+G+H+I)×면적
= (4.25+3+3+3.75+2.25+2+3.5+2.25+2)×50=1,300m^3

08 평면도, 종단면도, 횡단면도의 축척 기준을 적고 임업이율을 낮게 하는 이유 4가지를 적으시오.

◎ 평면도 :
◎ 종단면도(횡) :   종단면도(종) :
◎ 횡단면도 :
◎ 임업이율 낮게하는 이유 4가지

해답

- 평면도 1 : 1200
- 종단면도 1 : 1000(횡), 1 : 200(종)
- 횡단면도 1 : 100
- 임업이율을 낮게 하는 이유 4가지
  - 산림 소유의 안정성을 위하여
  - 산림경영관리의 간편화를 위하여
  - 생산기간의 장기성으로 인하여
  - 문화의 발전에 따른 이율의 저하로 인하여

09 임반의 구획 방법을 적으시오.

◎ 임반 구획 방법 :
◎ 면적 구획 방법 :
◎ 번호 부여 방법 :

해답

- 임반 구획 방법 : 구획의 경우 능선, 하천, 도로 혹은 자연경계로 한다.
- 면적 구획 방법 : 가능한 100ha 내외고 구획하며 불가피한 경우 조정이 가능하다.
- 번호 부여 방법 : 산림경영계획구 유역 하류에서 시계방향으로 아라비아 숫자로 표기한다.

10 기고식을 이용하여 기계고, 지반고를 구하시오.

측점	후시	기계고	전시		지반고
			T.P	I.P	
B.M	3.30	(①)			50.0
1				2.5	(②)

> **해답**
>
> ① 기계고 = 지반고 + 후시 = 50.0 + 3.30 = 53.3m
> ② 지반고 = 기계고 - 전시 = 53.3 - 2.50 = 50.8m

11 국유림경영계획시 첨부해야하는 도면의 종류 4가지를 적으시오.

> **해답**
>
> 경영계획도, 위치도, 목표임상도, 산림기능도

12 아래 조사된 조림지의 정보를 참고하여 산림조사야장의 빈칸을 채우시오.

구분	잣나무	밤나무	소나무
임령	15	20	25
본수	70	20	70

임황			
임종	㉠	임상	㉡
임령	㉢	영급	㉣

> **해답**
>
> ㉠ 인공림 ㉡ 침엽수림 ㉢ $\dfrac{20}{15 \sim 25}$ ㉣ II

13 아래 내용을 보고 임목의 재적 및 1ha 의 임분재적을 구하시오.

(1) 흉고직경 16cm, 수고 9.6m, 형수 0.4 일 경우 임목의 재적을 구하시오(단, π = 3.14 적용, 최종값은 소수점 넷째자리 반올림 할 것).

해답
$3.14 \times 0.08^2 \times 9.6 \times 0.4 = 0.07716864 \rightarrow 0.077 \text{m}^3$

(2) 묘목 간 거리가 2.5m 정방형으로 식재되어 있다. 식재된 나무들의 재적값이 (1)에서 구한 임목의 재적값이라 가정하고 1ha 당 임분재적을 구하시오.

해답
$\dfrac{10,000\,m^2}{2.5m \times 2.5m} = 1,600\,본$
$1600\,본 \times 0.077\,m^3 = 123.2\,m^3$

14 아래 항목의 내용을 보고 계산하시오.

(1) 벌기령까지 각 비용과 수익에 대한 현재가를 이자 5%를 적용하여 계산한 결과가 아래와 같다. 이 임분의 투자가치를 결정하기 위해 순현재가를 구하시오.
  ◎ 조림비 50 만원   ◎ 관리비 30 만원
  ◎ 지대 : 40 만원   ◎ 1차 간벌수익 45 만원
  ◎ 2차 간벌수익 40 만원   ◎ 주벌수익 100 만원

해답
· 순현재가 = 현금유입을 할인하여 얻은 현재가치 − 투자비용을 할인하여 얻은 현재가치
       = (100 + 40 + 45) - (50 + 30 + 40) = 65
· 순현재가 : 65 만원

(2) 특정 임분에 대한 사업의 타당성 평가를 위해 B/C 율을 구하고자 한다. 할인된 편익이 1,230만원 이고 할인된 비용이 500만원일 경우의 B/C 율을 구하시오(단, 할인율 10%, 결과 값은 소수점 셋째자리 반올림).

해답
· $\dfrac{편익}{비용} = \dfrac{1230}{500} = 2.46$
· B/C 율 = 2.46

15 아래 나열된 수종에 대한 특징을 각 1가지씩 적으시오.

< 보기 >
물오리나무, 곰솔, 상수리, 싸리

해답

- 물오리나무 : 수형은 원추형이며 가구재, 신탄재, 펄프재로 이용된다.
- 곰솔 : 맹아력이 좋고 척박한 곳에서 잘 견디며 해안이나 간척지 조경용으로 많이 식재된다.
- 상수리 : 참나무과로 강산성에 내성이 있는 나무이다.
- 싸리 : 콩과식물에 속하며 뿌리에 뿌리혹박테리아가 있어 비료목으로 활용된다.

산림기사 실기-필답형   2024년 제2회

01 벌기 50년 소나무림에서 벌기마다 1,000만원의 수입을 영구히 얻기 위한 전가합계를 계산하시오(단, 연이율 6%, 1.06^{50}=18.42, 1원미만은 절사한다)

해답

$$\frac{10,000,000}{1.06^{50}-1} = \frac{10,000,000}{18.42-1} = 574,052.812 \cdots \rightarrow 574,052 \text{ 원}$$

02 윤벌기와 벌기령의 차이점 2가지를 적으시오

해답
- 윤벌기는 기간의 개념을 가지고 벌기령은 연령의 개념을 가진다.
- 윤벌기는 작업급을 일순벌하는데 소요되는 기간을 말하고 벌기령은 임목의 생산기간을 나타내는 연령을 의미한다.

03 유역면적이 3.6km², 최대시우량 100mm/h, 유거계수 0.45 일 때 최대홍수유량을 시우량법과 합리식법을 활용하고 풀이과정을 별도로 적으시오(단, 소수점 첫째자리에서 반올림 할 것)

해답

- 시우량법 : $0.45 \times \dfrac{3,600,000 \times \frac{100}{1000}}{60 \times 60} = 45\,m^3/s$

- 합리식법 : $0.002778 \times 0.45 \times 100 \times 360 = 45.0036 \rightarrow 45\,m^3/s$

04 임목수확작업시스템의 4가지 단계를 적고 각각에 대해 설명하시오

해답
- 벌목 : 체인톱이나 벌도용 장비를 이용하여 입목을 베어내는 작업
- 조재 : 벌도한 수목의 가지를 자르고, 박피, 통나무자르기 등의 일련의 작업
- 집재 : 벌목한 상태 혹은 통나무를 한군데 모으는 작업
- 운재 : 임지저목장이나 중간저목장으로부터 제재소 등의 가공지까지의 운반 작업

05 아래 산림작업에 대한 정의를 적으시오

◎ 개벌작업 :
◎ 택벌작업 :
◎ 모수작업 :
◎ 왜림작업 :

해답
- 개벌작업 : 임분 전체를 1회의 벌채로 모두 베어내는 작업
- 택벌작업 : 성숙한 임목을 골라 벌채하는 작업
- 모수작업 : 종자를 공급할 수 있는 모수만을 남기고 그 외 나무를 일시에 베어내는 작업
- 왜림작업 : 연료재 생산을 목적으로 개벌 후 근주로부터 나오는 맹아로 갱신하는 작업

06 산사태와 땅밀림의 차이를 땅밀림을 기준으로 4가지 적으시오

해답
- 땅밀림은 산사태보다 낮은 경사에서 발생한다.
- 땅밀림은 산사태보다 진행속도가 느리다.
- 땅밀림은 산사태보다 면적 규모가 크다.
- 땅밀림은 지질구조에 영향을 많이 받으며 주로 점성토에서 발생한다.

07 아래 조사된 수고값을 참고하여 삼점평균과 적용수고를 구하고 그 과정을 적으시오

경급(cm)	수고(m)	삼접평균 및 과정	적용수고
6	8.6		
8	9.3		
10	9.8		
12	11.5		
14	11.8		
16	12.3		
18	12.8		
20	13.6		

해답

경급(cm)	수고(m)	삼접평균 및 과정	적용수고
6	8.6	8.6	9
8	9.3	$\dfrac{8.6+9.3+9.8}{3}=9.233\cdots$	9
10	9.8	$\dfrac{9.3+9.8+11.5}{3}=10.2$	10
12	11.5	$\dfrac{9.8+11.5+11.8}{3}=11.033\cdots$	11
14	11.8	$\dfrac{11.5+11.8+12.3}{3}=11.866\cdots$	12
16	12.3	$\dfrac{11.8+12.3+12.8}{3}=12.3$	12
18	12.8	$\dfrac{12.3+12.8+13.6}{3}=12.9$	13
20	13.6	13.6	14

08 임도의 평면곡선 중에서 복심곡선과 완화곡선의 정의를 적으시오

해답

- 복심곡선 : 반지름이 다른 곡선이 같은 방향으로 연속되는 곡선
- 완화곡선 : 임도의 직선으로부터 곡선부로 옮겨지는 곳에는 곡선부의 외쪽기울기와 나비넓힘이 원활하게 이어지는 곡선

09 아래 조건을 보고 계산하시오

9-1. 외쪽기울기 3%, 종단기울기 4% 일 경우 합성기울기를 구하시오

해답

합성기울기 $= \sqrt{3^2 + 4^2} = \sqrt{9+16} = 5$

합성기울기 : 5%

9-2. 목재의 길이가 6m, 노폭이 2m일 때 임도의 최소곡선반지름을 구하시오.

해답

최소곡선반지름 $= \dfrac{\text{반출 목재 길이}^2}{4 \times \text{도로너비}} = \dfrac{6^2}{4 \times 2} = 4.5m$

10 아래는 임황 및 지황 항목이다. 각각에 대한 기준을 적으시오

◎ 영급 Ⅲ
◎ 치수
◎ 소밀도 밀
◎ 혼효림

해답

- 영급 Ⅲ : 임령 21~30년
- 치수 : 흉고직경 6cm 미만의 임목이 50% 이상 생육하는 임분
- 소밀도 밀 : 수관밀도 71% 이상 임분
- 혼효림 : 침엽수 혹은 활엽수가 26~75% 미만의 임분

11 산림경영의 지도원칙 중 4가지를 적으시오

해답

- 수익성 원칙
- 경제성 원칙
- 생산성 원칙
- 공공성 원칙
- 보속성 원칙
- 합자연성 원칙
- 환경보전 원칙

12 다음 내용을 정의를 적고 계산하시오

12-1. 다음은 산악임도망의 종류이다. 각각에 대해 설명하시오

> ◎ 계곡임도형
> ◎ 산복임도형
> ◎ 능선임도형
> ◎ 산정부 개발형

해답

- 계곡임도 : 임지 하부에 설치하여 처음 만들어지는 임도로 홍수로 발생되는 유실 방지를 목적으로 위쪽의 사면에 설치한다.
- 산복임도 : 계곡임도에서 시작되어 산록부와 산복부에 설치하는 임도이다.
- 능선임도형 : 계곡 및 늪지대에 임도 개설을 하며 가선집재 같은 상향집재방식으로만 산림 개발이 가능하다.
- 산정부 개발형 : 산정부가 발달된 지형에 주위를 순환하는 노망을 설치하는 임도로 하향 및 가선에 의한 상향집재가 가능하다.

12-2. 임도측량시 교각법을 활용하여 곡선반지름 40m, 내각 60°의 경우 외선길이 및 곡선길이를 구하시오(π = 3.14, 소수점 셋째자리 반올림)

해답

- 교각 : 180° - 내각 = 180° - 60° = 120°
- 외선길이 = 반지름 × $[\sec(\frac{\theta}{2})-1]$ = 40-[sec(60)-1] = 40 × $[\frac{1}{\cos 60} - 1]$ = 40m
- 곡선길이 = $\frac{2 \times \pi \times 반지름 \times \theta}{360}$ = $\frac{2 \times 3.14 \times 40 \times 120}{360}$ ≒ 83.73 m

13 아래 공작물의 각각의 설치 목적을 적으시오

◎ 단끊기
◎ 땅속흙막이
◎ 속도랑배수구
◎ 등고선구공법

해답

- 단끊기 : 비탈다듬기 공사가 종료되고 비탈사면에 수평단을 끊고 초, 목본류를 파식하여 황폐된 나지에 식생을 조성한다.
- 땅속흙막이 : 비탈다듬기나 단끊기 등의 흙깎기 과정에서 토사의 유실을 방지하기 위해 땅속에 설치한다.
- 속도랑배수구 : 비탈면 호우 시 지하수 분출로 붕괴가 우려되는 지대에 설치하여 지하수나 침투수를 신속하게 배제한다.
- 등고선구공법 : 토양침식을 방지하여 식물 생육에 필요한 수분을 공급하게 된다.

14 아래 기고식을 보고 빈칸을 채우시오

측점	후시	기계고	전시		지반고	REMARKS
			T.P	I.P		
B.M NO.8	2.30	32.3			30.0	B.M NO.8 의 H=30.0m
1				3.2	(①)	
2				2.5	29.8	
3	4.25	(②)	1.1		31.2	
4				2.3	33.15	
5				2.1	(③)	측정 6은 B.M NO.8에 비하여 1.95m 높다
6			3.5		31.95	
SUM	6.55		4.6			

해답

① 지반고 = 기계고 − 전시 = 32.3 − 3.2 = 29.1
② 기계고 = 지반고 + 후시 = 31.2 + 4.25 = 35.45
③ 지반고 = 기계고 − 전시 = 35.45 − 2.1 = 33.35

15 아래 조건을 보고 계산하시오

15-1. 산림면적 1,000ha, 윤벌기 50년, 1영급을 편성하는 영계수가 10 이라고 할 때 법정영급면적을 구하시오

해답

법정영급면적 $= \dfrac{1000}{50} \times 10 = 200ha$

15-2. 연간생장량 50m³, 현재축적 350m³, 법정축적 300m³, 갱정기 25년 일 경우 연간 표준벌채량을 구하시오

해답

$50 + \dfrac{350-300}{25} = 52m^3$

산림기사 실기-필답형

2024년 제3회

01 다음은 법정축적법에 대한 내용이다.

(1) 아래 보기를 참고하여 kameraltaxe 법을 이용하여 계산하시오

< 보기 >
◎ ha 당 현실축적 70m³
◎ ha 당 법정축적 150m³
◎ ha 당 현실연간 생장량 6m³
◎ 갱정기 20년

해답

$$6 + \frac{70-150}{20} = 2\,m^3$$

(2) 법정축적법의 종류 2가지를 적으시오(단, kameraltaxe 법은 제외)

해답
- 이용률법(Hundeshagen법, Mantel법)
- 수정계수법(Breymann법, Schmidt법)

02 랑꼬임과 보통꼬임에 대해 설명하시오

해답
- 랑꼬임 : 스트랜드의 꼬임 방향과 스트랜드를 구성하는 와이어의 꼬임 방향이 같은 방향으로 된 것
- 보통꼬임 : 스트랜드의 꼬임 방향과 스트랜드를 구성하는 와이어의 꼬임 방향이 역방향으로 된 것

03 보의 높이가 3m, 물의 단위중량이 1.1 ton/m³ 일 경우 사방댐이 받는 총수압을 구하시오

해답

$\frac{1}{2} \times 1.1 \times 3^2 = 4.95$ ton/m²

※ 수압 공식
1/2 × 물의 단위중량 × 보의 높이²

04 다음 수로의 그림을 보고 윤주, 평균수심을 구하시오(단, 소수점 셋째자리 반올림)

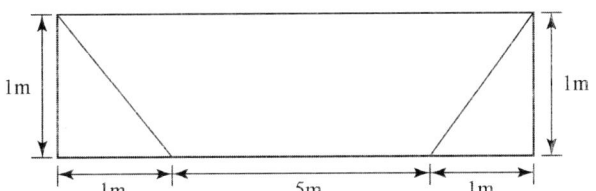

해답

- 유적 = $\frac{1}{2} \times (5+7) \times 1 = 6\,m^2$
- 윤주(윤변) = 1.41 + 5 + 1.41 = 7.82 m
  - 한 빗변의 길이 : $\sqrt{1^2 + 1^2} ≒ 1.41$
- 평균수심(경심) = 면적 ÷ 윤변 = 6 ÷ 7.82 = $0.767 ≒ 0.77\,m$

05 아래 기고식을 보고 빈칸에 값을 구하시오

측점	후시 S.P	기계고 I.H	전시 T.P	전시 I.P	지반고 G.H	REMARKS
B.M NO.8	2.30	(①)			30.0	B.M NO.8 의 H=30.0m
1				3.2	(②)	
2				2.5	29.8	
3	4.25	(③)	1.1		31.2	
4				2.3	33.15	측정 6은 B.M NO.8에 비하여 1.95m 높다
5				2.1	(④)	
6			(⑤)		31.95	
SUM	6.55		4.6			

해답

① 기계고 = 30 + 후시 = 30 + 2.3 = 32.3
② 지반고 = 기계고 - 전시 = 32.3 − 3.2 = 29.1
③ 기계고 = 지반고 + 후시 = 31.2 + 4.25 = 35.45
④ 지반고 = 기계고 − 전시 = 35.45 − 2.1 = 33.35
⑤ T.P = 35.45 − 31.95 = 3.5

06 지속가능한 산림자원 관리지침의 산림 기능 구분 4가지를 적으시오

해답
① 목재생산림
② 수원함양림
③ 산지재해방지림
④ 자연환경보전림

07 벌기령 30년의 소나무를 개벌하여 주벌수입 420만원, 간벌수입은 20년일 때 9만원, 25년일 때 36만원을 올릴수 있으며 조림비 30만원, 관리비는 매년 12000원, 이율은 6% 일 경우 임지기망가를 구하시오

해답

$$\frac{4,200,000 + 90,000(1.06)^{30-20} + 360,000(1.06)^{30-25} - 300,000(1.06)^{30}}{1.06^{30}-1} - \frac{12,000}{0.06}$$

$$\frac{4,200,000 + 161,176 + 481,761 - 1,723,047}{4.74} - 200,000 = 457,720 (원)$$

08 아래 내용을 보고 문제를 해결하시오

(1) BC 방위각 45°, 거리 80m 지점이 IP이고, IP에서 방위각 120°로 거리 80m 지점이 EC 일 때 접선길이, 곡선길이, 외선길이를 구하시오(반지름 40m, 셋째자리 반올림)

해답

- 접선길이 = 반지름 $\times \tan(\frac{\theta}{2}) = 40 \times \tan(\frac{75}{2}) = 40 \times 0.7673 \cdots = 30.6930 \cdots$

  답 30.69m

- 곡선길이 = $\frac{2 \times \pi \times 반지름 \times \theta}{360} = \frac{2 \times 3.14 \cdots \times 40 \times 75}{360} = 52.359 \cdots m$

  답 52.36m

- 외선길이 = 반지름 $\times [\sec(\frac{\theta}{2}) - 1] = 40 \times [\frac{1}{\cos 37.5} - 1] = 10.418 \cdots m$

  답 10.42m

(2) 다음은 산림관리기반시설의 설계 및 시설기준에 대한 내용이다. 빈칸에 알맞은 말을 적으시오

◎ 곡선부의 중심선 반지름은 다음의 규격 이상으로 설치하여야 한다. 다만, (㉠)되는 장소에 대하여는 곡선을 설치하지 아니할 수 있다

해답
내각 155°이상

09 윤벌기, 회귀년에 대해 설명하시오

해답
- 윤벌기 : 윤벌기는 한 작업급의 모든 임분을 일순벌하는데 걸리는 시간을 의미한다
- 회귀년 : 택벌작업에서 맨 처음 택벌한 구역을 또다시 택벌하기까지 소요되는 기간을 말한다

10 복합곡선 및 배향곡선을 도식화하고 각각에 대해 설명하시오.

해답
- 복합곡선 : 중심이 다르고 반지름이 다른 두 단곡선이 같은 방향으로 연속하는 곡선이다.

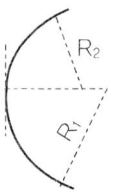

〈복합곡선〉

- 배향곡선 : 단곡선, 복심곡선, 반향곡선이 혼합되어 머리핀모양(Hair-pin)으로 된 곡선으로 경사가 급한 곳에서 노선을 연장하여 종단기울기를 완화하거나 동일사면에서 우회할 목적으로 설치한다.

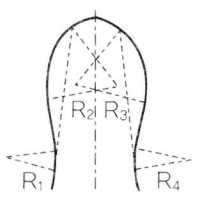

〈배향곡선〉

11 찰쌓기와 메쌓기에 대해 설명하시오

해답
- 찰쌓기 : 돌을 쌓을 때 뒤채움은 콘크리트를 사용하고 줄눈에 모르타르를 사용하며 뒷면에는 물빼기 구멍을 만든다.
- 메쌓기 : 돌을 쌓을 때 뒤채움이나 줄눈에 모르타르를 사용하지 않는다. 모르타르 사용이 없어 돌틈으로 물이 배수되어 별도의 배수구가 필요없다

12 임반의 구획 및 면적에 대한 기준을 적으시오

◎ 구획
◎ 면적

해답
- 구획 : 구획의 경우 능선, 하천, 도로 혹은 자연경계로 한다
- 면적 : 가능한 100ha 내외를 기준으로 구획하며 불가피한 경우 조정이 가능하다

13 선떼붙이기의 횡단면도 그림을 그리고 4가지 종류의 떼에 대해 표시하시오

해답

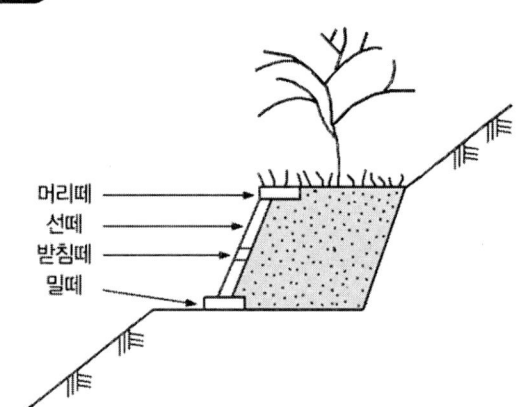

14 아래는 임황 및 지황 항목이다. 각각에 대한 기준을 적으시오

◎ 미입목지
◎ 제지
◎ 혼효림
◎ 토심 (중)

해답
- 미입목지 : 임목재적의 비율이 30% 이하인 임분을 말한다
- 제지 : 시업지 및 시업제한지 이외의 임지로서 묘포, 건물, 임도, 기타 시설용 부지와 대부된 임지 및 농지, 암석지 등을 의미한다
- 혼효림 : 침엽수 혹은 활엽수가 26~75% 미만의 임분
- 토심(중) : 토심 30~60cm 미만

15 원목의 원구직경 36cm, 말구직경 26cm, 중앙직경 30cm, 재장 10m 인 경우 스말리안식과 후버식을 이용하여 각각의 재적을 구하시오 (단, π=3.14 적용, 소수점 셋째자리 반올림)

해답

- 후버식

  $\pi \times 0.15^2 \times 10 = 0.7065 \rightarrow$ 답 : 0.71m^3

- 스말리안식

  $\dfrac{(0.13^2 + 0.18^2)}{2} \times \pi \times 10 = 0.77401 \rightarrow$ 답 : 0.77m^3

산림기사 실기-필답형
2025년 제1회

01 경급을 구분하고 설명하시오

해답

치수 : 흉고직경 6cm 미만의 임목이 50% 이상 생육하는 임분
소경목 : 흉고직경 6~16cm 의 임목이 50% 이상 생육하는 임분
중경목 : 흉고직경 18~28cm 의 임목이 50% 이상 생육하는 임분
대경목 : 흉고직경 30cm 이상의 임목이 50% 이상 생육하는 임분

02 면적이 10ha, 임도길이 2km, 평균집재거리가 10m 일 때 아래 문제를 해결하시오

(1) 위 조건의 임도밀도를 구하시오

해답

$$임도밀도 = \frac{총연장거리(m)}{총면적(ha)} = \frac{2,000m}{10ha} = 200\,m/ha$$

(2) 위의 조건을 보고 임도개발지수를 구하시오

해답

$$개발지수 = \frac{임도밀도 \times 평균집재거리}{2500} = \frac{200 \times 10}{2500} = 0.8$$

03 다공정 임업기계의 제약점 4가지를 적으시오(단, 가격은 제외)

해답

- 기계고장 시 수리 가능한 인력 확보가 요구된다.
- 급경사지에서 사용이 제한되며 지형의 영향을 많이 받는다.
- 조작에 높은 숙련도가 요구된다.
- 경제적 운영을 위해 철저한 작업계획을 세워야 한다.

04 아래 설명을 보고 답을 적으시오

(1) 현실축적이 ha 당 400m³, 법정벌채량이 ha 당 40m³, 법정축적이 ha 당 500m³ 일 경우 표준벌채량을 훈데스하겐법으로 계산하시오

해답

$400 \times \dfrac{40}{500} = 32m^3$

(2) 수확조절기법의 교차법 종류 2가지를 적으시오

해답

Kameraltaxe 법, Heyer, Karl

05 벌기령의 종류 4가지를 적으시오

해답

생리적 벌기령, 공예적 벌기령, 재적수확 최대의 벌기령, 화폐수입최대의 벌기령

06 수로 기울기 2%, 유속 0.2m/s, 유속계수 0.8, 조도계수 0.03 일 경우 아래 답을 구하시오

(1) 위의 조건을 보고 chezy 공식을 적용하여 경심을 구하시오

해답

$0.2 = 0.8\sqrt{R \times 0.02}$

$\sqrt{R \times 0.02} = \dfrac{0.2}{0.8} = 0.25$

$R = \dfrac{0.25^2}{0.02} = 3.125m$

(2) 위의 조건 및 앞에서 구한 경심을 manning 공식에 적용하여 유속을 구하시오

해답

$\dfrac{1}{0.03} \times 3.125^{\frac{2}{3}} \times 0.02^{\frac{1}{2}} = \dfrac{1}{0.03} \times 2.1374\cdots \times 0.1414\cdots = 10.0761\cdots$

답 10.076 m/s

07 임목의 생장에 따른 임목평가방법을 한가지씩 적으시오

> ◎ 유령림
> ◎ 벌기미만 장령림
> ◎ 중령림
> ◎ 벌기이상 임목

해답

· 유령림 : 임목비용가법
· 벌기미만 장령림 : 임목기망가법
· 중령림 : Glaser 법
· 벌기이상 임목 : 시장가 역산법

08 정지작업을 한다고 하였을 경우 작업해야할 토적량을 구하시오. 모서리의 숫자는 각 지점의 토심(m)을 나타내며 각 삼각형의 면적은 $10m^2$ 이다(소수점 첫째자리 반올림을 하여 정수로 나타내시오)

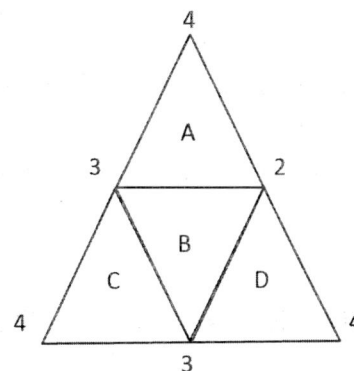

해답

A : (4+3+2) ÷ 3 = 3
B : (3+2+3) ÷ 3 = 2.666…
C : (3+4+3) ÷ 3 = 3.333…
D : (2+3+4) ÷ 3 = 3
총토적량 = (A+B+C+D)×면적=(3+2.666…+3.333…+3)×10 = 120 m^3

09 다음을 보고 답을 구하시오

(1) 흉고직경이 100cm, 나이테 1cm 당 연륜수 5개, 상수 500 일 때 슈나이더 공식을 적용하여 생장률을 구하시오

> **해답**

$$\frac{500}{5 \times 100} = 1\%$$

(2) 30년생 소나무의 재적이 80m³, 35년생 소나무의 재적은 100m³ 였다. 프레슬러 공식을 이용하여 생장률을 계산하시오(소수점 셋째자리 반올림)

> **해답**

$$\frac{100-80}{100+80} \times \frac{200}{5} = 4.444\cdots(\%) \rightarrow 답 : 4.44\%$$

10 선형계획 모형의 전제조건 4가지를 적고 각각에 대해 설명하시오

> **해답**
- 비례성 : 작용성과 이용량은 항상 활동 수준에 비례하도록 요구된다.
- 비부성 : 의사결정변수는 어떠한 경우에도 음(-)의 값이 나타나서는 안된다.
- 부가성 : 두 가지 이상의 활동이 동시에 고려되어야 한다면 전체의 생산량은 개개 생산량의 합계와 일치해야 한다.
- 분할성 : 모든 생산물과 생산수단은 분할이 가능해야 한다

11 선떼붙이기 시공목적과 단쌓기 공법의 종류 2가지를 적으시오

◎ 선떼붙이기 시공목적 :
◎ 단쌓기
　-
　-

> **해답**
- 선떼붙이기 시공목적 : 떼의 뒷부분의 매토를 유지하고 묘목의 생육을 조장하며 비탈면에 흐르는 유수 속도를 감소시켜 침식을 방지해준다
- 단쌓기 공법 종류 : 떼단쌓기, 돌단쌓기, 혼합쌓기

12 임도 노선을 선정할 때 유리한 지점과 불리한 지점을 각각 2가지씩 적으시오

해답
- 유리한 지점 : 여울목, 급경사지 내의 완경사지
- 불리한 지점 : 늪과 같은 습지, 붕괴지

참고
- 유리한 지점 : 여울목, 급경사지 내의 완경사지, 안부, 공사용 자재의 매장지와 산재지
- 불리한 지점 : 늪과 같은 습지, 붕괴지, 암석지, 소유경계, 홍수 범람지역

13 다음을 보고 답을 적으시오

(1) 목재의 길이가 20m, 노폭이 4m일 때 임도의 최소곡선반지름을 구하시오.

해답

$$최소곡선반지름 = \frac{반출목재길이^2}{4 \times 도로너비} = \frac{20^2}{4 \times 4} = 25m$$

(2) 설계속도가 20km/h, 횡단기울기가 5%인 임도의 최소곡선반지름을 구하시오(마찰계수 0.2, 소수점 둘째자리에서 반올림)

해답

$$\frac{설계속도^2}{127(타이어 마찰계수 + 노면횡단물매)} = \frac{20^2}{127(0.2+0.05)} = 12.5984 \cdots m$$

답 12.6m

14 격자틀붙이기 공법의 시공 목적을 적고 채움재료 2가지를 적으시오

◎ 시공목적 :
◎ 사용재료
 -
 -

해답
- 시공목적 : 경사가 급한 사면에 침식을 방지하고 사면을 녹화하기 위해 시공한다
- 사용재료 : 콘크리트, 통나무

15 3ha 임지를 5년전 1,000만원에 대출을 받아 구입하여 4년 전 임지개량비로 자기자본 100만원을 들여 개량한 경우 ha 당 자본가에 대한 임지비용가를 구하시오(단, 융자이율 5%, 일반이율 8%, 천원미만은 절사하시오)

해답

임지비용가 = 임지구입비 후가 + 토지개량비 후가

$10,000,000 \times (1+0.05)^5 + 1,000,000 \times (1+0.08)^4$
= 12,762,815.625 + 1,360,488.96
= 14,123,604.585원 ÷ 3ha
= 4,707,768.195원/ha

답 4,707,000원/ha

산림기사 실기-필답형

2025년 제2회

01 50년 벌기일 때 주벌수익 900만원/ha, 30년차 간벌수익 200만원/ha, 40년차 간벌수익 300만원/ha, 조림비 10만/ha, 관리비 600원/ha 일 경우 임지기망가를 구하시오
(단, 이율은 5% 적용, 만원 미만은 절사할 것)

해답

임지기망가
$$= \frac{9,000,000 + 2,000,000(1.05)^{50-30} + 3,000,000(1.05)^{50-40} - 100,000(1.05)^{50}}{1.05^{50} - 1} - \frac{600}{0.05}$$
$= 1,712,070.894 \cdots$

답 171 만원

02 다음을 보고 답을 적으시오

(1) 현실축적 500m³, 윤벌기 10년일 경우 만텔법을 이용하여 벌채량을 구하시오

해답

현실축적 $\div \frac{윤벌기}{2} = 500 \div \frac{10}{2} = 100 \, m^3$

(2) 만텔법에 대해 설명하시오

해답

만텔법은 현실축적과 윤벌기를 이용하여 연간벌채량을 구하는 방법이다.

03 15년차 축적 A m³, 20년차 축적 B m³ 일 경우 아래 문제에 답하시오.

(1) 연년생장량을 구하시오

해답

$$\frac{B-A}{20-15}$$

(2) 15년차 평균생장량, 20년차 평균생장량을 구하시오

해답

- 15년차 평균생장량 : $\dfrac{A}{15}$

- 20년차 평균생장량 : $\dfrac{B}{20}$

04 옹벽의 정의를 적고 구조형식에 따른 종류 2가지를 적으시오

해답
- 정의 : 사면의 기울기가 흙의 안식각보다 클 경우 토압에 저항하여 흙의 붕괴를 방지하기 위한 시설을 말한다.
- 종류 : 중력식 옹벽, 반중력식 옹벽

05 다음 형수법에 관련된 용어의 정의를 적으시오

◎ 형수 :
◎ 정형수 :
◎ 절대형수 :
◎ 흉고형수 :

해답
- 형수 : 수간재적과 원주부피의 비를 말한다
- 정형수 : 직경을 수고 1/n 되는 곳의 직경과 같게 정한 형수이다.
- 절대형수 : 원주의 직경위치를 최하부로 정한 형수이다.
- 흉고형수 : 직경을 흉고직경으로 하여 구한 형수이다.

06 사방댐의 안정조건 중 활동에 대한 안정과 제체의 파괴에 대한 안정조건을 적으시오

> 해답
> - 활동에 대한 안정 : 활동에 대한 저항력의 합이 수평외력의 합력 이상이 되어야 한다.
> - 제체의 파괴에 대한 안정 : 제체의 단면에 발생되는 응력은 제체 자체의 허용응력을 초과하지 않아야 한다.

07 곡선반지름 10m, 내각 60° 일 때 아래 문제에 답을 하시오.
(단, 결과 값은 소수점 셋째자리에서 반올림 할 것)
(1) 위의 조건을 이용하여 곡선길이를 구하시오

> 해답
> $2\pi \times 10 \times \dfrac{120}{360} = 20.94395 \cdots$
> 답 20.94 m

(2) 위의 조건을 이용하여 중앙종거를 구하시오

> 해답
> $10(1 - \cos(\dfrac{120}{2})) = 5$
> 답 5m

08 아래 문제를 보고 답하시오.
(1) 산림면적 500ha에 간선임도 1400m, 지선임도 20km, 산불진화용 작업임도 100m 의 임도가 있을 경우 임도밀도를 구하시오

> 해답
> $\dfrac{1400 + 20000 + 100}{500} = 43\,m/ha$

(2) 임도효율 6.5, 트랙터 집재거리 0.5km, 지선임도 개설단가 2000원/m, 수확재적 10㎥ 일 때 지선임도가격을 구하시오

> 해답
> - 지선임도밀도 = $\dfrac{임도효율계수}{집재거리(km)} = \dfrac{6.5}{0.5} = 13$
> - 지선임도가격 = $\dfrac{지선임도밀도 \times 임도개설단가}{수확재적} = \dfrac{13 \times 2000}{10} = 2600\,원/m^3$

09 다음 설명을 보고 빈칸에 채우시오

◎ (㉠) : 임분이 성숙기에 도달하는 계획상의 연령을 말한다
◎ (㉡) : 임목이 실제 벌채되는 연령을 말한다
◎ (㉢) : 모든 임분이 일순벌하는데 걸리는 기간을 말한다
◎ (㉣) : 택벌에서 최초 벌구로 돌아오는데 걸리는 기간을 말한다

해답
㉠ 벌기령
㉡ 벌채령
㉢ 윤벌기
㉣ 회귀년

10 선떼붙이기공법 중에서 4급 선떼붙이기를 도식화하시오

해답

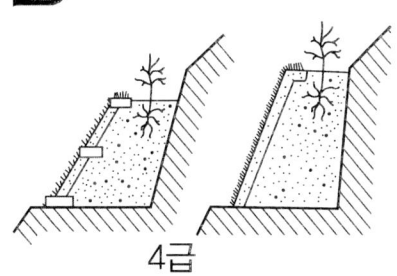

4급

11 다음 내용을 보고 빈칸을 채우시오

◎ 성토사면의 기울기는 1 : (㉠) ~ (㉡)이며, 성토너비가 (㉢)m 이하이고 지형여건상 부득이한 경우 기울기를 조정할 수 있다. 성토사면의 길이는 (㉣)m 이내로 한다.

해답
㉠ 1.2
㉡ 2.0
㉢ 1
㉣ 5

12 산림경영의 지도원칙 중에서 경제원칙에 해당되는 종류 4가지를 적으시오

해답

공공성의 원칙, 수익성의 원칙, 경제성의 원칙, 생산성의 원칙

13 다음 문제의 답을 적으시오

(1) 유거계수 0.5, 유역면적 5.4km², 시우량 100mm/h 일 때 최대홍수유량을 구하시오

해답

$0.2778 \times 0.5 \times 5.4 \times 100 = 75.006$

답 75 m³/s

(2) 최대홍수유량을 구하는 방법 2가지를 적으시오(단, 시우량법은 제외)

해답

합리식법, 비유량법

14 산지저목장 선정 시 고려사항 4가지를 적으시오

해답

- 간벌작업은 산지저목장이 설치될 장소에서부터 실시한다.
- 작업로와 임도의 연결점 부근에 위치한다.
- 곡선부, 협곡점, 언덕 부위, 습한 곳 등은 피하고 장비의 이동에 지장이 없는 곳에 설치한다.
- 쌓기의 방향은 운재방향에 따른다.
- 집적용량은 운반차량 용량의 최소한 반 정도 크기로 한다.

15 아래 수종의 특수용도기준벌기령을 적으시오

소나무	잣나무	낙엽송	참나무
(㉠)	(㉡)	(㉢)	(㉣)

해답

㉠ 40
㉡ 40
㉢ 20
㉣ 20

산림기사 실기-필답형

2025년 제3회

01 다음 내용을 보고 답을 하시오

(1) 축척 1:25,000 지도에서 종단기울기 2.5%, 등고선의 간격은 5m 인 노선의 양각기 폭(mm)을 구하시오

해답

- 경사 = $\dfrac{\text{등고선의 높이}}{\text{실제거리}} \times 100(\%) \Rightarrow 2.5 = \dfrac{5}{\text{실제거리}} \times 100 \Rightarrow \text{실제거리} = 200(m)$

- 양각기폭 = 실제거리 × 축척 = $200m \times \dfrac{1}{25000} = 0.008m = 8mm$

답 8 mm

(2) 1:25,000 축척 기준으로 등고선의 주곡선, 계곡선의 기준이 몇 m 인지 적으시오

해답

- 주곡선 : 10 m
- 계곡선 : 50 m

02 노선의 측량을 해보니 내각이 20° 인 교각점에 곡선반지름 20m 인 곡선을 설치할 경우 접선길이와 곡선길이를 구하시오(단, 결과값은 소수점 셋째자리에서 반올림, π=3.14)

해답

- 교각 = 180°-20°=160°

- 접선길이 = 반지름 × $\tan\left(\dfrac{\theta}{2}\right) = 20 \times \tan\left(\dfrac{160}{2}\right) = 113.425 \cdots$

답 113.43 m

- 곡선길이 = $\dfrac{2 \times \pi \times \text{반지름} \times \theta}{360} = \dfrac{2 \times 3.14 \times 20 \times 160}{360} = 55.8222 \cdots$

답 55.82 m

03 유역면적이 10 ha, 최대시우량 100mm/h, 유거계수 0.36 일 때 최대홍수유량을 시우량법과 합리식법을 활용하고 풀이과정을 별도로 적으시오(단, 소수점 첫째자리에서 반올림할 것)

해답

· 시우량법 : $0.36 \times \dfrac{100,000 \times \dfrac{100}{1000}}{60 \times 60} = 1\ m^3/s$

· 합리식법 : $0.002778 \times 0.36 \times 100 \times 10 = 1.00008 \rightarrow 1.00\ m^3/s$

04 현재 원목의 시장가격은 45,000원/m³, 운반비 18,000원/m³, 조재율 80%, 월이율 1%, 자본회수기간 4개월, 기업이익율 10% 일 경우 시장가역산법을 이용하여 원목의 가격을 구하시오(단, 결과값은 1원미만은 절사하시오)

해답

$0.8 \times \left(\dfrac{45000}{1 + 4 \times 0.01 + 0.1} - 18000 \right) = 17178.947 \cdots$ 원

답 17,178 원

05 다음 문제를 보고 답을 하시오

(1) 평균생장량 20m³, 현실축적 400m³, 법정축적 500m³, 갱정기 20년 일 때 Heyer 식을 이용하여 표준벌채량을 구하시오(단, 조정계수 0.8)

해답

$(20 \times 0.8) + \dfrac{400 - 500}{20} = 11$

답 11m³

참고 Heyer(표준벌채량)

$(평균생장량 \times 조정계수) + \dfrac{현실축적 - 법정축적}{갱정기}$

(2) 교차법의 종류 2가지를 적으시오(단, heyer 법은 제외)

해답

Kameraltaxe 법, Karl 법

06 소반 구획 기준 4가지를 쓰시오

해답

① 지종이 상이할 때
② 임상, 작업종이 상이할 때
③ 임령, 지위, 지리 혹은 운반계통이 상이할 때
④ 기능이 상이할 때

07 산비탈흙막이, 땅속흙막이의 설치목적을 적으시오

해답

- 산비탈흙막이 : 사면 기울기 완화로 토사유실을 방지하고 표면의 유하수의 분산 및 수로 공사 기초를 목적으로 시공한다.
- 땅속흙막이 : 비탈다듬기나 단끊기 등의 흙깎기 과정에서 토사의 유실을 방지하기 위해 땅속에 설치한다.

08 기고식을 이용하여 기계고, 지반고를 구하시오

측점	후시	기계고	전시 T.P	전시 I.P	지반고	REMARKS
B.M NO.8	2.30	(①)			30.0	B.M NO.8 의 H=30.0m
1				3.2	(②)	
2				2.5	29.8	
3	4.25	(③)	1.1		31.2	
4				2.3	33.15	측정 6은 B.M NO.8에 비하여 1.95m 높다
5				2.1	(④)	
6			3.5		31.95	
SUM	6.55		4.6			

해답

① 기계고 = 30 + 후시 = 30 + 2.3 = 32.3
② 지반고 = 기계고 - 전시 = 32.3 - 3.2 = 29.1
③ 기계고 = 지반고 + 후시 = 31.2 + 4.25 = 35.45
④ 지반고 = 기계고 - 전시 = 35.45 - 2.1 = 33.35

09 다음 용어의 정의를 적으시오

◎ 입목
◎ 무입목지
◎ 제지
◎ 법정지정림

해답

- 입목 : 토지에 나있는 수목의 집단
- 무입목지 : 보통 수목이 성립되지 않은 임지를 말하며 미입목지와 제지가 있다
- 제지 : 암석 및 석력지로 조림 불가 지역
- 법정지정림 : 법률에 의거하여 지정된 법정임지

참고

- 입목지 : 임목재적의 비율이 30% 초과하는 임분
- 미입목지 : 임목재적의 비율이 30% 이하인 임분

10 다음 사방에 관련된 용어의 정의를 적으시오

◎ 산사태
◎ 산붕
◎ 붕락
◎ 포락

해답

- 산사태 : 여름철 집중호우등 침투에 의해 산복부의 사면이 일시에 계곡 하부로 붕괴하는 현상이다.
- 산붕 : 산사태와 유사하나 발생규모가 작고 산록부에서 발생하는 현상이다.
- 붕락 : 집중호우 혹은 융설수에 의해 토층이 포화되어 비탈면이 무너지는 현상으로 주름모양의 형태를 띠게 된다.
- 포락 : 비탈면 하단부를 흐르는 계천의 가로침식에 의해 무너지는 현상이다.

11 임목수확에서 벌목, 조재, 집재, 운재의 4가지 작업이 있다. 각 작업에 대해 설명하시오

> **해답**
> - 벌목 : 체인톱과 같은 도구를 이용하여 입목을 베어내는 작업을 말한다.
> - 조재 : 벌도한 수목을 필요에 따라 가지자르기, 박피, 통나무자르기 등의 작업을 말한다.
> - 집재 : 벌채한 후에 임내에 산재하는 목재를 운반하기에 편리한 지점에 모으는 일을 말한다.
> - 운재 : 임지저목장이나 중간저목장에서 제재소 등의 가공지까지 목재 수송을 말한다.

12 아래의 빈칸을 완성하시오

◎ 배수구 통수단면은 (㉠)년 빈도 확률강우량과 홍수도달시간을 이용하여 계산하고 최대홍수유출량의 (㉡)배 이상으로 설치한다. 최근 (㉢)년간 극한 호우에 의한 강우강도를 이용하여 (㉣)으로 계산한다.

> **해답**
> ㉠ 100　㉡ 2.0　㉢ 5　㉣ 합리식

13 해안사구 조림에서 활용하는 녹화용 초본 식물 중 재래초본에 해당하는 것을 아래 보기에서 모두 고르시오

< 보기 >
김의털 / 오리새 / 우산잔디 / 까치수영 / 억새 / 겨이삭

> **해답**
> 김의털, 까치수영, 억새

14 다음 조건을 보고 문제를 답을 하시오

(1) 아래표는 표준지의 직경 및 본수 내용이다. 와이제법을 이용하여 표준목의 직경을 적으시오

직경(cm)	본수
8	15
10	15
12	20
14	25
16	25
18	20
20	25
22	20
24	25
26	15
28	20

해답

20 cm

참고

- 표준목의 흉고직경을 결정하는데 사용할 수 있는 하나의 방법으로, 임목을 직경이 작은 것부터 나열하였을 경우 작은 것에서부터 60%에 해당하는 위치에 있는 임목의 직경을 표준목의 직경으로 선택하는 것을 와이제법이라고 한다.
- 전체 본수 225본에서 60%를 적용하면 135본이 도출된다. 표에서 135번째에 위치한 직경의 값이 20cm 이므로 직경값 20cm를 기재한다.

(2) 산림의 면적이 84.8ha 이고 표준지 비율이 5%, 표준지 면적이 20m*20m 일 경우 필요한 표준지의 개수를 구하시오

해답

- 84.8 * 0.05 = 4.24
- 4.24 / 0.04 = 106개

답 106개

15 자연휴양림의 타당성 평가에 관련된 항목 4가지를 적으시오

> **해답**
> - 경관
> - 위치
> - 면적
> - 개발여건

> **참고** 자연휴양림의 타당성 평가
> ① 경관 : 표고차, 임목 수령, 식물 다양성 및 생육 상태 등이 적정할 것
> ② 위치 : 접근도로 현황 및 인접도시와의 거리 등에 비추어 그 접근성이 용이할 것
> ③ 면적 : 국가 또는 지방자치단체가 조성하는 경우에는 20만제곱미터, 그 밖의 자가 조성하는 경우에는 13만제곱미터. 다만, 섬지역의 경우에는 조성주체와 관계없이 10만제곱미터로 한다.
> ④ 개발여건 : 개발비용, 토지이용 제한요인 및 재해빈도 등이 적정할 것
> ⑤ 조성 목적 등 : 자연휴양림등의 조성 목적 및 프로그램 운영 등이 적정할 것

PART 5

산림산업기사
필답형

산림산업기사 실기-필답형 — 2013년 제1회

01 법정림의 정의와 구비조건 4가지를 적으시오.

해답
- 정의 : 재적수확의 보속을 실현할 수 있는 내용과 조건의 이상적인 산림
- 구비조건 : 법정영급분배, 법정임분 배치, 법정생장, 법정축적

02 체인톱의 안전장치 3가지를 적으시오.

해답
손잡이, 체인브레이크, 체인잡이볼트

03 아래의 측정한 방위각을 보고 교각을 구하시오.

측점	방위각(°)	교각(°)
NO.1	170	–
NO.2	120	①
NO.3	90	②
NO.4	120	③
NO.5	220	④
NO.6	140	⑤

해답
① 170 - 120 = 50
② 120 - 90 = 30
③ 90 - 120 = 30
④ 120 - 220 = 100
⑤ 220 - 140 = 80

04 수확조절기법에서 생장률법을 설명하시오.

> **해답**
> 현실축적에 임분의 평균생장량을 곱해 도출된 연년생장량을 수확예정량으로 하는 방법

05 형수에 대해 설명하시오.

> **해답**
> 수간재적과 원주체적의 비를 형수라 한다.

06 아래는 돌망태 기슭막이의 단면도이다. 말뚝 3개를 박는 경우 적합한 위치를 표시하시오.

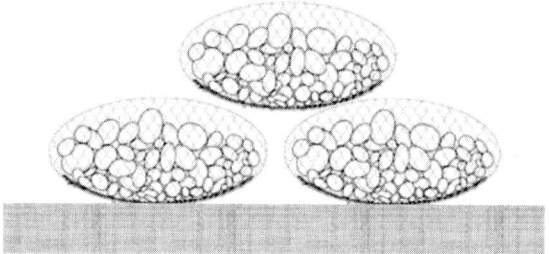

> **해답**
>
>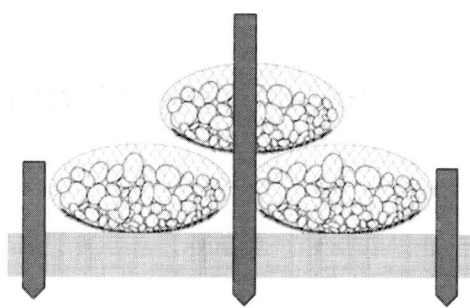

07 우리나라의 경급의 구분 및 기준을 적으시오.

> **해답**
> - 치수 : 흉고직경 6cm 미만의 임목이 50% 이상 생육하는 임분
> - 소경목 : 흉고직경 6~16cm 의 임목이 50% 이상 생육하는 임분
> - 중경목 : 흉고직경 18~28cm 의 임목이 50% 이상 생육하는 임분
> - 대경목 : 흉고직경 30cm 이상의 임목이 50% 이상 생육하는 임분

08 벌도맥의 역할 3가지를 적으시오.

해답
① 나무가 넘어가는 속도를 감소
② 벌도목의 파열을 방지
③ 넘어갈 방향을 지시

09 측량오차의 종류 3가지를 적고 각각에 대해 설명하시오.

해답
① 정오차 : 일정한 법칙에 따라 생기므로 원인과 상태만 알면 오차를 제거할 수 있다.
② 부정오차 : 주위의 사정으로 측정자가 주의해도 피할 수 없는 불규칙적이고 우발적인 원인에 의해 발생하는 오차로 제거가 어려운 오차이다.
③ 과실 : 관측자의 부주의에 의해 발생되는 오차로 제거가 가능하다.

10 원구의 단면적이 $0.06m^2$, 말구 단면적이 $0.03m^2$, 재장 8m 인 경우 스말리안식을 이용하여 재적을 구하시오.

해답
$$\frac{0.06 + 0.03}{2} \times 8 = 0.36 m^3$$

11 강우량이 1000mm 이고 증발량 600mm, 증산량 300mm 인 경우 유출량을 구하시오.

해답
1000 = 600 + 300 + 유출량
유출량 = 100 mm

12 계획도 작성시 혼효림의 기호를 적으시오.

해답

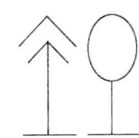

13 지황조사의 토심에 구분 기준을 적으시오.

> **해답**
> - 천 : 토양 깊이 30cm 미만
> - 중 : 토양 깊이 30~60cm 미만
> - 심 : 토양 깊이 60cm 이상

14 교각 80°, 곡선반지름이 20m 인 경우 접선길이를 구하시오.
(소수점 셋째자리 반올림)

> **해답**
> $20 \times \tan\left(\frac{80}{2}\right) = 20 \times \tan 40 = 16.7819 \cdots$
>
> 답 16.78m

15 쇄석도의 5단계 공정을 적으시오.

> **해답**
> ① 노상의 표면을 평활하게 한다.
> ② 평활하게 다듬은 표면 위에 쇄석을 덮는다.
> ③ 큰 쇄석의 틈에 작은 쇄석, 모래, 점토 등의 혼합물을 덮는다.
> ④ 진동롤러로 전압한다.
> ⑤ 물을 뿌리면서 전압한다.

산림산업기사 실기-필답형 — 2013년 제2회

01 기고식 측량에서 기계고 312.60m, 전시 3.40m 일 경우 지반고를 구하시오.

해답
지반고 = 기계고 - 전시 = 312.6 - 3.4 = 309.2m

02 빈칸에 알맞은 말을 적으시오.

◎ 모르타르와 콘크리트를 이용한 돌쌓는 방법은 (①)이다.
◎ 모르타르와 콘크리트를 사용하지 않는 돌쌓는 방법은 (②) 이다.
◎ 마름모꼴 모양으로 대각선으로 돌쌓는 방법은 (③) 이다.
◎ 가로줄눈이 일직선이 되도록 돌쌓는 방법은 (④) 이다.

해답
① 찰쌓기 ② 메쌓기 ③ 골쌓기 ④ 켜쌓기

03 산림조사시 사용하는 방위를 적으시오.

해답
8 방위 (동, 서, 남, 북, 남동, 남서, 북동, 북서)

04 배향곡선 중심선 반지름은 몇 m 이상으로 설치하는지 쓰시오.

해답
10m

05 임목이 일정한 용도에 적합한 크기로 생산하는데 필요한 연령을 기준으로 하는 벌기령과 그 특징을 적으시오.

> **해답**
> 공예적 벌기령 : 표고버섯자목, 펄프재, 철도침목, 전주 등 특수한 용도로 사용되는 용재를 생산하는데 적용한다.

06 1 : 500 지형도에서 0.2mm 를 넘어 작업할 수 없을 때 실제 거리는 최대 몇 cm 까지 가능한지 적으시오.

> **해답**
> 0.2mm × 500 = 100mm = 10cm

07 산림측량 종류와 각각에 대해 설명하시오.

> **해답**
> ① 산림구획측량 : 각종 산림구획의 경계선, 즉 임반, 소반의 구획선 및 면적 명확하게 한다.
> ② 시설측량 : 임도의 신설 및 보수 등이 필요할 경우 측량한다.
> ③ 주위측량 : 산림 경계선 명확하게 하고 그 면적 산출한다.

08 유량 $0.6m^3$/sec, 유속 0.5m/sec 일 때 수로단면적을 구하시오.

> **해답**
> 유량 = 유속 × 단면적
> 0.6 = 0.5 × 단면적
> 단면적 = $1.2m^2$

09 다음의 임지에서 벌기령에 따른 평균임령을 구하시오.

벌기령	40년	60년	80년
임목비율	30%	40%	30%

> **해답**
> 평균임령 = $\dfrac{(40 \times 30) + (60 \times 40) + (80 \times 30)}{30 + 40 + 30}$ = 60년

10 임반 내에서 소반을 편성하는 기준을 적으시오.

> **해답**
> - 지종이 상이할 때
> - 임상, 작업종이 상이할 때
> - 임령, 지위, 지리 혹은 운반계통이 상이할 때
> - 기능이 상이할 때

11 임목의 생장에 따른 임목평가방법을 한 가지씩 적으시오.

◎ 유령림
◎ 벌기미만 장령림
◎ 중령림
◎ 벌기이상 임목

> **해답**
> - 유령림 : 임목비용가법
> - 벌기미만 장령림 : 임목기망가법
> - 중령림 : Glaser 법
> - 벌기이상 임목 : 시장가 역산법

12 임지기망가법에서 임지기망가를 좌우하는 인자 4가지를 적으시오.

> **해답**
> 이율, 주벌수익, 간벌수익, 조림비, 관리비

13 1 : 25,000 지형도에서 2% 경사 물매로 임도 계획시 계획노선 실시방법을 적으시오.

> **해답**
> - 1:25000 지형도의 기준 높이는 10m 및 경사 2%를 이용해 수평거리를 구한다.
> $$기울기 = \frac{높이}{수평거리} \times 100(\%) \rightarrow 수평거리 = 500m$$
> - 다음으로 실제거리와 축척을 이용하여 도상거리를 산출한다.
>   500m ÷ 25000 = 0.02m = 2cm
> - 마지막으로 제도용 컴퍼스를 이용하여 양각기의 폭을 2cm 로 고정하고 지형도에서 상하 등고선에 대고 등고선상에서 맞닿는 지점을 표시하면 표지 지점이 노선의 중심 선상이 된다.

14 임도에서 교통효용지수의 공식을 적으시오.

해답

$$\frac{연간교통발생량 \times 운행임도연장}{임도개설비용}$$

15 임도효율이 10, 평균집재거리가 500m 의 임도밀도를 구하시오.

해답

$$임도밀도 = \frac{임도효율계수}{평균집재거리(km)} = \frac{10}{0.5} = 20m/ha$$

산림산업기사 실기-필답형 — 2013년 제3회

01 인공조림지에 잣나무를 식재했을 때 수고가 80cm 이고, 천연 생장한 상수리나무가 3m 이다. 이때 어떤 수종을 보육하고 그 이유를 적으시오.

해답
- 수종 : 상수리나무
- 이유 : 인공조림지의 잣나무보다 천연 생장한 상수리나무가 환경에 더 잘 적응하기에 보육수종으로 상수리나무가 적합하다.

02 임도시설 예정 시 우선 선정지역에 대해서 4가지를 적으시오.

해답
① 조림, 육림, 간벌, 주벌 등 산림사업 대상지
② 산불예방, 병해충방제 등 산림의 보호 관리를 위해 필요한 임지
③ 산림휴양자원의 이용 또는 산촌진흥을 위하여 필요한 임지
④ 농산촌 마을의 연결을 위하여 필요한 임지

03 나무의 흉고단면적 20m^2, 수고 15m, 흉고형수 0.5 일 때 재적을 구하시오.

해답
재적 = 단면적 × 수고 × 흉고형수 = 20 × 15 × 0.5 = 150m^3

04 가장 오래된 수확조정법을 적으시오.

해답
구획윤벌법

05 빈칸에 적합한 말을 적으시오.

> 1992년 6월 브라질의 (①)에서 개최된 지구 정상회담에서 환경과 개발에 관한 기본원칙을 담은 (②)이 발표되었다.

해답
① 리우데자네이루 ② 리우선언

06 임지기망가의 영향 인자 4가지를 적으시오.

해답
① 주벌수익 ② 간벌수익 ③ 조림비 ④ 이율

07 임도 곡선의 종류 4가지를 적으시오.

해답
단곡선, 복합곡선, 배향곡선, 반향곡선

08 임도 종단물매를 설정할 때 최급 경사(maximum grade)보다 완만하게 설치하는 이유 2가지를 적으시오.

해답
① 자동차 통행의 안정성 도모
② 유지관리비의 감소

09 선떼붙이기 시공의 목적을 적으시오.

해답
떼의 뒷부분의 매토를 유지하고 묘목의 생육을 조장하며 비탈면에 흐르는 유수 속도를 감소시켜 침식을 방지해준다

10 굴착, 적재, 운반, 흙깔기, 흙다지기를 한 번에 할 수 있는 다공정 처리기계를 적으시오.

해답
스크레이퍼

11 1990년도 재적 150m³, 2000년도 재적 250m³ 인 경우 단리에 의한 성장률을 구하시오.

> **해답**
>
> $$\frac{250-150}{10 \times 150} \times 100 = 6.666 \cdots (\%)$$
>
> 답 6.67%

12 암거 및 무근콘크리트 날개벽에 들어가는 자재의 종류 5가지를 적으시오.

> **해답**
>
> ① 시멘트 ② 골재
> ③ 거푸집 ④ 혼화재료
> ⑤ 물

13 임도의 종류를 적고 설계속도를 적으시오.

> **해답**
>
> • 간선임도 : 20 ~ 40km/h
> • 지선임도 : 20 ~ 30km/h
> • 작업임도 : 20km/h 이하

14 평판측량 준비과정 3가지를 적고 각각에 대해 설명하시오.

> **해답**
>
> • **정준** : 평판은 평지에 중심을 잡아주는 삼각대가 정삼각형 모양으로 다리를 설치해 주고 경사지의 경우 두 다리는 측정지점보다 낮은 등고선상에, 나머지 하나는 높은 곳에 위치하게 설치하여 수평을 잡아준다.
> • **치심** : 평판측량에서 측점과 이에 대응하는 도상의 점을 같은 연직선상에 있게 하거나 측점을 도상으로, 또는 도상의 점을 측점으로 옮기는 것이다.
> • **표정** : 지도와 지표면의 측선을 일치시키는 것으로 매우 정밀한 방법이지만 잘못된 경우 오차에 많은 영향을 준다.

산림산업기사 실기-필답형 — 2014년 제1회

01 임목의 평가방법을 4가지를 분류하고 각각의 평가방법 1가지씩 적으시오.

> **해답**
> ① 원가방식 - 비용가법
> ② 수익방식 - 기망가법
> ③ 비교방식 - 시장가역산법
> ④ 원가수익절충방식 - Glaser 법

02 1 : 25000 지형도에서 양각기를 이용하여 종단물매 2%의 노선을 나타내고자 할 때 양각기의 폭을 몇 mm 로 하여야 하는지 구하시오.

> **해답**
> $2 = \dfrac{10}{수평거리} \times 100$ → 수평거리 : 500m
> 도상거리 = 500 ÷ 25000 = 0.02m = 2cm = 20mm
> 양각기의 폭 : 20mm

03 임도선형설계시 고려사항과 제한사항을 3가지씩 적으시오.

> **해답**
> ・고려사항
> ① 주변 지형과의 조화
> ② 교통의 안정성
> ③ 선형의 연속성
> ・제한사항
> ① 지질, 지형 등의 제약
> ② 시공상의 제약
> ③ 비용의 제약

04
아래의 보기를 보고 임도설계 순서를 바르게 나열하시오.

<보기>
㉠ 답사 ㉡ 설계도 작성 ㉢ 예측 및 실측 ㉣ 공사량 산출
㉤ 예비조사 ㉥ 설계서 작성

( ) - ( ) - ( ) - ( ) - ( ) - ( )

해답

예비조사 - 답사 - 예측 및 실측 - 설계도 작성 - 공사량 산출 - 설계서 작성

05
혼화재 종류 4가지를 적으시오.

해답

포졸란, 플라이애쉬, 고로슬래그, 소성점토

06
소작업로에서 작업로 폭과 간격을 구하시오.

해답

폭 : 1.5m 내외, 간격 : 20m 내외

07
지위, 지리에 대해 설명하시오.

해답

- **지위** : 지위는 산림생산능력을 말하는 것으로 임지가 가지고 있는 잠재적 생산능력을 평가하는 기준이 된다.
- **지리** : 해당 소반 중심에서 임도 혹은 도로까지의 거리로서 10급지로 분류한다.

08
임도공사에 이용되는 작업장비 4가지를 적으시오.

해답

파워셔블, 불도저, 스크레이퍼, 모터그레이더, 트랙셔블, 진동롤러, 로드롤러 등

09 가선집재방식 4가지를 적으시오.

해답
① 타일러식 ② 엔드리스 타일러식
③ 폴링블록식 ④ 스너빙
⑤ 호이스트 캐리지식

10 현실재적 89.46m³, 수확표상 재적 99.89m³, 40년 일 경우 수확표상 재적 227.13m³, 수확표생장량 7.09m³ 일 경우 40년생일 경우 주임목재적과 현실생장량을 구하시오. (소수점 셋째자리 반올림)

해답
· 40년생 주임목재적
 현실재적 : 수확표상 재적 = 40년 주임목재적 : 수확표상 재적
 89.46 : 99.89 = 40년 주임목재적 : 227.13
 40년 주임목재적 = 203.41m³
· 40년생 현실생장량
 수확표생장량 : 40년 수확표상 재적 = 현실생장량 : 40년 주임목재적
 7.09 : 227.13 = 현실생장량 : 203.41
 현실생장량 = 6.35m³

11 Dot 평가시 1 Dot 4×4mm, 축척 1 : 10000 인 경우 Dot 150 의 값을 구하시오.

해답
· 4mm = 0.4cm = 0.004m → 0.004m × 10,000 = 40m
 도상거리 4mm 는 실제거리 40m
· 1 Dot = 40m×40m=1600m²
 1 Dot 의 실제 면적 1600m²
· Dot 150 = 150 × 1,600m² = 240,000m² = 24ha

12 1 : 25000 축척에서 6cm²의 실제 면적을 구하시오.

해답
6cm² = 2cm × 3cm 가정시 실제 거리로 환산하도록 한다.
0.02m × 25,000 = 500m
0.03m × 25,000 = 750m
실제 면적 = 500m × 750m = 375,000m² = 37.5ha

13 유량 = 0.002778 CIA에서 C, I, A 가 의미하는 바를 적으시오.

> **해답**
> C : 유거계수, I : 강우강도, A : 유역면적

14 쇄석도의 임도노면 처리방법 4가지를 적으시오.

> **해답**
> ① 교통체 머캐덤도
> ② 수체 머캐덤도
> ③ 시멘트 머캐덤도
> ④ 역청 머캐덤도

15 소반을 구획하는 이유를 적으시오

> **해답**
> 임반 내에서 토지, 임상 등에 차이를 가지므로 시업상 취급을 달리할 필요가 있을 경우 소반을 구획한다.

산림산업기사 실기-필답형
2014년 제2회

01 다음 경사도에서 기준을 적으시오.

◎ 완경사지
◎ 경사지
◎ 급경사지
◎ 험준지
◎ 절험지

해답

- 완경사지(완) : 경사 15° 미만
- 경사지(경) : 경사 15°~20° 미만
- 급경사지(급) : 경사 20°~25° 미만
- 험준지(험) : 경사 25°~30° 미만
- 절험지(절) : 경사 30° 이상

02 등고선에 대한 다음 내용을 기록하시오.

① 등고선
② 계곡선
③ 주곡선
④ 간곡선

해답

① **등고선** : 동일 표고선을 이은 선으로 지형의 기복을 표시한다.
② **계곡선** : 등고선에서 표고를 읽기 좋게 하기 위해 주곡선 5개마다 하나씩을 굵게 표시하는데 이를 계곡선이라 한다.
③ **주곡선** : 지형의 형상 및 고저를 평면도에 나타낼 때 등고선의 주체가 되는 곡선이다.
④ **간곡선** : 지형도에서 주곡선만으로 지형의 기복과 고저를 표현하기 어려울 때 보조역할을 하기 위해 삽입되는 등고선을 말한다. 간격은 주곡선의 1/2이며 보통 점선으로 표시된다.

03 평판측량 준비과정 3가지를 쓰고 간단하게 설명하시오.

> **해답**
> ① **정치** : 평판을 지면과 수평으로 한다.
> ② **치심** : 평판측량에서 측점과 이에 대응하는 도상의 점을 같은 연직선상에 일치시킨다.
> ③ **표정** : 지도와 지표면의 측선을 일치시킨다.

04 시멘트 혼화제 사용시 장점 5가지를 적으시오.

> **해답**
> ① 시멘트사용량이 절약된다.
> ② 시멘트의 분리를 방지한다.
> ③ 콘크리트의 질이 개선된다.
> ④ 동결, 융해, 내구성이 좋아진다.
> ⑤ 수밀성, 내구성, 강도 등이 높아진다.

05 2014년 임목재적이 150m³, 2024년 임목재적이 220m³ 일 경우 프레슬러공식을 이용하여 생장율을 구하시오.(단, 소수점 셋째자리 반올림)

> **해답**
> $$\frac{220-150}{220+150} \times \frac{200}{10} = 3.7837 \cdots$$
> **답** 3.78%

06 총 길이가 20m 이고 중간 10m에서 단면적이 4.8m² 일 경우 흙의 양을 구하시오.

> **해답**
> 토적 = 4.8 × 20 = 96m³

07 면적 2,000ha 인 곳에 기존임도 5km에서 추가로 20km 의 임도를 개설하고자 한다. 임도 개설 이후의 임도밀도를 구하시오.

> **해답**
> $$\frac{5,000m + 20,000m}{2,000ha} = \frac{25,000m}{2,000ha} = 12.5m/ha$$

08 산림구획을 위해 소반구획을 하는 이유 4가지를 적으시오.

해답
① 지종이 상이할 때
② 임상, 작업종이 상이할 때
③ 임령, 지위, 지리 혹은 운반계통이 상이할 때
④ 기능이 상이할 때

09 목재의 생산방법 3가지를 적으시오.

해답
① 전목생산방법
② 전간생산방법
③ 단목생산방법

10 컴퍼스측량 단계를 설명하시오.

해답
① 컴퍼스의 검사와 조정을 먼저 실시한다.
② 자오선의 자침편차와 국지인력을 보정한다.
③ 도선법, 사출법, 교차법을 이용하여 측량을 실시한다.

11 종단물매 10%, 횡단물매 7% 인 경우 합성물매를 구하시오.(단, 소수점 셋째자리 반올림)

해답
$\sqrt{10^2 + 7^2} = \sqrt{149} = 12.2065 \cdots$
답 12.21%

12 평면도, 종단면도(횡, 종), 횡단면도의 축척을 적으시오.

해답
· 평 면 도   1 : 1,200
· 종단면도   1 : 1,000(횡), 1 : 200(종)
· 횡단면도   1 : 100

13 돌쌓기 공사에서 사용되는 돌의 종류 5가지를 적으시오.

> **해답**
> ① 마름돌
> ② 견치돌
> ③ 막깬돌
> ④ 전석
> ⑤ 호박돌

14 0.1ha에서 재적이 $36m^3$, $18m^3$, $17m^3$, $16m^3$, $13m^3$, $14m^3$ 이다. 20ha인 경우 재적을 구하시오.

> **해답**
> · 0.1ha 총재적 = 36 + 18 + 17 + 16 + 13 + 14 = $114m^3$
> · 1 ha 당 재적 = $114m^3$ ÷ 0.1ha = $1,140m^3$
> · 20ha 재적 = $1,140m^3$ × 20 = $22,800m^3$

15 산림의 공익적 기능에 의한 노선 선정 방법 4가지를 적으시오.

> **해답**
> ① 절취, 벌개 등을 최소화 할 수 있도록 노선을 선정한다.
> ② 절토 및 성토의 비탈면 안정을 도모할 수 있는 공정을 선정하고 필요할 경우 사토장이나 토사유출방지시설을 설치한다.
> ③ 발생 토량이 많은 지대, 흙일을 피할 수 없는 지대 통과 시 교량이나 터널을 계획한다.
> ④ 암석지대는 굴착 후 경관복구가 곤란하기에 가급적 피하도록 한다.

산림산업기사 실기-필답형 — 2014년 제3회

01 임반면적 구획방법을 적으시오.

해답

임반의 면적은 100ha 내외를 기준으로 하나 여건상 어려울 경우 예외로 하기도 한다. 경계는 하천, 능선, 방화선, 도로 등의 자연경계나 시설물을 이용한다.

02 설계속도가 20km/h 의 경우 일반지형의 최소곡선반지름을 적으시오.

해답

15m

03 경급을 구분하고 설명하시오.

해답

치수 : 흉고직경 6cm 미만의 임목이 50% 이상 생육하는 임분
소경목 : 흉고직경 6~16cm 의 임목이 50% 이상 생육하는 임분
중경목 : 흉고직경 18~28cm 의 임목이 50% 이상 생육하는 임분
대경목 : 흉고직경 30cm 이상의 임목이 50% 이상 생육하는 임분

04 가선집재방식 5가지를 적으시오.

해답

① 타일러식
② 엔드리스 타일러식
③ 하이리드식
④ 스너빙식
⑤ 단선순환식

05 콘크리트의 시멘트 혼합하는 모래, 자갈, 잡석의 명칭을 적으시오.

해답

골재

06 공, 사유림의 표준지 조사시 표준지의 기준 면적을 적으시오.

해답

0.04ha (20m×20m, 10m×40m)

07 면적 2,000ha, 임도밀도 10m/ha 시공계획시 연간 5km 를 시공할 경우 공사기간을 계산하시오.

해답

임도길이 = 2,000ha × 10m/ha = 20,000m = 20km
시공기간 = 20km ÷ 5km = 4년

08 소밀도의 정의 및 기준을 적으시오.

해답

소밀도 : 일정 임지에 수관을 투영한 면적과 산림면적과의 비율로 울폐도라고도 한다.
소 : 수관밀도 40% 이하 임분
중 : 수관밀도 41~70% 임분
밀 : 수관밀도 71% 이상 임분

09 현실임분의 단재적이 $40m^3$ 이고 수확표상의 단재적이 $45m^3$, 수확표상의 재적이 $250m^3$ 일 경우 임목도와 ha 당 재적을 구하시오.(단, 소수점 셋째자리 반올림)

해답

· 입목도 = $\dfrac{현실임분축적}{정상임분축적} \times 100(\%) = \dfrac{40}{45} \times 100 = 88.888 \cdots \%$

· ha 당 재적 = $88.888\cdots\% \times 250m^3 = 222.222\cdots m^3$

답 $222.22m^3$

10 보조임반, 보조소반의 표기 방식을 적으시오.

해답

아라비아 숫자로 표기하며 표기 순서는 < 임반 - 보조임반 - 소반 - 보조소반 > 이다.

11 지위지수곡선의 관계곡선의 영향인자를 적으시오.

해답

임령, 우세목과 준우세목의 수고, 평균지위지수곡선

12 지리에 대해 설명하시오.

해답

지리는 해당 소반 중심에서 임도 혹은 도로까지의 거리로서 10급지로 분류한다.

13 체인톱 안전장치 4가지를 적으시오.

해답

손잡이, 체인브레이크, 체인잡이볼트, 체인덮개

14 지역에 따른 사방공사의 종류 4가지를 적으시오.

해답

산복사방, 계간사방, 야계사방, 해안사방, 조경사방

산림산업기사 실기-필답형 — 2015년 제1회

01 임황조사 항목 7가지를 적으시오.

해답

임종, 임상, 혼효율, 수종, 임령, 영급, 수고, 경급, 소밀도, 축적

02 입목지와 무입목지를 구분하는 기준을 적으시오.

해답
- 입목지 : 임목재적이나 본수가 30%를 초과하는 임분을 말한다.
- 무입목지 : 임목재적이나 본수가 30% 이하인 미입목지와 암석 및 석력지로 조림이 불가한 지역인 제지가 있다.

03 생장률을 구하는 방법 2가지를 적으시오.

해답
① 프레슬러식
② 슈나이더식

04 아래 표를 참고하여 임령이 23년, 우세목의 평균수고가 14m 인 소나무 임분의 지위지수를 구하시오.

구분	14	16	18
20년	8.9	10.3	12.1
25년	11.4	13.6	16.3

해답
- 지위지수 14 : 8.9 + 3/5(11.4-8.9) = 10.4 m
- 지위지수 16 : 10.3 + 3/5(13.6-10.3) = 12.28 m
- 지위지수 18 : 12.1 + 3/5(16.3-12.1) = 14.62 m

우세목의 평균수고인 14m 에 가장 근접되는 지위지수 수고 값의 지위지수를 기준으로 잡는다. 현재 14.62m 인 지위지수 18에 가장 가까워 지위지수는 18로 한다.
∴ 지위지수 : 18

05 일반적으로 토공량 산출시 사용하는 공식 2가지를 적으시오.

해답
중앙단면적법, 양단면적평균법

06 평면도, 종단면도(횡, 종), 횡단면도의 축척을 쓰시오.

해답
- 평 면 도   1 : 1200
- 종단면도   1 : 1000(횡), 1 : 200(종)
- 횡단면도   1 : 100

07 지속가능한 산림자원 관리지침의 산림기능 6가지를 적으시오.

해답
① 목재생산림
② 수원함양림
③ 산지재해방지림
④ 자연환경보전림
⑤ 산림휴양림
⑥ 생활환경보전림

08 카메라의 초점거리 125mm, 항공기의 수직거리가 1,000m 인 경우 항공사진의 축척을 구하시오.

해답
$$축적 = \frac{초점거리}{수직거리} = \frac{12.5cm}{100,000cm} = \frac{1}{8,000}$$

09 사방공사의 기초공사 종류 4가지를 적으시오.

해답
- 비탈다듬기
- 땅속흙막이
- 누구막이
- 골막이
- 산비탈 배수로
- 흙막이

10 양각기 폭이 4mm 이고 1:25,000 지형도에서 경사도를 구하시오.

해답

- 양각기폭 = 실제거리 × 축척 = 실제거리 × $\dfrac{1}{25,000}$ = 0.004m

  → 실제거리 : 100m

- 경사 = $\dfrac{\text{등고선의 높이}}{\text{실제거리}} \times 100(\%) \Rightarrow \dfrac{10}{100} \times 100 \Rightarrow$ 경사 : 10%

11 한쪽면의 횡단면적이 $100m^2$ 이고 20m 떨어진 다른면의 횡단면적이 $150m^2$ 인 경우 토공량을 구하시오.

해답

$\dfrac{100+150}{2} \times 20 = 2500m^3$

12 아래의 표를 보고 경급을 구분하시오.

구분	경급	점유율	경급	점유율	구분
1	4/2~10	70%	8/4~12	30%	(㉠)
2	5/2~12	60%	10/6~16	40%	(㉡)
3	12/10~18	35%	14/8~20	65%	(㉢)
4	34/12~40	80%	28/10~36	20%	(㉣)

해답

㉠ 치수   ㉡ 치수   ㉢ 소경목   ㉣ 대경목

13 임도망에서 사면임도의 급경사지, 완경사지의 모식도를 그리시오

해답

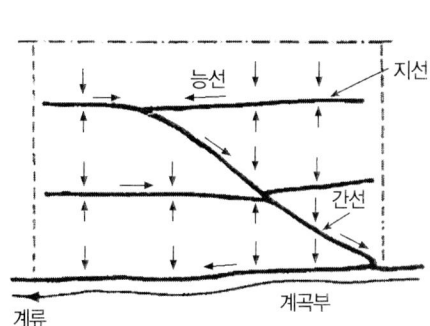

〈완경사지형의 평형노망〉

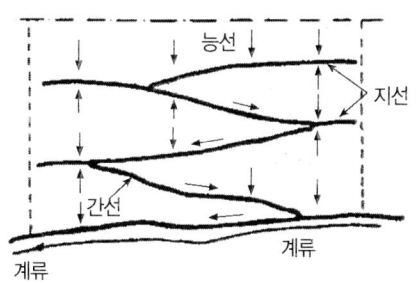

〈급경사이고 긴 사면에서의 사행형〉

14 지선임도의 설계속도를 적으시오.

> 해답

20 ~ 30 km/h

산림산업기사 실기-필답형

2015년 제2회

01 교각이 30°, 곡선반지름이 100m 인 경우 접선길이, 외선길이를 구하시오.
(단, 소수점 셋째자리 반올림)

해답

접선길이 $= 반지름 \times \tan(\frac{\theta}{2}) = 100 \times \tan(\frac{30}{2}) = 100 \times 0.2679 \cdots = 26.794 \cdots m$

답 접선길이 26.79m

외선길이 $= 반지름 \times [\sec(\frac{\theta}{2}) - 1]$
$= 100 \times [\sec 15 - 1] = 100 \times [\frac{1}{\cos 15} - 1] = 3.5276 \cdots m$

답 외선길이 3.53m

02 빈칸을 채우시오.

> 설계속도별 최소곡선 반지름에서 내각이 ( ) 이상일 경우 곡선을 설치하지 않을 수 있다.

해답

155°

03 임도의 총연장 거리가 40km, 산림면적이 1,000ha 일 경우 집재거리를 구하시오.

해답

임도밀도 $= \dfrac{총연장거리}{총면적} = \dfrac{40,000m}{1,000ha} = 40m/ha$

집재거리 $= \dfrac{5,000}{임도밀도} = \dfrac{5,000}{40} = 125m$

04 경급을 구분하고 설명하시오.

> **해답**
> - 치수 : 흉고직경 6cm 미만의 임목이 50% 이상 생육하는 임분
> - 소경목 : 흉고직경 6~16cm 의 임목이 50% 이상 생육하는 임분
> - 중경목 : 흉고직경 18~28cm 의 임목이 50% 이상 생육하는 임분
> - 대경목 : 흉고직경 30cm 이상의 임목이 50% 이상 생육하는 임분

05 정지작업을 한다고 하였을 경우 작업해야할 토적량을 구하시오. 모서리의 숫자는 각 지점의 토심(m)을 나타내고, 각 정사각형의 면적은 100m² 이다.

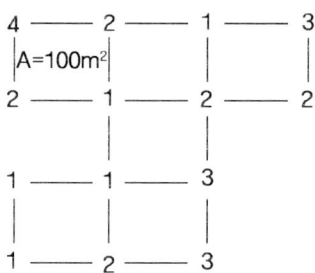

> **해답**
>
> | A | B | C |
> |---|---|---|
> | | D | |
> | F | E | |
>
> A : (4+2+2+1)÷4=2.25
> B : (2+1+1+2)÷4=1.5
> C : (1+3+2+2)÷4=2
> D : (1+1+2+3)÷4=1.75
> E : (1+3+3+2)÷4=2.25
> F : (1+1+1+2)÷4=1.25
>
> 총토적량= (A+B+C+D+E+F)×면적 = (2.25+1.5+2+1.75+2.25+1.25)×100=1100m³

06 아래의 헤어핀곡선의 그림에 곡선반지름의 중심 R1, R2, R3, R4 의 위치를 표시하시오.

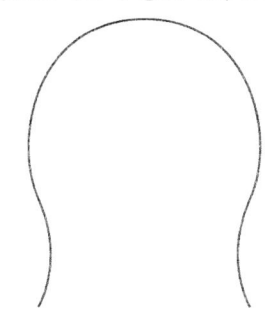

해답
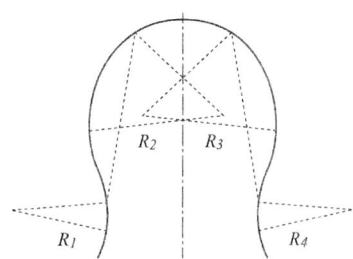

07 토성에서 사토, 사양토, 양토, 식양토, 식토의 점토함량 기준을 적으시오.

해답
- **사토** : 점토함량 12.5% 이하
- **사양토** : 점토함량 12.5 ~ 25%
- **양토** : 점토함량 25 ~ 37.5%
- **식양토** : 점토함량 37.5 ~ 50%
- **식토** : 점토함량 50% 이상

08 체인톱의 구비조건 4가지를 적으시오.

해답
① 중량이 가볍고 취급방법이 간단해야 한다.
② 견고하고 절삭효율이 좋아야 한다.
③ 소음과 진동이 작아야 한다.
④ 연료소비, 유지비 등의 기타경비가 적게 들어야 한다.
⑤ 가격이 저렴하고 소모품의 수급이 용이해야 한다.

09 1 : 25000 지형도에서 도상거리 4mm의 등고선 간격간 물매를 구하시오.
(단, 등고선의 고저차는 10m)

> **해답**
> - 실제거리 = 축척분모수 × 도상거리 = 25,000 × 0.004 → 실제거리 : 100m
> - 경사 = $\frac{10}{100} \times 100$ → 경사도 : 10%

10 영선측량에 대해 설명하시오.

> **해답**
> 절토와 성토의 경계선인 영선을 기준으로 측량하는 것을 영선측량이라 하며 시공기면의 시공선을 따라 측량하는데 주로 산악지에서 이용한다.

11 평판측량의 준비 과정 3가지를 적고 간단하게 설명하시오.

> **해답**
> - 정치 : 평판은 수평이어야 한다.
> - 표정 : 평판은 일정한 방향이나 방위어야 한다.
> - 치심 : 평판의 도면상 측점 위치는 지상 측점과 일치하며 동일 수직선상에 있어야 한다.

12 임분 1,000m³에서 생장량 6% 일 때 10년 후의 재적을 계산하시오.
(단, 1.06^9=1.7)

> **해답**
> 1,000m³ × 1.06^{10} = 1,000×(1.7×1.06) = 1,000×1.802 = 1,802m³

13 1 : 5000 지형도에서 가로 2cm, 세로 5cm의 실제 면적(ha)을 구하시오.

> **해답**
> 가로 실제 거리 = 2cm × 5,000 = 10,000 cm
> 세로 실제 거리 = 5cm × 5,000 = 25,000 cm
> 실제 면적 = 10,000 × 25,000 = 250,000,000cm² = 2.5ha

14 무입목지에 대해 설명하시오.

해답
임목재적이나 본수가 30% 이하인 임분으로 산림에서 미입목지와 제지를 무립목지라 한다.

산림산업기사 실기-필답형 — 2015년 제3회

01 옹벽의 안정조건 4가지를 적으시오.

> **해답**
> ① 전도에 대한 안정
> ② 활동에 대한 안정
> ③ 침하에 대한 안정
> ④ 내부응력에 대한 안정

02 임도의 선형의 목적과 모형도를 그리시오.

> **해답**
> • 목적 : 선형은 차량의 안전한 주행과 교통의 원활함을 목적으로 한다.
> • 모형도

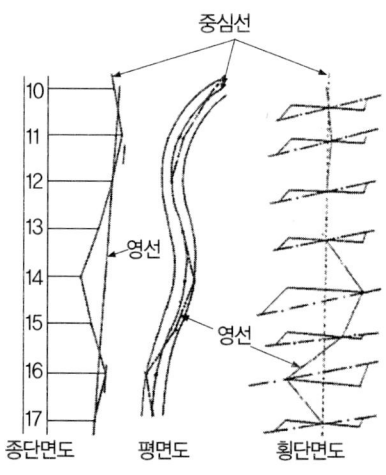

03 직선부에서 곡선부로 옮겨지는 곳의 완화곡선 설치 목적을 적으시오.

해답

완화곡선은 일정 반지름 원곡선이 직선부에 연결되어 직선부와 원곡선이 연결될 경우 차량의 안정을 도모하고 원활한 주행이 가능하도록 설치한다.

04 와이어로프의 안전계수를 적으시오.

◎ 가공본줄 :
◎ 짐당김줄, 버팀줄, 고정줄 :
◎ 짐올림줄, 짐매달음줄 :

해답

- 가공본줄 : 2.7 이상
- 짐당김줄, 버팀줄, 고정줄 : 4 이상
- 짐올림줄, 짐매달음줄 : 6 이상

05 임도설계의 작성 순서를 적으시오.

해답

예비조사 - 답사 - 예측 및 실측 - 설계도 작성 - 공사량 산출 - 설계서 작성

06 택벌작업에서 소경목을 제거하는 이유를 4가지를 적으시오.

해답

① 생장이 나쁘고 각종 피해로 고사할 가능성이 높을 경우
② 주위 미래목의 생장에 방해되는 경우
③ 수형이 불량할 경우
④ 이용가치가 적을 경우
⑤ 부패로 인한 목재 가치가 하락할 경우

07 좋은 벌목을 위한 기계톱의 조건 4가지를 적으시오.

> 해답
① 중량이 가볍고 취급방법이 간단해야 한다.
② 견고하고 절삭효율이 좋아야 한다.
③ 소음과 진동이 적어야 한다.
④ 연료소비, 유지비 등의 기타경비가 적게 들어야 한다.
⑤ 가격이 저렴하고 소모품의 수급이 용이해야 한다.

08 아래 표를 참고하여 평균임령과 임령의 범위를 적으시오.

임령	14	15	16	17	18	19
본수	10	20	30	15	10	5

> 해답

$$\frac{(14\times 10)+(15\times 20)+(16\times 30)+(17\times 15)+(18\times 10)+(19\times 5)}{10+20+30+15+10+5} = \frac{1450}{90} = 16.111\cdots$$

- 평균임령 : 16
- 임령범위 : $\frac{16}{14\sim 19}$

09 아래 기고식을 보고 빈칸을 채우시오.

측점	후시	기계고	전시 T.P	전시 I.P	지반고	REMARKS
B.M NO.8	2.30	32.3			30.0	B.M NO.8 의 H=30.0m
1				3.2	(①)	
2				2.5	29.8	
3	4.25	(②)	1.1		31.2	
4				2.3	33.15	측정 6은 B.M NO.8에 비하여 1.95m 높다
5				2.1	33.35	
6			3.5		31.95	
SUM	6.55		4.6			

> 해답
① 지반고 = 기계고 - 전시 = 32.3 - 3.2 = 29.1
② 기계고 = 지반고 + 후시 = 31.2 + 4.25 = 35.45

10 크리스튼 측고기에 대해 설명하시오.

해답

입목 수고 측정기 중 하나로 다른 측고기와 비교하여 간편하다. 20cm 금속 혹은 목재로 된 자와 일정 길이의 폴을 이용한다. 폴은 나무 밑에 세우고 측고기를 통하여 세운 폴을 시준하여 시준선과 측고기가 만나는 선의 눈금을 읽어 수고를 측정한다.

크리스튼 측고기

입목의 수고를 측정하는 기구 중의 하나로 다른 측고기에 비하여 대단히 간편한 장점을 가지고 있다. 이 측고기는 불규칙적인 수가 적힌 20cm 또는 30cm되는 금속 또는 목재로 된 자와 일정한 길이의 폴과 함께 사용한다. 폴을 측정하고자 하는 나무 밑에 세우고 눈에서 어느 정도 떨어진 위치에 크리스튼측고기를 수직 또는 나무와 평행하게 세운 다음 측고기의 길이가 보무를 보는 협각에 완전히 끼게 하고, 측고기를 통하여 나무 밑에 세운 폴을 시준할 때 그 시준선이 측고기와 만나는 선의 눈금을 읽어서 수고를 구할 수 있도록 되어 있다.

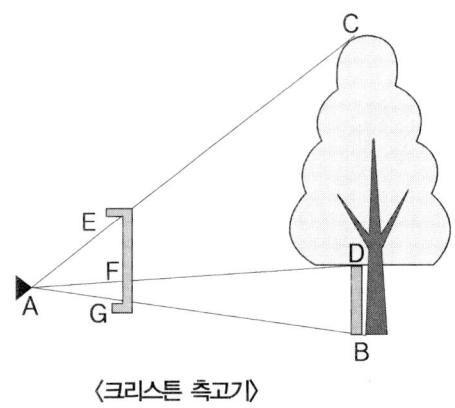

〈크리스튼 측고기〉

11 브레레톤식에 대해 설명하시오.

해답

브레레튼식은 미국, 인도네시아 및 필리핀 등지에서 벌채목의 재적을 측정할 때 사용하는 공식으로, 원구직경과 말구직경의 평균직경을 사용하여 통나무의 재적을 구한다.

12 경영계획서의 혼효림 수종을 몇 종까지 기입하는지 적으시오.

해답

5종

임황조사 수종

경영계획서에서 임황조사의 수종은 혼효림의 경우 5종 까지 조사 및 기입이 가능하다.

13 임업의 생산요소 3가지를 적으시오.

해답
① 노동
② 임지
③ 임목축적

14 선떼붙이기 그림에서 각 번호의 명칭을 적으시오.

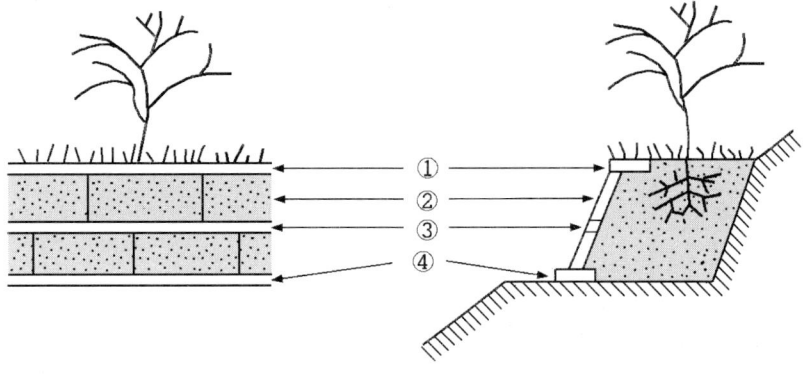

해답
① 갓떼 ② 선떼 ③ 받침떼 ④ 바닥떼

15 아래 흉고직경을 조사한 내용을 바탕으로 2cm 괄약의 범위에 맞추어 경급야장을 정리하시오.

직경	본수
7.8	2
8.5	3
10.0	5
11.9	5
12.3	2
13.8	5
14.6	5
15.8	3
계	30

직경	본수
6	
8	
10	
12	
14	
16	
18	
계	

해답

직경	본수
6	0
8	5
10	5
12	7
14	10
16	3
18	0
계	30

산림산업기사 실기-필답형 — 2016년 제1회

01 아래 표를 참고하여 평균임령과 임령의 범위를 적으시오.

임령	10	11	12	13	14	15
본수	10	20	30	15	10	5

해답

$$\frac{(10\times10)+(11\times20)+(12\times30)+(13\times15)+(14\times10)+(15\times5)}{10+20+30+15+10+5}=\frac{1090}{90}=12.111\cdots$$

- 평균임령 : 12
- 임령범위 : $\frac{12}{10\sim15}$

02 골막이에 대해 설명하시오.

해답

산비탈 붕괴지의 골이나 이에 접속된 계류의 최상류부에 축설하는 소규모의 사방용 댐을 말한다. 외견상으로는 사방댐이나 바닥막이 등과 비슷한 모양을 하고 있으나, 설치 위치, 기능 및 구조 등에서 각각 차이가 있다.

03 수고 측고기 종류 3가지를 적으시오.

해답

아브네이레블, 하가측고기, 블루메라이스 측고기, 덴드로미터

04 법정영급분배를 설명하시오.

해답

매년 동일한 수확량을 위해 각 영계가 동일한 면적을 가지고 있는 상태를 법정영급분배라 한다.

05 2000m³ 의 흙을 트럭을 이용하여 운반하고자 한다. 이때 트럭의 시간당 작업량은 8m³, 하루 8시간 작업, 토양의 변화율은 1.25 일 때 소요되는 작업일수를 구하시오.

해답

소요일수 = $\dfrac{\text{전체 토공량} \times \text{토양의 변화율}}{\text{시간당 작업량} \times \text{하루 작업시간} \times \text{트럭대수}} = \dfrac{2000 \times 1.25}{8 \times 8 \times 1} = 39.0625$

소요일수 : 40일

06 임도설계도면의 도면 종류 4가지를 적고 간단하게 설명하시오.

해답

① 평면도 : 축척 1 : 1200 으로 작성위치는 종단면도 상단에 작성하고 도로의 중심선, 구조물의 위치와 종류 및 규격, 임도예정노선, 주변지역의 등고선 등을 표시한다.
② 종단면도 : 축척 횡 1 : 1000 , 종 1 : 200 축척으로 작성하고 곡선, 선측점, 구간거리, 누가거리, 지반높이, 계획높이, 절토높이, 성토높이, 기울기 등을 적는다.
③ 횡단면도 : 횡단면도는 1 : 100 축척으로 좌측하단에서 상단으로 기입하고 각 측점별로 횡단면도의 하단부에 측점, 지반고, 계획고, 절취고, 성토고를 기재하고 절토단면적, 성토단면적, 옹벽, 석축 등의 수량을 기재한다.
④ 구조물도 : 임도의 시공기면에 필요한 구조물의 정면도, 평면도, 측면도의 규격을 표시한 도면이다.

07 면적이 100 ha 임지에 20m × 20m 표준지를 구획하고 조사한 결과 재적이 3m³, 5m³, 4m³, 7m³, 3m³ 일 때 임지의 전체 재적을 구하시오.

해답

• 총 표준지 면적 : 0.04ha × 5 = 0.2ha
• ha 당 재적 : (3+5+4+7+3) ÷ 0.2 = 110m³/ha
• 임지 전체 재적 : 110m³/ha × 100ha = 11,000m³

08 교각이 30°, 곡선반지름이 80m 인 경우 접선길이, 곡선길이를 구하시오.

해답

접선길이 = 반지름 × $\tan\left(\dfrac{\theta}{2}\right) = 80 \times \tan\left(\dfrac{30}{2}\right) = 80 \times 0.2679 \cdots = 21.435 \cdots\ m$

답 접선길이 : 21.44m

곡선길이 = $\dfrac{2 \times \pi \times \text{반지름} \times \theta}{360} = \dfrac{2 \times 3.14 \times 80 \times 30}{360} = 41.866 \cdots\ m$

답 곡선길이 : 41.87m

09 산림 임도망 계획시 고려해야할 경제적 사항 3가지를 적으시오.

해답
① 운반비가 적게 들어야 한다.
② 목재의 손상이 적어야 한다.
③ 유지보수비가 적게 들어야 한다.

10 콘크리트 수로, 메쌓기수로, 찰쌓기 수로, 떼붙임수로가 요구되는 시공장소를 적으시오.

해답
- 콘크리트수로 : 유속이 빨라 사면이 깎일 우려가 있는 구간에 시공한다.
- 메쌓기수로 : 유량이 적고 기울기가 급한 산복구간에 시공한다.
- 찰쌓기수로 : 집수량이 많은 위험지역에 시공한다.
- 떼붙임수로 : 기울기가 완만하고 유량이 적은 곳에 시공한다.

11 계천사방 공작물 중에서 횡공작물, 종공작물의 종류 2가지씩 적으시오.

해답
- 횡공작물 : 사방댐, 골막이, 바닥막이
- 종공작물 : 기슭막이, 수제, 둑쌓기

12 미입목지와 제지에 대해 설명하시오.

해답
- 미입목지 : 임목재적의 비율이 30% 이하인 임분을 말한다.
- 제지 : 시업지 및 시업제한지 이외의 임지로서 묘포, 건물, 임도, 기타 시설용 부지와 대부된 임지 및 농지, 암석지 등을 의미한다.

13 중력댐의 안정조건 4가지를 적으시오.

해답
① 전도에 대한 안정
② 활동에 대한 안정
③ 제체의 파괴에 대한 안정
④ 기초지반의 지지력에 대한 안정

14 산림수확의 영급법 종류 3가지를 적으시오.

> **해답**
> ① 순수영급법
> ② 등면적법
> ③ 임분경제법

산림산업기사 실기-필답형

2016년 제2회

01 정지작업을 한다고 하였을 경우 작업해야 할 토적량을 구하시오. (모서리의 숫자는 각 지점의 토심(m)를 나타내고, 각 정사각형의 면적은 $50m^2$ 이다.)

해답

A : (5+4+3+5)÷4=4.25 B : (4+3+3+2)÷4=3
C : (3+4+3+2)÷4=3 D : (5+3+3+4)÷4=3.75
E : (3+2+1+3)÷4=2.25 F : (2+3+2+1)÷4=2
G : (4+3+3+4)÷4=3.5 H : (3+1+2+3)÷4=2.25
I : (1+2+3+2)÷4=2
총토적량 = (A+B+C+D+E+F+G+H+I)×면적
= (4.25+3+3+3.75+2.25+2+3.5+2.25+2)×50=1300m^3

02 산림구획에서 소반의 분류 기준을 적으시오.

해답
- 지종이 상이할 때
- 임상, 작업종이 상이할 때
- 임령, 지위, 지리 혹은 운반계통이 상이할 때
- 기능이 상이할 때

03 지위에 대해 설명하시오.

해답
지위는 산림생산능력을 말하는 것으로 임지가 가지고 있는 잠재적 생산능력을 평가하는 기준이 된다.

04 소밀도에 대해 설명하시오.

해답
소밀도 : 일정 임지에 수관을 투영한 면적과 산림면적과의 비율로 울폐도라고도 한다.
소 : 수관밀도 40% 이하 임분
중 : 수관밀도 41~70% 임분
밀 : 수관밀도 71% 이상 임분

05 제지에 대해 설명하시오.

해답
시업지 및 시업제한지 이외의 임지로서 묘포, 건물, 임도, 기타 시설용 부지와 대부된 임지 및 농지, 암석지 등을 의미한다.

06 타일러방식을 설명하시오.

해답
가공본줄 경사 10~25° 범위 대면적 개벌작업에 적합하며 가로 집재가 용이하나 집재거리가 제한적인 단점을 가진다. 또한 집재에 의한 잔존목 손상이 많고 와이어마모가 심한 편이다.

07 교각이 30°, 곡선반지름이 100m 인 경우 접선길이, 외선길이를 구하시오.
(소수점 셋째자리 반올림)

해답

접선길이 = 반지름 × $\tan\left(\dfrac{\theta}{2}\right)$ = $100 \times \tan\left(\dfrac{30}{2}\right)$
$= 100 \times 0.2679 \cdots = 26.794 \cdots\, m$

답 접선길이 : 26.79m

외선길이 = 반지름 × $\left[\sec\left(\dfrac{\theta}{2}\right) - 1\right]$ = $100 \times [\sec 15 - 1]$
$= 100 \times \left[\dfrac{1}{\cos 15} - 1\right] = 3.527 \cdots\, m$

답 외선길이 : 3.53m

08 아래의 곡선을 보고 종류를 적으시오.

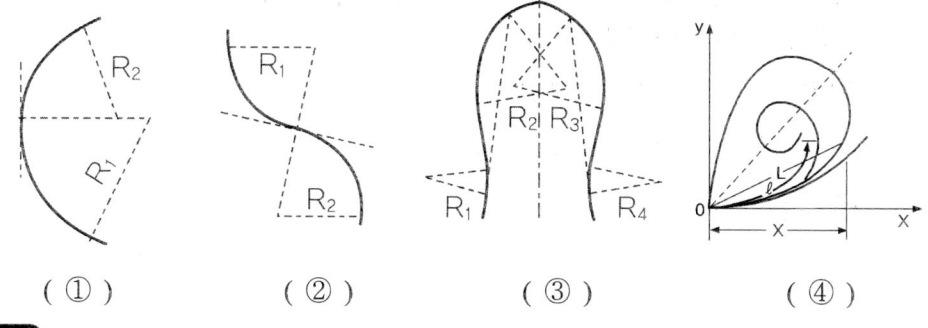

(①)　　　(②)　　　(③)　　　(④)

해답

① 복합곡선　② 반향곡선　③ 헤어핀곡선　④ 완화곡선

09 입목도에 대해 설명하시오.

해답

정상임분축적에 대한 현실임분축적의 100분율로 표시한 것이다.

10 양각기 폭이 4mm 이고 1 : 25,000 지형도에서 경사도를 구하시오.
(단, 등고선 표고차는 10m)

해답

- 양각기폭= 실제거리×축척 = 실제거리 × $\dfrac{1}{25000}$ = 0.004m

  → 실제거리 : 100m

- 경사 = $\dfrac{등고선의 높이}{실제 거리}$ ×100(%) ⇒ $\dfrac{10}{100}$ ×100 ⇒ 경사 : 10%

11 토사도에 대해 설명하시오.

해답

노면이 토사로 구성된 도로로 주로 교통량이 적은 곳에 사용한다.

12 재장이 8m, 말구직경이 40cm 인 국산재의 재적을 말구직경자승법을 이용하여 구하시오.(단, 소수점 셋째자리 반올림)

해답

$\left[40+\left(\dfrac{8-4}{2}\right)\right]^2 \times 8 \times \dfrac{1}{10000} = 1.4112 m^3$

답 1.41m³

13 수확표의 용도 3가지를 적으시오.

해답

① 입목도 및 벌기령 결정
② 수확량 예정
③ 지위 판정

산림산업기사 실기-필답형 — 2017년 제1회

01 글라제법에 대해 설명하시오.

해답
중령림의 가격평정을 위해 임목비용가법과 임목기망가법의 중간방법으로 만들어졌으며 원가수익절충방식에 속한다. 이율을 사용하지 않고 복리계산이 필요없어서 간편하다.

02 설계속도 30km/h 이고 외쪽물매 5% 의 구조인 임도를 시공할 때 최소곡선반지름을 구하시오.(단, 마찰계수 0.5, 소수점 셋째자리 반올림).

해답
$$\frac{30^2}{127(0.5+0.05)} = \frac{900}{69.85} = 12.8847 \cdots$$

답 12.88m

03 타워야더의 러닝스카이라인식에 대해 설명하시오.

해답
러닝스카이라인식은 거리 300m 내외의 소량 간벌 및 택벌작업지에 적합한 방법으로 운전은 어려우나 가선 및 철거가 용이하다.

04 소밀도의 정의 및 기준을 적으시오.

해답
소밀도 : 일정 임지에 수관을 투영한 면적과 산림면적과의 비율로 울폐도라고도 한다.
소 : 수관밀도 40% 이하 임분
중 : 수관밀도 41~70% 임분
밀 : 수관밀도 71% 이상 임분

05 이령림의 연령측정 방법 3가지를 적으시오.

> 해답
> ① 본수령
> ② 재적령
> ③ 면적령

06 사유림 경영계획구 종류 3가지를 적으시오.

> 해답
> ① 일반경영계획구
> ② 협업경영계획구
> ③ 기업경영림계획구

07 토량의 변화에서 L, C 가 의미하는 바를 적으시오.

> 해답
> $$L = \frac{흐트러진 상태 토량}{자연상태 토량} ,\quad C = \frac{다져진 상태 토량}{자연상태 토량}$$

08 한쪽지점의 단면적이 5m², 반대쪽의 단면적 7m² 이고 양단면의 간격이 10m 일 경우 토량을 구하시오.

> 해답
> $$\frac{5+7}{2} \times 10 = 60 m^3$$

09 임지비용가에 대해 설명하시오.

> 해답
> 임지비용가는 임지를 취득하고 임목육성에 적합한 상태로 만드는데 소요된 순 비용의 현재가 합계, 즉 후가합계로 평가하는 방법이다.

10 1 : 25000 지형도에서 양각기의 폭이 4mm, 등고선 수직거리 10m 인 경우 종단기울기를 계산하시오.

> **해답**
> - 4mm → 0.4cm → 0.004m
> - 실제거리 = 축척분모수 × 도상거리 = 25000 × 0.004 → 실제거리 : 100m
> - 경사도 = $\dfrac{높이}{실제거리} \times 100 = \dfrac{10}{100} \times 100 = 10(\%)$ → 경사도 : 10%

11 임도의 유효너비에 대해 설명하시오.

> **해답**
> 차량의 너비에 일정 여유너비를 추가한 것으로 옆도랑 너비를 제외한 임도의 유효너비는 3m 배향곡선지에서는 6m 이상을 기준으로 한다.

12 석재로 이용되는 돌의 종류 5가지를 적으시오.

> **해답**
> - 견치돌
> - 막깬돌
> - 호박돌
> - 잡석
> - 전석

13 20년 후 임업소득이 2천만원일 경우 소득의 전가합계를 구하시오(단, 이율 5%).

> **해답**
> $$\dfrac{20000000}{1.05^{20}} = 7,537,789.657원$$
> **답** 7,537,789원

14 임도 설계순서를 적으시오.

> **해답**
> 예비조사 - 답사 - 예측 및 실측 - 설계도 작성 - 공사량 산출 - 설계서 작성

15 아래는 돌망태 기슭막이의 단면도이다. 말뚝 3개를 박는 경우 적합한 위치를 표시하시오.

해답

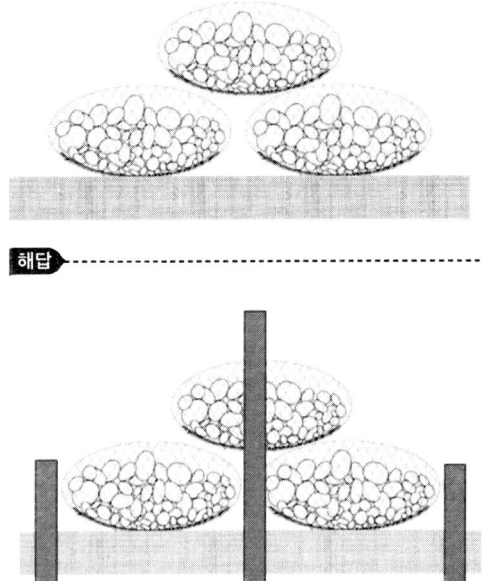

산림산업기사 실기-필답형
2017년 제2회

01 지위지수를 나타내는 방법 3가지를 적으시오.

해답
① 지위지수에 의한 방법
② 환경인자에 의한 방법
③ 지표식물에 의한 방법

02 콘크리트 혼화재 종류 2가지를 적으시오.

해답
① 포졸란
② 플라이애쉬

03 벌기가 50년이고 벌기마다 200만원의 영구 수익이 발생할 경우 얻을 수 있는 전가합계를 구하시오. (단, 연이율 5%, 1.05^{50}=11.467, 1원미만은 버림)

해답
$$\frac{2000000}{1.05^{50}-1} = \frac{2000000}{10.467} = 191,076.7173 원$$

답 191,076원

04 측점 1의 단면적이 $20m^2$, 20m 떨어진 반대쪽의 측점 2의 단면적은 $30m^2$일 경우 토공량을 구하시오.

해답
$$\frac{20+30}{2} \times 20 = 500m^3$$

05 공사유림 경영계획구에서 경영계획시 시설의 종별 3가지를 적으시오.

> **해답**
> ① 임도
> ② 운재로
> ③ 작업로

06 산비탈기초사방 공사의 종류 3가지를 적으시오.

> **해답**
> ① 흙막이
> ② 골막이
> ③ 누구막이

07 재적의 표본조사 방법 4가지를 적으시오.

> **해답**
> ① 임의 추출법
> ② 계통적추출법
> ③ 층화추출법
> ④ 부차추출법
> ⑤ 이중추출법

08 소밀도의 정의 및 기준을 적으시오.

> **해답**
> 소밀도 : 일정 임지에 수관을 투영한 면적과 산림면적과의 비율로 울폐도라고도 한다.
> 소 : 수관밀도 40% 이하 임분
> 중 : 수관밀도 41~70% 임분
> 밀 : 수관밀도 71% 이상 임분

09 원목이 시장에 유통되는 가격을 먼저 조사하고 시장가격에서 벌채 등 운반에 필요한 비용을 공제하여 임목의 가격을 역으로 구하는 방법으로 벌기 이상의 임목에 대해 평가하는 방법을 적으시오.

> **해답**
> 시장가역산법

10 트랙터 집재 작업능률의 영향 인자 5가지를 쓰시오.

> **해답**
> ① 소밀도
> ② 경사
> ③ 토성
> ④ 단재적
> ⑤ 집재거리

11 아래 빈칸을 채우시오.

> 길어깨, 옆도랑의 너비를 제외한 임도의 유효너비는 통상 (①)m 정도로 규정한다.
> 단, 배향곡선지인 경우 (②)m 이상이다.

> **해답**
> ① 3
> ② 6

12 아래 4급 선떼 작업에 표시된 번호의 명칭을 적으시오.

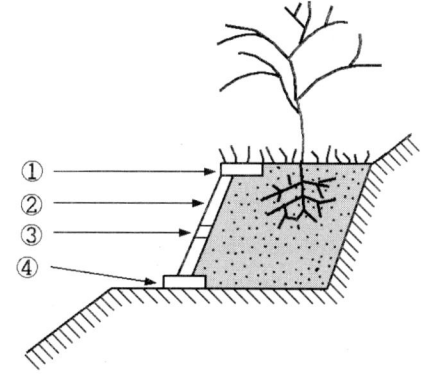

> **해답**
> ① 갓떼 ② 선떼 ③ 받침떼 ④ 바닥떼

13 연간생장량 50m³, 현재축적 350m³, 법정축적 300m³, 갱정기 25년 일 경우 연간표준벌채량을 구하시오.

> **해답**
> $50 + \dfrac{350 - 300}{25} = 52m^3$

14 설계속도가 20km/h, 횡단기울기가 5% 인 임도의 최소곡선반지름을 구하시오.
(마찰계수 0.2, 소수점 둘째자리 반올림)

▶ 해답

$$\frac{20^2}{127(0.2+0.05)} = 12.5984\cdots m$$

답 12.60m

산림산업기사 실기-필답형
2017년 제3회

01 컴퍼스 측량방법 3가지 쓰시오.

해답
① 사출법
② 교차법
③ 도선법

02 소반구획 기준 4가지를 쓰시오.

해답
① 지종이 상이할 때
② 임상, 작업종이 상이할 때
③ 임령, 지위, 지리 혹은 운반계통이 상이할 때
④ 기능이 상이할 때

03 hartig법에 대해 설명하시오.

해답
Hartig 법은 임분재적을 추정하는 방법 중의 하나인 표준목법 중에서 가장 정확도가 높은 방법이다. 각 계급의 흉고단면적을 동일하게 하고 임목의 그루수가 같은 계급을 나누어 각 계급에서 같은 수의 표준목을 정하는 방법으로 구하는 공식은 우리히법과 동일하다.

04 법정축적 90m³, 이율 5% 일 경우 5년 후의 재적값을 구하시오.(단, 결과값은 소수점 셋째자리에서 반올림)

해답
$90 \times (1+0.05)^5 = 114.8653 \cdots$
답 114.87m³

05 반향곡선을 도식화하고 설명하시오.

해답

서로 다른 방향의 곡선을 연속시킨 것으로 맞물린 곳 10m 이상의 직선부에 설치한다.

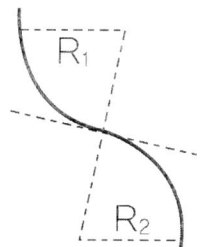

06 임지비용가를 적용하는 경우 3가지를 적으시오.

해답

① 임지에 들어간 비용을 회수하려고 할 때
② 임지에 들어간 자본의 경제적 효과를 알고자 할 때
③ 임지의 생산력을 몰라 매매가 혹은 기망가의 방법으로 평가가 곤란할 때

07 아래의 보기를 보고 임도설계 순서를 바르게 나열하시오.

<보기>
㉠ 답사 ㉡ 설계도 작성 ㉢ 예측 및 실측 ㉣ 공사량 산출
㉤ 예비조사 ㉥ 설계서 작성

(　　) - (　　) - (　　) - (　　) - (　　) - (　　)

해답

예비조사 - 답사 - 예측 및 실측 - 설계도 작성 - 공사량 산출 - 설계서 작성

08 돌쌓기 공법 4가지를 적고 각각에 대해 설명하시오.

해답

① **찰쌓기** : 돌을 쌓을 때 뒤채움은 콘크리트를 사용하고 줄눈에 모르타르를 사용하며 뒷면에는 물빼기 구멍을 만든다.
② **메쌓기** : 돌을 쌓을 때 뒤채움이나 줄눈에 모르타르를 사용하지 않는다. 모르타르 사용이 없어 돌 틈으로 물이 배수되어 별도의 배수구가 필요없다.
③ **골쌓기** : 견치돌이나 막 깬돌을 사용하기에 주로 마름모꼴 대각선으로 쌓는다.
④ **켜쌓기** : 돌의 높이를 같게 해 가로 줄눈이 일직선이 되도록 쌓는다.

09 법정림의 정의에 대해 설명하시오.

> **해답**
> 재적수확의 보속을 실현할 수 있는 내용과 조건을 구비한 이상적인 산림으로 구비조건으로는 법정영급분배, 법정임분 배치, 법정생장, 법정축적이 있다.

10 입목지에 대해 설명하시오.

> **해답**
> 입목재적비율 30% 초과하는 임분을 의미한다.

11 배향곡선의 중심선 반지름은 몇 m 이상을 기준으로 설치하는지 적으시오.

> **해답**
> 10m

12 정지작업을 한다고 하였을 경우 작업해야할 토적량을 구하시오. 모서리의 숫자는 각 지점의 토심(m)을 나타내고, 각 정사각형의 면적은 $100m^2$ 이다.

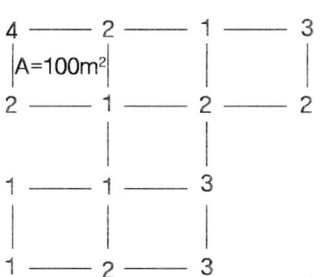

> **해답**

A : (4+2+2+1)÷4=2.25
B : (2+1+1+2)÷4=1.5
C : (1+3+2+2)÷4=2
D : (1+1+2+3)÷4=1.75
E : (1+3+3+2)÷4=2.25
F : (1+1+1+2)÷4=1.25

총토적량= (A+B+C+D+E+F)×면적 = (2.25+1.5+2+1.75+2.25+1.25)×100=1100m^3

13 가공본줄을 이용한 고정스카이라인방식 종류 5가지를 적으시오.

해답
① 타일러식
② 엔드리스 타일러식
③ 폴링블록식
④ 스너빙
⑤ 호이스트케리지식

14 설계속도가 30km/h 이고 노면의 횡단기울기가 5% 인 경우 최소곡선반지름을 구하시오.(타이어 마찰계수 0.1, 소수점 셋째자리 반올림)

해답
$$\frac{30^2}{127(0.05+0.1)} = 47.244 \cdots m$$

답 47.24m

산림산업기사 실기-필답형 2018년 제1회

01 체인톱 원동기의 주요 구성 요소 3가지를 적으시오.

> **해답**
> 실린더, 피스톤, 크랭크축, 점화장치, 기화기 등

02 글라제법(Glaser)에 대해 설명하시오.

> **해답**
> 중령림의 가격평정을 위해 임목비용가법과 임목기망가법의 중간방법으로 만들어졌으며 원가수익절충방식에 속한다. 이율을 사용하지 않고 복리계산이 필요없어 간편하다.

03 임도의 효과 4가지를 적으시오.

> **해답**
> - 임산물의 신속한 반출 및 반출비의 경감
> - 산림 내 편리한 교통을 이용하여 노동공급이 원활함
> - 작업능률이 향상됨
> - 임업기계의 도입이 용이함
> - 산림 자원의 이용이 증대
> - 산림 보호 및 관리가 용이

04 사방공사 재료의 목재의 장·단점을 적으시오.

해답
• 장점
  - 외관이 아름답고 가공 및 이용이 용이하다.
  - 강도와 탄력성이 좋다.
  - 결함 발견이 쉬워 보수 등이 용이하다.
  - 재료를 구하기 쉽다.
• 단점
  - 관리가 어려울 경우 썩을 위험이 있다.
  - 화재의 위험성이 있다.
  - 함수량 변화에 의한 팽창 및 수축 등이 발생된다.
  - 이용시 크기의 제한이 있다.

05 산지침식에서 빗물침식의 4가지 과정을 순서대로 적고 간단하게 설명하시오.

해답
① 우격침식 : 빗방울이 땅 표면을 타격하여 침식시키는 초기 과정
② 면상침식 : 토양표면의 전면이 엷게 유실되는 과정
③ 누구침식 : 토양표면에 잔 도랑이 발생하는 과정
④ 구곡침식 : 누구침식에 의해 발생된 도랑이 커지는 과정, 심토까지 깎이기도 한다.

06 정지작업을 한다고 하였을 경우 작업해야할 토적량을 구하시오. 모서리의 숫자는 각 지점의 토심(m)를 나타내고, 각 정사각형의 면적은 $50m^2$ 이다.

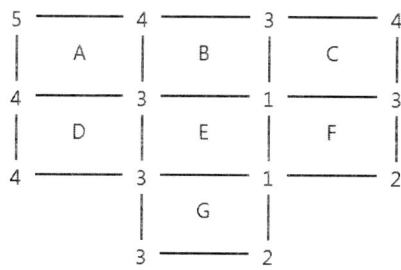

해답
A : (5+4+4+3)÷4=4   B : (4+3+3+1)÷4=2.75
C : (4+3+3+1)÷4=2.75   D : (4+4+3+3)÷4=3.5
E : (3+3+1+1)÷4=2   F : (1+1+3+2)÷4=1.75
G : (3+3+1+2)÷4=2.25
총토적량 = (A+B+C+D+E+F+G)×면적
        = (4+2.75+2.75+3.5+2+1.75+2.25)×50=950m^3

07 양각기를 이용하여 1 : 25000 지형도에서 종단기울기가 8% 일 때 양각기 폭을 구하시오(단, 등고선 표고차는 10m)

해답

- $\dfrac{10}{수평거리} \times 100 = 8(\%)$ → 수평거리 : 125m
- 100m = 10000cm

$12500cm \times \dfrac{1}{25000} = 0.5cm$

양각기 폭 : 5mm

08 오스트리아 공식법에 의한 수확량 계산시 다음과 같을 경우 연간평균수확량을 계산하시오(단, 산림면적은 30ha)

◎ ha 당 현실생장량 : 4m³
◎ 현실축적 : 50m³
◎ 법정축적 : 100m³
◎ 갱정기 : 20년

해답

$4 + \dfrac{50 - 100}{20} = 1.5$

연간평균수확량 : 1.5m³ × 30ha = 45m³

※ 오스트리아 공식법(Kameraltaxe법)

연간표준벌채량 = 현실연간생장량합계 + $\dfrac{현실축적 - 법정축적}{갱정기}$

09 임지의 구입 당시 2,000,000원, 관리비는 150,000원을 일시에 지불하고 10년이 경과되었을 경우의 임지비용가를 구하시오(단, 이율 5%, 1.05^{10}=1.629)

해답

$(2,000,000 + 150,000) \times (1 + 0.05)^{10}$ = 2,150,000 × 1.629 = 3,502,350원

10 산림경영계획서에서 산림 구획 순서를 적으시오

해답

경영계획구 → 임반 구획 → 소반 구획 → 임, 소반 표기 → 임, 소반 면적 및 규모와 수

11 지황조사 항목 6가지를 기입하시오.

해답

지종, 방위, 경사도, 표고, 토성, 토심, 건습도, 지위, 지리, 하층식생

12 임도시공시 배수시설 종류 4가지를 적으시오.

해답

① 사면어깨 배수시설 : 산마루 측구, 감쇄공 등의 배수시설
② 사면배수시설 : 사면끝 배수시설, 도수로 배수시설, 소단 배수시설
③ 노면배수시설 : 길어깨 배수시설, 중앙분리대 배수시설
④ 땅깎기 구간 지하 배수시설 : 맹암거, 횡단배수구

13 임반의 구획기준과 면적을 적으시오.

해답

- 구획기준 : 임반은 산림의 위치를 명확하게 하기 위해 능선, 하천, 도로 등 자연경계를 통해 구획한다.
- 면적 : 100ha 내외

14 쇄석도의 종류에서 임도 노면 처리방식에 의해 분류되는 4가지를 적으시오.

해답

① 교통체 머캐덤도
② 수체 머캐덤도
③ 역청 머캐덤도
④ 시멘트 머캐덤도

15 임업경영의 지도 원칙 4가지를 적으시오.

해답

- 수익성 원칙
- 경제성 원칙
- 생산성 원칙
- 공공성 원칙
- 보속성 원칙
- 합자연성 원칙
- 환경보전 원칙

산림산업기사 실기-필답형 — 2018년 제2회

01 아래의 수고는 표준지의 수고를 조사한 값이다. 산림조사야장에서 수고란을 표기하시오.

< 수고 값(m) >
20 20 25 25 30 30 30 30 35 35

해답

평균수고 : (20+20+25+25+30+30+30+30+35+35)÷10=28m

$$\frac{평균수고}{최소수고 - 최대수고} = \frac{28}{20 \sim 35}$$

02 투과형 슬릿트사방댐에 적합한 시공장소를 적으시오.

해답

산사태 발생 우려가 있는 장소에 인명, 가옥, 농경지, 공공시설 등의 피해를 예방하기 위하여 계간에 설치

03 회귀년에 대해 설명하시오.

해답

택벌작업에서 맨 처음 택벌한 구역을 또다시 택벌하기까지 소요되는 기간을 말한다.

04 벌기령 30년의 나무의 주벌수익은 450만원, 조림비 35만원일 경우 글라제식(Glaser)을 이용하여 20년생 임목가를 구하시오(단, 1만원 미만은 절사).

해답

$$(450 - 35) \times \frac{20^2}{30^2} + 35 = 219.4444 \cdots = 약\, 219만원$$

글라제법(Glaser)

$$A_m = (A_u - C) \times \frac{m^2}{u^2} + C$$

A_m : m년 일 때의 임목가격, A_u : 벌기일 때의 임목가격, C : 조림비 원가
u : 벌기, m : 임목의 현재 임령

05 선떼붙이기 그림에서 각 번호의 명칭을 적으시오.

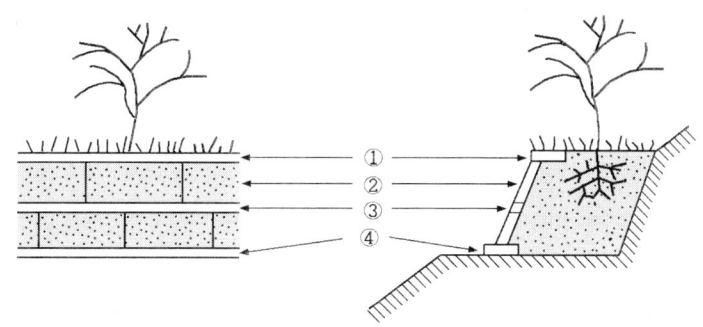

> **해답**
> ① 갓떼 ② 선떼 ③ 받침떼 ④ 바닥떼

06 임종의 항목 2가지를 적으시오.

> **해답**
> ① 인공림 ② 천연림

07 30년생 소나무의 재적이 185m³, 35년생 소나무의 재적은 226m³ 였다. 프레슬러 공식을 이용하여 생장률을 계산하시오.(소수점 셋째자리 반올림)

> **해답**
> $\dfrac{226-185}{226+185} \times \dfrac{200}{5} ≒ 3.99\%$
>
> **프레슬러 공식** $\dfrac{\text{현재 재적} - n\text{년 전 재적}}{\text{현재 재적} + n\text{년 전 재적}} \times \dfrac{200}{n}$

08 기고식을 이용하여 지반고를 구하시오.

측점	후시	기계고	전시		지반고	REMARKS
			T.P	I.P		
B.M NO.8	2.30	32.3			30.0	B.M NO.8의 H=30.0m
1				3.2	(①)	
2				2.5	29.8	
3	4.25	35.45	1.1		31.2	
4				2.3	33.15	측정 6은 B.M NO.8에 비하여 1.95m 높다
5				2.1	(②)	
6			3.5		31.95	
SUM	6.55		4.6			

> **해답**
> ① 지반고 = 기계고 - 전시 = 32.3 - 3.2 = 29.1
> ② 지반고 = 기계고 - 전시 = 35.45 - 2.1 = 33.35

09 평판측량의 방법 3가지를 적으시오.

해답
전진법, 방사법, 교차법

10 사방댐과 비교한 골막이의 시공상의 특징 3가지를 적으시오.

해답
- 반수면만 설치한다.
- 배수구 설치 없이 중앙부를 낮게 한다.
- 시공장소는 계류의 상부에 설치한다.

11 임반의 구획기준을 적으시오.

해답
임반은 산림의 위치를 명확하게 하기 위해 능선, 하천, 도로 등 자연경계를 통해 구획한다.

12 임목의 생장에 따른 가장 적합한 임목평가방법을 한 가지씩 적으시오.

◎ 유령림
◎ 벌기미만 장령림
◎ 중령림
◎ 벌기 이상 임목

해답
- 유령림 : 임목비용가법
- 벌기미만 장령림 : 임목기망가법
- 중령림 : Glaser 법
- 벌기 이상 임목 : 시장가 역산법

13 횡단면도에 작성하는 4가지를 적으시오.

해답
지반고, 계획고, 절토고, 성토고

14 찰쌓기와 메쌓기의 차이점을 적으시오.

해답

찰쌓기는 줄눈에 모르타르를 사용하고 메쌓기는 줄눈에 모르타르를 사용하지 않는다. 모르타르의 유무로 인하여 찰쌓기는 물빼기 구멍을 만들고 메쌓기는 별도의 배수구가 필요없다.

> **찰쌓기, 메쌓기**
> - 찰쌓기 : 돌을 쌓을 때 뒤채움은 콘크리트를 사용하고 줄눈에 모르타르를 사용하며 뒷면에는 물빼기 구멍을 만든다.
> - 메쌓기 : 돌을 쌓을 때 뒤채움이나 줄눈에 모르타르를 사용하지 않는다. 모르타르 사용이 없어 돌 틈으로 물이 배수되어 별도의 배수구가 필요없다.

15 와이어로프의 가공본줄, 버팀줄, 짐올림줄의 안전계수를 쓰시오.

해답

가공본줄 : 2.7 , 버팀줄 : 4.0 , 짐올림줄 : 6.0

산림산업기사 실기-필답형

2018년 제3회

01 1 : 25,000 축척에서 등고차가 10m 이고 물매가 7% 일 경우 도상거리(mm)를 구하시오. (단, 소수점 셋째자리 반올림)

해답

기울기 = $\dfrac{높이}{수평거리} \times 100(\%)$ → $7 = \dfrac{10}{수평거리} \times 100$ → 수평거리 : 142.9m

도상거리 = 142.9 ÷ 25,000 = 0.005716m = 0.5716cm

양각기의 폭 : 5.7mm

02 평판측량 3요소를 기입하시오.

해답

① 정준 ② 구심 ③ 표정

03 임업경영의 기술적 측면 3가지를 적으시오.

해답

- 생산기간이 길다.
- 자연조건에 영향을 많이 받는다.
- 기후 및 지력에 대한 요구도가 낮다.

산림경영의 특성

기술적 특성	경제적 특성
① 생산기간이 길다.	① 생산기간이 긴 만큼 자본회수 역시 장기적이다.
② 후계림 조성등 재생산 가능한 자원이다.	② 무게 및 부피가 재화의 단위이다.
③ 자연조건에 영향을 많이 받는다.	③ 자본 및 수확물이 명확하게 구분되어 있지 않다.
④ 수확에 대한 결실 및 시기 등이 일정하지 않다.	④ 산림경영 특성상 대규모 경영에 알맞다.
⑤ 기후 및 지력에 대한 요구도가 낮다.	⑤ 노동에 있어 농업 대비 계절적 제약이 적은 편이다.
⑥ 수목은 보호 및 무육에 노력이 적게 든다.	⑥ 임업생산방식은 자금과 노력이 적게 들어 조방적인 편이다.
	⑦ 국민의 편의를 위한 공공적 이익은 매우 크다.

04 5급 선떼붙이기 모식도를 그리시오.

해답

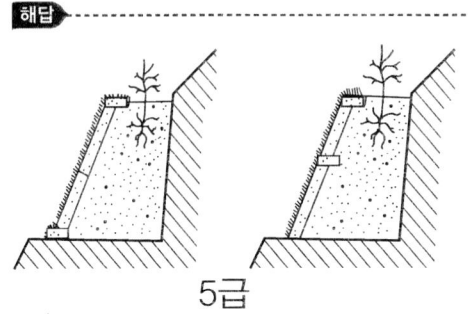

5급

05 벌기령 50년 소나무를 개벌시 주벌수입 1,000만원, 간벌수입 20년의 경우 100만원, 30년의 경우 200만원이다. 조림비는 50만원, 관리비는 매년 3만원, 이율이 5% 인 경우 임지기망가를 구하시오(단, 1원미만은 절사)

해답

$$\frac{1000만원 + 100만원\,(1.05)^{50-20} + 200만원\,(1.05)^{50-30} - 50만원\,(1.05)^{50}}{1.05^{50} - 1} - \frac{3만원}{0.05}$$

$$= \frac{10,000,000 + 4,321,942.3\cdots + 5,306,595.4\cdots - 5,733,699.8\cdots}{10.4673\cdots} - 600,000$$

= 약 727,439 원

06 산지사방에서 산비탈 기초공사 종류 3가지, 녹화공사 종류 3가지를 적으시오.

해답

- 기초공사
  비탈다듬기, 땅속흙막이, 누구막이, 골막이, 산비탈 배수로, 흙막이
- 녹화공사
  바자얽기, 선떼붙이기, 단쌓기, 조공, 씨뿌리기, 비탈덮기, 조림, 줄떼다지기

07 설계속도가 20km/h 이고 노면의 횡단기울기가 5% 인 경우 최소곡선반지름을 구하시오. (타이어 마찰계수 0.1, 소수점 셋째자리 반올림)

해답

$$\frac{20^2}{127(0.05 + 0.1)} = 20.997 \cdots\,m$$

답 21m

08 가선 집재 방식 4가지를 적으시오.

해답
① 타일러식
② 엔드리스 타일러식
③ 폴링블록식
④ 스너빙
⑤ 호이스트 케리지식

09 지리에 대해 설명하시오.

해답
해당 소반 중심에서 임도 혹은 도로까지의 거리로서 10급지로 분류한다.

10 대피소의 간격, 너비, 유효길이 설치기준을 적으시오.

해답
대피소의 간격은 300m 이내, 너비 5m 이상, 유효길이 15m 이상으로 설치한다.

11 임지기망가의 영향인자 4가지를 적으시오.

해답
이율, 주벌수익, 간벌수익, 조림비, 관리비

12 지황조사 항목에서 토심의 분류 기준을 적으시오.

해답
① 천 : 토심 30cm 미만
② 중 : 토심 30~60cm 미만
③ 심 : 토심 60cm 이상

13 정지작업을 한다고 하였을 경우 작업해야할 토적량을 구하시오. 모서리의 숫자는 각 지점의 토심(m)을 나타내고, 각 정사각형의 면적은 50m²이다.

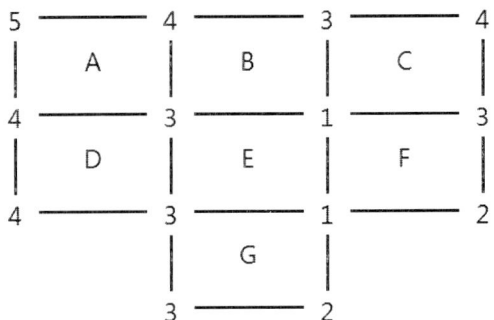

해답

A : (5+4+4+3)÷4=4   B : (4+3+3+1)÷4=2.75
C : (4+3+3+1)÷4=2.75   D : (4+4+3+3)÷4=3.5
E : (3+3+1+1)÷4=2   F : (1+1+3+2)÷4=1.75
G : (3+3+1+2)÷4=2.25
총토적량 = (A+B+C+D+E+F+G)×면적
        = (4+2.75+2.75+3.5+2+1.75+2.25)×50 = 950m³

14 표준지 조사에서 각산정표준지법에 대해 설명하시오.

해답

각산정표준지법은 표준지 설정과 매목조사 없이 임분재적을 측정하는 방법으로 임분 내에 특정 정점을 중심으로 임목을 일정 시각으로 시준하여 그 각도에 의해 측정 대상 임목을 선정하고 측정대상 임목의 수와 직경에 의해 ha 당 흉고단면적, 본수 등을 구하는 표준조사법이다

15 천연림 보육 대상지 기준 2가지를 적으시오.

해답

- 평균 수고 8m 이하이며 입목 간의 우열이 나타나지 않는 임분으로 유령림단계에 숲가꾸기가 필요한 산림
- 조림지에서 형질이 우수한 조림목은 없으나 천연 발생목을 활용하여 우량대경재를 생산할 수 있는 인공림
- 평균 수고 10~20m 의 산림으로 상층목 사이의 우열이 나타나는 임분으로 솎아베기가 필요한 산림
- 우량대경재 이상을 생산할 수 있는 천연림

산림산업기사 실기-필답형
2019년 제1회

01 돌수로, 떼수로의 적용조건을 적으시오.

해답
- 돌수로 : 돌수로는 경사가 급하고 유량이 많은 산복수로나 산사태지 등에 설치한다.
- 떼수로 : 비탈 경사가 작고 유량이 적으며 미적경관이 요구되는 경우 설치한다.

02 절토사면의 경암, 연암, 토사지의 기울기를 쓰시오.

해답
- 경암 1 : 0.3 ~ 0.8
- 연암 1 : 0.5 ~ 1.2
- 토사지 1 : 0.8 ~ 1.5

03 비교방식의 임지평가방법 2가지를 적고 각각에 대해 설명하시오.

해답
- 직접비교법 : 거래사례와 비교하여 가격을 산정한다.
- 간접비교법 : 임지를 개발지역으로 조성하고 이를 매각할 경우와의 가격을 비교한다.

04 슈나이더법 공식과 계산인자를 적으시오.

해답

$P = \dfrac{K}{nD}$

여기서, P : 생장률
  K : 상수
  D : 흉고지름
  n : 연륜폭 1cm에 포함된 연륜수 혹은 나이테의 수

05 국유림 경영관리 기본원칙 4가지를 적으시오.

해답
① 지역사회의 발전을 고려한 국가 전체의 이익 도모
② 지속가능한 산림경영을 통한 임산물의 안정적 공급
③ 자연친화적 국유림 육성을 통한 산림의 공익기능 증진
④ 국유림의 국민이용 증진을 통한 국민의 삶의 질 향상
⑤ 공, 사유림 경영의 선도적 역할 수행

06 옹벽의 안정조건 4가지를 적으시오.

해답
① 전도에 대한 안정
② 활동에 대한 안정
③ 침하에 대한 안정
④ 내부응력에 대한 안정

07 아래의 측정한 방위각을 보고 교각을 구하시오.

측점	방위각(°)	교각(°)
NO.1	170	-
NO.2	120	①
NO.3	90	②
NO.4	120	③
NO.5	220	④
NO.6	140	⑤

해답
① 170 - 120 = 50
② 120 - 90 = 30
③ 90 - 120 = 30
④ 120 - 220 = 100
⑤ 220 - 140 = 80

08 임반의 면적과 구획방법을 쓰시오.

해답

임반의 면적은 100ha 내외를 기준으로 하나 여건상 어려울 경우 조정 가능하다. 경계는 하천, 능선, 방화선, 도로 등의 자연경계나 시설물을 이용하며 임반 번호는 아라비아 숫자로 표기한다.

09 평면구조에서 곡선의 종류 4가지를 적으시오.

해답

단곡선, 복합곡선, 반대곡선, 배향곡선

10 현재 원목의 시장가격은 50000원/m^3, 운반비 20000원/m^3, 조재율 85%, 월이율 2%, 자본회수기간 3개월, 기업이익율 10% 일 경우 시장가역산법을 이용하여 원목의 가격을 구하시오(단, 가격은 소수점 첫째자리에서 반올림)

해답

$$0.85 \times \left(\frac{50000}{1+3\times0.02+0.1} - 20000\right) ≒ 19638 \text{ 원}$$

11 벌목 후 조재작업 4가지를 적으시오.

해답

박피, 가지치기, 마름질, 통나무 자르기

12 강우강도 100mm/h, 유출 계수 0.7, 면적 1ha 일 때 시우량법을 이용하여 계산과정 및 유량을 구하시오.(단, 소수점 셋째자리 반올림)

해답

$$0.7 \times \frac{10,000 \times \frac{100}{1000}}{3600} ≒ 0.19$$

유량 : 0.19 m^3/s

13 임업이율의 특징 3가지를 적으시오.

해답
- 임업이율은 자본이자이다.
- 임업이율은 평정이율이다.
- 임업이율은 명목이율이다.
- 임업이율은 장기이율이다.

14 아래 찰붙임 돌수로의 그림에 표시된 부분의 명칭을 적으시오.

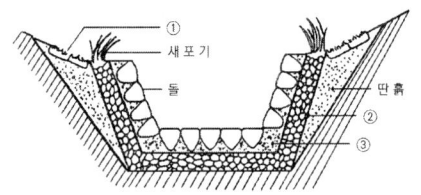

해답
① 떼
② 뒤채움자갈
③ 콘크리트

15 아래의 재적야장을 참고하여 총재적을 구하시오. (단, 소수점 셋째자리 반올림)

경급(cm)	수고(m)	본수	단재적(m^3)
12	7	13	0.0394
14	8	18	0.0595
16	8	25	0.0757
18	9	23	0.1055
20	10	21	0.1419

해답
(13×0.0394)+(18×0.0595)+(25×0.0757)+(23×0.1055)+(21×0.1419)=8.8821
총재적 : 8.88m^3

산림산업기사 실기-필답형

2019년 제2회

01 40년생 임분이 400m³, 20년생 임분이 250m³ 인 경우 프레슬러 공식을 이용하여 생장률을 구하시오(단 소수점 셋째자리 반올림)

해답

$$\frac{400-250}{400+250} \times \frac{200}{20} \fallingdotseq 2.31\%$$

02 교각이 30°, 곡선반지름이 80m 인 경우 접선길이, 곡선길이를 구하시오.
(단, $\pi = 3.14$, 소수점 셋째자리 반올림)

해답

$$접선길이 = 반지름 \times \tan\left(\frac{\theta}{2}\right) = 80 \times \tan\left(\frac{30}{2}\right)$$
$$= 80 \times 0.2679 \fallingdotseq 21.43\,m$$

$$곡선길이 = \frac{2 \times \pi \times 반지름 \times \theta}{360} = \frac{2 \times 3.14 \times 80 \times 30}{360} \fallingdotseq 41.87\,m$$

03 아래의 수고는 표준지의 수고를 조사한 값이다. 산림조사야장에서 수고를 표기할 경우 어떻게 표기하는가?

<수고 값(m)>
20 20 25 25 30 30 30 30 35 35

해답

평균수고 : (20+20+25+25+30+30+30+30+35+35)/10 = 28m

$$\frac{평균수고}{최소수고 - 최대수고} = \frac{28}{20 \sim 35}$$

04 평판측량 준비과정 3가지를 적고 각각에 대해 설명하시오.

해답

① 정준 : 평판은 평지에 중심을 잡아주는 삼각대가 정삼각형 모양으로 다리를 설치해 주고 경사지의 경우 두다리는 측정지점보다 낮은 등고선상에, 나머지 하나는 높은 곳에 위치하게 설치하여 수평을 잡아준다.
② 구심 : 평판측량에서 측점과 이에 대응하는 도상의 점을 같은 직선상에 있게 하거나 측점을 도상으로, 또는 도상의 점을 측점으로 옮기는 것이다.
③ 표정 : 지도와 지표면의 측선을 일치시키는 것으로 매우 정밀한 방법이지만 잘못된 경우 오차에 많은 영향을 준다.

05 임지평가 방식에서 비교방식의 종류 3가지를 적으시오.

해답

간접비교법, 대용법, 입지법

06 건습도의 기준을 적고 각각에 대해 설명하시오.

해답

구분	기준
적윤	손으로 쥐었을 때 손바닥 전체 습기가 있고 물에 대한 감촉이 확실한 정도
약건	손으로 쥐었을 때 손바닥에 습기가 약간 묻는 정도
약습	손으로 쥐었을 때 손가락 사이에 약간의 물기기 비친 정도
습	손으로 쥐었을 때 손가락 사이 물방울이 맺히는 정도
건조	손으로 쥐었을 때 수분 감촉이 거의 없는 정도

07 21~30년의 기준 영급을 표시하시오.

해답

III

08 임도 종류 3가지를 적으시오.

> **해답**
> ① 간선임도
> ② 지선임도
> ③ 작업임도

09 로프의 교체시기를 적으시오.

> **해답**
> 와이어로프 1피치 사이에 와이어가 10% 이상 끊어지거나 지름이 7% 감소된 때 혹은 로프의 상태가 심하게 킹크되거나 부식된 경우 교체를 한다.

10 산지사방구조물의 재료 중 마름돌에 대해 설명하시오.

> **해답**
> 채석장에서 절취한 돌을 일정한 치수에 따라 잘라서 마름질한 돌로 대체로 직육면체가 많으며 주로 메쌓기에 이용된다.

11 임지기망가의 영향인자 4가지를 적으시오.

> **해답**
> 주벌수익, 간벌수익, 조림비, 관리비, 이율

12 옹벽 시공 요령 4가지를 적으시오.

> **해답**
> ① 기초지반에 작용되는 압력이 지반의 허용지지력을 초과하지 않아야 한다.
> ② 기초지반이 연약할 경우 말뚝기초, 콘크리트 기초 등으로 보강한다.
> ③ 높이는 통상 4m 이하로 하고 산복사면에 시공시 2m 내외로 시공한다.
> ④ 물빼기 구멍은 PVC 관으로 하고 기초지표면에서 30cm 위에 설치한다.

13 평면도, 종단면도, 횡단면도의 축척 기준을 적으시오.

해답

평면도 1 : 1200
종단면도 1 : 1000(횡), 1 : 200(종)
횡단면도 1 : 100

14 돌수로, 떼수로의 적용조건을 적으시오.

해답

- 돌수로 : 돌수로는 경사가 급하고 유량이 많은 산복수로나 산사태지 등에 설치한다.
- 떼수로 : 비탈 경사가 작고 유량이 적으며 미적경관이 요구되는 경우 설치한다.

15 보속성의 원칙에서 광의의 보속성, 협의의 보속성을 설명하시오.

해답

- 협의의 보속성 : 매년 같은 양의 목재를 수확하는 것으로 목재 공급에 근거를 둔다.
- 광의의 보속성 : 유용한 임목으로 피복되고 건전하게 자라도록 산림생산에 근거를 둔다.

산림산업기사 실기-필답형 — 2019년 제3회

01 소밀도의 분류 기준을 적으시오.

해답
- 소 : 수관밀도 40% 이하 임분
- 중 : 수관밀도 41~70% 임분
- 밀 : 수관밀도 71% 이상 임분

02 목재의 길이가 6m, 노폭이 2m일 때 임도의 최소곡선반지름을 구하시오.

해답

최소곡선반지름 = $\dfrac{\text{반출 목재 길이}^2}{4 \times \text{도로 너비}} = \dfrac{6^2}{4 \times 2} = 4.5m$

03 버킷의 용량이 $0.7m^3$의 백호우로 $6000m^3$의 굴착 작업시 작업소요일수를 구하시오.(단, 사이클타임 24초, 토량변화율 1.2, 버킷계수 0.9, 작업능률 0.8, 1일 작업시간 7시간)

해답

- $Q = \dfrac{3{,}600 \times q \times K \times F \times E}{C_m}$

  $\dfrac{3{,}600 \times 0.7 \times 0.9 \times (1/1.2) \times 0.8}{24} = 63 \, m^3/hr$

- 1일 작업량 : $63m^3 \times 7$시간 $= 441m^3/day$
- $6{,}000m^3 \div 441 \, m^3/day ≒ 13.6$ 일

  굴착 작업시 소요되는 작업일수는 14 일이다.

04 지황의 조사 항목 4가지를 적으시오.

해답

지종, 토성, 토심, 건습도, 지위, 지리, 하층식생 등

05 임도노선 토적계산법 종류 3가지를 적으시오.

해답

양단면평균법, 중앙단면적법, 점고법, 각주공식

06 타일러방식을 설명하시오.

해답

가공본줄 경사 10~25°범위 대면적 개벌작업에 적합하며 가로 집재가 용이하나 집재거리가 제한적인 단점을 가진다. 또한 집재에 의한 잔존목 손상이 많고 와이어마모가 심한 편이다.

07 소반구획 기준 4가지를 쓰시오.

해답

① 지종이 상이할 때
② 임상, 작업종이 상이할 때
③ 임령, 지위, 지리 혹은 운반계통이 상이할 때
④ 기능이 상이할 때

08 반향곡선과 배향곡선을 도식화 하시오.

해답

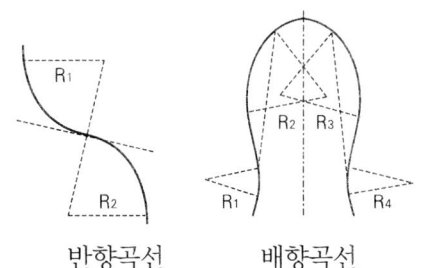

반향곡선   배향곡선

09 컴퍼스 측량에서 국지인력에 대해 설명하시오.

해답

국지인력은 근처에 철제구조물, 직류전류 등이 있을 경우 자력선의 방향이 자북방향을 가리키지 않게 되는 이 때 영향을 주는 힘을 국지인력 혹은 국소인력이라 한다.

10 임령 23년의 임지의 우세목의 평균 수고가 12m 로 조사되었다. 이때의 임분의 지위지수를 구하시오.

	6	8	10	12
20년	6.7	8.2	10.0	12.2
25년	7.8	9.5	11.4	13.9

해답

- 지위지수 10 기준
  $10.0 + 3/5(11.4 - 10.0) = 10.84 \rightarrow 12 - 10.84 = 1.16$
- 지위지수 12 기준
  $12.2 + 3/5(13.9 - 12.2) = 13.22 \rightarrow 12 - 13.22 = (-)1.22$

지위지수는 10에 가까우므로 10으로 한다.

11 분사식씨뿌리기공법에 대해 설명하시오.

해답

분사식씨뿌리기공법은 비탈경사가 급한 대면적에 적합한 방법으로 파종이 어려운 비탈면이나 열악한 환경의 토양조건의 비탈면의 녹화를 위한 공법이다.

12 아래의 슈나이더 공식에서 n, K 에 대해 설명하시오.

$$P = \frac{K}{nD}$$

해답

- n : 가슴 높이에서 빼낸 목편 바깥쪽의 1cm 이내의 나이테의 개수
- K : 상수로 직경 30cm 이하인 나무 550, 30cm 초과는 500을 적용

13 단면적 상수가 1 인 릴라스코프를 이용하여 20개소를 측정할 때 측정본수는 380본이고 임분의 평균수고는 10m, 임분형수는 0.4 였다. 이 임분의 ha 당 재적을 구하시오.

해답

$ha당\ 재적 = \dfrac{단면적계수 \times 임목본수 \times 평균수고 \times 임분형수}{표본점수}$

$ha당\ 재적 = \dfrac{1 \times 380 \times 10 \times 0.4}{20} = 76(m^3/ha)$

14 시장가역산법에서 공제하는 비용을 쓰시오.

해답
벌목비, 운반비, 기타 잡비

15 아래의 ( ) 안에 알맞은 말을 채우시오.

> 임도를 설치할 때는 영선측량이 필요한데 영선은 산지의 경사면과 (①)의 교차선으로 임도시공 시 (②)와 (③) 작업을 구분하는 경계선이다.

해답
① 임도시공기면
② 성토
③ 절토

산림산업기사 실기-필답형

2020년 제1회

01 강우강도 100mm/h, 유출 계수 0.7, 유량 0.194m³/s 일 때 유역면적(ha)을 구하시오.(반올림하여 정수로 기재할 것)

해답

$0.002778 \times 100 \times 0.7 \times x = 0.194$

$x = 1ha$

02 영급 IV의 임령 기준을 적으시오.

해답

IV : 31 ~ 40년

03 아래 표를 참고하여 임령이 23년, 우세목의 평균수고가 14m 인 소나무 임분의 지위지수를 구하시오.

구분	14	16	18
20년	8.9	10.3	12.1
25년	11.4	13.6	16.3

해답

- 지위지수 14 : 8.9 + 3/5(11.4-8.9) = 10.4 m
- 지위지수 16 : 10.3 + 3/5(13.6-10.3) = 12.28 m
- 지위지수 18 : 12.1 + 3/5(16.3-12.1) = 14.62 m

지위지수 : 18

04 임반의 구획 방법을 적으시오.

◎ 임반 구획 방법 :
◎ 면적 구획 방법 :
◎ 번호 부여 방법 :

해답
- 임반 구획 방법 : 구획의 경우 능선, 하천, 도로 혹은 자연경계로 한다.
- 면적 구획 방법 : 가능한 100ha 내외고 구획하며 불가피한 경우 조정이 가능하다.
- 번호 부여 방법 : 산림경영계획구 유역 하류에서 시계방향으로 아라비아 숫자로 표기한다.

05 임업이율의 성격 3가지를 적으시오.

해답
① 장기이율이다.
② 평정이율이다.
③ 명목이율이다.

06 원구직경 24cm, 말구직경 34cm, 재장 4m 일 때 스말리안 식으로 재적을 계산하시오.(최종값은 소수점 셋째자리 반올림)

해답
$$0.785 \times \frac{0.24^2 + 0.34^2}{2} \times 4 = 0.271927$$

답 0.27m^3

07 아래 4급 선떼 작업에 표시된 번호의 명칭을 적으시오.

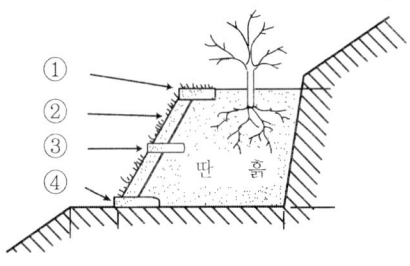

해답
① 갓떼 ② 선떼 ③ 받침떼 ④ 바닥떼

08 산지 사방구조물에 사용되는 골재를 비중에 따라 3가지로 구분하시오

> 해답

중량골재 : 비중 2.7 이상
보통골재 : 비중 2.5~2.65
경량골재 : 비중 2.5 이하

09 산림측량의 종류 3가지를 적고 각각에 대해 설명하시오.

> 해답

① 주위측량 : 산림의 경계선을 명백히 하고 면적을 정하기 위해 경계를 따라 주위측량을 실시
② 산림구획측량 : 주위측량 이후 산림구획계획이 정해지면 임반, 소반의 구획선 및 면적을 산출하기 위해 산림구획측량을 실시
③ 시설측량 : 교통로 및 운반로 개설과 산림경영에 필요한 건물 예정지에 대한 측량을 실시

10 산림조사 항목에서 급경사지의 기준을 적으시오

> 해답

경사 20°~25° 미만
※ 경사도

구분	기준
완경사지(완)	경사 15° 미만
경사지(경)	경사 15~20° 미만
급경사지(급)	경사 20~25° 미만
험준지(험)	경사 25~30° 미만
절험지(절)	경사 30° 이상

11 임목기망가에 대해 설명하시오

> 해답

임분이 벌기에 도달할 때까지 얻을 수 있는 간벌수익, 주벌수익 등 총수익의 현재가를 벌기까지 들어갈 총비용의 현재가로 차감하여 구한 것을 임목기망가라 한다.

12 타워야더의 러닝스카이라인식에 대해 설명하시오.

> **해답**
> 러닝스카이라인식은 거리 300m 내외의 소량 간벌 및 택벌작업지에 적합한 방법으로 운전은 어려우나 가선 및 철거가 용이하다.

13 대피소의 간격, 너비, 유효길이 설치기준을 적으시오.

> **해답**
> 대피소의 간격은 300m 이내, 너비 5m 이상, 유효길이 15m 이상으로 설치한다.

산림산업기사 실기-필답형

2020년 제2회

01 사방댐의 물빼기 구멍의 목적 3가지를 적으시오.

해답
① 시공 중 유수의 통과
② 시공 후 대수면의 수압감소
③ 사력층 시공시 기초하부의 잠류 속도 감소

02 경급을 구분하고 설명하시오.

해답
치수 : 흉고직경 6cm 미만의 임목이 50% 이상 생육하는 임분
소경목 : 흉고직경 6~16cm 의 임목이 50% 이상 생육하는 임분
중경목 : 흉고직경 18~28cm 의 임목이 50% 이상 생육하는 임분
대경목 : 흉고직경 30cm 이상의 임목이 50% 이상 생육하는 임분

03 아래의 경사도 3가지의 기준을 적으시오.

◎ 완경사지
◎ 험준지
◎ 절험지

해답
• 완경사지 : 경사 15° 미만
• 험준지 : 경사 25°~30° 미만
• 절험지 : 경사 30° 이상

04 원목의 원구직경 36cm, 말구직경 26cm, 중앙직경 30cm, 재장 10m 인 경우 스말리안식과 후버식을 이용하여 각각의 재적을 구하시오.(단, $\pi=3.14$, 소수점 셋째자리 반올림)

해답
- 후버식 : 0.71m³
  $\pi \times 0.15^2 \times 10 ≒ 0.7065$
- 스말리안식 : 0.77m³
  $\dfrac{(0.13^2 + 0.18^2)}{2} \times \pi \times 10 ≒ 0.774$

05 영선에 대해 설명하시오.

해답
영선은 임도시공시 흙깎기(절토)와 흙쌓기(성토)작업을 구분하는 경계선(기준선)이다.

06 임지기망가에 영향 인자 4가지를 적으시오.

해답
주벌수익, 간벌수익, 조림비, 이율

07 바닥막이를 시공해야하는 위치 3군데를 적으시오.

해답
- 계류바닥에 암반이 노출된 지점
- 지류가 합류되는 지점의 바로 아래 부분
- 계류바닥이 침식으로 저하될 위험이 큰 지점

08 주벌수확 사정 요인 3가지를 적으시오.

해답
① 총재적
② 조재율
③ 채취비
④ 이자 및 기업이익
⑤ 시장가격

09 25년생 현실재적이 ha 당 89.5m³ 이고 이에 상응하는 수확표상의 재적이 99.5m³, 연년생장량이 8.4m³ 이라면 ha 당 현실생장량을 구하시오(소수점 셋째자리 반올림)

해답

$$8.4 \times \frac{89.5}{99.5} ≒ 7.56 \, m^3/ha$$

10 정세울 세우기와 퇴사울 세우기의 시공목적을 적으시오.

해답

- 퇴사울 세우기는 해풍에 의한 비사를 억류하고 퇴적시켜서 모래언덕을 조성하여 모래의 안정화를 목적으로 한다.
- 앞모래언덕 축설 후 후방지대에 풍속을 약화시켜 모래의 이동을 막아 식재목이 잘 자라도록 환경을 조성하는 공법을 정사울 세우기라 한다.

11 가선집재와 비교한 트랙터 집재의 장단점을 각각 3가지씩 적으시오.

해답

- 장점
  ① 기동성이 높다.
  ② 작업이 단순하다.
  ③ 비용이 적게 든다.
- 단점
  ① 환경을 파괴한다.
  ② 완경사지만 가능하다.
  ③ 높은 임도밀도를 요구한다.

12 보조 임반 구획 방법을 적으시오

해답

먼저 임반은 능선, 하천 등의 자연경계나 도로 등의 시설을 따라 임반을 구획하고 신규 재산취득 등으로 별도의 임반 구획이 필요하나 불가피하게 기존의 마지막 임반번호를 이어서 편성이 어려울 경우 연접된 임반의 번호에 보조번호를 붙여 보조임반을 구획한다.

13 배향곡선 설치 조건을 적으시오.

해답

배향곡선 설치를 위해서는 사면기울기가 40% 이하이고 지반이 안정된 곳에 설치하고 동일사면에 1개 이상은 설치하지 않는다.

14 평판측량의 측정기구 4가지를 적으시오.

해답

평판, 삼각대, 알리다드, 구심기

15 유속 2m/s, 유량 4m³/s 일 때의 단면적을 계산하시오

해답

유량 = 유속 × 유적 → $4m^3/s$ = 2m/s × 유적
답 : 유적 = $2m^2$

산림산업기사 실기-필답형 — 2020년 제3회

01 경사도 5가지의 종류 및 기준을 적으시오

해답

구분	기준
완경사지	경사 15° 미만
경사지	경사 15°~20° 미만
급경사지	경사 20°~25° 미만
험준지	경사 25°~30° 미만
절험지	경사 30° 이상

02 와이어로프의 폐기기준 3가지를 적으시오.

해답
- 이음매가 있는 것
- 한 꼬임에 끊어진 소선수 10% 이상 인 것
- 지름의 감소가 공칭지름 7% 초과 인 것
- 심하게 변형되거나 부식된 것
- 열과 전기 충격에 의한 손상된 것

03 재적평분법의 정의를 적으시오.

해답
한 윤벌기에 대한 벌채안을 만들어 각 분기의 벌채량을 동일하게 하여 현실림에서 균일한 재적수확을 유도하는 방법이다.

04 임도의 효과 4가지를 적으시오.

> **해답**
> · 임산물의 신속한 반출 및 반출비의 경감
> · 산림 내 편리한 교통을 이용하여 노동공급이 원활함
> · 작업능률이 향상됨
> · 임업기계의 도입이 용이함
> · 산림 자원의 이용이 증대
> · 산림 보호 및 관리가 용이

05 법정택벌율이 50%, 윤벌기가 120년 일 때 회귀년을 계산하시오.

> **해답**
>
> $$법정택벌율 = \frac{200}{윤벌기} \times 회귀년$$
>
> $$50 = \frac{200}{120} \times 회귀년 \rightarrow 회귀년 : 30년$$

06 소밀도의 분류 기준을 적으시오.

> **해답**
> · 소 : 수관밀도 40% 이하 임분
> · 중 : 수관밀도 41~70% 임분
> · 밀 : 수관밀도 71% 이상 임분

07 영선에 대해 설명하시오.

> **해답**
> 영선은 임도시공시 흙깎기(절토)와 흙쌓기(성토)작업을 구분하는 경계선(기준선)이다.

08 세월시설의 설치 장소 4가지를 적으시오.

> **해답**
> · 선상지, 벼랑 등을 횡단할 경우
> · 황폐계류를 횡단할 경우
> · 계상물매가 급하여 노면 상부로부터 유입하는 형태가 될 경우
> · 평시에는 유수가 없고 홍수시에만 물이 많이 흐르는 계곡

09 임목기망가의 정의 및 적용대상을 적으시오.

해답
- 임목기망가법 정의 : 임분이 벌기에 도달할 때까지 얻을 수 있는 간벌수익, 주벌수익 등 총수익의 현재가를 벌기까지 들어갈 총비용의 현재가로 차감하여 구한 것을 임목기망가라 한다.
- 임목기망가 적용 대상 : 벌기미만 장령림

10 파종녹화공법에서 발생대기본수 5000본/m², 평균입수 50입/g, 발아율 70%, 순도 80%일 경우 파종량을 구하시오.(단, 소수점 셋째자리 반올림)

해답

$$파종량 = \frac{발생대기본수}{평균입수 \times 순도 \times 발아율}$$

$$파종량 = \frac{5000}{50 \times 0.8 \times 0.7} ≒ 178.57 g/m^2$$

11 기슭막이 설치 목적을 적으시오.

해답
기슭막이는 황폐계천에 유수에 의한 계안의 횡침식을 방지하고 산각의 안정을 도모하기 위해 계류의 흐름방향을 따라 축설한다.

12 공, 사유림 경영계획도의 지형 축척을 적으시오.

해답
1:5000, 1:6000

13 아래 내용의 ( )를 채우시오.

차도에서 배수를 잘 하여 노면의 파괴를 방지하기 위해 중앙부를 높게 하고 양쪽 길가로 내림물매를 주는 것을 (A)이라 한다. 차량의 곡선부를 통과하는 경우 원심력에 의해 바깥쪽으로 힘이 생기므로 안전한 주행을 위해 (B)를 주도록 한다.

해답
- A : 횡단기울기
- B : 외쪽기울기

14 탬핑롤러의 형태적 특징과 주요 기능에 대해 설명하시오.

해답
- 형태적 특징 : 롤러의 표면에 돌기가 붙어 있다.
- 주요 기능 : 주로 점성토 지반의 다짐작업에 이용한다.

산림산업기사 실기-필답형 2020년 제4회

01 임지기망가의 최대값이 늦게 오는 조건 4가지를 적으시오.

해답
- 주벌수익의 증대속도가 느리게 감퇴할수록 최대값이 늦게 온다.
- 최대값은 이율이 작을수록 늦게 온다.
- 최대값은 간벌수익이 작고 시기가 늦을수록 최대값이 늦게 온다.
- 지위가 불량한 임지일수록 최대값이 늦게 온다.
- 조림비가 클수록 최대값이 늦게 온다.
- 채취비가 클수록 최대값이 늦게 온다.

02 수고가 20m인 25년생 나무가 5년 후 25m가 되었을 때 프레슬러 공식을 이용하여 생장률을 구하시오(단, 소수점 셋째자리에서 반올림).

해답
$$\frac{25-20}{25+20} \times \frac{200}{5} \fallingdotseq 4.44(\%)$$

03 사방댐의 안정조건 4가지를 적으시오.

해답
① 전도에 대한 안정
② 활동에 대한 안정
③ 제체의 파괴에 대한 안정
④ 기초지반의 지지력에 대한 안정

04 임업이율의 성격 4가지를 적으시오.

해답

- 임업이율은 자본이자이다.
- 임업이율은 평정이율이다.
- 임업이율은 명목이율이다.
- 임업이율은 장기이율이다.

05 지황조사 항목에서 토심의 기준을 적으시오.

해답

- 천 유효토심 30cm 미만
- 중 유효토심 30~60cm 미만
- 심 유효토심 60cm 이상

06 사방공사 재료인 시멘트에 사용되는 응결촉진제에 대해 설명하시오.

해답

응결촉진제는 수화반응을 촉진하여 조기에 강도를 내는 역할을 하며 건조 수축을 감소시킬수 있다. 종류에는 염화칼슘, 염화알루미늄, 규산나트륨 등이 있다.

07 아래는 돌망태 기슭막이의 단면도이다. 말뚝 3개를 박는 경우 적합한 위치를 표시하시오.

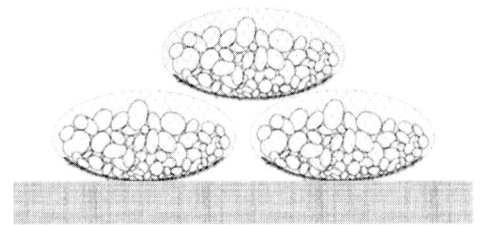

해답

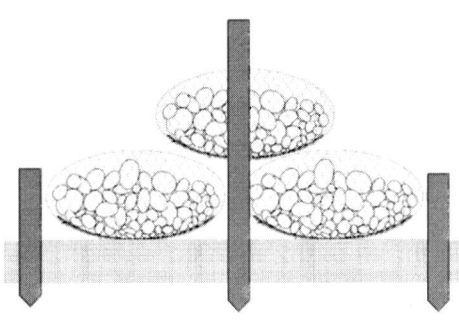

08 복심곡선에 대해 설명하고 도식화하시오

해답

복심곡선은 방향이 다른 두 개의 원곡선이 직접 접속하는 곡선으로 곡선의 중심이 서로 반대쪽에 위치하는 곡선이다.

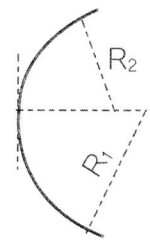

09 하베스터의 주기능에 대해 설명하시오.

해답

하베스터는 대표적인 다공정 처리기계로 벌도, 가지치기, 조재목 마름질, 토막내기의 작업을 한 공정에 수행할 수 있는 장비이다.

10 계천사방공사의 횡공작물 1가지, 종공작물 2가지, 기타공작물 1가지를 적으시오.

해답

- 횡공작물 : 사방댐, 구곡막이, 골막이, 바닥막이
- 종공작물 : 기슭막이 수제공
- 기타공작물 : 밑막이

11 선떼붙이기 시공의 목적을 적으시오.

해답

떼의 뒷부분의 매토를 유지하고 묘목의 생육을 조장하며 비탈면에 흐르는 유수 속도를 감소시켜 침식을 방지해준다.

12 1 : 5000 지형도에서 도상거리 20cm, 기울기가 8% 일 경우 수직높이를 구하시오.

해답

실제 거리 : $20cm \times 5,000 = 100,000 \ cm = 1000m$

$\dfrac{높이}{1000m} \times 100 = 8 \Rightarrow 높이 : 80m$

13 수확조정기법 중 법정 축적법의 정의를 쓰고 카마렐탁세법의 식과 계산인자를 쓰시오.

해답

kameraltaxe 정의 : kameraltaxe법은 법정축적법 중에서 가장 먼저 만들어진 방법으로 개벌작업과 택벌작업에 다같이 적용된다.

$$표준연벌채량 = 현실연간생장량 + \frac{현실축적 - 법정축적}{갱정기}$$

14 오스트리아 공식법에 의한 수확량 계산시 다음과 같을 경우 연간평균수확량을 계산하시오(단, 산림면적은 30ha)

◎ ha 당 현실생장량 : $3m^3$
◎ 현실축적 : $50m^3$
◎ 법정축적 : $100m^3$
◎ 갱정기 : 20년

해답

$$3 + \frac{50-100}{20} = 0.5$$

연간평균수확량 : $0.5m^3/ha \times 30ha = 15m^3$

15 임령이 30년생 소나무 임분에서 지위지수 10은 무엇을 의미하는지 적으시오.

해답

지위는 임지의 생산능력을 의미하며 수치적으로 평가하기 위해 일정한 기준 임령 때의 우세목의 평균 수고로 나타낸다.

산림산업기사 실기-필답형 — 2021년 제1회

01 임반면적 구획방법을 적으시오.

해답
임반의 면적은 100ha 내외를 기준으로 하나 여건상 어려울 경우 예외로 하기도 한다. 경계는 하천, 능선, 방화선, 도로 등의 자연경계나 시설물을 이용한다.

02 임지기망가에 영향 인자 4가지를 적으시오.

해답
주벌수익, 간벌수익, 조림비, 이율, 벌기

03 벌목을 할 경우 발생되는 바버체어(baber chair) 현상의 정의 및 원인에 대해 적으시오

해답
- 바버체어 : 벌목 시 수간의 수직방향으로 갈라진 임목으로 임목의 아래 밑둥이 제대로 절단되지 않으면서 쪼개지는 현상이다.
- 원인 : 수구 작업이 충분하게 이루어지지 않은 경우 발생한다.

04 임도간격이 300m, 산지경사가 30% 이며 종단기울기가 5% 인 경우 배향곡선의 적정간격은 얼마인가?

해답
$$\frac{0.5 \times 300 \times 30}{5} = 900(m)$$

※ 배향곡선 적정간격

$$\text{적정간격} = \frac{0.5 \times \text{임도간격}(m) \times \text{산지경사}(\%)}{\text{종단기울기}(\%)}$$

05 사방댐의 높이 결정인자 4가지를 적으시오.

해답
- 시공목적
- 지반의 상황
- 계획 기울기
- 시공지점의 상태

06 사면 위치에 다른 산지임도의 종류 3가지를 적으시오.

해답
① 계곡임도
② 산복임도
③ 능선임도

07 지리에 대해 설명하시오.

해답

해당 소반 중심에서 임도 혹은 도로까지의 거리로서 10급지로 분류한다.

08 선떼작업에서 4급 선떼작업의 측면도를 도식화 하시오.

해답

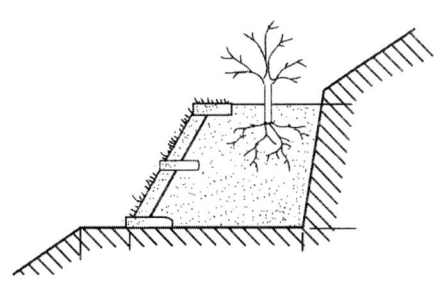

09 임목의 생장에 따른 가장 적합한 임목평가방법을 한가지씩 적으시오.

◎ 유령림
◎ 장령림
◎ 중령림

해답
- 유령림 : 임목비용가법
- 장령림 : 임목기망가법
- 중령림 : Glaser 법

10 소밀도의 분류 기준을 적으시오.

해답
- 소 : 수관밀도 40% 이하 임분
- 중 : 수관밀도 41~70% 임분
- 밀 : 수관밀도 71% 이상 임분

11 산림경영의 지도원칙 5가지를 적으시오.

해답
- 수익성 원칙
- 경제성 원칙
- 생산성 원칙
- 공공성 원칙
- 보속성 원칙
- 합자연성 원칙
- 환경보전 원칙

12 유토곡선에 대해 설명하시오.

해답

유토곡선은 토량곡선이라 하며 측량으로 얻은 종단, 횡단면도에 의해 각 측정의 토량을 계산하고 그 측점에 집중된다고 가정하고 흙깎기를 (+), 흙쌓기를 (−)로 하여 각 측점에 대한 고른 합을 구한 것을 제도하여 그린 곡선이다.

13

기고식을 이용하여 기계고, 지반고를 구하시오

측점	후시	기계고	전시		지반고	REMARKS
			T.P	I.P		
B.M NO.8	2.30	(①)			30.0	B.M NO.8의 H=30.0m
1				3.2	(②)	
2				2.5	29.8	
3	4.25	(③)	1.1		31.2	측정 6은 B.M NO.8에 비하여 1.95m 높다
4				2.3	33.15	
5				2.1	(④)	
6			3.5		31.95	
SUM	6.55		4.6			

해답

① 기계고 = 30 + 후시 = 30 + 2.3 = 32.3
② 지반고 = 기계고 - 전시 = 32.3 - 3.2 = 29.1
③ 기계고 = 지반고 + 후시 = 31.2 + 4.25 = 35.45
④ 지반고 = 기계고 - 전시 = 35.45 - 2.1 = 33.35

14

100 ha 산림면적에서 표준지 면적 $6400m^2$ 의 재적이 $50m^3$일 때 1ha 당 재적과 전체면적의 재적을 구하시오.

해답

- 표준지면적 = $6400m^2 \div 10,000m^2$ = 0.64ha
- 1 ha 당 재적 = $50m^3 \div 0.64ha$ = $78.125m^3/ha$
- 100ha 전체재적 = $78.125m^3 \times 100$ = $7812.5m^3$

15

견치돌에 대해 기술하시오.

해답

견치돌은 돌을 뜰 때 특별한 규격에 맞게 깨낸 돌이다.

산림산업기사 실기-필답형 — 2021년 제2회

01 산지의 비탈면 붕괴 방지를 위한 옹벽의 안정 조건 4가지를 적으시오.

해답
① 전도에 대한 안정
② 활동에 대한 안정
③ 내부응력에 대한 안정
④ 침하에 대한 안정

02 임지기망가 값에 영향을 주는 요인 4가지를 적으시오.

해답
주벌수익, 간벌수익, 조림비, 관리비, 이율

03 임상을 구분하는 기준을 적으시오.

해답
- 침엽수림 : 침엽수 점유율이 75% 이상인 임분
- 활엽수림 : 활엽수 점유율이 75% 이상인 임분
- 혼효림 : 침엽수 혹은 활엽수가 26~75% 미만의 임분

04 임도설치 대상지 우선 선정 기준 4가지를 적으시오.

해답
① 조림, 육림, 간벌, 주벌 등 산림사업 대상지
② 산불예방, 병해충방제 등 산림의 보호 관리를 위해 필요한 임지
③ 산림휴양자원의 이용 또는 산촌진흥을 위하여 필요한 임지
④ 농산촌 마을의 연결을 위하여 필요한 임지

05
직경 26cm, 재장 18m, 흉고형수 0.314 일 때 재적을 구하시오
(단, $\pi = 3.14$, 소수점 셋째자리 반올림 할 것)

해답
- 단면적 : $\pi \times$ 반지름^2 = 3.14×0.13^2 = 0.053066
- 재적 : 0.053066 × 18 × 0.314 ≒ 0.30(m^3)

06
임지의 평가방법 중에서 원가방식에 대해 설명하시오.

해답
임지구입 후 현재까지 들어간 일체 비용에서 수익의 원리합계를 공제한 잔액으로 가격을 산정한다.

07
소반구획기준 3가지를 적으시오.

해답
① 지종이 상이할 때
② 임상, 작업종이 상이할 때
③ 임령, 지위, 지리 혹은 운반계통이 상이할 때
④ 기능이 상이할 때

08
임목수확작업시스템에 따른 작업 순서에 맞추어 (　　)를 채우시오.

벌도 → (㉠) → (㉡) → (㉢)

해답
㉠ 조재　㉡ 집재　㉢ 운재

09 산림토목재료인 목재의 장단점 2가지씩 적으시오

> **해답**
> • 장점
>   - 외관이 아름답다.
>   - 가공이 용이하다.
>   - 중량에 비해 강도와 탄력성이 크다.
>   - 산, 염분에 대한 저항성이 크다.
> • 단점
>   - 공기 중에 잘 썩는다.
>   - 화재의 위험성이 있다.
>   - 재질 및 강도가 균일하지 못하다.
>   - 함수량에 대한 팽창수축이 크다.

10 사방 기초공사 종류 4가지를 적으시오.

> **해답**
> 비탈다듬기, 땅속흙막이, 누구막이, 골막이, 산비탈 배수로, 흙막이

11 임도면적 2000ha, 임도총연장거리 42km 일 때 임도밀도를 구하시오.

> **해답**
> 임도 밀도(m/ha) = 임도총연장거리(m) ÷ 면적(ha) = 42000m ÷ 2000ha = 21m/ha

12 사방댐을 축조하는 지역의 강우량이 1178mm, 집수구역이 310만m³, 증발량 140만m³ 일 때 유역의 유출율을 계산하시오.(단, 정답은 소수점 둘째자리 반올림)

> **해답**
> $$유출율 = \frac{집수구역}{집수구역 + 손실량} = \frac{310}{310 + 140} \times 100 ≒ 68.9\,(\%)$$

13 선떼붙이기 그림에서 각 번호의 명칭을 적으시오.

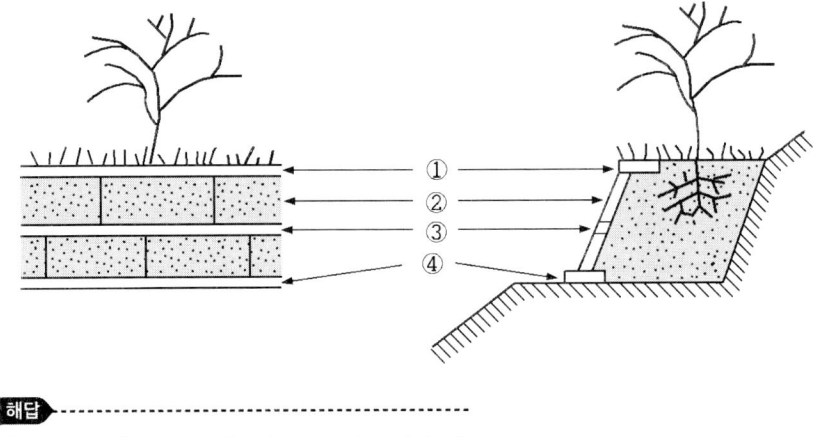

> **해답**
> ① 갓떼 ② 선떼 ③ 받침떼 ④ 바닥떼

14 임업이율의 성격 4가지를 적으시오.

> **해답**
> ① 장기이율
> ② 평정이율
> ③ 명목이율
> ④ 자본이율

산림산업기사 실기-필답형 — 2021년 제3회

01 사방조림에 적합한 수종 4가지를 적으시오.

해답
오리나무, 자작나무, 아까시나무, 싸리

02 임목비용가에 대해 설명하시오.

해답
유령임분의 임목을 평가하는데 적합한 방법으로 임분을 성립시키는데 드는 순비용의 후가합계이다.

03 임목이율의 종류 4가지를 적으시오

해답
- 임업이율은 자본이자이다.
- 임업이율은 평정이율이다.
- 임업이율은 명목이율이다.
- 임업이율은 장기이율이다.

04 현재 원목의 시장가격은 50000원/m^3, 운반비 20000원/m^3, 조재율 85%, 월이율 2%, 자본회수기간 3개월, 기업이익율 10% 일 경우 시장가역산법을 이용하여 원목의 가격을 구하시오

해답
$0.85 \times \left(\dfrac{50000}{1 + 3 \times 0.02 + 0.1} - 20000 \right) \fallingdotseq 19638$ 원

05 반지름이 20m 이고 교각이 40° 일 경우 접선길이, 곡선길이를 구하시오.

해답

접선길이 $= 반지름 \times \tan(\frac{\theta}{2}) = 20 \times \tan(\frac{40}{2})$
$= 20 \times 0.364 ≒ 7.28 m$

곡선길이 $= \frac{2 \times \pi \times 반지름 \times \theta}{360} = \frac{2 \times 3.14 \times 20 \times 40}{360} ≒ 13.96 m$

06 길어깨의 기능 3가지를 쓰시오.

해답
- 차도, 보도 등 접속하여 도로의 주요 구조부를 보호한다.
- 측방여유폭으로 교통의 안정성과 쾌적성을 도모한다.
- 유지작업 및 지하매설물에 장소로 이용되기도 한다.

07 산비탈 사방공사에서 정지작업을 하는 작업 3가지를 적으시오.

해답
단끊기, 흙막이, 땅속흙막이

08 경급을 구분하고 설명하시오.

해답
- 치수 : 흉고직경 6cm 미만의 임목이 50% 이상 생육하는 임분
- 소경목 : 흉고직경 6~16cm의 임목이 50% 이상 생육하는 임분
- 중경목 : 흉고직경 18~28cm의 임목이 50% 이상 생육하는 임분
- 대경목 : 흉고직경 30cm 이상의 임목이 50% 이상 생육하는 임분

09 가선집재 방식의 장점을 적으시오.

해답
가선집재는 작업지 근처 임목의 피해가 적고 급경사지에서도 작업이 가능하다.

10 말구직경 17cm, 중앙직경 20cm, 원구직경 22cm 인 3m 길이의 통나무 재적을 후버식을 이용하여 계산하시오.(단, $\pi = 3.14$, 정답은 소수점 넷째자리 반올림)

> **해답**
> $V = 0.785 \times 중앙직경^2 \times 재장 = 0.785 \times 0.2^2 \times 3 = 0.0942$
> 답 0.094m^3

11 사방댐의 안정조건 4가지를 적으시오

> **해답**
> ① 전도에 대한 안정
> ② 활동에 대한 안정
> ③ 제체의 파괴에 대한 안정
> ④ 기초지반의 지지력에 대한 안정

12 빗물침식의 4가지 과정을 순서대로 적고 간단하게 설명하시오.

> **해답**
> ① 우격침식 : 빗방울이 땅 표면을 타격하여 침식시키는 초기 과정
> ② 면상침식 : 토양표면의 전면이 엷게 유실되는 과정
> ③ 누구침식 : 토양표면에 잔 도랑이 발생하는 과정
> ④ 구곡침식 : 누구침식에 의해 발생된 도랑이 커지는 과정, 심토까지 깎이기도 한다.

13 지위지수를 구하는 방법 3가지를 적으시오.

> **해답**
> ① 지위지수에 의한 방법
> ② 환경인자에 의한 방법
> ③ 지표식물에 의한 방법

14 작업임도의 설계속도를 적으시오.

> **해답**
> 20km/hr 이하

15 임목재적 측정방법에서 형수에 의한 방법과 재적표에 의한 방법을 설명하시오.

해답

- 형수에 의한 방법
  직경과 높이가 같은 원주체적과 수간의 재적비를 형수라고 하며 이 기준직경을 가슴높이에 취한 것을 흉고형수라 한다.
- 재적표에 의한 방법
  임목간재적표는 수종별, 지방별로 작성되어 있어 재적을 구하고자 하는 입목의 수종과 지방을 고려하여 재적표를 사용한다.

산림산업기사 실기-필답형 2022년 제1회

01 8급선떼붙이기의 비탈기울기, 1m 당 떼 사용매수, 수평거리, 1ha 당 시공연장 거리의 시공기준을 적으시오

해답
- 비탈기울기 : 15 ~ 25°
- 1m 당 떼 사용매수 : 3.75 매
- 수평거리 : 2.79 m
- 1ha 당 시공연장 거리 : 3500 m

02 와이어로프에서 보통S꼬임, 랑S꼬임을 도식화 하시오.

해답

보통S꼬임　　랑S꼬임

03 임도의 횡단배수구를 설치해야 하는 장소 4군데를 적으시오.

해답
- 구조물의 앞과 뒤
- 체류수가 있는 곳
- 외쪽물매로 옆도랑 물이 역류하는 곳
- 종단기울기 변이점

04 대피소의 간격, 너비, 유효길이 설치기준 및 차돌림곳 너비의 기준을 적으시오.

해답
대피소의 간격은 300m 이내, 너비 5m 이상, 유효길이 15m 이상으로 설치하고 차돌림곳 너비는 10m 이상으로 한다.

05 바닥막이의 특징 2가지를 적으시오.

해답
- 바닥막이는 직선부에서는 유수의 방향에 직각으로 설치하고 굴곡부에서는 유심선의 접선에 직각방향으로 설치하도록 한다.
- 바닥막이는 침식의 발생이 많은 하류 혹은 계상의 굴곡부 하류에 시공한다.
- 바닥막이의 공사를 연속적으로 시행하면 계상의 기울기를 완화시킬 수 있다.

06 평균생장량과 연년생장량의 정의를 적으시오.

해답
- 평균생장량 : 일정한 기간 내에 생장한 정기생장량을 그 기간의 년수로 나눈 값을 말한다.
- 연년생장량 : 1년 동안 나무의 직경, 수고, 재적 등의 증가된 생장량을 말한다.

07 말구직경 40cm 이고 재장이 8m 인 국산재의 재적을 말구직경자승법을 이용하여 재적을 구하시오.

해답

$$재적 = (말구직경 + \frac{정수\ 단위의\ 재장 - 4}{2})^2 \times 길이 \times \frac{1}{10000}$$

$$재적 = (40 + \frac{8-4}{2})^2 \times 8 \times \frac{1}{10000} = 1.4112\,m^3$$

08 아래 수종의 국유림 기준 벌기령을 적으시오

◎ 소나무   ◎ 낙엽송   ◎ 포플러류

해답
소나무 60년, 낙엽송 50년, 포플러류 3년

09 법정림에서 윤벌기가 40년일 경우 법정연벌률을 구하시오.

해답

법정연벌률 = $\dfrac{200}{윤벌기} = \dfrac{200}{40} = 5\%$

10 임도 배수구의 단면적이 1.5m², 유속이 0.8m/s 인 경우 최대유량(m³/s)을 구하시오.

해답

유량 = 유속 × 유적 → 0.8 m/s × 1.5m² = 1.2m³/s

11 지위 및 지위지수의 정의를 적으시오.

해답
- 지위 : 지위는 산림생산능력을 말하는 것으로 임지가 가지고 있는 잠재적 생산능력을 평가하는 기준이 된다.
- 지위지수 : 지위를 결정하는데 필요한 인자를 지위인자라고 하며 수고, 토양, 식생형태 등이 있다.

12 현실임분재적 300m³, 법정임분 재적 400m³, 법정벌채량 40m³ 일 경우 현실벌채량을 구하시오

해답

벌채량 = 현실임분재적 × $\dfrac{법정벌채량}{법정임분재적} = 300 \times \dfrac{40}{400} = 30 m^3$

13 종단물매를 낮게하면 나타나는 문제점 3가지를 적으시오.

해답
- 임도우회율이 커져 연장이 길어져 시설비가 증가된다.
- 노면배수가 불량하여 노면의 형상이 변하기 쉽다.
- 차륜의 바퀴자국으로 유로가 발생하여 노면재해를 가중시킨다.

14 투과형 슬릿트사방댐에 적합한 시공장소를 적으시오.

해답

산사태 발생 우려가 있는 장소에 인명, 가옥, 농경지, 공공시설 등의 피해를 예방하기 위하여 계간에 설치에 설치한다.

15 임상의 정의를 적으시오.

해답

임상은 숲을 구성하는 수종, 임령, 생육상태 등을 나타내는 것으로 침엽수림, 활엽수림, 혼효림 등으로 나타낼 수 있다.

산림산업기사 실기-필답형 — 2022년 제2회

01 표준벌채량의 정의를 적으시오.

해답

경영계획 중 임목생장량의 기준으로 산정하며 heyer 공식을 적용하여 현재 임분의 생장량을 기준으로 현재의 임분축적과 법정축적을 고려하여 구한 값이다.

02 30년생 소나무의 재적이 80m³, 35년생 소나무의 재적은 100m³ 였다. 프레슬러 공식을 이용하여 생장률을 계산하시오(소수점 셋째자리 반올림)

해답

$$\frac{100-80}{100+80} \times \frac{200}{5} \fallingdotseq 4.44(\%)$$

03 다공정 처리기계인 하베스터, 프로세서에 대해 설명하시오.

해답

- 하베스터 : 임목을 벌목하여 가지자르기, 토막내기 작업을 일관된 공정으로 작업할 수 있는 다공정 벌채장비이다.
- 프로세서 : 이미 벌목된 전목의 가지를 자르고 토막을 내는 장비로서 벌채목의 수간을 잡는 그래플장치, 가지를 자르는 장치, 수간을 밀어내는 송재 장치, 절단장치로 이루어져 있다.

04 벌기령과 윤벌기를 설명하시오.

해답

- 벌기령 : 임목을 일정한 성숙상태로 육성시키는데 필요한 계획상의 연수로서 경영목표 달성에 가장 적합한 벌채연령이다.
- 윤벌기 : 윤벌기는 한 작업급의 모든 임분을 일순벌하는데 걸리는 시간을 의미한다.

05 수제를 설치하는 목적을 적으시오.

해답
계류의 유속과 흐름 방향을 변경시켜 계안의 침식과 기슭막이 공작물의 세굴을 방지하기 위해 설치한다.

06 아래 4급 선떼 작업에 표시된 번호의 명칭을 적으시오.

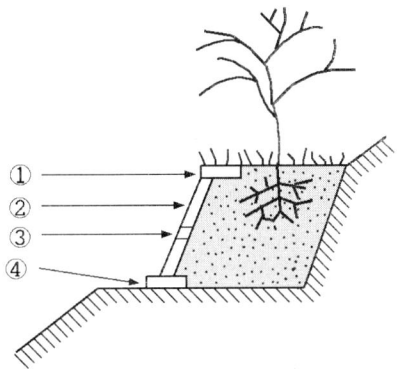

해답
① 갓떼 ② 선떼 ③ 받침떼 ④ 바닥떼

07 사유림 경영계획구 종류 3가지를 적으시오.

해답
① 일반경영계획구
② 협업경영계획구
③ 기업경영림계획구

08 1:25000 지형도에서 양각기의 폭이 4mm, 등고선 수직거리 10m 인 경우 종단기울기를 계산하시오.

해답
- 4mm → 0.4cm → 0.004m
- 실제거리 = 축척분모수 × 도상거리 = 25000 × 0.004 → 실제거리 : 100m
- 경사도 = $\dfrac{높이}{실제거리} \times 100 = \dfrac{10}{100} \times 100 = 10(\%)$ → 경사도 : 10%

09 임목의 흉고직경이 22cm, 수고 10m, 형수 0.45 일 경우 임목의 재적을 구하시오 (단, 소수점 셋째자리에서 반올림 할 것)

해답

$\frac{\pi}{4} \times 0.22^2 \times 10 \times 0.45 = 0.170973...$

답 $0.17m^3$

10 아래의 표를 보고 종단기울기의 기준을 기입하시오

설계속도(km/hr)	종단기울기	
	일반지형	특수지형
40	(①)	(②)
30	(③)	(④)
20	9% 이하	14% 이하

해답

① 7% 이하 ② 10% 이하 ③ 8% 이하 ④ 12% 이하

11 종단기울기를 적정기울기보다 높을 경우 발생할수 있는 현상을 적으시오.

해답

종단기울기를 높게 하면 임도우회율이 적어져 연장이 짧아지면서 임도시설비가 감소되지만 자동차의 통행에 지장을 주고 강우의 피해가 많아져 관리비가 증가하게 된다.

12 임반과 소반의 면적에 대해 적으시오.

해답

임반은 가능한 100ha 내외로 구획하고 현지여건상 불가피한 경우는 조정이 가능하다. 소반은 최소 1ha 이상으로 구획하고 부득이한 경우 소수점 한 자리까지 기록한다.

13 입목지에 대해 설명하시오

해답

입목재적비율 30% 초과하는 임분을 의미한다.

14 두 지점간 간격이 20m 이고 양단면적이 각각 36m², 52m² 일 경우 토량을 계산하시오.

해답

$$\frac{36+52}{2} \times 20 = 880\,m^3$$

산림산업기사 실기-필답형
2022년 제3회

01 축척 1/25000 기준 양각기의 폭 5mm, 높이의 차 10m 일 경우 경사도를 구하시오.

해답

도상거리 = $\dfrac{실제거리}{축척}$ → $0.005m = \dfrac{실제거리}{25000}$ → 실제거리 = $125m$

$10 = \dfrac{경사}{100} \times 125$ → 경사도 : 8%

02 수확표 정의를 적으시오.

해답

수종에 따라 지위별, 임령별로 단위면적당 본수, 재적 및 이와 관계되는 평균직경, 평균수고, 생장량이 표시되어 있는 표이다.

03 40년생 임분이 400m³, 20년생 임분이 250m³ 인 경우 프레슬러 공식을 이용하여 생장률을 구하시오(단 소수점 셋째자리 반올림)

해답

$\dfrac{400-250}{400+250} \times \dfrac{200}{20} \fallingdotseq 2.31\%$

04 하베스터의 정의를 적으시오.

해답

임목을 벌목하여 가지자르기, 토막내기 작업을 일관된 공정으로 작업할 수 있는 다공정 벌채장비이다.

05 정지작업을 한다고 하였을 경우 작업해야할 토적량을 구하시오. 모서리의 숫자는 각 지점의 토심(m)를 나타내고, 각 정사각형의 면적은 $50m^2$ 이다.

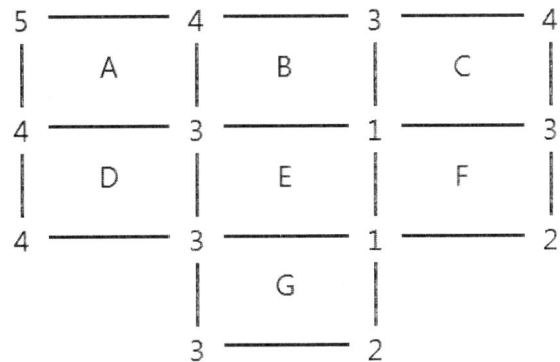

> **해답**
>
> A : (5+4+4+3)÷4=4
> B : (4+3+3+1)÷4=2.75
> C : (4+3+3+1)÷4=2.75
> D : (4+4+3+3)÷4=3.5
> E : (3+3+1+1)÷4=2
> F : (1+1+3+2)÷4=1.75
> G : (3+3+1+2)÷4=2.25
> 총토적량=(A+B+C+D+E+F+G)×면적=(4+2.75+2.75+3.5+2+1.75+2.25)×50=950m^3

06 비탈면의 안정공법의 종류 5가지를 적으시오.

> **해답**
>
> 비탈다듬기공법, 록볼트공법, 록앵커공법, 철근삽입공법, 소일네일링공법

07 소반구획 기준 4가지를 쓰시오.

> **해답**
>
> ① 지종이 상이할 때
> ② 임상, 작업종이 상이할 때
> ③ 임령, 지위, 지리 혹은 운반계통이 상이할 때
> ④ 기능이 상이할 때

08 보속성의 원칙에서 광의의 보속성, 협의의 보속성을 설명하시오.

해답
- 협의의 보속성 : 매년 같은 양의 목재를 수확하는 것으로 목재 공급에 근거를 둔다.
- 광의의 보속성 : 유용한 임목으로 피복되고 건전하게 자라도록 산림생산에 근거를 둔다.

09 건습도의 명칭 및 기준을 적으시오.

해답

구분	기준
적윤	손으로 쥐었을때 손바닥 전체 습기가 있고 물에 대한 감촉이 확실한 정도
약건	손으로 쥐었을때 손바닥에 습기가 약간 묻는 정도
약습	손으로 쥐었을때 손가락 사이에 약간의 물기기 비친 정도
습	손으로 쥐었을때 손가락 사이 물방울이 맺히는 정도
건조	손으로 쥐었을때 수분 감촉이 거의 없는 정도

10 사방사업의 목적 3가지를 적으시오.

해답
- 산지의 토사 이동을 막아 산지를 보전한다.
- 토사재해를 막아 근처 논, 밭 등을 보호한다.
- 농, 산촌의 생활 공간을 보호한다.
- 산림자원을 보호한다.

11 아래 표를 참고하여 법정축적을 수확표에 의한 방법으로 구하시오.
(산림면적 60ha, 윤벌기 30년)

임령	10	20	30
재적(m³)	30	80	160

해답

$10 \times (30 + 80 + \frac{160}{2}) \times \frac{60}{30} = 3800 m^3$

12 사방댐과 비교한 골막이의 시공상의 특징 3가지를 적으시오.

해답
- 반수면만 설치한다.
- 배수구 설치 없이 중앙부를 낮게 한다.
- 시공장소는 계류의 상부에 설치한다.

13 찰쌓기와 메쌓기의 차이점을 적으시오.

해답
찰쌓기는 줄눈에 모르타르를 사용하고 메쌓기는 줄눈에 모르타르를 사용하지 않는다. 모르타르의 유무로 인하여 찰쌓기는 물빼기 구멍을 만들고 메쌓기는 별도의 배수구가 필요없다.

14 아래의 보기를 보고 임도설계 순서를 바르게 나열하시오.

< 보 기 >
㉠ 답사 ㉡ 설계도 작성 ㉢ 예측 및 실측
㉣ 공사량 산출 ㉤ 예비조사 ㉥ 설계서 작성

( ) - ( ) - ( ) - ( ) - ( ) - ( )

해답
예비조사 - 답사 - 예측 및 실측 - 설계도 작성 - 공사량 산출 - 설계서 작성

산림산업기사 실기-필답형 — 2023년 제1회

01 신설임도 계획시 우선순위인 판정지수 종류 5가지를 적으시오.

해답
교통효용지수, 경영기여율지수, 투자효율지수, 임업효과지수, 수익성지수

02 법정상태의 구비조건 4가지를 적으시오.

해답
법정영급분배, 법정임분배치, 법정생장량, 법정축적

03 회귀년에 대해 설명하시오.

해답
택벌작업에서 맨 처음 택벌한 구역을 또다시 택벌하기까지 소요되는 기간을 말한다

04 임업경영의 기술적 측면 3가지를 적으시오.

해답
- 생산기간이 길다.
- 자연조건에 영향을 많이 받는다.
- 기후 및 지력에 대한 요구도가 낮다.

05 교각이 30° 이고 곡선반지름이 100m 일 경우 외선길이와 접선길이를 구하시오.
(단, 결과값은 소수점 셋째자리 반올림)

> **해답**
> - 외선길이 $= 100 \times (\frac{1}{\cos 15} - 1) ≒ 3.53\,m$
> - 접선길이 $= 100 \times \tan 15 ≒ 26.79\,m$

06 상수리나무 재적 0.9m³, 흉고단면적 0.09m², 수고 20m 일 때 형수법에 의해 흉고형수를 구하시오

> **해답**
> 재적 = 형수 × 단면적 × 수고
> 0.9 = 형수 × 0.09 × 20
> 형수 = 0.5

07 타워야더와 비교한 트랙터 집재의 장점 3가지를 적으시오.

> **해답**
> ① 기동성이 높다.
> ② 작업이 단순하다.
> ③ 비용이 적게 든다.

08 평판측량 시 고려사항 3가지를 적고 각각에 대해 설명하시오.

> **해답**
> - 정준 : 평판은 평지에 중심을 잡아주는 삼각대가 정삼각형 모양으로 다리를 설치해주고 경사지의 경우 두다리는 측정지점보다 낮은 등고선상에, 나머지 하나는 높은곳에 위치하게 설치하여 수평을 잡아준다.
> - 치심 : 평판측량에서 측점과 이에 대응하는 도상의 점을 같은 연직선상에 있게 하거나 측점을 도상으로, 또는 도상의 점을 측점으로 옮기는 것이다.
> - 표정 : 지도와 지표면의 측선을 일치시키는 것으로 매우 정밀한 방법이지만 잘못된 경우 오차에 많은 영향을 준다.

09 바닥막이를 시공해야하는 위치 3군데를 적으시오.

해답
- 계류바닥에 암반이 노출된 지점
- 지류가 합류되는 지점의 바로 아래 부분
- 계류바닥이 침식으로 저하될 위험이 큰 지점

10 야면석, 다듬돌에 대해 기술하시오

해답
- 야면석 : 계곡이나 산지에서 얻는 무게 100kg 이상의 자연석이다.
- 다듬돌 : 일정크기의 돌을 마름질한 돌로 직육면체 모양이 많다.

11 찰쌓기와 메쌓기에 대해 설명하시오.

해답
- 찰쌓기 : 돌을 쌓을 때 뒤채움은 콘크리트를 사용하고 줄눈에 모르타르를 사용하며 뒷면에는 물빼기 구멍을 만든다.
- 메쌓기 : 돌을 쌓을 때 뒤채움이나 줄눈에 모르타르를 사용하지 않는다. 모르타르 사용이 없어 돌틈으로 물이 배수되어 별도의 배수구가 필요없다

12 단면적계수 K = 4 의 프리즘으로 셈한 본수가 10본, 평균수고가 20m, 임분형수 0.5 일 때 각산정측정법으로 ha 당 재적을 구하시오.

해답
재적 = 4 × 10 × 20 × 0.5 = 400m³

13 임지평가에서 비교방식의 종류 2가지를 적고 각각에 대해 설명하시오.

해답
- 직접비교법 : 거래사례와 비교하여 가격을 산정한다.
- 간접비교법 : 임지를 개발지역으로 조성하고 이를 매각할 경우와의 가격을 비교한다.

14 다음은 임황조사에서 임령에 대한 내용이다. 빈칸을 채우시오.

> ◎ 인공 조림지는 조림년도의 (㉠)을 기준으로 임령을 산정하고, 그 외 임령 식별이 불분명한 임지는 (㉡)로 직접 뚫어보아 임령을 산정한다

해답

㉠ 묘령
㉡ 생장추

산림산업기사 실기-필답형

2023년 제2회

01 개위면적의 정의를 적으시오.

> **해답**
> 일정 시업상의 효과를 올리기 위해 어느 일정한 토지생산력을 기초로 하여 각각의 임지를 생산능력에 따라 계산적으로 정해진 크기를 개위면적이라 한다.

02 임지기망가의 영향인자 4가지를 적으시오.

> **해답**
> 주벌수익, 간벌수익, 조림비, 이율

03 영선과 영면의 정의를 적으시오.

> **해답**
> • 영선 : 임도시공시 절토작업과 성토작업을 구분하는 경계선이다.
> • 영면 : 임도상 영선의 위치 및 임도의 시공기면으로부터 수평으로 연장한 면이다.

04 돌쌓기 공사에서 어긋나는 돌쌓기의 종류 4가지를 적으시오.

> **해답**
> 뜬돌, 거울돌, 선돌, 포갬돌

05 정사울 세우기와 퇴사울 세우기의 시공목적을 적으시오.

> **해답**
> • 퇴사울 세우기는 해풍에 의한 비사를 억류하고 퇴적시켜서 모래언덕을 조성하여 모래의 안정화를 목적으로 한다.
> • 앞모래언덕 축설 후 후방지대에 풍속을 약화시켜 모래의 이동을 막아 식재목이 잘 자라도록 환경을 조성하는 공법을 정사울 세우기라 한다.

06 2010년생 임분이 150m³, 2020년생일 때 250m³ 일 경우 프레슬러식을 이용하여 생장률을 구하시오.

> 해답

$$\frac{250-150}{250+150} \times \frac{200}{10} = 5\%$$

07 와이어로프의 폐기기준 3가지를 적으시오(단, 심하게 부식되거나 변형된 것은 제외)

> 해답

- 이음매가 있는것
- 한 꼬임에 끊어진 소선수 10% 이상 인 것
- 지름의 감소가 공칭지름 7% 초과 인 것

08 중앙직경 30cm 이고 재장이 4m 인 목재의 재적을 후버식을 이용하여 구하시오 (단, π=3.14 적용할 것, 소수점 셋째자리에서 반올림 할 것)

> 해답

$V(m^3) = 3.14 \times 0.15^2 \times 4 = 0.2826$
답 : 0.28m³

09 임도의 측선 거리가 100m 이고 방위가 S60°E 일 때 위거와 경거를 구하시오(소수점 셋째자리 반올림)

> 해답

- 위거 : 측선거리 × cosθ = 100m × cos60 = 50m
- 경거 : 측선거리 × sinθ = 100m × sin60 = 86.602⋯ → 80.60m

10 윤벌기와 벌기령의 차이점 2가지를 적으시오

> 해답

- 윤벌기는 기간의 개념을 가지고 벌기령은 연령의 개념을 가진다.
- 윤벌기는 작업급을 일순벌하는데 소요되는 기간을 말하고 벌기령은 임목의 생산기간을 나타내는 연령을 의미한다.
- 윤벌기는 작업급을 벌기령은 임목 및 임분의 개념을 말한다.

11 임도밀도가 10m/ha 일 경우 임도간격을 구하시오.

해답

$$임도간격 = \frac{10000}{적정임도밀도} = \frac{10000}{10} = 1000\,m$$

12 분사식씨뿌리기공법에 대해 설명하시오.

해답

분사식씨뿌리기공법은 비탈경사가 급한 대면적에 적합한 방법으로 파종이 어려운 비탈면이나 열악한 환경의 토양조건의 비탈면의 녹화를 위한 공법이다.

13 다음 곡선의 그림을 보고 적합한 곡선의 명칭을 적으시오.

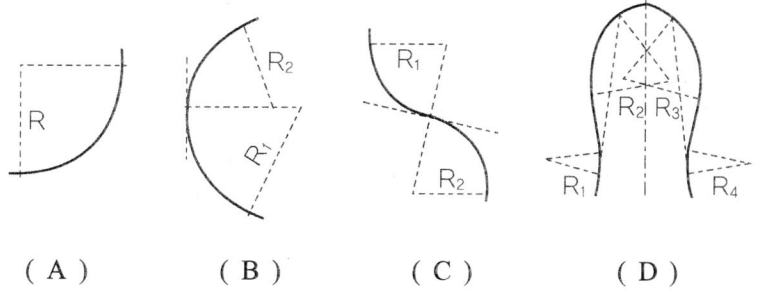

(A)　　　(B)　　　(C)　　　(D)

해답

A : 단곡선, B : 복합곡선, C : 반대곡선, D : 배향곡선

14 임황조사항목 4가지를 적으시오.

해답

임종, 임상, 수종, 혼효율

15 소반의 면적, 번호부여방법에 대한 기준을 적으시오.

해답

- 면적 : 1ha 이상으로 구획한다.
- 번호부여방법 : 임반 번호와 동일하게 설정하며 아라비아숫자로 표기한다. 표기 순서는 < 임반 - 보조임반 - 소반 - 보조소반 > 이다.

산림산업기사 실기-필답형 2023년 제3회

01 사방댐의 물빼기 구멍의 목적 3가지를 적으시오

해답
① 사방댐의 시공중 유수의 통과
② 사방댐에 가해지는 압력의 감소
③ 퇴사 후의 침투 수압의 경감
④ 사력기초 위에 축설한 댐은 기초 아래의 잠류의 속도 감소

02 면적 4000 ha, 윤벌기 50년, 영계수 10 일 때 법정영급면적과 영급수를 구하시오

해답
- 법정영급면적 $= \dfrac{4000}{50} \times 10 = 800ha$
- 영급수 $= \dfrac{4000}{800} = 5개$

03 임지기망가의 정의를 적으시오

해답
임지기망가는 임지의 사업을 영구적으로 실시한다는 가정으로 토지에서 기대되는 순수익의 현재 합계를 말한다.

04 아래 보기를 보고 빗물에 의해 발생되는 침식을 순서대로 나열하시오

< 보기 >
구곡침식, 우격침식, 면상침식, 누구침식

해답
우격침식 – 면상침식 – 누구침식 – 구곡침식

05 원구의 단면적이 0.06m², 말구 단면적이 0.03m², 재장 8m 인 경우 스말리안식을 이용하여 재적을 구하시오

해답

$$\frac{0.06 + 0.03}{2} \times 8 = 0.36 m^3$$

06 임도 구조개량사업 설치 대상지 4군데를 적으시오

해답
- 집중호우시 피해발생의 위험이 있는 임도
- 절토, 성토면이 녹화되지 않은 임도
- 테마임도로 지정된 임도
- 대형차량 통행이 필요한 간선임도

07 1/50000 지형도에서 도상거리 1cm 의 실제거리(m)를 구하시오

해답

1cm × 50000 = 50000cm

답 : 500m

08 임상, 임종의 구분기준을 설명하시오

해답
- 임종 : 임황조사 항목으로 자연적으로 조성된 천연림과 인공적으로 조성된 인공림으로 분류된다.
- 임상 : 임목재적 혹은 본수 등을 기준으로 침엽수림, 활엽수림, 혼효림으로 구분되며 기준은 아래와 같다.
  - 침엽수림 : 침엽수 점유율이 75% 이상인 임분
  - 활엽수림 : 활엽수 점유율이 75% 이상인 임분
  - 혼효림 : 침엽수 혹은 활엽수가 26~75% 미만의 임분

09 랑꼬임과 보통꼬임의 차이점을 보통꼬임 중심으로 쓰시오

해답

랑꼬임은 와이어로프의 꼬임이 스트랜드의 꼬임 방향과 일치하지만 보통꼬임은 와이어로프의 꼬임과 스트랜드의 꼬임이 역방향으로 되어 있으며 보통꼬임은 킹크가 잘 일어나지 않지만 마모가 되기 쉬운 것이 특징이다.

10 절토사면의 경암의 기울기를 쓰시오

해답

1 : 0.3 ~ 0.8

11 견치돌, 야면석에 대해 기술하시오

해답

- 견치돌 : 돌을 뜰 때 특별한 규격에 맞게 깨낸 돌이다.
- 야면석 : 계곡이나 산지에서 얻는 무게 100kg 이상의 자연석이다.

12 임목의 생장에 따른 가장 적합한 임목평가방법을 한가지씩 적으시오

◎ 유령림
◎ 장령림
◎ 중령림

해답

- 유령림 : 임목비용가법
- 장령림 : 임목기망가법
- 중령림 : Glaser 법

13 산림구획을 위한 소반구획을 다르게 하는 경우 4가지를 적으시오

해답

- 기능이 상이할 때
- 지종이 상이할 때
- 임종, 임상, 작업종이 상이할 때
- 임령, 지위, 지리 등이 상이할 때

14 매목조사 방법 2가지를 적으시오

해답

표준지조사, 전수조사

산림산업기사 실기-필답형

2024년 제1회

01 벌기령의 종류 4가지를 적으시오.

해답

생리적 벌기령, 공예적 벌기령, 재적수확 최대의 벌기령, 화폐수입최대의 벌기령

02 지속가능한 산림자원 관리지침에서 도태간벌에 관련한 미래목의 선정 및 관리 기준 4가지를 적으시오.

해답
- 피압을 받지 않은 상층의 우세목으로 선정하되 폭목은 제외
- 나무줄기가 곧고 갈라지지 않으며 산림 병충해 등 물리적인 피해가 없을 것
- 미래목간의 거리는 최소 5m 이상으로 임지 내에 고르게 분포하도록 하며, 활엽수는 ha 당 200본 내외, 침엽수는 ha 당 200~400본을 미래목으로 함
- 미래목만 가지치기를 실행하며 산 가지치기일 경우 11월부터 이듬해 5월 이전까지 실행하여야 하나 작업 여건, 노동력 공급 여건 등을 감안하여 작업 시기 조정 가능

03 소밀도의 정의 및 기준 3가지를 적으시오.

해답
- 정의 : 일정 임지의 면적에 수관면적이 차지하는 비율을 말한다.
- 기준
  - 소 : 수관밀도 40% 이하 임분
  - 중 : 수관밀도 41~70% 임분
  - 밀 : 수관밀도 71% 이상 임분

04 견치돌, 야면석에 대해 설명하시오.

해답
- 견치돌 : 돌을 뜰 때 특별한 규격에 맞게 깨낸 돌이다.
- 야면석 : 계곡이나 산지에서 얻는 무게 100kg 이상의 자연석이다.

05 사방댐의 안정조건 4가지를 적으시오.

해답
- 전도에 대한 안정
- 활동에 대한 안정
- 제체의 파괴에 대한 안정
- 기초지반의 지지력에 대한 안정

06 아래의 조건을 보고 오스트리아 공식법에 의한 연간평균수확량을 계산하시오. (단, 산림면적은 20ha)

◎ ha 당 현실생장량 : $3m^3$
◎ 현실축적 : $28m^3$
◎ 법정축적 : $62m^3$
◎ 갱정기 : 20년

해답
- $3 + \dfrac{28 - 62}{20} = 1.3$
- 연간평균수확량 : $1.3m^3 \times 20ha = 26m^3$

07 선떼붙이기와 바닥막이의 시공목적을 적으시오.

해답
- 선떼붙이기 시공목적 : 떼의 뒷부분의 매토를 유지하고 묘목의 생육을 조장하며 비탈면에 흐르는 유수 속도를 감소시켜 침식을 방지해준다.
- 바닥막이 시공목적 : 바닥막이는 바닥에 퇴적된 토사의 유실 방지를 주목적으로 한다.

08 아래 표를 참고하여 임령이 23년, 우세목의 평균수고가 14m 인 소나무 임분의 지위지수를 구하시오.

구분	14	16	18
20년	8.9	10.3	12.1
25년	11.4	13.6	16.3

해답

- 지위지수 14 : $8.9 + \frac{3}{5}(11.4-8.9) = 10.4$ m

  $10.4 - 14 = -3.6$

- 지위지수 16 : $10.3 + \frac{3}{5}(13.6-10.3) = 12.28$ m

  $12.28 - 14 = -1.72$

- 지위지수 18 : $12.1 + \frac{3}{5}(16.3-12.1) = 14.62$ m

  $14.62 - 14 = 0.62$

- 지위지수는 14, 16, 18 중에서 18 에 가까우므로 지위지수는 18로 한다.

09 기슭막이와 산복수로공의 설치 목적을 적으시오.

해답

- 기슭막이 설치 목적 : 기슭막이는 황폐계천에 유수에 의한 계안의 횡침식을 방지하고 산각의 안정을 도모하기 위해 계류의 흐름방향을 따라 축설한다.
- 산복수로공 설치 목적 : 산복수로공은 빗물에 의한 산복비탈면 침식을 방지하고, 시공 공작물이 파괴되지 않도록 일정한 수로에 유수를 모아 배수시키는 공작물이다.

10 회귀년에 대해 설명하시오.

해답

택벌작업에서 맨 처음 택벌한 구역을 또다시 택벌하기까지 소요되는 기간을 말한다.

11 임목의 생장에 따른 가장 적합한 임목평가방법을 한 가지씩 적으시오.

◎ 유령림
◎ 장령림
◎ 중령림

해답

- 유령림 : 임목비용가법
- 장령림 : 임목기망가법
- 중령림 : Glaser 법

12 트래버스측량에서 트래버스의 종류 3가지를 적으시오.

해답

폐합트래버스, 개방트래버스, 결합트래버스

13 타워야더의 러닝스카이라인식에 대해 설명하시오.

해답

러닝스카이라인식은 거리 300m 내외의 소량 간벌 및 택벌작업지에 적합한 방법으로 운전은 어려우나 가선 및 철거가 용이하다.

14 설계속도가 30km/h, 타이어마찰계수 0.15, 최소곡선반지름 40m 일 경우 이 노면의 횡단기울기(%)를 구하시오(결과값은 소수점 넷째자리에서 반올림).

해답

$$\frac{30^2}{127(x+0.15)} = 40m \;\to\; x = 0.02716\cdots$$

횡단기울기 : 2.7 %

참고

$$최소곡선반지름 = \frac{설계속도^2}{127(횡단기울기 + 타이어 마찰계수)}$$

15 A 지점의 표고 100m, B 지점의 표고 500m 이고 경사의 기울기가 5% 로 나타났다. 이때 A 지점에서 B 지점까지 실제 수평거리를 구하시오.

> **해답**
> - A 지점에서 B 지점까지의 표고차 : 500m – 100m = 400m
> - $\dfrac{400m}{수평거리} \times 100 = 5$ → 수평거리 = 8,000m

> **참고**
> 경사도(%) : $\dfrac{표고차}{수평거리} \times 100$

산림산업기사 실기-필답형 — 2024년 제2회

01 아래 표를 참고하여 우세목 평균수고가 11m 이고, 임령 35년생의 지위지수를 구하시오

	30년 수고	40년 수고
지위10	10.00	11.25
지위14	11.75	14.00

해답
- 지위 10 : 10 + 5/10(11.25–10) = 10.625
  11 − 10.625 = 0.375
- 지위 14 : 11.75 + 5/10(14–11.75) = 12.875
  11 − 12.875 = −1.875
- 지위지수는 10 이다

02 교각이 90°, 곡선반지름이 20m 인 경우 접선길이를 구하시오

해답
접선길이 $= 반지름 \times \tan(\frac{\theta}{2}) = 20 \times \tan(\frac{90}{2})$
$= 20 \times 1 = 20\,m$

03 영선의 정의를 적으시오.

해답
임도시공시 절토작업과 성토작업을 구분하는 경계선이다

04 임지비용가에 대해 설명하고 임지비용가를 적용하는 경우 2가지를 적으시오.

해답
- 임지비용가는 임지를 취득하고 임목육성에 적합한 상태로 만드는데 소요된 순 비용의 현재가 합계, 즉 후가합계로 평가하는 방법이다
- 적용하는 경우
  - 임지에 들어간 비용을 회수하려고 할 때
  - 임지에 들어간 자본의 경제적 효과를 알고자 할 때

05 산림경영의 지도원칙 중에서 생산성의 원칙에 대해 설명하시오

해답
단위면적당 최대 목재 생산의 원칙을 의미하며 가장 이상적인 방법은 재적수확최대의 벌기령을 기준으로 한다.

06 1ha 당 200m 의 노망의 조건에서 임도간격과 단방향 집재의 집재거리를 구하시오

해답
- 임도밀도 $= \dfrac{\text{임도총거리}(m)}{\text{면적}(ha)} = \dfrac{200}{1} = 200 m/ha$
- 임도간격 $= \dfrac{10,000}{\text{적정임도밀도}} = \dfrac{10,000}{200} = 50m$
- 단방향집재거리 $= \dfrac{5,000}{\text{적정임도밀도}} = \dfrac{5,000}{200} = 25m$

07 소밀도의 기준을 적으시오

해답
- 소 : 수관밀도 40% 이하 임분
- 중 : 수관밀도 41~70% 임분
- 밀 : 수관밀도 71% 이상 임분

08 사방댐의 높이를 고려하는 사항 4가지를 적으시오

해답
- 시공목적
- 지반의 상황
- 계획기울기
- 시공지점의 상태

09 5급 선떼붙이기 모식도를 그리시오

해답

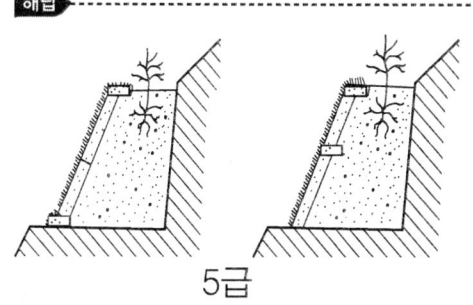

5급

10 다공정 처리기계인 하베스터에 대해 설명하시오

해답

임목을 벌목하여 가지자르기, 토막내기 작업을 일관된 공정으로 작업할 수 있는 다공정 벌채장비이다.

11 국유림에서 다음 수종의 기준 벌기령을 쓰시오

< 보기 >
소나무, 잣나무, 참나무, 낙엽송

해답
- 소나무 60년
- 잣나무 60년
- 참나무 60년
- 낙엽송 50년

12 면적 4000 ha, 윤벌기 50년, 영계수 10 일 때 법정영급면적을 구하시오

해답

법정영급면적 $= \dfrac{4000}{50} \times 10 = 800 ha$

13 옹벽의 안정조건 4가지를 적으시오

해답
- 전도에 대한 안정
- 활동에 대한 안정
- 침하에 대한 안정
- 내부응력에 대한 안정

14 흙쌓기 공사시 더쌓기를 하는 이유를 적으시오

해답

일반적으로 흙쌓기는 시공 후 시일이 경과하면 수축하여 용적이 감소되고 시공면이 침하하므로 더쌓기를 실시한다.

15 경영계획 및 실행실적에서 기재사항 중 4가지를 적으시오

해답

조림, 숲가꾸기, 임목생산, 시설

산림산업기사 실기-필답형
2024년 제3회

01 수제를 설치하는 목적을 적으시오

해답
계류의 유속과 흐름 방향을 변경시켜 계안의 침식과 기슭막이 공작물의 세굴을 방지하기 위해 설치한다.

02 A 지점의 표고 100m, B 지점의 표고 500m 이고 경사의 기울기가 5% 로 나타났다. 이때 A 지점에서 B 지점까지 실제 수평거리를 구하시오

해답
- A 지점에서 B 지점까지의 표고차 : 500m − 100m = 400m
- $\dfrac{400m}{수평거리} \times 100 = 5$ → 수평거리 = 8,000m

참고
경사도(%) : $\dfrac{표고차}{수평거리} \times 100$

03 10ha 산림을 조사하여 ha 당 현실축적 80m³, ha 당 정상축적 180m³, ha 당 현실연간 생장량 6m³, 갱정기 20년으로 나타났다. 이때의 표준벌채량을 구하시오

해답
- $6 + \dfrac{80 - 180}{20} = 1 m^3$
- $1m^3 \times 10ha = 10m^3$

04 임지기망가에 영향 인자 4가지를 적으시오

해답
주벌수익, 간벌수익, 조림비, 이율, 벌기

05 배향곡선 설치 조건을 적으시오

해답

배향곡선 설치를 위해서는 사면기울기가 40% 이하이고 지반이 안정된 곳에 설치하고 동일사면에 1개 이상은 설치하지 않는다.

06 아래의 수고조사야장을 참고하여 3점 평균에 의한 수고를 계산하시오(소수점 둘째자리 반올림)

흉고 직경	조사목별 수고(m)									합계	평균	삼점평균
	조사수고											
	1	2	3	4	5	6	7	8	9			
6												
8	9.5	9.8	9.3							28.6	9.5	①
10	10.5	11.2	10.8	11.3						43.8	11.0	②
12	12.5									12.5	12.5	③
14	12.8	13.5	13.3							39.6	13.2	④
16	13.8	15.2	14.3							43.3	14.4	⑤
18	16.3									16.3	16.3	⑥
20	18.3	17.5								35.8	17.9	17.9

해답

① 9.5

② $\dfrac{9.5 + 11.0 + 12.5}{3} \fallingdotseq 11.0$

③ $\dfrac{11.0 + 12.5 + 13.2}{3} \fallingdotseq 12.2$

④ $\dfrac{12.5 + 13.2 + 14.4}{3} \fallingdotseq 13.4$

⑤ $\dfrac{13.2 + 14.4 + 16.3}{3} \fallingdotseq 14.6$

⑥ $\dfrac{14.4 + 16.3 + 17.9}{3} \fallingdotseq 16.2$

07 임상의 구분 기준을 쓰시오

해답

- 침엽수림 : 침엽수가 75% 이상 점유하는 임분
- 활엽수림 : 활엽수가 75% 이상 점유하는 임분
- 혼효림 : 침엽수 혹은 활엽수가 26~75% 미만 점유하는 임분

08 사방공사의 공종에서 기초공사의 종류 4가지를 쓰시오

해답
비탈다듬기, 땅속흙막이, 누구막이, 골막이, 산비탈 배수로, 흙막이

09 교각이 30°, 곡선반지름이 80m 인 경우 접선길이, 곡선길이를 구하시오
(단, π=3.14, 소수점 셋째자리 반올림)

해답
- 접선길이 $= 반지름 \times \tan\left(\dfrac{\theta}{2}\right) = 80 \times \tan\left(\dfrac{30}{2}\right)$
  $= 80 \times 0.2679 \cdots = 21.435 \cdots \, m$

  답 접선길이 : 21.44m

- 곡선길이 $= \dfrac{2 \times \pi \times 반지름 \times \theta}{360} = \dfrac{2 \times 3.14 \times 80 \times 30}{360} = 41.866 \cdots \, m$

  답 곡선길이 : 41.87m

10 타일러방식을 설명하시오

해답
가공본줄 경사 10 ~ 25° 범위 대면적 개벌작업에 적합하며 가로 집재가 용이하나 집재거리가 제한적인 단점을 가진다. 또한 집재에 의한 잔존목 손상이 많고 와이어 마모가 심한 편이다.

11 임도의 기능에 따른 구분 3가지를 적으시오

해답
① 간선임도
② 지선임도
③ 작업임도

12 생장률을 구하는 방법 2가지를 적으시오

해답
① 프레슬러식
② 슈나이더식

13 공, 사유림의 경영계획도 지형 축척 기준 2가지를 적으시오

해답

1:5000, 1:6000

14 임업이율의 성격 4가지를 적으시오

해답

- 임업이율은 자본이자이다.
- 임업이율은 평정이율이다.
- 임업이율은 명목이율이다.
- 임업이율은 장기이율이다.

15 바닥막이의 시공상 특징 2가지를 적으시오

해답

- 바닥막이는 직선부에서는 유수의 방향에 직각으로 설치하고 굴곡부에서는 유심선의 접선에 직각방향으로 설치하도록 한다.
- 바닥막이는 침식의 발생이 많은 하류 혹은 계상의 굴곡부 하류에 시공한다.
- 바닥막이의 공사를 연속적으로 시행하면 계상의 기울기를 완화시킬 수 있다.

산림산업기사 실기-필답형 2025년 제1회

01 임도선형설계 시 고려사항 4가지를 적으시오

해답
- 지형, 지역, 경관 등 과의 조화
- 적정기울기의 유지
- 선형의 연속성
- 교통의 안정성

02 설계속도가 30km/h 이고 노면의 횡단기울기가 5% 인 경우 최소곡선반지름을 구하시오 (타이어 마찰계수 0.1, 소수점 셋째자리 반올림)

해답

$$최소곡선반지름 = \frac{설계속도^2}{127(횡단기울기 + 타이어마찰계수)}$$

$$\frac{30^2}{127(0.05+0.1)} = 47.2440 \cdots$$

답 47.24m

03 제지에 대해 설명하시오

해답

제지 : 시업지 및 시업제한지 이외의 임지로서 묘포, 건물, 임도, 기타 시설용 부지와 대부된 임지 및 농지, 암석지 등을 의미한다.

04 열식간벌과 도태간벌에 대해 설명하시오

해답
- 도태간벌 : 형질이 우수한 나무의 생장을 촉진시키는 목적으로 미래목을 선정후 미래목을 기준으로 간벌을 시행한다.
- 열식간벌 : 간벌 방법의 하나로 임분에서 띠 모양으로 벌채목을 선정하는 하는 간벌법, 기계적 간벌의 한 방법이다.

05 정지작업을 한다고 하였을 경우 작업해야할 토적량을 구하시오. 모서리의 숫자는 각 지점의 토심(m)를 나타내고, 각 정사각형의 면적은 50㎡ 이다

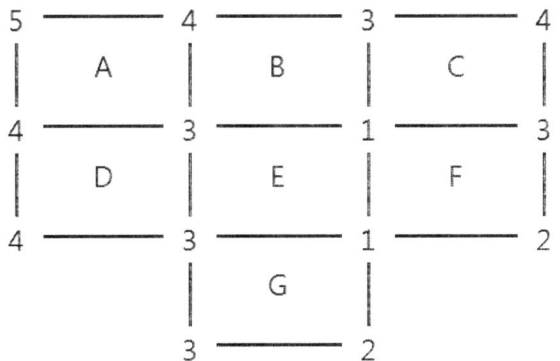

해답

A : (5+4+4+3)÷4=4
B : (4+3+3+1)÷4=2.75
C : (4+3+3+1)÷4=2.75
D : (4+4+3+3)÷4=3.5
E : (3+3+1+1)÷4=2
F : (1+1+3+2)÷4=1.75
G : (3+3+1+2)÷4=2.25
총토적량=(A+B+C+D+E+F+G)×면적=(4+2.75+2.75+3.5+2+1.75+2.25)×50=950㎥

06 산지사방에서 산비탈 기초공사 종류 3가지, 녹화공사 종류 3가지를 적으시오

해답
- 기초공사 : 비탈다듬기, 땅속흙막이, 누구막이, 골막이, 산비탈 배수로, 흙막이
- 녹화공사 : 바자얽기, 선떼붙이기, 단쌓기, 조공, 씨부리기, 비탈덮기, 조림, 줄떼다지기

07 경급을 구분하고 설명하시오

해답
- 치수 : 흉고직경 6cm 미만의 임목이 50% 이상 생육하는 임분
- 소경목 : 흉고직경 6~16cm 의 임목이 50% 이상 생육하는 임분
- 중경목 : 흉고직경 18~28cm 의 임목이 50% 이상 생육하는 임분
- 대경목 : 흉고직경 30cm 이상의 임목이 50% 이상 생육하는 임분

08 산림자원의 조성 및 관리에 관한 법률에 의한 산림의 기능별 구분 6가지를 쓰시오

해답
① 수원의 함양
② 산림재해방지
③ 자연환경 보전
④ 목재 생산
⑤ 산림 휴양
⑥ 생활환경 보전

09 현실축적이 ha 당 400m^3, 법정벌채량이 ha 당 40m^3, 법정축적이 ha 당 500m^3 일 경우 표준벌채량을 훈데스하겐법으로 계산하시오

해답
$400 \times \dfrac{40}{500} = 32m^3$

10 산림경영의 기술적 특성 3가지를 적으시오

해답
① 생산기간이 길다.
② 후계림 조성등 재생산 가능한 자원이다.
③ 자연조건에 영향을 많이 받는다.

11 아래 4급 선떼 작업에 표시된 번호의 명칭을 적으시오

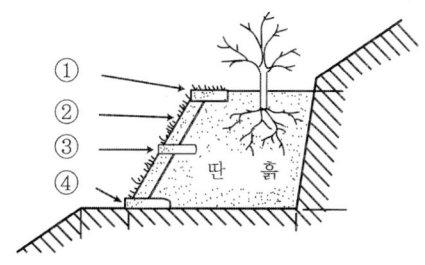

해답
① 갓떼 ② 선떼 ③ 받침떼 ④ 바닥떼

12 와이어로프 폐기기준 4가지를 적으시오

해답
① 심하게 변형된 경우
② 심하게 부식된 경우
③ 지름의 감소가 공칭지름 기준 7%를 초과한 경우
④ 한 꼬임에 끊어진 소선수가 10% 이상인 경우

13 사유림 경영계획에서 표준지 조사를 할 경우 1개 표준지 면적을 적으시오

해답
0.04ha

14 아래 빈칸을 채우시오

◎ 대피소의 경우 간격을 (①)m 이내, 너비를 (②)m 이상, 유효길이는 (③)m 이상으로 설치한다.

해답
① 300 ② 5 ③ 15

15 최소곡선 반지름에 크기에 영향을 미치는 인자 5가지를 쓰시오

해답
① 도로 나비 및 구조
② 반출 목재 길이
③ 차량구조
④ 운행속도
⑤ 시거

산림산업기사 실기-필답형 — 2025년 제2회

01 임목의 흉고직경 30cm, 수고 10m, 흉고형수 0.3 일 때 재적을 형수법으로 구하시오 (단, 결과 값은 소수점 셋째자리에서 반올림 할 것)

해답

$\pi \times 0.15^2 \times 10 \times 0.3 = 0.21205 \cdots$

답 $0.21 \ m^3$

02 지리의 정의를 적고 1급지에 대해 설명하시오

해답

- 지리 정의 : 해당 소반 중심에서 임도 혹은 도로까지의 거리로서 10급지로 분류한다.
- 1급지 : 해당소반 중심에서 임도까지의 거리가 100m 이하인 경우를 말한다.

03 소반의 구획 기준 4가지를 쓰시오

해답

① 지종이 상이할 때
② 임상, 작업종이 상이할 때
③ 임령, 지위, 지리 혹은 운반계통이 상이할 때
④ 기능이 상이할 때

04 공예적 벌기령에 대해 설명하시오

해답

임목이 특정 용도에 적합한 크기로 성장하는데 필요한 연령을 고려하여 정한 벌채연령을 공예적 벌기령이라 한다.

05 종단기울기 8%, 등고선 표고차 10m 의 지형도가 1:25,000 일 때 양각기 폭(mm)을 구하시오.

해답

- $\dfrac{10}{수평거리} \times 100 = 8(\%) \rightarrow 수평거리 : 125\ m$

- $12500cm \times \dfrac{1}{25000} = 0.5cm = 5mm$

답 5 mm

06 측량시 발생되는 오차의 종류 3가지를 적으시오

해답

① 정오차
② 우연오차
③ 과실

07 속도가 40km/h, 외쪽물매가 8% 일 때 최소곡선반지름을 구하시오
(단, 마찰계수 0.15 적용, 결과 값은 소수점 셋째자리에서 반올림 할 것)

해답

$$\dfrac{설계속도^2}{127(타이어\ 마찰계수 + 노면횡단물매)} = \dfrac{40^2}{127(0.15+0.08)} = 54.7757\cdots m$$

답 54.78 m

08 아래 4급 선떼 작업에 표시된 번호의 명칭을 적으시오

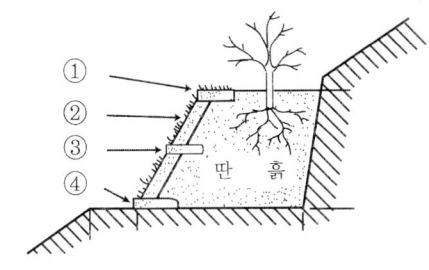

해답

① 갓떼 ② 선떼 ③ 받침떼 ④ 바닥떼

09 아래 문제를 보고 답하시오.

(1) 현실축적 250m³, 법정축적 200m³ 일 때 입목도를 구하시오

해답

$$\frac{250}{200} \times 100 = 125\%$$

(2) 위의 조건에서 입목도 0.8 로 만들기 위해 실제 벌채해야 할 양을 구하시오

해답

- $\frac{x}{200} = 0.8 \rightarrow x = 160$
- $250 - 160 = 90m^3$

10 다음은 손익분기점을 나타낸 표이다. 아래 색칠된 부분인 A, B 가 의미하는 것을 적으시오

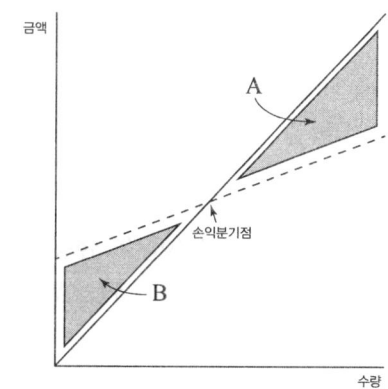

해답

A : 이익
B : 손실

11 산지사방 기초공사의 종류 6가지를 적으시오

해답

비탈다듬기, 땅속흙막이, 누구막이, 골막이, 산비탈 배수로, 흙막이

12 산림자원의 조성 및 관리에 관한 법률에 의한 산림의 기능별 구분 6가지를 쓰시오

> **해답**
> ① 수원함양림
> ② 산림재해방지림
> ③ 자연환경 보전림
> ④ 목재 생산림
> ⑤ 산림 휴양림
> ⑥ 생활환경 보전림

13 목재의 생산방법 3가지를 적으시오

> **해답**
> ① 전목생산방법
> ② 전간생산방법
> ③ 단목생산방법

14 산림관리기반시설의 설계 및 시설기준에 따른 임도의 종류 3가지를 적으시오

> **해답**
> 간선임도, 지선임도, 작업임도

15 사방조림에 적합한 활엽수종 4가지를 적으시오

> **해답**
> 사방오리나무, 아까시나무, 상수리나무, 졸참나무

산림산업기사 실기-필답형 — 2025년 제3회

01 투과형 슬릿트사방댐 시공장소로 적합한 곳 3군데를 적으시오

해답
- 불안정한 상류지역의 계상과 토사 유출이 심한 황폐계류
- 하상재료가 큰 산지 소하천 혹은 유목이나 토석의 이동이 빈번하게 발생하는 지역
- 집수구역이 넓고 울폐도가 적어 일시적 방류량이 큰 곳

02 임령이 30년, 지위지수가 10인 잣나무림이 있다. 여기서 지위지수가 의미하는 것을 적으시오

해답
지위는 산림의 생산능력을 말하는 것으로 우세목의 수령과 수고를 측정하여 임지가 가지고 있는 잠재적 생산능력을 평가하는 기준이 된다. 이때 특정 나무에 있어 임령의 수고를 이용해 임지의 생산능력을 수치화한 것을 지위지수라 한다.

03 법정택벌률이 50%, 윤벌기가 100년일 때 회귀년을 구하시오

해답

$50 = \dfrac{200}{100} \times 회귀년$

회귀년 : 25년

참고

$법정택벌률 = \dfrac{200}{윤벌기} \times 회귀년$

04 산림경영의 지도원칙 5가지를 적으시오

> **해답**
> · 수익성 원칙
> · 경제성 원칙
> · 생산성 원칙
> · 공공성 원칙
> · 보속성 원칙

05 정지작업을 한다고 하였을 경우 작업해야할 토적량을 구하시오. 모서리의 숫자는 각 지점의 토심(m)를 나타내고, 각 정사각형의 면적은 $100m^2$ 이다

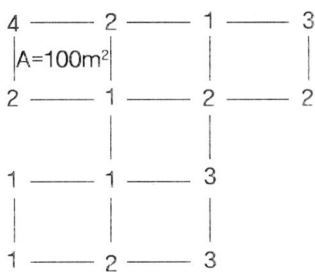

> **해답**
>
> A : (4+2+2+1)÷4=2.25
> B : (2+1+1+2)÷4=1.5
> C : (1+3+2+2)÷4=2
> D : (1+1+2+3)÷4=1.75
> E : (1+3+3+2)÷4=2.25
> F : (1+1+1+2)÷4=1.25
>
> 총토적량= (A+B+C+D+E+F)×면적 = (2.25+1.5+2+1.75+2.25+1.25)×100=1100

06 임도의 유효너비 시설기준에 대해 적으시오

> **해답**
>
> 차량의 너비에 일정 여유너비를 추가한 것으로 옆도랑 너비를 제외한 임도의 유효너비는 3m 배향곡선지에서는 6m 이상을 기준으로 한다.

07 트랙터 집재 작업능률에 영향을 주는 인자 5가지를 쓰시오

해답
- 소밀도
- 경사
- 토성
- 단재적
- 집재거리

08 아래의 보기를 보고 임도설계 순서를 바르게 나열하시오

< 보 기 >
답사 / 설계도 작성 / 예측 및 실측 / 공사량 산출 / 예비조사 / 설계서 작성

( ) - ( ) - ( ) - ( ) - ( ) - ( )

해답
예비조사 - 답사 - 예측 및 실측 - 설계도 작성 - 공사량 산출 - 설계서 작성

09 아래 보기를 보고 빗물에 의해 발생되는 침식을 순서대로 나열하시오

< 보 기 >
구곡침식, 우격침식, 면상침식, 누구침식

해답
우격침식 - 면상침식 - 누구침식 - 구곡침식

10 임지기망가에 영향인자 4가지를 기입하시오

해답
- 주벌수익
- 간벌수익
- 조림비
- 이율

11 소반구획의 기준 4가지를 적으시오

해답
- 지종이 상이할 때
- 임상, 작업종이 상이할 때
- 임령, 지위, 지리 혹은 운반계통이 상이할 때
- 기능이 상이할 때

12 시장가역산법에서 공제하는 비용 3가지를 적으시오

해답
벌목비, 운반비, 기타 잡비

참고 시장가역산법 공제 비용
벌목비, 조재비, 집재비, 운반비, 수송비, 기타잡비 등

13 아래의 측정한 방위각을 보고 교각을 구하시오

측점	방위각(°)	교각(°)
NO.1	170	-
NO.2	120	①
NO.3	90	②
NO.4	120	③
NO.5	220	④
NO.6	140	⑤

해답
① 170 - 120 = 50
② 120 - 90 = 30
③ 90 - 120 = 30
④ 120 - 220 = 100
⑤ 220 - 140 = 80

14 횡단면도에서 각 측점의 단면마다 기입하는 물량의 항목 4가지를 적으시오

해답
지반고, 계획고, 절토고, 성토고

15 아래의 수고는 표준지의 수고 및 본수를 조사한 값이다. 아래 표를 참고하여 산림조사야장에서 수고를 표기하시오

수고(m)	본수
10	15
11	20
12	15
13	8
14	5
15	10
16	5
17	8
18	6
19	4
20	4

해답

$$\frac{평균수고}{최소수고 - 최대수고} = \frac{14}{10 \sim 20}$$

참고

각각의 수고와 본수를 곱한 값들을 모두 더하고 그 값에 총본수를 나누어 평균수고를 구하도록 한다. 이때 평균수고는 정수로 표기하며 반올림하도록 한다.

$$평균수고 = \frac{(10 \times 15) + (11 \times 20) + (12 \times 15) + (13 \times 8) + \cdots + (19 \times 4) + (20 \times 4)}{15 + 20 + 15 + \cdots + 6 + 4 + 4}$$

$$= \frac{1,354}{100} = 13.54$$

PART **6**

산림산업기사
작업형

산림산업기사 작업형 야장

실습연습문제

가. 본 임지는 주소(감독위원이 제시)의 임야 김공단 소유의 3.0ha로서 아래 내용을 참고하여 산림조사를 실시한다.

1) 표준지는 20m × 10m 이며 1임반 1소반 1.7ha 임분에 대한 것이고, 2소반은 1.3ha 활엽수 어린나무 숲입니다. (단, 산림조사 시 조사본수는 15본이고 수종은 소나무, 임령은 20로 한다.)

2) 표준지에서 산림조사는 1시간, 야장 정리 등 나머지 작업은 1시간30분 동안 진행하여 답안지를 작성 후 제출해야 합니다.

3) 표준지 수고조사야장에서 적용수고는 정수로 기입하되 반올림한 값으로 기입하고, 적용수고를 제외한 수고는 정수가 나오는 경우에도 소수점 첫째자리까지 기재한다.(단, 기준 소수점 미만은 반올림한다.)

4) 재적조사야장에서 단재적은 수간재적표를 이용하고 표준지의 총재적을 산출한다. (단, 재적은 소수점 넷째자리까지, 합계재적은 소수점 셋째자리까지, 재계재적 및 축적은 소수점 둘째자리까지 기재하시오.(기준 소수점 미만은 모두 절사))

5) 감독위원이 제시한 수목과 하층식생의 명칭(보통명 또는 학명)을 답안지에 기재하시오.

6) 해당 표준지에서 도태간벌 시 미래목을 선정하시오(단, 미래목 본수는 200본/ha 을 기준으로 하고 해당표준지는 10본 존재하는 것으로 간주함)

표준지 매목조사 야장

경영계획구 :
임 반 :　　　　소반 :　　　　　　조사일 : 202 .　.　.
　　　　　　　　　　　　　　　　　조사자성명 : 생략(인)

수종	흉고직경	본수	계	수종	흉고직경	본수	계
	계						

표준지수고조사야장

경영계획구 :
임 반 :　　　　　　　소 반 :　　　　　　조사일 : 202 . . .
　　　　　　　　　　　　　　　　　　　　조사자 : 생략(인)

(단위 : m)

흉고직경	조사목별 수고 (m)									② 합계	③ 평균	④ 삼접평균	⑤ 적용수고
	조사수고 ①												
	1	2	3	4	5	6	7	8	9				

표준지재적조서

경영계획구 :　　　　소　반 :　　　　　　조사일 : 202 .　.　.
임/소반 :　　　　　　면　적 :　　　　　　조사자직성명 : 생략(인)

표　준　지					재　적	
경　급 (cm)	수　고 (m)	본　수 (본)	단재적 (m³)	재　적 (m³)	ha당재적 (m³)	총재적 (m³)
계	－	－	－			
재계	－		－			

표준지내 수목 및 하층식생 목록표

번호	하층식생 명
1	
2	
3	
4	
5	

미래목, 제거목 목록표

구분	나무 번호
미래목	

산림산업기사 작업형 야장 작성요령

실습연습문제

가. 본 임지는 주소(감독위원이 제시)의 임야 김공단 소유의 3.0ha로서 아래 내용을 참고하여 산림조사를 실시한다.

1) 표준지는 20m × 10m 이며 1임반 1소반 1.7ha 임분에 대한 것이고, 2소반은 1.3ha 활엽수 어린나무 숲입니다. (단, 산림조사 시 조사본수는 15본이고 수종은 소나무, 임령은 20년으로 간주함)

2) 표준지에서 산림조사는 1시간, 야장 정리 등 나머지 작업은 1시간30분 동안 진행하여 답안지를 작성 후 제출해야 합니다.

3) 표준지 수고조사야장에서 적용수고는 정수로 기입하되 반올림한 값으로 기입하고, 적용수고를 제외한 수고는 정수가 나오는 경우에도 소수점 첫째자리까지 기재한다.(단, 기준 소수점 미만은 반올림한다.)

4) 재적조사야장에서 단재적은 수간재적표를 이용하고 표준지의 총재적을 산출한다. (단, 재적은 소수점 넷째자리까지, 합계재적은 소수점 셋째자리까지, 재계재적 및 축적은 소수점 둘째자리까지 기재하시오.(기준 소수점 미만은 모두 절사))

5) 감독위원이 제시한 수목과 하층식생의 명칭(보통명 또는 학명)을 답안지에 기재하시오.

6) 해당 표준지에서 도태 간벌 시 미래목과 제거목을 선정하시오.(단, 미래목 본수는 200본/ha을 기준으로 한다.)

산림산업기사 실전 연습문제

- 아래 준비된 15본의 경급, 수고를 기준으로 작성을 연습하도록 한다.
- 〈표준지재적조사〉 야장에서 수간재적표는 강원도지방소나무의 수간재적표를 기준으로 연습하도록 준비되었다.

■ 실전 연습문제 경급 및 수고

번호	경급(cm)	수고(m)
1	12	7.3
2	16	8.0
3	20	10.3
4	12	7.0
5	12	7.3
6	28	14.5
7	30	15.0
8	24	13.0
9	24	12.5
10	20	10.6
11	18	9.5
12	34	16.3
13	14	7.8
14	20	11.0
15	28	14.8

표준지 매목조사 야장

경영계획구 : Ⓐ 김공단 일반 경영계획구

임 반 : Ⓑ 1-0   소반 : Ⓒ 1-0   조사일 : 202 . . .
조사자성명 : 생략(인)

Ⓕ 수종	Ⓖ 흉고직경	Ⓗ 본수	Ⓘ 계	수종	흉고직경	본수	계
소나무	6						
	8						
	10						
	12	下	3				
	14	一	1				
	16	一	1				
	18	一	1				
	20	下	3				
	22						
	24	丅	2				
	26						
	28	丅	2				
	30	一	1				
	32						
	34	一	1				
	36						
	38						
	40						
	계		Ⓙ 15				

※ 작성요령

Ⓐ 경영계획구

- 공유림경영계획구는 앞에 특별시, 광역시, 도, 시.군.자치구 또는 공공단체의 명을 붙인다. 다만 2개 이상의 경영계획구로 구분할 때에는 특별시, 광역시, 도, 시.군.자치구 또는 공공단체의 명 앞에 각각 지역명을 붙인다.
- 사유림의 일반경영계획구, 협업경영계획구, 기업경영림계획구는 앞에 산림 소유자명, 협업체명 또는 기업체 명을 붙인다. 다만 2개 이상의 경영계획구로 구분할 때에는 산림 소유자명, 협업체명 또는 기업체 명 앞에 지역명을 붙인다.

☞ 보기의 예시 문제의 경우 김공단 소유, 즉 사유림 일반경영계획구로서 앞에 산림소유자명을 붙여 〈 김공단 일반경영계획구 〉로 작성한다.

Ⓑ 임반

산림경영계획구 유역 하류에서 시계 방향으로 연속되게 아라비아 숫자 1,2,3…으로 표기하고, 부득이한 사유로 보조 임반을 편성할 때에 연접된 임반의 번호에 보조번호를 부여한다.

☞ 첫장에서 명시된 김공단 소유자의 임반은 1임반으로 명시되었기에 〈 1-0 〉으로 표기한다.

Ⓒ 소반

임반 번호와 같은 방향으로 소반명을 1-1-1, 1-1-2, 1-1-3 연속되게 부여하고, 보조소반의 경우에는 연접된 소반의 번호에 1-1-1-1, 1-1-1-2, 1-1-1-3로 표기한다.

☞ 첫장에서 명시된 김공단 소유자의 소반은 1소반으로 명시되어 〈 1-0 〉으로 표기한다

Ⓓ 임상

임목재적 혹은 본수 등을 기준으로 침엽수림, 활엽수림, 혼효림으로 구분된다.

구 분	기 준
침엽수림(침)	침엽수 점유율이 75% 이상인 임분
활엽수림(활)	활엽수 점유율이 75% 이상인 임분
혼효림(혼)	침엽수 혹은 활엽수가 26~75% 미만 점유하는 임분

☞ 임상의 경우 시험 당일 수종의 점유율에 맞추어 기입한다.

Ⓔ 표준지 면적

표준지는 산림(소반)내 평균임상인 개소에서 선정하고 1개 표준지 면적은 최소 0.04ha(20m×20m, 10m×40m)로 한다.

Ⓕ 수종

주요 수종의 수종명, 혼효림의 경우는 5종까지 조사할 수 있다.

☞ 수종의 경우 표준지의 수종 혹은 지시사항의 수종으로 기입하도록 한다.

Ⓖ 흉고직경

가슴높이지름은 2cm괄약으로 수종별로 측정하여 기록한다. 다만, 6cm미만은 측정하지 아니한다.

Ⓗ 본수

본수의 경우 조사한 내용을 바탕으로 바를정(正)으로 표기한다.

Ⓘ 계

경급별 바를정(正)으로 표기된 본수를 보고 아라비아 숫자로 표기한다.

Ⓙ 계

조사한 총본수를 표기한다.

표준지수고조사야장

영림구 : Ⓐ 김공단 일반 경영계획구 조사일 : 202 . . .
임 반 : Ⓑ 1-0   소 반 : Ⓒ 1-0   조사자 : 생략(인)

(단위 : m)

Ⓔ 흉고직경	조사목별 수고 (m) 조사수고 Ⓕ									Ⓖ 합계	Ⓗ 평균	Ⓘ 삼접평균	Ⓙ 적용수고
	1	2	3	4	5	6	7	8	9				
6													
8													
10													
12	7.3	7.0	7.3							21.6	7.2	7.2	7
14	7.8									7.8	7.8	7.7	8
16	8.0									8.0	8.0	8.4	8
18	9.5									9.5	9.5	9.4	9
20	10.3	10.6	11.0							31.9	10.6	10.6	11
22													
24	13.0	12.5								25.5	12.8	12.8	13
26													
28	14.5	14.8								29.3	14.7	14.7	15
30	15.0									15.0	15.0	15.0	15
32													
34	16.3									16.3	16.3	16.3	16
36													
38													
40													

※ 작성요령

Ⓐ 영림구

- 공유림경영계획구는 앞에 특별시, 광역시, 도, 시, 군, 자치구 또는 공공단체의 명을 붙인다. 다만 2개 이상의 경영계획구로 구분할 때에는 특별시, 광역시, 도, 시, 군, 자치구 또는 공공단체의 명 앞에 각각 지역명을 붙인다.
- 사유림의 일반경영계획구, 협업경영계획구, 기업경영림계획구는 앞에 산림 소유자명, 협업체명 또는 기업체 명을 붙인다. 다만 2개 이상의 경영계획구로 구분할 때에는 산림 소유자명, 협업체명 또는 기업체 명 앞에 지역명을 붙인다.

☞ 보기의 예시 문제의 경우 김공단 소유, 즉 사유림 일반경영계획구로서 앞에 산림소유자명을 붙여 〈 김공단 일반경영계획구 〉로 작성한다.

Ⓑ 임반

산림경영계획구 유역 하류에서 시계 방향으로 연속되게 아라비아 숫자 1.2.3...으로 표기하고, 부득이한 사유로 보조 임반을 편성할 때에 연접된 임반의 번호에 보조번호를 부여한다. 보조 임반은 1-1, 1-2, 1-3...순으로 부여한다.

☞ 첫장에서 명시된 김공단 소유자의 임반은 1임반으로 명시되었기에 〈 1-0 〉으로 표기한다.

Ⓒ 소반

임반 번호와 같은 방향으로 소반명을 1-1-1, 1-1-2, 1-1-3 연속되게 부여하고, 보조소반의 경우에는 연접된 소반의 번호에 1-1-1-1, 1-1-1-2, 1-1-1-3로 표기한다.

☞ 첫장에서 명시된 김공단 소유자의 소반은 1소반으로 명시되어 〈 1-0 〉으로 표기한다.

Ⓓ 임상

임목재적 혹은 본수 등을 기준으로 침엽수림, 활엽수림, 혼효림으로 구분된다.

구 분	기 준
침엽수림(침)	침엽수 점유율이 75% 이상인 임분
활엽수림(활)	활엽수 점유율이 75% 이상인 임분
혼효림(혼)	침엽수 혹은 활엽수가 26~75% 미만 점유하는 임분

Ⓔ 흉고직경

가슴높이지름은 2cm괄약으로 수종별로 측정하여 기록한다. 다만, 6cm미만은 측정하지 아니한다.

Ⓕ 조사 수고

표준지에서 조사한 수고를 경급에 맞추어 기록한다.

Ⓖ 합계

경급별 기록한 조사수고를 합산한다.

Ⓗ 평균

경급별 수고의 합계를 각 경급의 본수로 나누어 준다. 단 지시사항에 맞추어 소수점 첫째자리 까지 기입한다.

Ⓘ 삼점평균

산출하고자 하는 바로 아래 경급의 수고와 산출하고자하는 경급의 수고 및 산출하고자 하는 위 경급의 수고를 합한 평균을 산출하여 기록한다

Ⓙ 적용수고

삼점평균 수고의 소수이하를 반올림(4사5입)한 수고로 임지의 수고로 기록한다.
[Ex] 8.2m → 8m

표준지재적조서

영림구 : Ⓐ 김공단 일반 경영계획구   소 반 : Ⓒ 1-0   조사일 : 202 .   .

임/소반 : Ⓑ 1-0-1-0   면적 : Ⓔ 1.7ha   조사자직성명 : 생략(인)

표 준 지					재 적	
Ⓗ 경 급 (cm)	Ⓘ 수 고 (m)	Ⓙ 본 수 (본)	Ⓚ 단재적 (m^3)	Ⓛ 재 적 (m^3)	Ⓞ ha당재적 (m^3)	Ⓟ 총재적 (m^3)
6						
8						
10						
12	7	3	0.0394	0.1182		
14	8	1	0.0595	0.0595		
16	8	1	0.0757	0.0757		
18	9	1	0.1055	0.1055		
20	11	3	0.1562	0.4686		
22						
24	13	2	0.2573	0.5146		
26						
28	15	2	0.3936	0.7872		
30	15	1	0.4468	0.4468		
32						
34	16	1	0.6002	0.6002		
36						
38						
40						
계	–	–	–	Ⓜ 3.176		
재계	–	15	–	Ⓝ 3.17	158.50	269.45

※ 작성요령

Ⓐ 영림구
- 공유림경영계획구는 앞에 특별시, 광역시, 도, 시.군.자치구 또는 공공단체의 명을 붙인다. 다만 2개 이상의 경영계획구로 구분할 때에는 특별시, 광역시, 도, 시.군.자치구 또는 공공단체의 명 앞에 각각 지역명을 붙인다.
- 사유림의 일반경영계획구, 협업경영계획구, 기업경영림계획구는 앞에 산림 소유자명, 협업체명 또는 기업체 명을 붙인다. 다만 2개 이상의 경영계획구로 구분할 때에는 산림 소유자명, 협업체명 또는 기업체 명 앞에 지역명을 붙인다.
- ☞ 보기의 예시 문제의 경우 김공단 소유, 즉 사유림 일반경영계획구로서 앞에 산림소유자명을 붙여 〈 김공단 일반경영계획구 〉로 작성한다.

Ⓑ 임/소반
산림경영계획구 유역 하류에서 시계 방향으로 연속되게 아라비아 숫자 1,2,3...으로 표기하고, 부득이한 사유로 보조 임반을 편성할 때에 연접된 임반의 번호에 보조번호를 부여한다. 보조 임반은 1-1, 1-2, 1-3...순으로 부여한다.
- ☞ 첫장에서 명시된 김공단 소유자의 임반은 1임반으로 명시되었기에 〈 1-0 〉으로 표기한다.

Ⓒ 소반
임반 번호와 같은 방향으로 소반명을 1-1-1, 1-1-2, 1-1-3 연속되게 부여하고, 보조소반의 경우에는 연접된 소반의 번호에 1-1-1-1, 1-1-1-2, 1-1-1-3 로 표기한다.
- ☞ 첫장에서 명시된 김공단 소유자의 소반은 1소반으로 명시되어 〈 1-0 〉으로 표기한다.

Ⓓ 표준지 면적
표준지는 산림(소반)내 평균임상인 개소에서 선정하고 1개 표준지 면적은 최소 0.04ha(20m×20m, 10m×40m)로 한다.

Ⓔ 면적
시험에 지시된 1소반의 면적을 기입하도록 한다.

Ⓕ **수종**

주요 수종의 수종명, 혼효림의 경우는 5종까지 조사할 수 있다.

☞ 수종의 경우 표준지의 수종 혹은 지시사항의 수종으로 기입하도록 한다.

Ⓖ **표준개소수**

시험자가 조사하는 표준지의 개수를 기입한다.

☞ 통상 시험자는 시험시간동안 1개의 표준지를 조사한다.

Ⓗ **흉고직경**

가슴높이지름은 2cm괄약으로 수종별로 측정하여 기록한다. 다만, 6cm미만은 측정하지 아니한다.

Ⓘ **수고**

앞장의 표준지수고조사야장에서의 적용수고를 기입한다.

Ⓙ **본수**

표준지 매목조사 야장에서 조사 정리한 경급별 본수를 기입한다.

Ⓚ **단재적**

- 시험장에서 제공되는 수간재적표를 이용하여 단재적을 구하도록 한다.

[Ex] 경급 10cm, 수고 8m의 단재적

경급 수고	6cm	8	10
5m	0.0081	0.0135	0.0202
6	0.0097	0.0163	0.0243
7	0.0114	0.0190	0.0284
8	0.0130	0.0218	0.0325
9	0.0146	0.0245	0.0365
10	0.0163	0.0272	0.0406

Ⓛ **재적**
- 각 경급별 재적을 구하도록 한다. 〈 재적 = 본수 × 단재적 〉
- 소수점 자리는 지시사항에 따르도록 한다. 통상 넷째자리까지 표기한다.

Ⓜ **계**
- 경급별 구한 재적 값들을 모두 합하여 통상 소수점 셋째자리까지 표기한다.
- 단, 별도의 소수점 자리에 대한 지시사항이 있을 경우 지시사항을 따르도록 한다.

Ⓝ **재계**
- 경급별 구한 재적 값들을 모두 합하여 통상 소수점 둘째자리까지 표기한다.
- 단, 별도의 소수점 자리에 대한 지시사항이 있을 경우 지시사항을 따르도록 한다.

Ⓞ **ha 당 재적**

표준지 재적(m^3) ÷ 표준지 면적(ha) = m^3/ha

Ⓟ **총 재적**
- 소반 총 축적 : ha 당 재적 × 총면적 = 총 재적
- 총재적은 통상 소수점 둘째자리까지 표시한다. 단, 별도의 소수점 자리에 대한 지시사항이 있을 경우 지시사항을 따르도록 한다.

표준지내 수목 및 하층식생 목록표

번호	하 층 식 생 명
1	국수나무
2	꽝꽝나무
3	오동나무
4	쥐똥나무
5	주목

※ **작성 요령**

- 하층식생은 통상 5문제가 출제된다.
- 5문제의 하층식생에 번호순서에 맞추어 기입하도록 하며 기타 사항은 감독관 지시사항에 따른다.
- 미리 준비된 하층식생은 주로 줄기, 잎 두가지를 통해 하층식생을 유추해야 하며 계절에 따라 열매, 꽃 등이 있기도 하지만 주로 줄기와 잎의 특징 위주로 공부하도록 한다.

※ **하층식생 기출**

양산	청송	진안	강릉
때죽나무, 감태나무, 화살나무, 찔레나무, 국수나무, 서어나무, 생강나무, 쥐똥나무, 비목, 떡갈나무, 두릅나무, 초피나무, 가막살나무, 다래나무, 산벚나무, 소나무	조팝나무, 신나무, 회양목, 소나무, 산딸기, 국수나무, 명자나무, 산수유나무, 두릅나무, 신갈나무, 떡갈나무, 병꽃나무, 찔레나무, 가막살나무	산벚나무, 밤나무, 노린재나무, 오가피나무, 생강나무, 편백, 개암나무, 조팝나무, 찔레나무, 노간주나무, 음나무, 신나무, 화살나무	산초나무, 물오리나무, 산벚나무, 생강나무, 신갈나무, 국수나무, 생강나무, 소나무, 싸리나무, 오리나무, 아끼시나무, 노간주나무, 낙엽송

미래목, 제거목 목록표

구분	나무 번호
미래목	5번, 6번 7번, 9번

※ 작성 요령

- 시험지의 지시내용 혹은 감독관의 지시사항에 따라 미래목을 선정하여 선정된 나무의 번호를 표에 기입하도록 한다.
- 미래목의 경우 본 예시와 같이 200본/ha 의 경우 표준지 면적 기준으로 본수를 환산하도록 한다.

  > 200본 : 1ha = 선정할 미래목 본수 : 0.02ha
  > 선정할 미래목 본수 = 4본

※ 참고 기준
- ◉ 지속 가능한 산림자원의 관리 지침

  1) 미래목 선정, 관리
  - 피압을 받지 않은 상층의 우세목으로 선정하되 폭목 은 제외
  - 나무줄기가 곧고 갈라지지 않으며 산림 병충해 등 물리적인 피해가 없을 것.
  - 미래목간의 거리는 최소 5m이상으로 임지 내에 고르게 분포하도록 하며 활엽수는 ha당200본 내외, 침엽수는 ha당 200~400본을 미래목 으로 한다.
  - 미래목만 가지치기를 실행하며 산 가지치기일 경우 11월부터 이듬해 5월 이전까지 실행하여야 하나 작업여건, 노동력 공급여건 등을 감안하여 작업시기를 조정 가능하다.
  - 가지치기는 반드시 톱을 사용하여 실행 한다.
  - 솎아베기 및 산물의 하산, 집재, 반출 등의 작업 시 미래목 을 손상 하지 않도록 주의한다.
  - 미래목은 가슴높이에서 10cm의 폭으로 황색 수성페인트를 돌려서 표시한다.

  2) 제거 대상목 은 미래목 의 수간생장을 억압하는 생장 경쟁목, 미래목의 수관과 줄기에 해를 입히는 나무를 대상목 으로 한다.

  3) 미래목과 중용목의 하층임관을 이루고 있는 보호목은 제거 하지 않는다.

  4) 칡, 머루, 다래, 담쟁이등 미래목에 피해를 주거나 향후 피해가 예상되는 덩굴류는 제거 한다.

산림산업기사 작업형
감독관 질의응답 기출

01 수고 값

문 1 저기 나무의 수고는 얼마나 됩니까?
→→ 16.0m입니다, 14.3m입니다.
※ 감독관이 직접 나무를 지정하여 그 자리에서 측정시키기도 합니다.

02 수고 측정 방법

문 1 지금과 같이 경사지에서는 수고 측정을 어떻게 합니까?
→→ 오차를 줄이기 위해서 등고선상에서 측정을 하도록 합니다.

문 2 왜 등고 위치에서 하나요?
→→ 등고 위치에서 하면 따로 보정없이 신속하고 정확하게 측정이 가능합니다. 등고선외의 다른 지점에서 측정시 경사로 인해 보정을 해주어야 합니다.

문 3 보정을 해준다고 했는데 보정은 어떤 식으로 해주는가요?
→→ 등고 위치의 동일선상에서는 수고를 바로 측정하나 다른 등고선상에서는 동일하게 구해준 후에 경사계를 이용하여 각도를 구한후 $\cos\theta$ 값을 곱하여 보정하여 줍니다.

문 4 왜 20m 지점에서 떨어져서 측정하나요? 다른 지점에서는 측정이 안되나요?
→→ 다른지점에서도 측정이 가능합니다. 그러나 삼각법 기준으로 나무수고와 유사한 거리만큼에서 측정하는 것이 정확하여 그렇습니다.

문 5 나무를 측정할 때 가지가 여러 갈래로 나누어진 다간형의 경우 어디를 측정하는가?
→→ 나무가 여러 갈래로 자랄 경우 가장 높은 수고부분을 측정한다.

문 6 만약 지금 측고기가 없는 경우는 어떻게 나무의 수고를 측정하는가?
→→→ 1. 경험에 의한 목측
2. 유사 나무를 측정한 결과에 의한 데이터상의 추론
3. 삼각법을 이용하여 구하는 방법이 있는데 나무에서 측정자까지의 거리와 측정자를 기준으로 나무끝가지의 각도를 이용하여 대략적인 측정이 가능합니다.

03 장비 관련 질문

문 1 이 장비의 이름은 무엇인가?
→→→ 하이트로메타, 클로로메타, 윤척 등

문 2 하이트로메타에서 1/15, 1/20 이 있는데 이것은 무엇을 의미하는가?
→→→ 측정시 측정하고자 하는 나무와의 수평거리를 말하는 것으로 각각 15m, 20m 를 의미합니다.

문 3 하이트로메타는 어떤 장비인가요?
→→→ 하이트로메타는 15m 나 20m 거리에서 바로 m 단위로 수고를 측정하는 기구입니다.

문 4 그럼 클로로메타는 어떤 원리인가요?
→→→ 클로로메타는 경사계로서 % 단위를 사용하며 하이트로메타와 사용방법은 동일하게 근원부와 초두부를 읽고 떨어진 수평거리를 곱하여 100 으로 나누어 주어 수고를 구합니다.

문 5 윤척은 어떻게 재는가요?
→→→ 윤척은 ㄷ 자 모양으로 3면이 모두 나무에 밀착시켜 측정합니다.
(※ 실제로 측정을 지시하기도 함)

문 6 값이 16 과 18 사이 즉 17 이 나왔을 경우는 어떻게 하나요?
→→→ 다른 방향들로 2~3회 측정한 후 평균으로 가장 가까운 짝수 경급값을 적습니다. 그리고 cm 괄약으로 그 범위에 속하는 짝수 경급값을 기입합니다.

문 7 그렇다면 측고기종류가 지금 쓰고 있는 하이트로 메타 외에 다른 것 무엇이 있나요?
→→ 하이트로메타, 클로로메타, 블루메라이스, 와이제측고기, 전자측고기(하그로프) 등이 있습니다.

04 직경 측정 질문

문 1 직경 측정을 해보니 얼마나 나오나요?
→→ 12cm 나옵니다(2cm 단위).

문 2 왜 경사지 위에서 측정을 하는가?
→→ 나무를 베는 지점(벌채점)이 경사지 위쪽이기 때문입니다. 그래서 위쪽에서 측정하여야 가장 정확한 재적값 산출이 가능합니다.

문 3 왜 2cm 단위로만 측정하는가요?
→→ 수간재적표가 2cm 로 되어 있는데 이는 효율적인 재적 조사를 위해서입니다.

문 4 나무가 굽어서 자라 가슴높이에서 직경을 잴 수 없는 경우는 어떻게 측정합니까?
→→ 나무가 굽은 대로 따라가 근원부에서 1.2m 지점에서 측정하면 됩니다.

문 5 왜 1.2m 지점에서 측정하나요?
→→ 우리나라 성인남자의 평균 가슴높이가 1.2m입니다. 그래서 흉고직경이라는 용어를 쓰며 캐나다와 같은 해외에서는 1.5m 를 기준으로 합니다. 또한 재적 산출을 위해 수종별/지방별 분류 작성된 임목간재적표를 활용하는데 그 표의 적용이 흉고직경 1.2m 을 기준으로 만들어져 있습니다.

문 6 나무가 1.2m 아래에서 분간되는 경우는 어떻게 측정을 합니까?
→→ 분간되는 나무는 각각 다른 나무로 취급하여 따로 측정합니다.

문 7 측정하려는 흉고직경부분이 정상적이지 못할 경우는 어떻게 측정하나요?
→→ 측정 부분이 측정이 불가할 경우 그 부분을 기준으로 위아래 동일 거리를 떨어뜨려 측정한 후 평균값을 내면 됩니다.

문 8 나무의 줄기가 심한 타원모양(편심생장)인 경우는 어떻게 측정하나요?
→→→ 지름이 가장 짧은 쪽과 가장 긴 쪽을 측정하여 그 평균값을 직경으로 합니다.
※ 편심생장은 바람의 영향으로 수관이 한쪽으로 치우치거나 경사면에서 수간이 기울면 형성층의 분열이 불균형하게 이루어져 결과적으로 연륜(나이테)의 중심이 한쪽으로 치우치는 직경생장을 한다.

문 9 나무가 기울어져 있을 때 흉고직경을 어떻게 재는가?
→→→ 기울어진 방향으로 1.2m 되는 곳을 수간 축과 윤척이 직교하는 하도록 측정한다. 즉 윤척과 나무가 서로 90도 가 되도록 해야 한다.

문 10 측고기 사용시(수고 측정시) 주의 사항에는 어떤 것이 있겠는가?
→→→
- 나무의 정단과 밑이 잘 보이는 지점을 선정한다.
- 경사진 곳에서 측정할 때에는 오차가 생기기 쉬우므로 여러 방향에서 측정하여 평균값을 구한다.
- 가능한 나무가 있는 곳과 등고(같은 높이) 위치에서 측정한다.

문 11 경급 측정시 말하는 괄약은 무엇을 의미하는가요?
→→→ 기록과 분석을 간단하게 하기 위해 어떤 일정한 범위 내의 수치를 일괄하여 급수로 표시한 것을 말합니다.

문 12 흉고직경을 측정했을 때 5.5cm 의 경우 기록을 하는가요?
→→→ 통상 괄약이긴 하나 6cm 미만에서는 별도 기록 및 측정을 하지 않습니다.

05 최신 질의응답 기출

문 1 쓰러진 나무는 어떤 기준으로 흉고직경을 측정하는가?
→→→ 쓰러진 경우 서있는 나무와 다르게 벌채점에서 줄자를 이용해 1.2m에 있는 지점을 측정합니다.

문 2 방위 측정은 어떻게 하는 것인가?
→→→ 방위는 경사면의 방향을 나타내는 것으로 경사를 등지고 나침반을 들었을 때 방향을 읽으면 됩니다.

문 3 현재 경사면의 방위는 어떻게 되는가?
→→→ (본인 시험장에 맞추어 측정 후 8방위 기준으로 답변) Ex) 남동향입니다

문 4 현재 수험자가 20m 지점에서 수고 측정중인데 10m 지점이나 다른 지점에서는 측정이 불가능한가?
→→→ 가능합니다. 수고 측정기는 삼각법에 의해서 만들어진 장비입니다. 만약 제가 10m 지점에서 측정한다면 클리노미터를 이용하여 동일한 측정방법으로 초두부와 근원부를 측정하고 이격거리 만큼 곱해주면 됩니다.

임목 수간 재적표

잣나무 수간재적표

경급\수고	6cm	8	10	12	14	16	18	20	22	24	26	28	30	32	34	36	38	40	42	44	46	48	50	52	54	56
5m	0.0085	0.0145	0.0220	0.0309	0.0413	0.0529	0.0660	0.0803	0.0959	0.1128	0.1310	0.1503	0.1709	0.1928	0.2158	0.2400	0.2653	0.2919	0.3196	0.3484	0.3783	0.4094	0.4416	0.4749	0.5093	0.5447
6	0.0101	0.0173	0.0263	0.0370	0.0494	0.0634	0.0790	0.0961	0.1148	0.1350	0.1568	0.1800	0.2046	0.2308	0.2583	0.2873	0.3177	0.3494	0.3826	0.4171	0.4529	0.4901	0.5286	0.5685	0.6097	0.6521
7	0.0118	0.0202	0.0307	0.0431	0.0575	0.0738	0.0920	0.1120	0.1337	0.1573	0.1826	0.2096	0.2384	0.2688	0.3009	0.3346	0.3700	0.4070	0.4456	0.4858	0.5275	0.5709	0.6157	0.6622	0.7101	0.7596
8	0.0135	0.0231	0.0350	0.0492	0.0657	0.0843	0.1050	0.1278	0.1527	0.1795	0.2084	0.2393	0.2721	0.3068	0.3435	0.3820	0.4224	0.4646	0.5086	0.5545	0.6022	0.6517	0.7029	0.7559	0.8106	0.8671
9	0.0151	0.0259	0.0394	0.0553	0.0738	0.0947	0.1180	0.1436	0.1716	0.2018	0.2343	0.2690	0.3058	0.3449	0.3860	0.4293	0.4747	0.5222	0.5717	0.6233	0.6769	0.7325	0.7901	0.8496	0.9112	0.9746
10	0.0168	0.0288	0.0437	0.0614	0.0819	0.1052	0.1310	0.1595	0.1905	0.2241	0.2601	0.2986	0.3396	0.3829	0.4287	0.4767	0.5271	0.5798	0.6348	0.6921	0.7516	0.8133	0.8773	0.9434	1.0117	1.0822
11	0.0185	0.0316	0.0480	0.0675	0.0901	0.1156	0.1440	0.1753	0.2095	0.2464	0.2860	0.3283	0.3733	0.4210	0.4713	0.5241	0.5795	0.6375	0.6980	0.7609	0.8263	0.8942	0.9645	1.0372	1.1123	1.1898
12	0.0201	0.0345	0.0524	0.0737	0.0982	0.1261	0.1571	0.1912	0.2284	0.2686	0.3119	0.3580	0.4071	0.4591	0.5139	0.5715	0.6320	0.6952	0.7611	0.8297	0.9011	0.9751	1.0518	1.1311	1.2130	1.2974
13	0.0218	0.0374	0.0567	0.0798	0.1064	0.1365	0.1701	0.2071	0.2474	0.2909	0.3377	0.3877	0.4409	0.4972	0.5565	0.6189	0.6844	0.7528	0.8242	0.8986	0.9758	1.0560	1.1390	1.2249	1.3136	1.4051
14	0.0235	0.0402	0.0611	0.0859	0.1145	0.1470	0.1831	0.2229	0.2663	0.3132	0.3636	0.4174	0.4747	0.5353	0.5992	0.6664	0.7368	0.8105	0.8874	0.9674	1.0506	1.1369	1.2263	1.3188	1.4142	1.5128
15	0.0252	0.0431	0.0654	0.0920	0.1227	0.1574	0.1962	0.2388	0.2853	0.3355	0.3895	0.4471	0.5084	0.5733	0.6418	0.7138	0.7893	0.8682	0.9505	1.0363	1.1254	1.2178	1.3136	1.4126	1.5149	1.6204
16	0.0268	0.0460	0.0698	0.0981	0.1308	0.1679	0.2092	0.2547	0.3042	0.3578	0.4154	0.4769	0.5422	0.6114	0.6845	0.7612	0.8417	0.9259	1.0137	1.1051	1.2002	1.2988	1.4009	1.5065	1.6156	1.7281
17	0.0285	0.0488	0.0741	0.1042	0.1390	0.1784	0.2222	0.2705	0.3232	0.3801	0.4412	0.5066	0.5760	0.6496	0.7271	0.8087	0.8942	0.9836	1.0769	1.1740	1.2750	1.3797	1.4882	1.6004	1.7163	1.8358
18	0.0302	0.0517	0.0785	0.1103	0.1471	0.1888	0.2353	0.2864	0.3421	0.4024	0.4671	0.5363	0.6098	0.6877	0.7698	0.8561	0.9466	1.0413	1.1401	1.2429	1.3498	1.4606	1.5755	1.6943	1.8170	1.9435
19	0.0318	0.0545	0.0828	0.1164	0.1553	0.1993	0.2483	0.3023	0.3611	0.4247	0.4930	0.5660	0.6436	0.7258	0.8124	0.9035	0.9991	1.0990	1.2032	1.3118	1.4246	1.5416	1.6628	1.7882	1.9177	2.0512
20	0.0335	0.0574	0.0871	0.1225	0.1635	0.2098	0.2613	0.3181	0.3800	0.4470	0.5189	0.5957	0.6774	0.7639	0.8551	0.9510	1.0515	1.1567	1.2664	1.3807	1.4994	1.6226	1.7501	1.8821	2.0184	2.1590
21	0.0352	0.0603	0.0915	0.1287	0.1716	0.2202	0.2744	0.3340	0.3990	0.4693	0.5448	0.6255	0.7112	0.8020	0.8978	0.9984	1.1040	1.2144	1.3296	1.4496	1.5742	1.7035	1.8375	1.9760	2.1191	2.2667
22	0.0369	0.0631	0.0958	0.1348	0.1798	0.2307	0.2874	0.3499	0.4180	0.4916	0.5707	0.6552	0.7450	0.8401	0.9404	1.0459	1.1565	1.2721	1.3928	1.5184	1.6490	1.7845	1.9248	2.0699	2.2198	2.3744
23	0.0385	0.0660	0.1002	0.1409	0.1879	0.2412	0.3005	0.3658	0.4369	0.5139	0.5966	0.6849	0.7788	0.8782	0.9831	1.0934	1.2090	1.3299	1.4560	1.5873	1.7238	1.8654	2.0121	2.1638	2.3205	2.4822
24	0.0402	0.0689	0.1045	0.1470	0.1961	0.2516	0.3135	0.3816	0.4559	0.5362	0.6225	0.7146	0.8126	0.9163	1.0258	1.1408	1.2614	1.3876	1.5192	1.6562	1.7987	1.9464	2.0995	2.2578	2.4213	2.5899
25	0.0419	0.0717	0.1089	0.1531	0.2042	0.2621	0.3266	0.3975	0.4749	0.5585	0.6484	0.7444	0.8464	0.9545	1.0684	1.1883	1.3139	1.4453	1.5824	1.7252	1.8735	2.0274	2.1868	2.3517	2.5220	2.6977
26	0.0435	0.0746	0.1132	0.1592	0.2124	0.2726	0.3396	0.4134	0.4938	0.5808	0.6743	0.7741	0.8802	0.9926	1.1111	1.2357	1.3664	1.5030	1.6456	1.7941	1.9483	2.1084	2.2742	2.4456	2.6227	2.8054
27	0.0452	0.0775	0.1176	0.1653	0.2205	0.2830	0.3526	0.4293	0.5128	0.6031	0.7002	0.8038	0.9140	1.0307	1.1538	1.2832	1.4189	1.5608	1.7088	1.8630	2.0232	2.1894	2.3615	2.5396	2.7235	2.9132
28	0.0469	0.0803	0.1219	0.1715	0.2287	0.2935	0.3657	0.4451	0.5318	0.6254	0.7261	0.8336	0.9478	1.0688	1.1965	1.3307	1.4714	1.6185	1.7720	1.9319	2.0980	2.2703	2.4489	2.6335	2.8242	3.0209
29	0.0486	0.0832	0.1263	0.1776	0.2369	0.3040	0.3787	0.4610	0.5507	0.6477	0.7520	0.8633	0.9816	1.1070	1.2391	1.3781	1.5238	1.6762	1.8352	2.0008	2.1728	2.3513	2.5362	2.7274	2.9249	3.1287
30	0.0502	0.0861	0.1306	0.1837	0.2450	0.3144	0.3918	0.4769	0.5697	0.6700	0.7779	0.8930	1.0155	1.1451	1.2818	1.4256	1.5763	1.7340	1.8984	2.0697	2.2477	2.4323	2.6236	2.8214	3.0257	3.2365

낙엽송 수간재적표

경급 수고	6cm	8	10	12	14	16	18	20	22	24	26	28	30	32	34	36	38	40	42	44	46	48	50	52	54	56
5m	0.0082	0.0143	0.0219	0.0310	0.0415	0.0535	0.0669	0.0817	0.0978	0.1152	0.1338	0.1537	0.1749	0.1972	0.2207	0.2453	0.2710	0.2979	0.3258	0.3548	0.3848	0.4158	0.4478	0.4907	0.5147	0.5495
6	0.0098	0.0171	0.0262	0.0371	0.0498	0.0642	0.0803	0.0980	0.1173	0.1381	0.1605	0.1844	0.2097	0.2365	0.2646	0.2942	0.3251	0.3573	0.3908	0.4255	0.4615	0.4988	0.5372	0.5767	0.6174	0.6593
7	0.0115	0.0199	0.0306	0.0433	0.0581	0.0749	0.0936	0.1142	0.1367	0.1611	0.1872	0.2150	0.2446	0.2758	0.3086	0.3431	0.3791	0.4167	0.4558	0.4964	0.5384	0.5818	0.6266	0.6728	0.7203	0.7691
8	0.0131	0.0228	0.0349	0.0495	0.0663	0.0855	0.1069	0.1305	0.1562	0.1840	0.2138	0.2456	0.2794	0.3151	0.3527	0.3920	0.4332	0.4762	0.5208	0.5672	0.6152	0.6648	0.7160	0.7688	0.8231	0.8789
9	0.0147	0.0256	0.0393	0.0556	0.0746	0.0962	0.1203	0.1468	0.1757	0.2070	0.2405	0.2763	0.3143	0.3544	0.3967	0.4410	0.4873	0.5356	0.5859	0.6380	0.6920	0.7479	0.8055	0.8649	0.9260	0.9888
10	0.0164	0.0284	0.0436	0.0618	0.0829	0.1069	0.1336	0.1631	0.1952	0.2299	0.2672	0.3070	0.3492	0.3938	0.4407	0.4899	0.5414	0.5951	0.6509	0.7089	0.7689	0.8310	0.8950	0.9610	1.0289	1.0987
11	0.0180	0.0313	0.0480	0.0680	0.0912	0.1175	0.1469	0.1793	0.2147	0.2529	0.2939	0.3376	0.3840	0.4331	0.4847	0.5389	0.5955	0.6546	0.7160	0.7797	0.8458	0.9140	0.9845	1.0571	1.1318	1.2086
12	0.0196	0.0341	0.0523	0.0741	0.0994	0.1282	0.1603	0.1956	0.2342	0.2758	0.3206	0.3683	0.4189	0.4724	0.5288	0.5878	0.6496	0.7140	0.7811	0.8506	0.9227	0.9971	1.0740	1.1532	1.2347	1.3185
13	0.0213	0.0370	0.0567	0.0803	0.1077	0.1388	0.1736	0.2119	0.2537	0.2988	0.3472	0.3989	0.4538	0.5118	0.5728	0.6368	0.7037	0.7735	0.8461	0.9215	0.9995	1.0802	1.1635	1.2493	1.3376	1.4284
14	0.0229	0.0398	0.0610	0.0865	0.1160	0.1495	0.1869	0.2282	0.2732	0.3218	0.3739	0.4296	0.4887	0.5511	0.6168	0.6858	0.7579	0.8330	0.9112	0.9924	1.0764	1.1633	1.2530	1.3455	1.4406	1.5383
15	0.0245	0.0426	0.0654	0.0926	0.1243	0.1602	0.2003	0.2445	0.2926	0.3447	0.4006	0.4603	0.5236	0.5905	0.6609	0.7347	0.8120	0.8925	0.9763	1.0632	1.1533	1.2464	1.3425	1.4416	1.5435	1.6482
16	0.0262	0.0455	0.0697	0.0988	0.1325	0.1709	0.2136	0.2608	0.3121	0.3677	0.4273	0.4909	0.5585	0.6298	0.7049	0.7837	0.8661	0.9520	1.0414	1.1341	1.2302	1.3295	1.4321	1.5377	1.6464	1.7582
17	0.0278	0.0483	0.0741	0.1050	0.1408	0.1815	0.2270	0.2770	0.3316	0.3907	0.4540	0.5216	0.5934	0.6692	0.7490	0.8327	0.9202	1.0115	1.1065	1.2050	1.3071	1.4127	1.5216	1.6339	1.7494	1.8681
18	0.0294	0.0511	0.0784	0.1111	0.1491	0.1922	0.2403	0.2933	0.3511	0.4136	0.4807	0.5523	0.6283	0.7085	0.7930	0.8817	0.9744	1.0710	1.1716	1.2759	1.3840	1.4958	1.6111	1.7300	1.8523	1.9780
19	0.0311	0.0540	0.0828	0.1173	0.1574	0.2029	0.2537	0.3096	0.3706	0.4366	0.5074	0.5830	0.6632	0.7479	0.8371	0.9306	1.0285	1.1305	1.2366	1.3468	1.4609	1.5789	1.7007	1.8262	1.9553	2.0880
20	0.0327	0.0568	0.0871	0.1235	0.1656	0.2135	0.2670	0.3259	0.3901	0.4596	0.5341	0.6136	0.6980	0.7872	0.8811	0.9796	1.0826	1.1900	1.3017	1.4177	1.5378	1.6620	1.7902	1.9223	2.0582	2.1979
21	0.0343	0.0597	0.0915	0.1296	0.1739	0.2242	0.2803	0.3422	0.4096	0.4825	0.5608	0.6443	0.7329	0.8266	0.9252	1.0286	1.1367	1.2495	1.3668	1.4886	1.6147	1.7452	1.8798	2.0185	2.1612	2.3079
22	0.0360	0.0625	0.0958	0.1358	0.1822	0.2349	0.2937	0.3585	0.4291	0.5055	0.5875	0.6750	0.7678	0.8660	0.9692	1.0776	1.1909	1.3090	1.4319	1.5595	1.6917	1.8283	1.9693	2.1146	2.2642	2.4178
23	0.0376	0.0653	0.1002	0.1420	0.1905	0.2455	0.3070	0.3748	0.4486	0.5285	0.6142	0.7057	0.8027	0.9053	1.0133	1.1266	1.2450	1.3685	1.4970	1.6304	1.7686	1.9114	2.0588	2.2108	2.3671	2.5278
24	0.0392	0.0682	0.1045	0.1481	0.1988	0.2562	0.3204	0.3911	0.4681	0.5515	0.6409	0.7363	0.8376	0.9447	1.0574	1.1756	1.2992	1.4280	1.5621	1.7013	1.8455	1.9945	2.1484	2.3069	2.4701	2.6378
25	0.0409	0.0710	0.1089	0.1543	0.2070	0.2669	0.3337	0.4073	0.4876	0.5744	0.6676	0.7670	0.8725	0.9840	1.1014	1.2245	1.3533	1.4876	1.6272	1.7722	1.9224	2.0777	2.2379	2.4031	2.5731	2.7477
26	0.0425	0.0738	0.1133	0.1605	0.2153	0.2776	0.3471	0.4236	0.5071	0.5974	0.6943	0.7977	0.9074	1.0234	1.1455	1.2735	1.4074	1.5471	1.6923	1.8431	1.9993	2.1608	2.3275	2.4993	2.6760	2.8577
27	0.0441	0.0767	0.1176	0.1666	0.2236	0.2882	0.3604	0.4399	0.5266	0.6204	0.7210	0.8284	0.9423	1.0628	1.1895	1.3225	1.4616	1.6066	1.7574	1.9140	2.0762	2.2439	2.4170	2.5954	2.7790	2.9676
28	0.0458	0.0795	0.1220	0.1728	0.2319	0.2989	0.3737	0.4562	0.5461	0.6434	0.7477	0.8590	0.9772	1.1021	1.2336	1.3715	1.5157	1.6661	1.8226	1.9849	2.1532	2.3271	2.5066	2.6916	2.8820	3.0776
29	0.0474	0.0824	0.1263	0.1790	0.2401	0.3096	0.3871	0.4725	0.5656	0.6663	0.7744	0.8897	1.0121	1.1415	1.2777	1.4205	1.5698	1.7256	1.8877	2.0559	2.2301	2.4102	2.5962	2.7878	2.9849	3.1876
30	0.0490	0.0852	0.1307	0.1852	0.2484	0.3203	0.4004	0.4888	0.5851	0.6893	0.8011	0.9204	1.0470	1.1809	1.3217	1.4695	1.6240	1.7851	1.9528	2.1268	2.3070	2.4934	2.6857	2.8839	3.0879	3.2975

강원도지방소나무의 수간재적표

경급 수고	6cm	8	10	12	14	16	18	20	22	24	26	28	30	32	34	36	38	40	42	44	46	48	50	52	54	56
5m	0.0018	0.0030	0.0045	0.0063	0.0084	0.0107	0.0132	0.0161	0.0192	0.0225	0.0261	0.0300	0.0341	0.0385	0.0431	0.0480	0.0532	0.0586	0.0642	0.0702	0.0764	0.0828	0.0896	0.0966	0.1039	0.1114
6	0.0034	0.0057	0.0086	0.0120	0.0159	0.0203	0.0251	0.0305	0.0364	0.0428	0.0496	0.0570	0.0648	0.0731	0.0819	0.0912	0.1010	0.1113	0.1221	0.1334	0.1452	0.1575	0.1703	0.1836	0.1975	0.2119
7	0.0050	0.0085	0.0127	0.0177	0.0234	0.0299	0.0371	0.0450	0.0537	0.0631	0.0732	0.0840	0.0956	0.1079	0.1209	0.1346	0.1491	0.1642	0.1802	0.1968	0.2143	0.2324	0.2514	0.2710	0.2915	0.3127
8	0.0066	0.0112	0.0168	0.0234	0.0310	0.0395	0.0491	0.0596	0.0711	0.0835	0.0969	0.1112	0.1265	0.1427	0.1599	0.1781	0.1972	0.2173	0.2384	0.2605	0.2835	0.3076	0.3326	0.3587	0.3857	0.4138
9	0.0083	0.0139	0.0209	0.0291	0.0385	0.0492	0.0611	0.0742	0.0884	0.1039	0.1206	0.1384	0.1574	0.1776	0.1991	0.2217	0.2455	0.2705	0.2967	0.3242	0.3529	0.3828	0.4140	0.4464	0.4801	0.5150
10	0.0099	0.0166	0.0250	0.0348	0.0461	0.0589	0.0731	0.0888	0.1058	0.1244	0.1443	0.1656	0.1884	0.2126	0.2382	0.2653	0.2938	0.3237	0.3551	0.3880	0.4223	0.4581	0.4954	0.5342	0.5745	0.6164
11	0.0115	0.0194	0.0291	0.0405	0.0537	0.0686	0.0851	0.1034	0.1233	0.1448	0.1680	0.1929	0.2194	0.2476	0.2774	0.3089	0.3421	0.3770	0.4135	0.4518	0.4918	0.5335	0.5769	0.6221	0.6691	0.7178
12	0.0131	0.0221	0.0332	0.0462	0.0613	0.0783	0.0972	0.1180	0.1407	0.1653	0.1918	0.2201	0.2504	0.2825	0.3166	0.3526	0.3904	0.4302	0.4720	0.5156	0.5613	0.6089	0.6585	0.7100	0.7636	0.8192
13	0.0148	0.0249	0.0373	0.0520	0.0689	0.0880	0.1092	0.1326	0.1581	0.1857	0.2155	0.2474	0.2814	0.3175	0.3558	0.3962	0.4388	0.4835	0.5304	0.5795	0.6308	0.6843	0.7400	0.7980	0.8582	0.9207
14	0.0164	0.0276	0.0414	0.0577	0.0765	0.0977	0.1212	0.1472	0.1755	0.2062	0.2393	0.2747	0.3124	0.3526	0.3951	0.4399	0.4872	0.5369	0.5889	0.6434	0.7004	0.7598	0.8216	0.8860	0.9529	1.0223
15	0.0180	0.0303	0.0455	0.0634	0.0841	0.1074	0.1333	0.1618	0.1930	0.2267	0.2630	0.3020	0.3435	0.3876	0.4343	0.4836	0.5356	0.5902	0.6474	0.7073	0.7699	0.8352	0.9033	0.9740	1.0475	1.1238
16	0.0197	0.0331	0.0496	0.0692	0.0917	0.1171	0.1453	0.1764	0.2104	0.2472	0.2868	0.3292	0.3745	0.4226	0.4735	0.5273	0.5840	0.6435	0.7059	0.7713	0.8395	0.9107	0.9849	1.0621	1.1422	1.2254
17	0.0213	0.0358	0.0537	0.0749	0.0993	0.1268	0.1574	0.1911	0.2279	0.2677	0.3106	0.3565	0.4056	0.4576	0.5128	0.5711	0.6324	0.6969	0.7645	0.8352	0.9091	0.9862	1.0666	1.1501	1.2369	1.3270
18	0.0229	0.0386	0.0579	0.0806	0.1069	0.1365	0.1694	0.2057	0.2453	0.2882	0.3344	0.3838	0.4366	0.4927	0.5521	0.6148	0.6808	0.7502	0.8230	0.8992	0.9788	1.0618	1.1482	1.2382	1.3316	1.4286
19	0.0245	0.0413	0.0620	0.0864	0.1145	0.1462	0.1815	0.2203	0.2627	0.3087	0.3582	0.4111	0.4677	0.5277	0.5913	0.6585	0.7293	0.8036	0.8816	0.9631	1.0484	1.1373	1.2299	1.3263	1.4264	1.5302
20	0.0262	0.0441	0.0661	0.0921	0.1221	0.1559	0.1935	0.2350	0.2802	0.3292	0.3819	0.4385	0.4987	0.5628	0.6306	0.7023	0.7777	0.8570	0.9401	1.0271	1.1180	1.2128	1.3116	1.4143	1.5211	1.6319
21	0.0278	0.0468	0.0702	0.0978	0.1297	0.1656	0.2056	0.2496	0.2976	0.3497	0.4057	0.4658	0.5298	0.5978	0.6699	0.7460	0.8261	0.9104	0.9987	1.0911	1.1876	1.2884	1.3933	1.5024	1.6158	1.7335
22	0.0294	0.0496	0.0743	0.1036	0.1373	0.1753	0.2176	0.2642	0.3151	0.3702	0.4295	0.4931	0.5609	0.6329	0.7092	0.7897	0.8746	0.9637	1.0572	1.1551	1.2573	1.3639	1.4750	1.5905	1.7106	1.8352
23	0.0311	0.0523	0.0784	0.1093	0.1449	0.1850	0.2297	0.2789	0.3326	0.3907	0.4533	0.5204	0.5919	0.6680	0.7485	0.8335	0.9230	1.0171	1.1158	1.2191	1.3269	1.4395	1.5567	1.6787	1.8054	1.9368
24	0.0327	0.0550	0.0825	0.1151	0.1525	0.1947	0.2417	0.2935	0.3500	0.4112	0.4771	0.5477	0.6230	0.7030	0.7878	0.8772	0.9715	1.0705	1.1744	1.2831	1.3966	1.5151	1.6384	1.7668	1.9001	2.0385
25	0.0343	0.0578	0.0867	0.1208	0.1601	0.2044	0.2538	0.3082	0.3675	0.4317	0.5009	0.5750	0.6541	0.7381	0.8271	0.9210	1.0199	1.1239	1.2329	1.3470	1.4663	1.5906	1.7202	1.8549	1.9949	2.1402
26	0.0360	0.0605	0.0908	0.1265	0.1677	0.2141	0.2659	0.3228	0.3849	0.4522	0.5247	0.6023	0.6852	0.7732	0.8663	0.9648	1.0684	1.1773	1.2915	1.4110	1.5359	1.6662	1.8019	1.9430	2.0897	2.2419
27	0.0376	0.0633	0.0949	0.1323	0.1753	0.2239	0.2779	0.3374	0.4024	0.4727	0.5485	0.6297	0.7162	0.8082	0.9056	1.0085	1.1169	1.2307	1.3501	1.4751	1.6056	1.7418	1.8836	2.0312	2.1845	2.3436
28	0.0392	0.0660	0.0990	0.1380	0.1829	0.2336	0.2900	0.3521	0.4198	0.4933	0.5723	0.6570	0.7473	0.8433	0.9449	1.0523	1.1653	1.2841	1.4087	1.5391	1.6753	1.8174	1.9653	2.1193	2.2793	2.4453
29	0.0408	0.0688	0.1031	0.1438	0.1905	0.2433	0.3020	0.3667	0.4373	0.5138	0.5961	0.6843	0.7784	0.8784	0.9842	1.0960	1.2138	1.3375	1.4673	1.6031	1.7449	1.8929	2.0471	2.2074	2.3741	2.5470
30	0.0425	0.0715	0.1073	0.1495	0.1981	0.2530	0.3141	0.3814	0.4548	0.5343	0.6199	0.7116	0.8095	0.9134	1.0235	1.1398	1.2623	1.3909	1.5259	1.6671	1.8146	1.9685	2.1288	2.2956	2.4689	2.6487

중부지방소나무의 수간재적표

수고\경급	6cm	8	10	12	14	16	18	20	22	24	26	28	30	32	34	36	38	40	42	44	46	48	50	52	54	56
5m	0.0078	0.0133	0.0202	0.0283	0.0377	0.0484	0.0604	0.0736	0.0881	0.1038	0.1207	0.1388	0.1582	0.1788	0.2007	0.2238	0.2481	0.2737	0.3005	0.3286	0.3580	0.3885	0.4204	0.4535	0.4879	0.5236
6	0.0093	0.0159	0.0241	0.0339	0.0452	0.0580	0.0723	0.0881	0.1054	0.1242	0.1445	0.1662	0.1894	0.2141	0.2403	0.2680	0.2971	0.3277	0.3598	0.3935	0.4286	0.4652	0.5033	0.5430	0.5842	0.6270
7	0.0109	0.0186	0.0281	0.0395	0.0526	0.0676	0.0842	0.1027	0.1228	0.1447	0.1683	0.1936	0.2207	0.2494	0.2799	0.3121	0.3461	0.3817	0.4192	0.4583	0.4992	0.5419	0.5863	0.6326	0.6806	0.7303
8	0.0124	0.0212	0.0321	0.0451	0.0601	0.0771	0.0962	0.1172	0.1402	0.1652	0.1921	0.2210	0.2519	0.2847	0.3195	0.3563	0.3951	0.4358	0.4785	0.5232	0.5699	0.6187	0.6694	0.7221	0.7769	0.8338
9	0.0140	0.0238	0.0361	0.0506	0.0675	0.0867	0.1081	0.1317	0.1576	0.1857	0.2160	0.2485	0.2832	0.3201	0.3592	0.4005	0.4441	0.4899	0.5379	0.5882	0.6407	0.6954	0.7525	0.8118	0.8734	0.9373
10	0.0155	0.0264	0.0400	0.0562	0.0750	0.0963	0.1200	0.1463	0.1750	0.2062	0.2398	0.2759	0.3144	0.3554	0.3989	0.4448	0.4931	0.5440	0.5973	0.6531	0.7114	0.7722	0.8355	0.9014	0.9698	1.0408
11	0.0171	0.0291	0.0440	0.0618	0.0824	0.1058	0.1320	0.1608	0.1924	0.2267	0.2636	0.3033	0.3457	0.3908	0.4385	0.4890	0.5422	0.5981	0.6567	0.7181	0.7822	0.8490	0.9186	0.9911	1.0663	1.1443
12	0.0186	0.0317	0.0480	0.0674	0.0899	0.1154	0.1439	0.1754	0.2098	0.2472	0.2875	0.3308	0.3770	0.4261	0.4782	0.5332	0.5912	0.6522	0.7161	0.7830	0.8529	0.9258	1.0018	1.0807	1.1627	1.2478
13	0.0201	0.0343	0.0520	0.0730	0.0974	0.1250	0.1558	0.1899	0.2272	0.2677	0.3114	0.3582	0.4082	0.4615	0.5179	0.5775	0.6403	0.7063	0.7755	0.8480	0.9237	1.0027	1.0849	1.1704	1.2592	1.3514
14	0.0217	0.0370	0.0560	0.0786	0.1048	0.1346	0.1678	0.2045	0.2446	0.2882	0.3352	0.3857	0.4395	0.4968	0.5576	0.6217	0.6894	0.7604	0.8350	0.9130	0.9945	1.0795	1.1681	1.2601	1.3558	1.4549
15	0.0232	0.0396	0.0600	0.0842	0.1123	0.1441	0.1797	0.2190	0.2620	0.3087	0.3591	0.4131	0.4708	0.5322	0.5973	0.6660	0.7384	0.8146	0.8944	0.9780	1.0653	1.1564	1.2512	1.3498	1.4523	1.5585
16	0.0248	0.0422	0.0639	0.0898	0.1197	0.1537	0.1917	0.2336	0.2794	0.3292	0.3829	0.4406	0.5021	0.5676	0.6369	0.7103	0.7875	0.8687	0.9539	1.0430	1.1361	1.2332	1.3344	1.4396	1.5488	1.6621
17	0.0263	0.0449	0.0679	0.0954	0.1272	0.1633	0.2036	0.2481	0.2969	0.3497	0.4068	0.4680	0.5334	0.6029	0.6766	0.7545	0.8366	0.9228	1.0133	1.1080	1.2069	1.3101	1.4175	1.5293	1.6453	1.7657
18	0.0278	0.0475	0.0719	0.1010	0.1347	0.1729	0.2156	0.2627	0.3143	0.3703	0.4307	0.4955	0.5647	0.6383	0.7163	0.7988	0.8857	0.9770	1.0728	1.1730	1.2777	1.3870	1.5007	1.6190	1.7419	1.8693
19	0.0294	0.0501	0.0759	0.1066	0.1421	0.1824	0.2275	0.2773	0.3317	0.3908	0.4545	0.5229	0.5960	0.6737	0.7561	0.8431	0.9348	1.0311	1.1322	1.2380	1.3486	1.4638	1.5839	1.7088	1.8384	1.9730
20	0.0309	0.0528	0.0799	0.1122	0.1496	0.1920	0.2394	0.2918	0.3491	0.4113	0.4784	0.5504	0.6273	0.7091	0.7958	0.8873	0.9839	1.0853	1.1917	1.3030	1.4194	1.5407	1.6671	1.7985	1.9350	2.0766
21	0.0325	0.0554	0.0839	0.1178	0.1571	0.2016	0.2514	0.3064	0.3665	0.4318	0.5023	0.5779	0.6586	0.7445	0.8355	0.9316	1.0330	1.1395	1.2512	1.3681	1.4902	1.6176	1.7503	1.8883	2.0316	2.1802
22	0.0340	0.0580	0.0879	0.1234	0.1645	0.2112	0.2633	0.3209	0.3839	0.4524	0.5262	0.6053	0.6899	0.7798	0.8752	0.9759	1.0821	1.1936	1.3106	1.4331	1.5611	1.6945	1.8335	1.9780	2.1281	2.2839
23	0.0356	0.0607	0.0918	0.1290	0.1720	0.2208	0.2753	0.3355	0.4014	0.4729	0.5500	0.6328	0.7212	0.8152	0.9149	1.0202	1.1312	1.2478	1.3701	1.4981	1.6319	1.7714	1.9167	2.0678	2.2247	2.3875
24	0.0371	0.0633	0.0958	0.1346	0.1795	0.2304	0.2872	0.3501	0.4188	0.4934	0.5739	0.6603	0.7525	0.8506	0.9546	1.0645	1.1803	1.3019	1.4296	1.5632	1.7027	1.8483	1.9999	2.1575	2.3213	2.4911
25	0.0387	0.0659	0.0998	0.1402	0.1869	0.2399	0.2992	0.3646	0.4362	0.5139	0.5978	0.6877	0.7838	0.8860	0.9943	1.1088	1.2294	1.3561	1.4891	1.6282	1.7736	1.9252	2.0831	2.2473	2.4179	2.5948
26	0.0402	0.0685	0.1038	0.1458	0.1944	0.2495	0.3111	0.3792	0.4536	0.5345	0.6217	0.7152	0.8151	0.9214	1.0340	1.1531	1.2785	1.4103	1.5485	1.6932	1.8444	2.0021	2.1663	2.3371	2.5144	2.6984
27	0.0417	0.0712	0.1078	0.1514	0.2018	0.2591	0.3231	0.3938	0.4711	0.5550	0.6455	0.7427	0.8464	0.9568	1.0738	1.1973	1.3276	1.4645	1.6080	1.7583	1.9153	2.0790	2.2495	2.4269	2.6110	2.8021
28	0.0433	0.0738	0.1118	0.1570	0.2093	0.2687	0.3350	0.4083	0.4885	0.5755	0.6694	0.7702	0.8777	0.9922	1.1135	1.2416	1.3767	1.5186	1.6675	1.8233	1.9861	2.1559	2.3327	2.5166	2.7076	2.9058
29	0.0448	0.0764	0.1158	0.1626	0.2168	0.2783	0.3470	0.4229	0.5059	0.5961	0.6933	0.7976	0.9091	1.0276	1.1532	1.2859	1.4258	1.5728	1.7270	1.8884	2.0570	2.2328	2.4160	2.6064	2.8042	3.0094
30	0.0464	0.0791	0.1197	0.1682	0.2242	0.2879	0.3589	0.4374	0.5233	0.6166	0.7172	0.8251	0.9404	1.0630	1.1929	1.3302	1.4749	1.6270	1.7865	1.9534	2.1278	2.3097	2.4992	2.6962	2.9008	3.1131

리기다 소나무 수간재적표

수고\경급	6cm	8	10	12	14	16	18	20	22	24	26	28	30	32	34	36	38	40	42	44	46	48	50	52	54	56
5m	0.0079	0.0136	0.0207	0.0293	0.0393	0.0507	0.0634	0.0775	0.0929	0.1097	0.1277	0.1471	0.1679	0.1899	0.2132	0.2378	0.2637	0.2909	0.3194	0.3492	0.3802	0.4125	0.4461	0.4810	0.5172	0.5546
6	0.0094	0.0163	0.0249	0.0352	0.0471	0.0607	0.0760	0.0929	0.1114	0.1314	0.1531	0.1764	0.2012	0.2276	0.2555	0.2850	0.3161	0.3487	0.3828	0.4185	0.4557	0.4945	0.5347	0.5766	0.6199	0.6648
7	0.0110	0.0190	0.0290	0.0410	0.0549	0.0708	0.0886	0.1083	0.1298	0.1532	0.1785	0.2056	0.2345	0.2653	0.2979	0.3322	0.3684	0.4065	0.4463	0.4878	0.5312	0.5764	0.6234	0.6721	0.7227	0.7750
8	0.0126	0.0217	0.0331	0.0468	0.0627	0.0809	0.1012	0.1237	0.1483	0.1750	0.2039	0.2348	0.2679	0.3030	0.3402	0.3795	0.4208	0.4643	0.5097	0.5572	0.6068	0.6584	0.7120	0.7677	0.8255	0.8852
9	0.0141	0.0244	0.0372	0.0526	0.0705	0.0909	0.1138	0.1390	0.1667	0.1968	0.2292	0.2641	0.3012	0.3407	0.3826	0.4268	0.4732	0.5221	0.5732	0.6266	0.6824	0.7404	0.8007	0.8633	0.9283	0.9955
10	0.0157	0.0271	0.0413	0.0585	0.0784	0.1010	0.1264	0.1544	0.1852	0.2186	0.2546	0.2933	0.3346	0.3785	0.4249	0.4740	0.5257	0.5799	0.6367	0.6960	0.7579	0.8224	0.8894	0.9590	1.0311	1.1057
11	0.0172	0.0298	0.0455	0.0643	0.0862	0.1111	0.1390	0.1698	0.2037	0.2404	0.2800	0.3225	0.3679	0.4162	0.4673	0.5213	0.5781	0.6377	0.7002	0.7654	0.8335	0.9044	0.9781	1.0546	1.1339	1.2160
12	0.0188	0.0325	0.0496	0.0701	0.0940	0.1211	0.1516	0.1852	0.2221	0.2622	0.3054	0.3518	0.4013	0.4539	0.5097	0.5686	0.6305	0.6955	0.7637	0.8349	0.9091	0.9864	1.0668	1.1503	1.2368	1.3263
13	0.0204	0.0352	0.0537	0.0759	0.1018	0.1312	0.1642	0.2006	0.2406	0.2840	0.3308	0.3810	0.4347	0.4917	0.5521	0.6158	0.6829	0.7534	0.8272	0.9043	0.9847	1.0685	1.1555	1.2459	1.3396	1.4366
14	0.0219	0.0379	0.0578	0.0818	0.1096	0.1413	0.1768	0.2160	0.2591	0.3058	0.3562	0.4103	0.4680	0.5294	0.5945	0.6631	0.7354	0.8112	0.8907	0.9737	1.0603	1.1505	1.2443	1.3416	1.4425	1.5469
15	0.0235	0.0406	0.0620	0.0876	0.1174	0.1514	0.1894	0.2315	0.2775	0.3276	0.3816	0.4395	0.5014	0.5672	0.6369	0.7104	0.7878	0.8691	0.9542	1.0432	1.1359	1.2326	1.3330	1.4373	1.5453	1.6572
16	0.0251	0.0433	0.0661	0.0934	0.1252	0.1614	0.2020	0.2469	0.2960	0.3494	0.4070	0.4688	0.5348	0.6050	0.6793	0.7577	0.8403	0.9269	1.0177	1.1126	1.2116	1.3146	1.4217	1.5329	1.6482	1.7676
17	0.0266	0.0460	0.0702	0.0993	0.1331	0.1715	0.2146	0.2623	0.3145	0.3712	0.4324	0.4981	0.5682	0.6427	0.7216	0.8050	0.8927	0.9848	1.0812	1.1820	1.2872	1.3967	1.5105	1.6286	1.7511	1.8779
18	0.0282	0.0487	0.0743	0.1051	0.1409	0.1816	0.2272	0.2777	0.3329	0.3930	0.4578	0.5273	0.6016	0.6805	0.7640	0.8523	0.9451	1.0426	1.1448	1.2515	1.3628	1.4787	1.5992	1.7243	1.8540	1.9882
19	0.0298	0.0514	0.0785	0.1109	0.1487	0.1917	0.2398	0.2931	0.3514	0.4148	0.4832	0.5566	0.6349	0.7182	0.8064	0.8996	0.9976	1.1005	1.2083	1.3209	1.4384	1.5608	1.6880	1.8200	1.9569	2.0986
20	0.0313	0.0541	0.0826	0.1168	0.1565	0.2017	0.2524	0.3085	0.3699	0.4366	0.5086	0.5858	0.6683	0.7560	0.8488	0.9469	1.0500	1.1584	1.2718	1.3904	1.5141	1.6428	1.7767	1.9157	2.0598	2.2089
21	0.0329	0.0568	0.0867	0.1226	0.1643	0.2118	0.2650	0.3239	0.3884	0.4584	0.5340	0.6151	0.7017	0.7937	0.8912	0.9942	1.1025	1.2162	1.3353	1.4598	1.5897	1.7249	1.8655	2.0114	2.1627	2.3193
22	0.0344	0.0595	0.0908	0.1284	0.1721	0.2219	0.2776	0.3393	0.4068	0.4802	0.5594	0.6444	0.7351	0.8315	0.9336	1.0415	1.1549	1.2741	1.3989	1.5293	1.6653	1.8070	1.9542	2.1071	2.2656	2.4296
23	0.0360	0.0622	0.0950	0.1343	0.1800	0.2320	0.2902	0.3547	0.4253	0.5020	0.5848	0.6736	0.7685	0.8693	0.9760	1.0888	1.2074	1.3320	1.4624	1.5987	1.7410	1.8890	2.0430	2.2028	2.3685	2.5400
24	0.0376	0.0649	0.0991	0.1401	0.1878	0.2421	0.3029	0.3701	0.4438	0.5238	0.6102	0.7029	0.8018	0.9070	1.0184	1.1361	1.2599	1.3898	1.5259	1.6682	1.8166	1.9711	2.1318	2.2985	2.4714	2.6503
25	0.0391	0.0676	0.1032	0.1459	0.1956	0.2521	0.3155	0.3855	0.4623	0.5457	0.6356	0.7322	0.8352	0.9448	1.0609	1.1834	1.3123	1.4477	1.5895	1.7377	1.8922	2.0532	2.2205	2.3942	2.5743	2.7607
26	0.0407	0.0703	0.1073	0.1517	0.2034	0.2622	0.3281	0.4009	0.4808	0.5675	0.6610	0.7614	0.8686	0.9826	1.1033	1.2307	1.3648	1.5056	1.6530	1.8071	1.9679	2.1353	2.3093	2.4899	2.6772	2.8710
27	0.0423	0.0730	0.1115	0.1576	0.2112	0.2723	0.3407	0.4164	0.4992	0.5893	0.6864	0.7907	0.9020	1.0203	1.1457	1.2780	1.4172	1.5634	1.7165	1.8766	2.0435	2.2173	2.3980	2.5856	2.7801	2.9814
28	0.0438	0.0757	0.1156	0.1634	0.2190	0.2824	0.3533	0.4318	0.5177	0.6111	0.7119	0.8200	0.9354	1.0581	1.1881	1.3253	1.4697	1.6213	1.7801	1.9460	2.1192	2.2994	2.4868	2.6813	2.8830	3.0917
29	0.0454	0.0784	0.1197	0.1692	0.2269	0.2924	0.3659	0.4472	0.5362	0.6329	0.7373	0.8492	0.9688	1.0959	1.2305	1.3726	1.5221	1.6792	1.8436	2.0155	2.1948	2.3815	2.5756	2.7771	2.9859	3.2021
30	0.0470	0.0811	0.1238	0.1751	0.2347	0.3025	0.3785	0.4626	0.5547	0.6547	0.7627	0.8785	1.0022	1.1336	1.2729	1.4199	1.5746	1.7370	1.9072	2.0850	2.2705	2.4636	2.6644	2.8728	3.0888	3.3125

상수리나무 수간재적표

경급 수고	6cm	8	10	12	14	16	18	20	22	24	26	28	30	32	34	36	38	40	42	44	46	48	50	52	54	56
5m	0.0099	0.0160	0.0234	0.0320	0.0419	0.0529	0.0652	0.0788	0.0936	0.1098	0.1273	0.1461	0.1664	0.1881	0.2113	0.2361	0.2624	0.2904	0.3200	0.3514	0.3845	0.4195	0.4564	0.4952	0.5361	0.5790
6	0.0118	0.0191	0.0280	0.0383	0.0501	0.0633	0.0780	0.0942	0.1120	0.1313	0.1522	0.1748	0.1990	0.2250	0.2528	0.2824	0.3139	0.3473	0.3828	0.4203	0.4600	0.5018	0.5459	0.5924	0.6413	0.6927
7	0.0137	0.0223	0.0326	0.0446	0.0583	0.0737	0.0908	0.1097	0.1303	0.1528	0.1772	0.2034	0.2317	0.2619	0.2943	0.3287	0.3654	0.4043	0.4456	0.4893	0.5355	0.5842	0.6356	0.6897	0.7466	0.8064
8	0.0157	0.0254	0.0372	0.0509	0.0665	0.0841	0.1036	0.1251	0.1487	0.1744	0.2022	0.2321	0.2644	0.2989	0.3358	0.3751	0.4169	0.4614	0.5085	0.5583	0.6110	0.6666	0.7253	0.7870	0.8520	0.9202
9	0.0176	0.0286	0.0418	0.0571	0.0747	0.0945	0.1164	0.1406	0.1671	0.1959	0.2272	0.2609	0.2971	0.3358	0.3773	0.4215	0.4685	0.5185	0.5714	0.6274	0.6866	0.7491	0.8150	0.8844	0.9574	1.0341
10	0.0195	0.0317	0.0464	0.0634	0.0829	0.1049	0.1292	0.1561	0.1855	0.2175	0.2522	0.2896	0.3298	0.3728	0.4188	0.4679	0.5201	0.5755	0.6343	0.6965	0.7622	0.8316	0.9048	0.9818	1.0628	1.1480
11	0.0215	0.0349	0.0510	0.0697	0.0912	0.1153	0.1420	0.1716	0.2039	0.2391	0.2772	0.3183	0.3625	0.4098	0.4604	0.5143	0.5717	0.6327	0.6972	0.7656	0.8379	0.9141	0.9946	1.0792	1.1683	1.2619
12	0.0234	0.0380	0.0556	0.0760	0.0994	0.1257	0.1549	0.1871	0.2223	0.2607	0.3022	0.3470	0.3952	0.4468	0.5020	0.5608	0.6233	0.6898	0.7602	0.8348	0.9135	0.9967	1.0844	1.1767	1.2738	1.3759
13	0.0253	0.0411	0.0602	0.0823	0.1076	0.1361	0.1677	0.2026	0.2407	0.2823	0.3272	0.3758	0.4279	0.4838	0.5435	0.6072	0.6750	0.7469	0.8232	0.9039	0.9892	1.0793	1.1742	1.2742	1.3794	1.4899
14	0.0273	0.0443	0.0648	0.0886	0.1158	0.1465	0.1805	0.2181	0.2591	0.3039	0.3523	0.4045	0.4607	0.5208	0.5851	0.6537	0.7266	0.8041	0.8862	0.9731	1.0649	1.1619	1.2641	1.3717	1.4849	1.6039
15	0.0292	0.0474	0.0694	0.0949	0.1241	0.1569	0.1933	0.2336	0.2776	0.3255	0.3773	0.4333	0.4934	0.5578	0.6267	0.7001	0.7783	0.8612	0.9492	1.0422	1.1406	1.2445	1.3539	1.4692	1.5905	1.7180
16	0.0312	0.0506	0.0740	0.1012	0.1323	0.1673	0.2062	0.2491	0.2960	0.3471	0.4024	0.4620	0.5262	0.5949	0.6683	0.7466	0.8299	0.9184	1.0122	1.1114	1.2163	1.3271	1.4438	1.5667	1.6961	1.8320
17	0.0331	0.0537	0.0786	0.1075	0.1405	0.1777	0.2190	0.2646	0.3144	0.3687	0.4274	0.4908	0.5589	0.6319	0.7099	0.7931	0.8816	0.9756	1.0752	1.1806	1.2921	1.4097	1.5337	1.6643	1.8017	1.9461
18	0.0350	0.0569	0.0832	0.1138	0.1488	0.1881	0.2318	0.2801	0.3328	0.3903	0.4525	0.5195	0.5917	0.6689	0.7515	0.8396	0.9333	1.0327	1.1382	1.2498	1.3678	1.4923	1.6236	1.7619	1.9073	2.0602
19	0.0370	0.0600	0.0878	0.1201	0.1570	0.1985	0.2447	0.2956	0.3513	0.4119	0.4775	0.5483	0.6244	0.7060	0.7931	0.8861	0.9849	1.0899	1.2012	1.3190	1.4435	1.5750	1.7135	1.8594	2.0129	2.1743
20	0.0389	0.0632	0.0924	0.1264	0.1652	0.2089	0.2575	0.3111	0.3697	0.4335	0.5026	0.5771	0.6572	0.7430	0.8348	0.9326	1.0366	1.1471	1.2643	1.3882	1.5193	1.6576	1.8034	1.9570	2.1186	2.2884
21	0.0409	0.0663	0.0970	0.1327	0.1735	0.2194	0.2704	0.3266	0.3881	0.4551	0.5276	0.6059	0.6899	0.7801	0.8764	0.9791	1.0883	1.2043	1.3273	1.4575	1.5950	1.7403	1.8934	2.0546	2.2242	2.4025
22	0.0428	0.0695	0.1016	0.1390	0.1817	0.2298	0.2832	0.3421	0.4065	0.4767	0.5527	0.6346	0.7227	0.8171	0.9180	1.0256	1.1400	1.2615	1.3903	1.5267	1.6708	1.8229	1.9833	2.1522	2.3299	2.5166
23	0.0447	0.0726	0.1062	0.1453	0.1900	0.2402	0.2960	0.3576	0.4250	0.4983	0.5777	0.6634	0.7555	0.8542	0.9596	1.0721	1.1917	1.3187	1.4534	1.5959	1.7466	1.9056	2.0732	2.2498	2.4355	2.6307
24	0.0467	0.0758	0.1108	0.1516	0.1982	0.2506	0.3089	0.3731	0.4434	0.5199	0.6028	0.6922	0.7883	0.8912	1.0012	1.1186	1.2434	1.3759	1.5164	1.6652	1.8223	1.9883	2.1632	2.3474	2.5412	2.7449
25	0.0486	0.0789	0.1154	0.1579	0.2064	0.2610	0.3217	0.3886	0.4618	0.5415	0.6278	0.7210	0.8210	0.9283	1.0429	1.1651	1.2951	1.4331	1.5795	1.7344	1.8981	2.0709	2.2531	2.4450	2.6469	2.8590
26	0.0506	0.0821	0.1200	0.1642	0.2147	0.2714	0.3346	0.4041	0.4803	0.5631	0.6529	0.7497	0.8538	0.9653	1.0845	1.2116	1.3468	1.4903	1.6425	1.8036	1.9739	2.1536	2.3431	2.5426	2.7525	2.9732
27	0.0525	0.0852	0.1246	0.1705	0.2229	0.2819	0.3474	0.4196	0.4987	0.5848	0.6780	0.7785	0.8866	1.0024	1.1261	1.2581	1.3985	1.5476	1.7056	1.8729	2.0497	2.2363	2.4330	2.6402	2.8582	3.0873
28	0.0544	0.0884	0.1292	0.1768	0.2312	0.2923	0.3602	0.4351	0.5171	0.6064	0.7030	0.8073	0.9194	1.0394	1.1678	1.3046	1.4502	1.6048	1.7687	1.9421	2.1255	2.3190	2.5230	2.7379	2.9639	3.2015
29	0.0564	0.0915	0.1338	0.1831	0.2394	0.3027	0.3731	0.4507	0.5356	0.6280	0.7281	0.8361	0.9521	1.0765	1.2094	1.3511	1.5019	1.6620	1.8317	2.0114	2.2012	2.4017	2.6130	2.8355	3.0696	3.3156
30	0.0583	0.0947	0.1384	0.1894	0.2476	0.3131	0.3859	0.4662	0.5540	0.6496	0.7532	0.8649	0.9849	1.1136	1.2510	1.3976	1.5536	1.7192	1.8948	2.0806	2.2770	2.4844	2.7029	2.9331	3.1753	3.4298

침엽나무 수간재적표

경급 수고	6cm	8	10	12	14	16	18	20	22	24	26	28	30	32	34	36	38	40	42	44	46	48	50	52	54	56
5m	0.0096	0.0161	0.0241	0.0335	0.0441	0.0559	0.0689	0.0830	0.0982	0.1144	0.1317	0.1498	0.1689	0.1889	0.2097	0.2314	0.2539	0.2771	0.3011	0.3258	0.3512	0.3773	0.4040	0.4313	0.4593	0.4879
6	0.0115	0.0193	0.0288	0.0400	0.0526	0.0668	0.0823	0.0992	0.1173	0.1367	0.1573	0.1790	0.2019	0.2257	0.2507	0.2766	0.3034	0.3312	0.3599	0.3894	0.4198	0.4510	0.4829	0.5157	0.5491	0.5833
7	0.0133	0.0224	0.0335	0.0465	0.0612	0.0777	0.0957	0.1154	0.1365	0.1591	0.1830	0.2083	0.2348	0.2626	0.2916	0.3218	0.3530	0.3854	0.4187	0.4531	0.4885	0.5248	0.5620	0.6001	0.6390	0.6788
8	0.0152	0.0256	0.0382	0.0530	0.0698	0.0886	0.1092	0.1316	0.1557	0.1814	0.2087	0.2375	0.2678	0.2995	0.3326	0.3670	0.4027	0.4396	0.4776	0.5169	0.5572	0.5987	0.6411	0.6846	0.7290	0.7744
9	0.0171	0.0287	0.0429	0.0595	0.0784	0.0995	0.1226	0.1478	0.1748	0.2038	0.2344	0.2668	0.3008	0.3365	0.3736	0.4123	0.4523	0.4938	0.5366	0.5807	0.6260	0.6726	0.7203	0.7691	0.8191	0.8701
10	0.0189	0.0319	0.0476	0.0660	0.0870	0.1104	0.1361	0.1640	0.1940	0.2261	0.2602	0.2961	0.3339	0.3734	0.4147	0.4576	0.5020	0.5481	0.5956	0.6445	0.6948	0.7465	0.7995	0.8537	0.9092	0.9658
11	0.0208	0.0350	0.0523	0.0726	0.0956	0.1213	0.1496	0.1802	0.2132	0.2485	0.2859	0.3254	0.3669	0.4104	0.4557	0.5029	0.5518	0.6023	0.6546	0.7084	0.7637	0.8205	0.8787	0.9384	0.9993	1.0616
12	0.0227	0.0382	0.0570	0.0791	0.1042	0.1322	0.1630	0.1965	0.2324	0.2709	0.3117	0.3547	0.4000	0.4474	0.4968	0.5482	0.6015	0.6567	0.7136	0.7723	0.8326	0.8945	0.9580	1.0230	1.0895	1.1574
13	0.0246	0.0413	0.0617	0.0856	0.1128	0.1432	0.1765	0.2127	0.2516	0.2933	0.3374	0.3841	0.4331	0.4844	0.5379	0.5935	0.6513	0.7110	0.7726	0.8362	0.9015	0.9686	1.0373	1.1077	1.1797	1.2532
14	0.0264	0.0445	0.0664	0.0922	0.1214	0.1541	0.1900	0.2289	0.2709	0.3157	0.3632	0.4134	0.4662	0.5214	0.5790	0.6389	0.7010	0.7653	0.8317	0.9001	0.9704	1.0426	1.1166	1.1924	1.2699	1.3491
15	0.0283	0.0476	0.0712	0.0987	0.1301	0.1650	0.2034	0.2452	0.2901	0.3381	0.3890	0.4427	0.4992	0.5584	0.6201	0.6843	0.7508	0.8197	0.8908	0.9640	1.0393	1.1167	1.1960	1.2772	1.3602	1.4450
16	0.0302	0.0508	0.0759	0.1052	0.1387	0.1760	0.2169	0.2614	0.3093	0.3605	0.4148	0.4721	0.5323	0.5954	0.6612	0.7296	0.8006	0.8740	0.9498	1.0280	1.1083	1.1908	1.2753	1.3619	1.4505	1.5409
17	0.0321	0.0539	0.0806	0.1118	0.1473	0.1869	0.2304	0.2777	0.3285	0.3829	0.4405	0.5014	0.5654	0.6324	0.7023	0.7750	0.8504	0.9284	1.0089	1.0919	1.1772	1.2649	1.3547	1.4467	1.5407	1.6368
18	0.0339	0.0571	0.0853	0.1183	0.1559	0.1978	0.2439	0.2939	0.3478	0.4053	0.4663	0.5308	0.5985	0.6695	0.7435	0.8204	0.9002	0.9828	1.0680	1.1559	1.2462	1.3390	1.4341	1.5315	1.6310	1.7327
19	0.0358	0.0602	0.0900	0.1249	0.1645	0.2088	0.2574	0.3102	0.3670	0.4277	0.4921	0.5602	0.6317	0.7065	0.7846	0.8658	0.9500	1.0372	1.1271	1.2199	1.3152	1.4131	1.5135	1.6163	1.7213	1.8287
20	0.0377	0.0634	0.0947	0.1314	0.1731	0.2197	0.2709	0.3264	0.3862	0.4501	0.5179	0.5895	0.6648	0.7435	0.8257	0.9112	0.9998	1.0916	1.1863	1.2838	1.3842	1.4872	1.5929	1.7011	1.8117	1.9246
21	0.0396	0.0665	0.0994	0.1380	0.1818	0.2306	0.2843	0.3427	0.4055	0.4725	0.5437	0.6189	0.6979	0.7806	0.8669	0.9566	1.0497	1.1460	1.2454	1.3478	1.4532	1.5614	1.6723	1.7859	1.9020	2.0206
22	0.0414	0.0697	0.1042	0.1445	0.1904	0.2416	0.2978	0.3589	0.4247	0.4950	0.5695	0.6483	0.7310	0.8176	0.9080	1.0020	1.0995	1.2004	1.3045	1.4118	1.5222	1.6355	1.7517	1.8707	1.9923	2.1166
23	0.0433	0.0728	0.1089	0.1510	0.1990	0.2525	0.3113	0.3752	0.4439	0.5174	0.5953	0.6776	0.7641	0.8547	0.9492	1.0474	1.1493	1.2548	1.3637	1.4758	1.5912	1.7097	1.8312	1.9555	2.0827	2.2126
24	0.0452	0.0760	0.1136	0.1576	0.2076	0.2635	0.3248	0.3915	0.4632	0.5398	0.6211	0.7070	0.7973	0.8917	0.9903	1.0928	1.1992	1.3092	1.4228	1.5398	1.6602	1.7839	1.9106	2.0404	2.1731	2.3086
25	0.0471	0.0792	0.1183	0.1641	0.2163	0.2744	0.3383	0.4077	0.4824	0.5622	0.6469	0.7364	0.8304	0.9288	1.0315	1.1383	1.2490	1.3636	1.4819	1.6039	1.7293	1.8580	1.9900	2.1252	2.2634	2.4046
26	0.0489	0.0823	0.1230	0.1707	0.2249	0.2853	0.3518	0.4240	0.5017	0.5847	0.6728	0.7658	0.8635	0.9659	1.0726	1.1837	1.2989	1.4180	1.5411	1.6679	1.7983	1.9322	2.0695	2.2101	2.3538	2.5006
27	0.0508	0.0855	0.1277	0.1772	0.2335	0.2963	0.3653	0.4402	0.5209	0.6071	0.6986	0.7952	0.8967	1.0029	1.1138	1.2291	1.3487	1.4725	1.6002	1.7319	1.8673	2.0064	2.1489	2.2949	2.4442	2.5966
28	0.0527	0.0886	0.1325	0.1838	0.2421	0.3072	0.3788	0.4565	0.5402	0.6295	0.7244	0.8245	0.9298	1.0400	1.1550	1.2745	1.3986	1.5269	1.6594	1.7959	1.9364	2.0806	2.2284	2.3798	2.5346	2.6926
29	0.0546	0.0918	0.1372	0.1903	0.2508	0.3182	0.3923	0.4728	0.5594	0.6520	0.7502	0.8539	0.9629	1.0771	1.1961	1.3200	1.4484	1.5813	1.7186	1.8600	2.0054	2.1547	2.3079	2.4646	2.6249	2.7887
30	0.0564	0.0949	0.1419	0.1969	0.2594	0.3291	0.4058	0.4890	0.5787	0.6744	0.7760	0.8833	0.9961	1.1141	1.2373	1.3654	1.4983	1.6358	1.7777	1.9240	2.0744	2.2289	2.3873	2.5495	2.7153	2.8847

편백 수간재적표

경급\수고	6cm	8	10	12	14	16	18	20	22	24	26	28	30	32	34	36	38	40	42	44	46	48	50	52	54	56
5m	0.0100	0.0171	0.0260	0.0365	0.0486	0.0622	0.0773	0.0939	0.1118	0.1310	0.1515	0.1732	0.1961	0.2202	0.2455	0.2718	0.2991	0.3275	0.3569	0.3872	0.4185	0.4506	0.4836	0.5175	0.5521	0.5876
6	0.0119	0.0204	0.0310	0.0436	0.0581	0.0744	0.0924	0.1122	0.1336	0.1566	0.1811	0.2071	0.2345	0.2633	0.2935	0.3250	0.3577	0.3916	0.4268	0.4631	0.5005	0.5389	0.5784	0.6189	0.6604	0.7028
7	0.0138	0.0238	0.0361	0.0507	0.0676	0.0865	0.1075	0.1305	0.1554	0.1822	0.2107	0.2409	0.2729	0.3064	0.3415	0.3782	0.4163	0.4558	0.4967	0.5390	0.5825	0.6273	0.6733	0.7205	0.7688	0.8182
8	0.0158	0.0271	0.0412	0.0579	0.0771	0.0987	0.1227	0.1489	0.1773	0.2078	0.2403	0.2749	0.3113	0.3496	0.3896	0.4314	0.4749	0.5200	0.5667	0.6149	0.6646	0.7158	0.7683	0.8221	0.8773	0.9337
9	0.0177	0.0304	0.0462	0.0650	0.0866	0.1109	0.1378	0.1672	0.1992	0.2334	0.2700	0.3088	0.3497	0.3927	0.4378	0.4847	0.5336	0.5843	0.6368	0.6910	0.7468	0.8043	0.8633	0.9238	0.9858	1.0492
10	0.0197	0.0338	0.0513	0.0721	0.0961	0.1230	0.1529	0.1856	0.2210	0.2591	0.2997	0.3427	0.3882	0.4359	0.4859	0.5381	0.5923	0.6486	0.7069	0.7670	0.8290	0.8928	0.9583	1.0256	1.0944	1.1648
11	0.0216	0.0371	0.0564	0.0793	0.1056	0.1352	0.1681	0.2040	0.2429	0.2848	0.3294	0.3767	0.4266	0.4791	0.5341	0.5914	0.6510	0.7129	0.7770	0.8431	0.9113	0.9814	1.0534	1.1273	1.2030	1.2804
12	0.0236	0.0405	0.0615	0.0864	0.1151	0.1474	0.1832	0.2224	0.2648	0.3104	0.3591	0.4107	0.4651	0.5224	0.5823	0.6448	0.7098	0.7773	0.8471	0.9192	0.9935	1.0700	1.1486	1.2292	1.3117	1.3961
13	0.0255	0.0438	0.0666	0.0935	0.1246	0.1596	0.1984	0.2408	0.2867	0.3361	0.3888	0.4447	0.5036	0.5656	0.6305	0.6981	0.7686	0.8416	0.9172	0.9953	1.0758	1.1587	1.2437	1.3310	1.4204	1.5118
14	0.0274	0.0472	0.0716	0.1007	0.1341	0.1718	0.2135	0.2592	0.3087	0.3618	0.4185	0.4786	0.5421	0.6088	0.6787	0.7515	0.8273	0.9060	0.9874	1.0715	1.1581	1.2473	1.3389	1.4329	1.5291	1.6275
15	0.0294	0.0505	0.0767	0.1078	0.1436	0.1840	0.2287	0.2776	0.3306	0.3875	0.4482	0.5126	0.5806	0.6521	0.7269	0.8049	0.8861	0.9704	1.0576	1.1476	1.2405	1.3360	1.4341	1.5348	1.6378	1.7433
16	0.0313	0.0538	0.0818	0.1150	0.1532	0.1962	0.2438	0.2960	0.3525	0.4132	0.4779	0.5466	0.6191	0.6953	0.7751	0.8583	0.9449	1.0348	1.1278	1.2238	1.3228	1.4247	1.5293	1.6367	1.7466	1.8590
17	0.0333	0.0572	0.0869	0.1221	0.1627	0.2084	0.2590	0.3144	0.3744	0.4389	0.5077	0.5806	0.6577	0.7386	0.8233	0.9118	1.0037	1.0992	1.1980	1.3000	1.4052	1.5134	1.6246	1.7386	1.8554	1.9748
18	0.0352	0.0605	0.0920	0.1293	0.1722	0.2206	0.2742	0.3328	0.3963	0.4646	0.5374	0.6147	0.6962	0.7819	0.8716	0.9652	1.0626	1.1636	1.2682	1.3762	1.4876	1.6021	1.7198	1.8405	1.9642	2.0907
19	0.0372	0.0639	0.0971	0.1364	0.1817	0.2328	0.2893	0.3512	0.4183	0.4903	0.5671	0.6487	0.7347	0.8251	0.9198	1.0186	1.1214	1.2280	1.3384	1.4524	1.5699	1.6909	1.8151	1.9425	2.0730	2.2065
20	0.0391	0.0672	0.1021	0.1436	0.1913	0.2450	0.3045	0.3696	0.4402	0.5160	0.5969	0.6827	0.7733	0.8684	0.9681	1.0720	1.1802	1.2925	1.4086	1.5286	1.6523	1.7796	1.9104	2.0445	2.1818	2.3223
21	0.0411	0.0706	0.1072	0.1507	0.2008	0.2572	0.3197	0.3880	0.4621	0.5417	0.6266	0.7167	0.8118	0.9117	1.0163	1.1255	1.2391	1.3569	1.4789	1.6049	1.7347	1.8684	2.0056	2.1464	2.2906	2.4382
22	0.0430	0.0739	0.1123	0.1579	0.2103	0.2694	0.3348	0.4065	0.4841	0.5674	0.6564	0.7507	0.8503	0.9550	1.0646	1.1789	1.2979	1.4213	1.5491	1.6811	1.8171	1.9571	2.1009	2.2484	2.3995	2.5540
23	0.0450	0.0773	0.1174	0.1650	0.2198	0.2816	0.3500	0.4249	0.5060	0.5931	0.6861	0.7848	0.8889	0.9983	1.1129	1.2324	1.3568	1.4858	1.6194	1.7573	1.8995	2.0459	2.1962	2.3504	2.5083	2.6699
24	0.0469	0.0806	0.1225	0.1722	0.2294	0.2938	0.3652	0.4433	0.5279	0.6189	0.7159	0.8188	0.9274	1.0416	1.1611	1.2858	1.4156	1.5502	1.6896	1.8336	1.9820	2.1347	2.2915	2.4524	2.6172	2.7858
25	0.0489	0.0840	0.1276	0.1793	0.2389	0.3060	0.3804	0.4617	0.5499	0.6446	0.7456	0.8528	0.9660	1.0849	1.2094	1.3393	1.4745	1.6147	1.7599	1.9098	2.0644	2.2234	2.3868	2.5544	2.7261	2.9017
26	0.0508	0.0873	0.1327	0.1865	0.2484	0.3182	0.3955	0.4802	0.5718	0.6703	0.7754	0.8869	1.0045	1.1282	1.2577	1.3928	1.5333	1.6792	1.8301	1.9861	2.1468	2.3122	2.4821	2.6564	2.8350	3.0176
27	0.0528	0.0907	0.1378	0.1936	0.2580	0.3304	0.4107	0.4986	0.5938	0.6960	0.8051	0.9209	1.0431	1.1715	1.3059	1.4462	1.5922	1.7436	1.9004	2.0623	2.2293	2.4010	2.5775	2.7585	2.9438	3.1335
28	0.0547	0.0940	0.1428	0.2008	0.2675	0.3426	0.4259	0.5170	0.6157	0.7218	0.8349	0.9549	1.0816	1.2148	1.3542	1.4997	1.6511	1.8081	1.9707	2.1386	2.3117	2.4898	2.6728	2.8605	3.0527	3.2494
29	0.0567	0.0974	0.1479	0.2079	0.2770	0.3548	0.4411	0.5354	0.6376	0.7475	0.8647	0.9890	1.1202	1.2581	1.4025	1.5532	1.7099	1.8726	2.0410	2.2149	2.3941	2.5786	2.7681	2.9625	3.1616	3.3653
30	0.0596	0.1007	0.1530	0.2151	0.2866	0.3670	0.4562	0.5539	0.6596	0.7732	0.8944	1.0230	1.1588	1.3014	1.4508	1.6067	1.7688	1.9371	2.1112	2.2911	2.4766	2.6674	2.8635	3.0646	3.2705	3.4812

올배움BOOK 이러닝 강의 및 교재내용 문의

올배움 홈페이지 www.kisa.co.kr 에
방문하시면 본 교재의 저자직강 강의를 통하여
자격증 단기합격을 할 수 있습니다.
또한 본 교재의 정오표는
올배움 홈페이지를 통해 확인이 가능하며
그 밖의 다른 의견 및 오탈자를 제보해주시면
더 좋은 강의와 교재로 보답하겠습니다.

www.kisa.co.kr

☎ 1544-8509   카톡 ID : kisa

올배움BOOK 홈페이지 바로가기 >

산림기사 · 산업기사 실기

1판1쇄 발행 2018년 01월 20일	2판1쇄 발행 2019년 01월 20일
3판1쇄 발행 2020년 01월 20일	4판1쇄 발행 2021년 01월 10일
5판1쇄 발행 2022년 01월 10일	6판1쇄 발행 2023년 01월 10일
7판1쇄 발행 2024년 01월 10일	8판1쇄 발행 2025년 01월 10일
9판1쇄 발행 2026년 01월 10일	

지은이 • 권 현 준
펴낸이 • 이 정 훈
펴낸곳 • 올배움
주　　소 • 서울시 금천구 가산디지털1로 168 B동 B105(가산동, 우림라이온스밸리)
전　　화 • 1544-8509 / FAX 0505-909-0777
홈페이지 • www.kisa.co.kr

법인등록번호 • 110111-5784750
ISBN • 979-11-6517-198-8 (13520)

정가 25,000원

이 책에서 내용의 일부 또는 도해를 다음과 같은 행위자들이 사전 승인없이 인용할 경우에는 저작권법 제93조 「손해배상청구권」에 적용 받습니다.
① 단순히 공부할 목적으로 부분 또는 전체를 복제하여 사용하는 학생 또는 복사업자
② 공공기관 및 사설교육기관(학원, 인정직업학교), 단체 등에서 영리를 목적으로 복제·배포하는 대표, 또는 당해 교육자
③ 디스크 복사 및 기타 정보 재생 시스템을 이용하여 사용하는 자

※ 파본은 구입하신 서점에서 교환해 드립니다.